普通高等学校少数民族预科教育系列教材

一元函数微积分

主　编　黄永彪　杨社平

副主编　沈彩霞　梁元星　刘巧玲

　　　　农　正　梁丽杰　蒙江凌

U0234577

北京理工大学出版社

BEIJING INSTITUTE OF TECHNOLOGY PRESS

图书在版编目（ＣＩＰ）数据

一元函数微积分／黄永彪，杨社平主编．--北京：

北京理工大学出版社，2021.4（2022.8重印）

ISBN 978-7-5682-9707-3

Ⅰ．①一… Ⅱ．①黄… ②杨… Ⅲ．①微积分-高等

学校-教学参考资料 Ⅳ．①O172

中国版本图书馆 CIP 数据核字（2021）第 063218 号

出版发行／北京理工大学出版社有限责任公司

社　　　址／北京市海淀区中关村南大街 5 号

邮　　　编／100081

电　　　话／（010）68914775（总编室）

　　　　　　（010）82562903（教材售后服务热线）

　　　　　　（010）68944723（其他图书服务热线）

网　　　址／http://www.bitpress.com.cn

经　　　销／全国各地新华书店

印　　　刷／唐山富达印务有限公司

开　　　本／787 毫米×1092 毫米　1/16

印　　　张／18.25

字　　　数／444 千字

版　　　次／2021 年 4 月第 1 版　2022 年 8 月第 2 次印刷

定　　　价／45.00 元

责任编辑／孟祥雪

文案编辑／孟祥雪

责任校对／周瑞红

责任印制／李志强

前　言

　　为适应普通高校民族预科教育发展的需要,紧跟新时代教育改革步伐,根据民族预科数学教育的要求,我们编写了这本《一元函数微积分》.

　　本书依据民族预科教育"预补结合"的原则进行设计,以民族预科阶段的教学任务为中心内容,以民族预科学生的认知水平及心理特征为着眼点来编写.编写的基本出发点是:帮助学生打好数学基础,加强运算训练,掌握数学基本思想和方法,既要巩固和加深对初等数学基础知识的理解和掌握,又要学习高等数学中的一些相关内容,使学生初步掌握高等数学的学习方法,以便学生能较好地从初等数学学习向高等数学学习的自然过渡,实现"补"和"预"的教学目标,为学生直升本科学习专业知识和提高数学素养服务.

　　本书编写力求结构清晰,概念准确,语言流畅易懂,内容由浅入深,难易适中,突出重点,分散难点,可读性强,且能启迪学生的思维和培养学生的自学能力.在数学内容的选择与组织上,重思路、重方法、重应用.例题和习题的选取兼顾丰富性和层次性,根据教学的不同要求,每一章都配备了A、B二组习题,其中习题A是与各章节内容相配合的基本题和综合题;习题B是有一定难度的基本题和综合题,便于学生根据需要,测试自己对基本内容的掌握程度.为适应随着网络技术日新月异的发展和智能手机的普及,学生获取知识的途径和课堂教学方式发生巨大变化,对书中若干重难点提供微课视频(或PPT注解)和学习指导材料,学习者可通过扫描二维码观看或阅读;能更好地帮助学习者加深理解知识点,以及引发对微积分学习的好奇心和增加阅读的趣味.多种媒体资源的知识呈现形式,在提升课程效果的同时,为学习者自主学习提供思维与探索空间.每章末还附有课外阅读材料,以拓宽学生的视野.书末还附有习题参考答案.书中标注有"※"号的内容供作教与学的参考,教师可根据不同的教学需要灵活选用.

　　本书由广西民族大学长期从事民族预科数学教育的教师共同编写,全书共八章,涵盖一元微积分的主要内容,同时适当介绍微积分思想、数学作文和民族数学文化等相关知识.编写分工是:梁丽杰第1章,杨社平、刘巧玲第2章,黄永彪第3章,刘巧玲、蒙江凌第4章,梁元星第5章,沈彩霞第6章,农正第7章,杨社平第8章.魏小军参与了部分内容的编写和全书的校对工作.全书由黄永彪、杨社平、沈彩霞具体策划和组稿、审稿,最后由黄永彪统稿和定稿.

　　本书不仅适合民族预科学生使用,也可作为高等院校经管、人文社科类各专业以及高职高专类学生学习的教材或参考书,也可供各类读者作为自学读本.

　　在编写过程中,本书借鉴了同行们的经验,在此深表谢意!限于编者的学识水平,书中难免有不足之处,恳请广大读者批评指正.

编　者

目　录

二维码目录一览表

函　数

　　数学中的转折点是笛卡尔的变量.有了变数,运动速度进入了数学;有了变数,辩
证法进入了数学;有了变数,微分和积分也就立刻成为必要的了……

——恩格斯

　　函数是数学中最重要的基本概念之一,是现实世界中量与量之间的依存关系在数学中的
反映.它不仅是高等数学研究的主要对象,也是数学解决问题的桥梁.在本章中,我们将在中学
已学过的函数知识的基础上,进一步复习和加深有关函数的概念,介绍函数的几种特性及初等
函数等内容.

§1-1　预备知识

一、常量和变量

　　在考察某种自然现象或某个运动过程中,常常会遇到各种不同的量,其中有的量在某个过
程中,总是保持不变而取确定的值,这种量称为**常量**;还有一些量在某个过程中,总是不断地变
化而取不同的值,这种量称为**变量**.

　　例如,在给一个密闭容器内的气体加热的过程中,气体的体积和气体的分子个数保持一
定,它们都是常量,而气体的温度和压力在变化,它们则是变量.

　　应当注意,一个量是常量还是变量并不是绝对的,要根据所考察的具体过程或场合来具体
分析,同一个量可能在某个过程或场合中是常量,而在另一过程或场合中却是变量.

　　例如,飞机在起飞和降落的过程中,飞行速度是不断变化的,因而它是变量;由于飞机在起
飞到一定的高度(一般在 1 000 m 以上)时,即开始匀速飞行,直到开始降落为止,在这段匀速
飞行的过程中速度保持不变,因而它是常量.

　　又如,严格地说,重力加速度 g 在离地心距离不同的地点所测得的值是不同的,因而在较
小范围的地区内,g 可当作常量;而在较大范围的地区内,g 就应看作变量.

　　在数学中,通常用英文的前面几个字母,如 a、b、c、A、B、C 等表示常量,而后面的几个字
母,如 x、y、z、X、Y、Z 等表示变量.

二、区间

　　任何一个变量的取值都有一定的范围,这就是变量的变化范围.它通常是一个非空的实数
集合.如果变量是连续变化的,那么它的变化范围常用区间来表示.下面给出常用区间的分类、

名称和记号.

1. 有限区间

(1) 设 a 和 b 都是实数,且 $a<b$,则称实数集合 $\{x\,|\,a\leqslant x\leqslant b\}$ 为闭区间,记作 $[a,b]$. 即

$$[a,b]=\{x\mid a\leqslant x\leqslant b\}$$

(2) 称实数集合 $\{x\,|\,a<x<b\}$ 为开区间,记作 (a,b). 即

$$(a,b)=\{x\mid a<x<b\}$$

(3) 称实数集合 $\{x\,|\,a\leqslant x<b\}$ 和 $\{x\,|\,a<x\leqslant b\}$ 为半开半闭区间,分别记作 $[a,b)$ 和 $(a,b]$. 即

$$[a,b)=\{x\mid a\leqslant x<b\}\ 和(a,b]=\{x\mid a<x\leqslant b\}$$

以上这些区间都称为有限区间,a 和 b 称为区间的端点,数 $b-a$ 称为这些区间的长度,从数轴上看,这些有限区间都是长度有限的线段,而这些线段可以不包括两个端点,也可以包括一个或两个端点(见图 1-1).

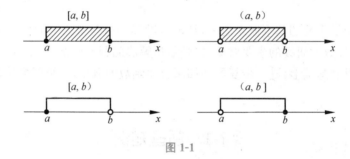

图 1-1

图 1-1 中实心点"•"表示包括该端点,空心点"。"表示不包括该端点.

2. 无限区间

实数集合 $\{x\,|\,a\leqslant x<+\infty\}$,$\{x\,|\,-\infty<x<b\}$,$\{x\,|\,-\infty<x<+\infty\}$ 等都是无限区间,依次记作

$$[a,+\infty)=\{x\mid a\leqslant x<+\infty\}$$
$$(-\infty,b)=\{x\mid -\infty<x<b\}$$
$$(-\infty,+\infty)=\{x\mid -\infty<x<+\infty\}$$

类似地,可以定义无限区间 $(a,+\infty)$ 及 $(-\infty,b]$.

今后在不需要区分上述各种情况时,我们就简单地称它为"区间",常用 I 表示.

三、绝对值与绝对值不等式

1. 绝对值的概念

实数 a 的绝对值是一个非负实数,记作 $|a|$,即定义

$$|a|=\begin{cases}a, & a\geqslant 0,\\ -a, & a<0\end{cases}$$

例如,$|3\times 5|=3\times 5$,$|-5|=5$,$|0|=0$.

在几何上,$|a|$ 表示数轴上的点 a 到原点 O 的距离. 根据算术根的定义,显然有 $|a|=\sqrt{a^2}$.

2. 含有绝对值的不等式(或等式)的性质

(1) $|a|=|-a|\geqslant 0$;当且仅当 $a=0$ 时,才有 $|a|=0$;

(2) $-|a|\leqslant a\leqslant|a|$;

(3) 如果 $a>0,x\in\mathbf{R}$,那么 $x^2\leqslant a^2\Leftrightarrow|x|\leqslant a\Leftrightarrow-a\leqslant x\leqslant a$; $x^2\geqslant a^2\Leftrightarrow|x|\geqslant a\Leftrightarrow x\geqslant a$ 或 $x\leqslant-a$;

(4) $|a|-|b|\leqslant|a\pm b|\leqslant|a|+|b|$(三角形不等式);

(5) $|ab|=|a|\cdot|b|$;

(6) $\left|\dfrac{a}{b}\right|=\dfrac{|a|}{|b|}(b\neq0)$.

这里仅以三角形不等式为例给出证明,其他性质证明从略,读者可以自己推导一下:

由性质(2)有 $-|a|\leqslant a\leqslant|a|,-|b|\leqslant b\leqslant|b|$.

两式相加得到
$$-(|a|+|b|)\leqslant a+b\leqslant|a|+|b|$$

再由性质(3)得
$$|a+b|\leqslant|a|+|b| \qquad ①$$

将 b 改为 $-b$ 后上式仍成立,于是
$$|a\pm b|\leqslant|a|+|b| \qquad ②$$

又由式①有
$$|a|=|a-b+b|\leqslant|a-b|+|b|$$

所以
$$|a|-|b|\leqslant|a-b|$$

将 b 改为 $-b$ 上式仍成立,于是
$$|a|-|b|\leqslant|a\pm b| \qquad ③$$

式②和式③合并起来就是性质(4).

例1　已知 $|x|<\dfrac{\varepsilon}{3},|y|<\dfrac{\varepsilon}{6},|z|<\dfrac{\varepsilon}{9}$,求证: $|x+2y-3z|<\varepsilon$.

证　$|x+2y-3z|\leqslant|x|+|2y|+|-3z|=|x|+2|y|+3|z|$,

因为 $|x|<\dfrac{\varepsilon}{3},|y|<\dfrac{\varepsilon}{6},|z|<\dfrac{\varepsilon}{9}$,

所以 $|x|+2|y|+3|z|<\dfrac{\varepsilon}{3}+\dfrac{2\varepsilon}{6}+\dfrac{3\varepsilon}{9}=\varepsilon$,

所以 $|x+2y-3z|<\varepsilon$.

例2　已知 $|x-a|<\dfrac{\varepsilon}{2M},0<|y-b|<\dfrac{\varepsilon}{2|a|},y\in(0,M)$,求证: $|xy-ab|<\varepsilon$.

证　$|xy-ab|=|xy-ya+ya-ab|$
$$=|y(x-a)+a(y-b)|\leqslant|y||x-a|+|a||y-b|<M\cdot\dfrac{\varepsilon}{2M}+|a|\cdot\dfrac{\varepsilon}{2|a|}$$
$$=\varepsilon.$$

例3　解下列绝对值不等式:

(1) $1<|x-1|<2$;

(2) $|x+1|+|2x-1|>3$;

(3) $|3x+2|>|2x+3|$;

(4) $|x^2-x|<\dfrac{1}{2}x$.

解 (1) 原不等式等价于

$$\begin{cases} |\,x-1\,|<2, & ① \\ |\,x-1\,|>1 & ② \end{cases}$$

式①化为 $-2<x-1<2$，即 $-1<x<3$.

式②化为 $x-1>1$ 或 $x-1<-1$，即 $x>$ 2 或 $x<0$.

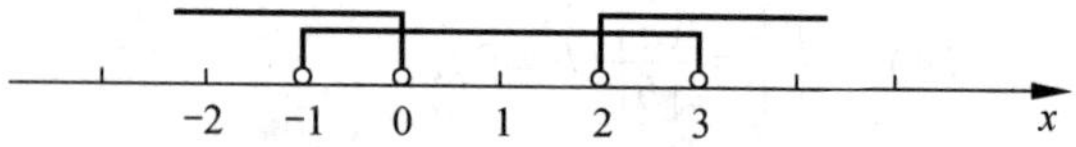

图 1-2

如图 1-2 所示，原不等式的解为 $-1<x<0$ 或 $2<x<3$.

(2) 当 $x<-1$ 时，原不等式为 $-x-1-2x+1>3$，

所以 $x<-1$；

当 $-1\leqslant x\leqslant\dfrac{1}{2}$ 时，原不等式为 $x+1-2x+1>3$，

所以 $x<-1$，此时原不等式无解；

当 $x>\dfrac{1}{2}$ 时，原不等式为 $x+1+2x-1>3$，

所以 $x>1$.

综上所述，原不等式的解为 $x<-1$ 或 $x>1$.

(3) 将 $|3x+2|>|2x+3|$ 两边平方得 $9x^2+12x+4>4x^2+12x+9$，即 $x^2>1$. 故原不等式的解为 $x>1$ 或 $x<-1$.

(4) 因为 $|x^2-x|\geqslant0$，所以只有当 $x>0$ 时原不等式才有解. 原不等式相当于

$$\begin{cases} x^2-x<\dfrac{1}{2}x, \\ x^2-x>-\dfrac{1}{2}x \end{cases}$$

因为 $x>0$，即

$$\begin{cases} x-1<\dfrac{1}{2}, \\ x-1>-\dfrac{1}{2} \end{cases}$$

解得

$$\begin{cases} x<\dfrac{3}{2}, \\ x>\dfrac{1}{2} \end{cases}$$

所以原不等式的解为 $\dfrac{1}{2}<x<\dfrac{3}{2}$.

四、邻域

邻域是微积分研究中一个与区间有关的重要概念，在高等数学中经常会用到它. 数学中不

少概念,除原始概念外,都需要借助于其他概念来定义,邻域概念便是这种由概念串(例如点、距离、实数、集合等)所定义的概念.

设 a 和 δ 是两个实数,且 $\delta>0$,则称数轴上与点 a 距离小于 δ 的全体实数的集合为**点 a 的 δ 邻域**,记作 $U(a,\delta)$,即

$$U(a,\delta)=\{x\mid\mid x-a\mid<\delta\}$$

其中,点 a 称为邻域的**中心**;δ 称为邻域的**半径**,由此可知,邻域 $U(a,\delta)$ 就是以点 a 为中心,长度为 2δ 的开区间 $(a-\delta,a+\delta)$(见图 1-3(a)).

有时用到的邻域需要把邻域的中心去掉.点 a 的 δ 邻域去掉中心点 a 后,称为**点 a 的去心 δ 邻域**,记作 $\mathring{U}(a,\delta)$,即

$$\mathring{U}(a,\delta)=\{x\mid 0<\mid x-a\mid<\delta\}$$

这里 $0<\mid x-a\mid$ 表示 $x\neq a$,$\mathring{U}(a,\delta)$ 是不包含中心点 a,而长度为 2δ 的并区间 $(a-\delta,a)\bigcup(a,a+\delta)$(见图 1-3(b)).

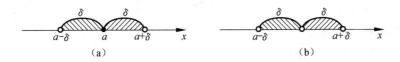

图 1-3

例 4 解下列不等式,然后用区间或集合记号表示,并在数轴上画出解的几何表示.

(1) $\mid x-2\mid<5$;　　　(2) $0<(x-2)^2\leqslant4$.

解 (1) 由绝对值性质可得 $-5<x-2<5$,即 $-3<x<7$.

故所求解可用区间表示为 $(-3,7)$,用集合记号表示为 $\{x\mid-3<x<7\}$,它在数轴上的几何表示如图 1-4 所示.

(2) 因为 $0<(x-2)^2\leqslant4\Leftrightarrow0<\mid x-2\mid\leqslant2$.

而 $0<\mid x-2\mid$ 表示 $x\neq2$;

$\mid x-2\mid\leqslant2\Leftrightarrow-2\leqslant x-2\leqslant2$,即 $0\leqslant x\leqslant4$.

所以所求不等式的解为 $\begin{cases}x\neq2,\\0\leqslant x\leqslant4.\end{cases}$

故所求解用区间表示为 $[0,2)\bigcup(2,4]$,用集合记号表示为 $\{x\mid0\leqslant x\leqslant4,x\neq2\}$,它在数轴上的几何表示如图 1-5 所示.

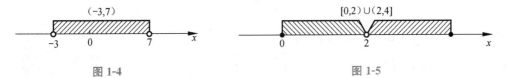

图 1-4　　　　　　　　　　图 1-5

例 5 用集合记号表示下列各邻域,并在数轴上画出它们的几何表示:

(1) 点 2 的 $\dfrac{3}{2}$ 邻域;　　(2) 点 2 的去心 $\dfrac{3}{2}$ 邻域.

解 (1) $a=2,\delta=\dfrac{3}{2}$,"点 2 的 $\dfrac{3}{2}$ 邻域"即为

$$U\left(2,\frac{3}{2}\right)=\left\{x\ \Big|\ |x-2|<\frac{3}{2}\right\}=\left\{x\ \Big|\ \frac{1}{2}<x<\frac{7}{2}\right\}$$

它在数轴上的几何表示如图 1-6 所示.

(2) $\mathring{U}\left(2,\frac{3}{2}\right)=\left\{x\ \Big|\ 0<|x-2|<\frac{3}{2}\right\}=\left\{x\ \Big|\ \frac{1}{2}<x<\frac{7}{2},x\neq2\right\}$,

它在数轴上的几何表示如图 1-7 所示.

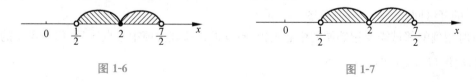

图 1-6　　　　　　　　　　　　　　　　　图 1-7

习题 1-1

(A)

1. 将下列不等式用区间表示：

   (1) $-2\leqslant x\leqslant3$；　　　　(2) $-2\leqslant x<3$；

   (3) $-3<x<5$；　　　　(4) $-3<x<+\infty$；

   (5) $|x|>a(a>0)$.

2. 解下列不等式，再用区间或集合记号表示其解，并在数轴上画出解的几何表示：

   (1) $|x+2|<3$；　　　　(2) $0<|x+2|<3$；

   (3) $\left|\dfrac{1-2x}{3}\right|\leqslant1$；　　　(4) $(x-1)(x+2)<0$.

3. 用区间表示下列邻域，并在数轴上画出它们的几何表示：

   (1) 以点 -3 为中心，$\dfrac{1}{2}$ 为半径的邻域；

   (2) 以点 -3 为中心，$\dfrac{1}{2}$ 为半径的去心邻域.

4. 用邻域符号和区间符号分别表示不等式 $|2x+1|<\dfrac{\varepsilon}{2}(\varepsilon>0)$ 所确定的 x 的范围，并描绘在数轴上.

(B)

1. 已知 $|A-a|<\dfrac{\varepsilon}{2}$，$|B-b|<\dfrac{\varepsilon}{2}$，求证：

   (1) $|(A+B)-(a+b)|<\varepsilon$；

   (2) $|(A-B)-(a-b)|<\varepsilon$.

2. 求证：$\left|x+\dfrac{1}{x}\right|\geqslant2(x\neq0)$.

3. 求证：(1) $|a+b|+|a-b|\geqslant2|a|$；

       (2) $|a+b|-|a-b|\leqslant2|b|$.

4. 解下列绝对值不等式:

(1) $\left|\dfrac{2n}{n+2}-2\right|<\dfrac{1}{100}(n\in\mathbf{N})$;

(2) $|x^2-3x-1|>3$;

(3) $|2x-3|>|3x+1|$;

(4) $|x-2|>|x+1|-3$.

§1-2 函 数

一、函数概念

在一个自然现象或技术过程中,常常有几个量同时变化,它们的变化并非彼此无关,而是互相联系着. 这是物质世界的一个普遍规律. 下面列举几个有两个变量互相联系着的例子:

例1 真空中自由落体,物体下落的时间 t 与下落的距离 s 互相联系着. 如果物体距地面的高度为 h,

$$\forall t\in\left[0,\sqrt{\dfrac{2h}{g}}\right]\qquad(符号 \forall 表示"对任意的")$$

都对应一个距离 s,已知 t 与 s 之间的对应关系是

$$s=\dfrac{1}{2}gt^2$$

其中,g 是重力加速度,是常数.

例2 球半径 r 与该球的体积 V 互相联系着,$\forall x\in[0,+\infty)$都对应一个球的体积 V. 已知 r 与 V 之间的对应关系是

$$V=\dfrac{4}{3}\pi r^3$$

其中,π 是圆周率,是常数.

例3 某地某日时间 t 与气温 T 互相联系着(见图 1-8),13:00 到 23:00 内任意时间 t 都对应着一个气温 T. 已知 t 与 T 的对应关系用图 1-8 的气温曲线表示. 横坐标表示时间 t,纵坐标表示气温 T. 曲线上任意点 $p(t,T)$ 表示在时间 t 对应着的气温是 T.

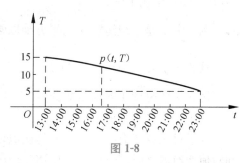

图 1-8

例4 当气压为 101 325 Pa 时,温度 T 与水的体积 V 互相联系着. 实测如表 1-1 所示.

表 1-1

$T/100\ ℃$	0	2	4	6	8	10	12	14
V/cm^3	100	99.990	99.987	99.990	99.998	100.012	100.032	100.057

$\{0,2,4,6,8,10,12,14\}$中每一个温度 T 都对应一个体积 V,已知 T 与 V 的对应关系用表 1-1 表示.

例5 $\forall x\in\mathbf{R}$都对应一个数 $y=\sin x$,即 x 与 y 之间的对应关系是

$$y=\sin x$$

例 6 $\forall x \in (-5, \pi]$ 都对应一个数 $y = 4x^2 - 5x + 1$，即 x 与 y 之间对应关系是
$$y = 4x^2 - 5x + 1$$

上述例子中，前面 4 个实例，分属于不同的学科，实际意义完全不同. 但是，从数学角度看，它们与后两个例子却有共同的特征：都有一个数集和一个对应关系，对于数集中任意数 x，按照对应关系都对应 **R** 中唯一的数. 于是有如下的函数概念：

定义 设 D 是非空实数集，若对 D 中任意数 $x (\forall x \in D)$，按照对应关系 f，总有唯一 $y \in \mathbf{R}$ 与之对应，则称 f 是定义在 D 上的一个一元实函数，简称一元函数或函数，记为
$$f: D \longrightarrow \mathbf{R}$$

数 x 对应的数 y 称为 x 的函数值，表为 $y = f(x)$. x 称为自变量，y 称为因变量. 数集 D 称为函数 f 的定义域，所有相应函数值 y 组成的集合 $f(D) = \{y \mid y = f(x), x \in D\}$ 称为这个函数 f 的值域.

注：本书仅讨论一元微积分学的内容；同时，由于实数是微积分的基础，微积分中所涉及的数都是实数，因此今后我们考虑的函数都是指一元实函数.

根据函数定义，不难看到，上述 6 例皆为函数实例.

关于函数概念的几点说明：

(1) 用符号"$f: D \longrightarrow \mathbf{R}$"表示 f 是定义在数集 D 上的函数，十分清楚、明确. 特别是在抽象的数学学科中使用这个函数符号更显得方便. 但是，在微积分中，一方面要讨论抽象的函数 f；另一方面又要讨论大量具体的函数. 在具体函数中需要将对应关系 f 具体化，使用这个函数符号就有些不便. 为此在本书中约定，将"f 是定义在数集 D 上的函数"用符号"$y = f(x), x \in D$"表示，当不需要指明函数 f 的定义域时，又可简写为"$y = f(x)$"，有时甚至笼统地说"$f(x)$ 是 x 的函数（值）". 严格地讲，这样的符号和叙述混淆了函数与函数值. 这仅是为了方便而作的约定.

(2) 在函数概念中，对应关系 f 是抽象的，只有在具体函数中，对应关系 f 才是具体的. 例如，在上述几个例子中：

例 1 中 f 是一组运算：t 的平方乘以常数 $\frac{1}{2}g \left(s = \frac{1}{2}gt^2 \right)$.

例 2 中 f 是一组运算：r 的立方乘以常数 $\frac{4}{3}\pi \left(V = \frac{4}{3}\pi r^3 \right)$.

例 3 中 f 是图 1-8 所示的曲线.

例 4 中 f 是所列的表格.

为了对函数 f 有个直观形象的认识，可将它比喻为一部"数值变换器"，将任意 $x \in D$ 输入到数值变换器之中，通过 f 的"作用"，输出来的就是 y. 不同的函数就是不同的数值变换器. 如图 1-9 所示.

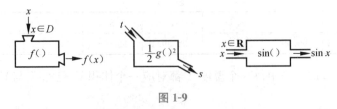

图 1-9

(3) 根据函数定义，虽然函数都存在定义域，但常常并不明确指出函数 $y = f(x)$ 的定义域，这时认为函数的定义域是自明的. 在数学中，有时不考虑函数的实际意义，仅抽象地研

究用数学式子表达的函数. 这时我们约定：定义域是使函数 $y=f(x)$ 有意义的实数 x 的集合, $D=\{x\,|\,x\in\mathbf{R}\ \text{且}\ f(x)\in\mathbf{R}\}$. 例如, 函数 $f(x)=\sqrt{1-x^2}$ 没有指出它的定义域, 那么它的定义域就是使函数 $f(x)=\sqrt{1-x^2}$ 有意义的实数 x 的集合. 即闭区间 $[-1,1]=\{x\,|\,x\in\mathbf{R}$ 且 $\sqrt{1-x^2}\in\mathbf{R}\}$.

而具有实际意义的函数, 它的定义域要受实际意义的约束. 例如, 上述的例 2, 半径为 r 的球的体积 $V=\dfrac{4}{3}\pi r^3$ 这个函数. 从抽象的函数来说, r 可取任意实数, 但从它的实际意义来说, 半径 r 不能取负数. 因此, 它的定义域是区间 $[0,+\infty)$.

(4) 函数定义指出："$\forall\,x\in D$, 按照对应关系 f, 总有唯一 $y\in\mathbf{R}$ 与之对应", 这样的对应就是所谓单值对应; 反之, 一个 $y\in f(D)$ 就不一定只有一个 $x\in D$ 使 $y=f(x)$. 这是因为在函数定义中只是说一个 $x\in D$ 按照对应关系 f, 只对应唯一 $y\in\mathbf{R}$, 并没有说不同的 x 对应不同的 y, 即不同的 x 可能对应相同的 y. 例如函数 $y=\sin x$, $\forall\,x\in\mathbf{R}$ 按照对应关系 $\sin$, 总有唯一 $y=\sin x\in\mathbf{R}$ 与之对应; 反之, 对 $y=1$ 却有无限多个 $x=2k\pi+\dfrac{x}{2}\in\mathbf{R}$, $k\in\mathbf{Z}$ 按照对应关系 $\sin$, 都对应着 1. 即

$$\sin\left(2k\pi+\frac{\pi}{2}\right)=1,\quad k\in\mathbf{Z}$$

例 7 求函数 $y=\dfrac{1}{\sqrt{1-x^2}}$ 的定义域.

解 因为根式 $\sqrt{1-x^2}$ 中的 $1-x^2$ 不能为负,
又因为这个根式是分母, 不能为零, 因此有 $1-x^2>0$,
即 $x^2<1$, 有 $|x|<1$,
故函数的定义域为 $(-1,1)$.

例 8 求函数 $y=\sqrt{3-2x}+\dfrac{1}{x^2-x}$ 的定义域.

解 要使函数 $y=\sqrt{3-2x}+\dfrac{1}{x^2-x}$ 有意义,

应有 $\begin{cases} 3-2x\geqslant 0, \\ x^2-x\neq 0. \end{cases}$

解得 $\begin{cases} x\leqslant\dfrac{3}{2}, \\ x\neq 0\ \text{且}\ x\neq 1. \end{cases}$

故所求函数的定义域是 $(-\infty,0)\cup(0,1)\cup\left(1,\dfrac{3}{2}\right]$.

例 9 判断下列各组函数是否相同：

(1) $f(x)=x+\sqrt{1+x^2}$ 与 $g(t)=t+\sqrt{1+t^2}$;

(2) $f(x)=x$ 与 $g(x)=\sqrt{x^2}$;

(3) $F(x)=2\lg(1-x)$ 与 $G(x)=\lg(1-x)^2$.

解 (1) 因为函数 $f(x)$ 与 $g(t)$ 的定义域都是 $(-\infty,+\infty)$, 且对应关系相同：

$$f(\quad)=(\quad)+\sqrt{1+(\quad)^2}=g(\quad),$$

所以它们是相同的函数.

（2）$f(x)=x$ 与 $g(x)=\sqrt{x^2}$ 的定义域都是 $(-\infty,+\infty)$，但是，当 $x<0$ 时，$g(x)=-x$ 与 $f(x)=x$ 的对应关系是不相同的，因此它们是两个不相同的函数.

（3）因为 $F(x)=2\lg(1-x)$ 的定义域是 $(-\infty,1)$，而 $G(x)=\lg(1-x)^2$ 的定义域是 $x\neq1$，即 $(-\infty,1)\bigcup(1,+\infty)$，由于两个函数的定义域不相同，因此它们也是不相同的函数.

二、函数的表示法

由于在各种自然现象或生产过程中，变量之间的相互依赖关系是多种多样的，因此用来描述变量之间相互依赖关系的对应关系也是多种多样的. 在函数的定义中，关于用什么方法表示函数也并未加以限制，通常用以表达函数的方法有表格法、图示法和公式法（解析法）三种.

1. 表格法

表格法就是把自变量 x 与因变量 y 的对应值用表格列出. 例如常用的平方表、对数表、三角函数表等都是用表格法表示的函数.

表格法的优点是有现成的数据，查用起来较为方便，能直接查得自变量对应的函数值；缺点是不便于对函数作理论分析. 它在生产部门和管理部门得到广泛应用，一些科技手册也采用了这种方法.

2. 图示法

把自变量 x 与因变量 y 分别当作直角坐标平面 xOy 内点的横坐标和纵坐标，y 与 x 之间的函数关系就可用该平面内的曲线来表示，这种表示函数的方法称为图示法. 例如，$y=f(x)$ 是定义在区间 $[a,b]$ 上的一个函数. 在平面上取定直角坐标系后，对于区间 $[a,b]$ 上的每一个 x，由 $y=f(x)$ 都可确定平面上一点 $M(x,y)$，当 x 取遍 $[a,b]$ 中所有值时，点 $M(x,y)$ 描出一条平面曲线，称为函数 $y=f(x)$ 的图像，如图 1-10 所示.

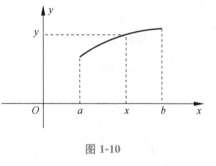

图 1-10

图示法表示函数的优点是直观性强，能借助曲线直观地观察因变量随自变量变化的特性，函数的变化一目了然，并且便于研究函数的几何性质；缺点是不宜运算，因而不便于作精细的理论分析.

3. 公式法（解析法）

把两个变量之间的函数关系直接用公式或数学式子表出，这种表示函数的方法称为公式法. 它是表示函数的基本方法. 前面举例中所出现的各种函数都是用公式法表示的，今后我们所讨论的函数大多数也是用公式法给出的.

用公式法表示函数的优点是能做具体运算，并便于对函数进行理论上的研究，简明准确；缺点是不够直观. 为了克服这个缺点，有时将函数同时用公式法与图示法表示，这样既便于理论上研究，又具有直观性.

然而不是所有的函数都能表示为解析式. 在实际应用中，为了把某种研究课题理论化，有时也采用一定的数学方法，把不能表示为解析式的函数近似地表示为解析式. 如在自然科学和社会科学中,常采用线性化的方法近似地描述某些变量的变化规律.

在应用中,有时混合使用公式法、图示法、表格法来表示函数.

三、分段函数

先看一个实例.

例 10　某运输公司规定每吨货物的运价为:不超过 100 km 者,每千米为 k(元);超过100 km 者,超过部分每千米为 $\frac{4}{5}k$(元),则每吨货物的运价 y(元)与里程 x(km)之间的函数关系为

$$y = \begin{cases} kx, & 0 < x \leqslant 100, \\ 100k + \dfrac{4}{5}k(x-100), & x > 100 \end{cases}$$

在本例中,当自变量 x 在定义域 $(0,+\infty)$ 内的两个不同区间 $(0,100]$ 和 $(100,+\infty)$ 时,分别用两个不同的分析式子表示函数 y.像这样的函数就是分段函数.

一般地,用公式法表示函数时,有时在自变量的不同范围需要用不同的式子来表示一个函数,这种函数称为**分段函数**.应注意,分段函数不能理解为几个不同的函数,而只是用几个解析式合起来表示一个函数.求分段函数的函数值时,要注意自变量的范围.应把自变量的值代入所对应的式子中去计算.

例 11　已知函数

$$y = f(x) = \begin{cases} x^2 + 1, & x > 0, \\ 0, & x = 0, \\ x - 1, & x < 0 \end{cases}$$

求函数值 $f(-3)$、$f(0)$、$f(3)$,并作出函数的图像.

解　因为 $x=-3$ 在 $(-\infty,0)$ 内,
所以 $f(-3)=(x-1)|_{x=-3}=-3-1=-4$.

因为 $x=3$ 在 $(0,+\infty)$ 内,
所以 $f(3)=(x^2+1)|_{x=3}=3^2+1=10$.

因为当 $x=0$ 时,$f(x)=0$,
所以 $f(0)=0$.

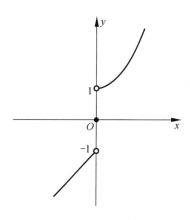

图 1-11

函数的图像如图 1-11 所示.

下面介绍几个常见的分段函数.

例 12　函数

$$y = |x| = \begin{cases} x, & x \geqslant 0, \\ -x, & x < 0 \end{cases}$$

的定义域 $D=(-\infty,+\infty)$,值域 $W=f(D)=[0,+\infty)$.

它的图像如图 1-12 所示,这个函数称为**绝对值函数**.

例 13　函数

$$y = f(x) = \begin{cases} 1, & x > 0, \\ 0, & x = 0, \\ -1, & x < 0 \end{cases}$$

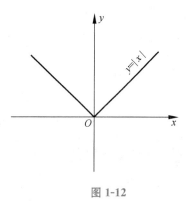

图 1-12

的定义域 $D=(-\infty,+\infty)$,值域 $W=f(D)=\{1,0,-1\}$,这个函数称为**符号函数**,记为 $y=$ sgn x,它的图像如图 1-13 所示.

例 14 函数 $y=[x]$ 称为**取整函数**,其中,x 为任一实数,$[x]$ 表示不超过 x 的最大整数.

例如:$\left[\dfrac{5}{7}\right]=0,[\sqrt{2}]=1,[\pi]=3,[-1]=-1,[-3.5]=-4.$

取整函数的定义域是 $(-\infty,+\infty)$,值域 $W=f(D)=\mathbf{Z}$,它的图像如图 1-14 所示.

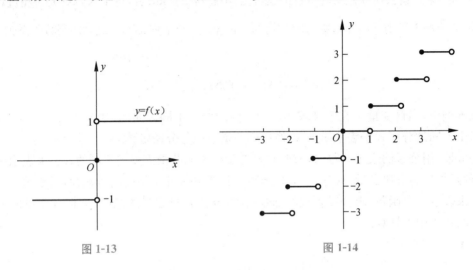

图 1-13　　　　　　　　　　　　　　　　　图 1-14

习题 1-2

(A)

1. 求下列函数的定义域:

(1) $y=\dfrac{2x}{x^2-3x+2}$;　　　　　　(2) $y=-\dfrac{5}{x^2+4}$;

(3) $y=\sqrt{4-x^2}+\dfrac{1}{\sqrt{x^2-1}}$;　　(4) $y=\dfrac{1}{|x|-x}$;

(5) $y=\dfrac{\sqrt{-x}}{2x^2-3x-2}$;　　　　(6) $y=\dfrac{\sqrt{4-x^2}}{\sqrt[3]{x+1}}$.

2. 下列各题中,函数 $f(x)$ 和 $g(x)$ 是否相同? 为什么?

(1) $f(x)=\sqrt{1-\cos^2 x}$,$g(x)=\sin x$;

(2) $f(x)=\dfrac{x^2-1}{x+1}$,$g(x)=x-1$;

(3) $f(x)=x$,$g(x)=e^{\ln x}$;

(4) $f(x)=\sin^2 x+\cos^2 x$,$g(x)=1$;

(5) $f(x)=\sqrt[3]{x}$,$g(x)=\sqrt[6]{x^2}$.

3. 确定函数 $f(x)=\begin{cases}\sqrt{1-x^2}, & |x|\leqslant 1,\\ x^2-1, & 1<x<2\end{cases}$ 的定义域并作出函数的图像.

4. 已知 $f(x)=\dfrac{1-x}{1+x}$，求 $f(-x),f(x+1),f\left(\dfrac{1}{x}\right)$.

5. 已知 $f(x+1)=x^2+3x+5$，求 $f(x),f(x-1)$.

(B)

1. 求下列函数的定义域：

(1) $y=\sqrt{\lg\dfrac{5x-x^2}{4}}$；　　　　　(2) $y=\sqrt{\log_{0.5}(4x^2-3x)}$；

(3) $y=\lg(3x-6)+\dfrac{4}{x-3}$；　　　(4) $y=\sqrt{x+3}+\dfrac{1}{\sqrt{\left(\dfrac{1}{2}\right)^x-4}}$.

2. 设有分段函数 $f(x)=\begin{cases}-x-1, & x\leqslant -1,\\ \sqrt{1-x^2}, & -1<x<1,\\ x-1, & x\geqslant 1.\end{cases}$

求函数值 $f(-2),f\left(\dfrac{1}{2}\right),f(3)$，并作出函数的图像.

3. 若 $f(x)=a^x$，证明：

(1) $f(x)f(y)=f(x+y)$；　　(2) $\dfrac{f(x)}{f(y)}=f(x-y)$.

4. 把函数 $f(x)=(2|x+1|-|3-x|)x$ 表示成分段函数.

5. 设 $f(x)$ 对一切正值 x,y，恒有 $f(x\cdot y)=f(x)+f(y)$，求 $f(x)+f\left(\dfrac{1}{x}\right)$.

§1-3　函数的特性

一、函数的有界性

设函数 $f(x)$ 的定义域为 D，区间 $I\subset D$，如果存在数 P（或 Q），对于一切 $x\in I$，都有 $f(x)\leqslant P$（或 $Q\leqslant f(x)$）成立，则称 $f(x)$ 在区间 I 上**有上界**（或**有下界**），并称 P 是函数 $f(x)$ 在区间 I 上的一个上界（或 Q 是函数 $f(x)$ 在区间 I 上的一个下界）.

例如，函数 $f(x)=\dfrac{1}{x}$ 在 $(0,+\infty)$ 内，恒有 $f(x)=\dfrac{1}{x}>0$，所以函数 $f(x)=\dfrac{1}{x}$ 在 $(0,+\infty)$ 内有下界，0 就是它的一个下界；而对一切 $x\in(-\infty,0)$，都有 $f(x)=\dfrac{1}{x}<0$，因此函数 $f(x)=\dfrac{1}{x}$ 在 $(-\infty,0)$ 内有上界，0 就是它的一个上界.

如果存在正数 M，对于一切 $x\in I$，都有
$$|f(x)|\leqslant M$$
成立，则称函数 $f(x)$ 在区间 I 上**有界**. 否则，称函数 $f(x)$ 在区间 I 上**无界**.

例如，函数 $y=\sin x$ 在区间 $(-\infty,+\infty)$ 内是有界的，这是因为对于一切 $x\in(-\infty,+\infty)$ 都有 $|\sin x|\leqslant 1$，即存在 $M=1$，对于一切 $x\in(-\infty,+\infty)$，都有 $|\sin x|\leqslant M$，而函数 $y=\dfrac{1}{x}$ 在

$(0,1)$内是无界的,因为不存在这样的正数 M,使对于$(0,1)$内的一切 x 值,都有 $\left|\dfrac{1}{x}\right| \leqslant M$ 成

立,即对任意给定的正数 M(设 $M>1$),若取

$x_0 = \dfrac{1}{2M} \in (0,1)$,则有 $\left|\dfrac{1}{x_0}\right| = 2M > M$. 但

$f(x) = \dfrac{1}{x}$ 在$(1,2)$内是有界的,因为对于一切

$x \in (1,2)$,都有 $\left|\dfrac{1}{x}\right| \leqslant 1$.

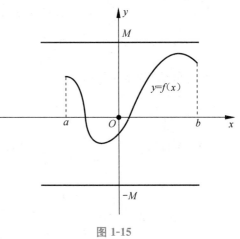

图 1-15

因此,函数是否有界不仅与函数有关,而且
与给定的区间有关.

函数 $f(x)$在区间$[a,b]$上有界的几何意义
是函数 $f(x)$在区间$[a,b]$上的图像位于以两直
线 $y=M$ 与 $y=-M$ 为边界的带形区域之内(见
图 1-15).

容易证明,**函数 $f(x)$在区间 I 上有界的充要条件是函数 $f(x)$在区间 I 上既有上界又有
下界.**

二、函数的单调性

设函数 $f(x)$的定义域为 D,区间 $I \subset D$,x_1,x_2 是 I 上的任意两点,且 $x_1<x_2$,如果恒有
$$f(x_1) < f(x_2) \quad (f(x_1) > f(x_2))$$
成立,则称函数 $f(x)$在区间 I 上是单调增加(单调减少)的.

单调增加和单调减少的函数统称为**单调函数**.

单调增加函数的图像是沿横轴正向上升的(见图 1-16),单调减少函数的图像是沿横轴正
向下降的(见图 1-17).

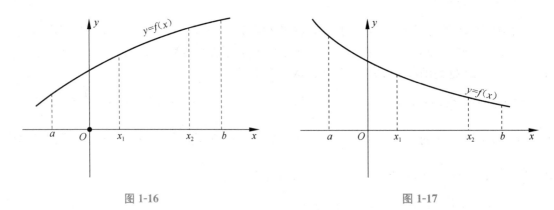

图 1-16   图 1-17

例如函数 $f(x)=x^2$ 在$(-\infty,0)$内是单调减少的,而在$(0,+\infty)$内是单调增加的,在区间
$(-\infty,+\infty)$内函数 $f(x)=x^2$ 不是单调的.

例 1 证明:函数 $f(x)=\dfrac{1}{x^2}$在$(0,+\infty)$内是单调减少的.

证 设 x_1,x_2 是$(0,+\infty)$内的任意两点,且 $0<x_1<x_2$.

因为 $f(x_1)-f(x_2)=\dfrac{1}{x_1^2}-\dfrac{1}{x_2^2}=\dfrac{x_2^2-x_1^2}{x_1^2 x_2^2}$，而 $0<x_1<x_2$，有 $x_1^2<x_2^2$，

所以 $f(x_1)-f(x_2)=\dfrac{x_2^2-x_1^2}{x_1^2 x_2^2}>0$，即 $f(x_1)>f(x_2)$.

故函数 $f(x)=\dfrac{1}{x^2}$ 在 $(0,+\infty)$ 内是单调减少的.

三、函数的奇偶性

设函数 $f(x)$ 的定义域 D 关于原点对称，如果对于任意 $x\in D$，都有

$$f(-x)=f(x)$$

则称函数 $f(x)$ 为**偶函数**；如果对任意 $x\in D$，都有

$$f(-x)=-f(x)$$

则称函数 $f(x)$ 为**奇函数**.

例如，$f(x)=x^2$ 是偶函数，因为 $f(-x)=(-x)^2=x^2=f(x)$；而 $f(x)=x^3$ 是奇函数，因为 $f(-x)=(-x)^3=-x^3=-f(x)$.

偶函数的图像关于 y 轴对称，这是因为，若 $f(x)$ 是偶函数，则 $f(-x)=f(x)$，即如果点 $A(x,f(x))$ 是图像上的点，则点 A 关于 y 轴对称的点 $A'(-x,f(x))$ 也在图像上（见图 1-18）.

奇函数的图像关于原点对称，这是因为，若 $f(x)$ 是奇函数，则 $f(-x)=-f(x)$，即如果点 $A(x,f(x))$ 在图像上，则点 A 关于原点对称的点 $A'(-x,-f(x))$ 也在图像上（见图 1-19）.

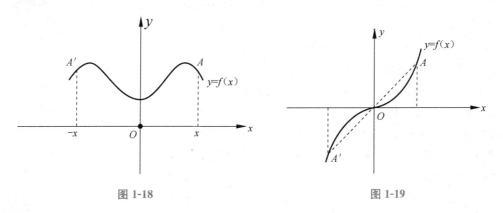

图 1-18   图 1-19

注：并不是任何函数都具有奇偶性，例如 $y=(x+1)^2$，$y=\sin x+x^2$，$y=\mathrm{e}^x$ 等，都既不是奇函数，也不是偶函数.

例 2 判断下列函数的奇偶性：

(1) $f(x)=x\sin x$；   (2) $f(x)=\sin x-\cos x$；

(3) $f(x)=\ln(x+\sqrt{x^2+1})$.

解 (1) 因为 $f(x)$ 的定义域为 $(-\infty,+\infty)$，

且 $f(-x)=(-x)\sin(-x)=x\sin x=f(x)$，

所以 $f(x)$ 是偶函数.

(2) 因为 $f(-x)=\sin(-x)-\cos(-x)=-\sin x-\cos x$，

所以 $f(x)=\sin x-\cos x$ 既不是奇函数也不是偶函数.

(3) 因为 $f(x)$ 的定义域为 $(-\infty, +\infty)$，

且 $f(-x) = \ln(-x + \sqrt{(-x)^2 + 1})$

$$= \ln \frac{(\sqrt{x^2+1} - x) \cdot (\sqrt{x^2+1} + x)}{\sqrt{x^2+1} + x}$$

$$= \ln \frac{1}{x + \sqrt{x^2+1}} = \ln(x + \sqrt{x^2+1})^{-1} = -\ln(x + \sqrt{x^2+1}) = -f(x),$$

所以 $f(x) = \ln(x + \sqrt{x^2+1})$ 是奇函数.

四、函数的周期性

设函数 $f(x)$ 的定义域为 D，如果存在一个不为零的常数 T，使得对于任意 $x \in D$，且 $x \pm T \in D$，恒有

$$f(x \pm T) = f(x)$$

则称函数 $f(x)$ 为**周期函数**，且称 T 为 $f(x)$ 的周期.

显然，如果 $f(x)$ 以 T 为周期，则 nT 也是 $f(x)$ 的周期 $(n = \pm 1, \pm 2, \cdots)$，通常所说的周期是指**最小正周期**.

例如，函数 $\sin x$ 和 $\cos x$ 都是以 2π 为周期的周期函数；而 $\tan x$ 和 $\cot x$ 都是以 π 为周期的周期函数.

对于周期函数，只要知道它在长度为 T 的任一区间 $[a, a+T]$ 上的图像，将这个图像按周期重复下去，就得到这个函数的图像. 因此，讨论周期函数的性质，只需讨论它在一个周期区间内的性质即可.

例3 求函数 $f(x) = \sin \pi x$ 的周期.

解 因为 $\sin x$ 的周期为 2π，

所以 $\sin \pi x = \sin(\pi x + 2\pi) = \sin[\pi(x+2)]$，

即 $f(x) = f(x+2)$.

故 $f(x) = \sin \pi x$ 的周期为 $T = 2$.

例4 求函数 $f(t) = A\sin(\omega t + \varphi)$ 的周期，其中 A, ω, φ 为常数.

解 设所求周期为 T，

由于 $f(t+T) = A\sin[\omega(t+T) + \varphi] = A\sin[(\omega t + \varphi) + \omega T]$，要使 $f(t+T) = f(t)$，即 $A\sin[(\omega t + \varphi) + \omega T] = A\sin(\omega t + \varphi)$ 成立，只须

$$\omega T = 2n\pi (n = 0, \pm 1, \pm 2, \cdots)$$

使 $f(t+T) = f(t)$ 成立的最小正数 $T = \dfrac{2\pi}{\omega} (n=1)$，

故 $f(t) = A\sin(\omega t + \varphi)$ 是以 $\dfrac{2\pi}{\omega}$ 为周期的周期函数.

习题 1-3

(A)

1. 判断下列函数中哪些是奇函数，哪些是偶函数，哪些是非奇非偶函数：

(1) $f(x)=x^4-2x^2$； (2) $f(x)=x-x^2$；

(3) $f(x)=x\cos x$； (4) $f(x)=|x|-2$；

(5) $f(x)=\dfrac{a^x+1}{a^x-1}$； (6) $f(x)=\ln\dfrac{1+x}{1-x}$；

(7) $f(x)=\dfrac{\mathrm{e}^x+\mathrm{e}^{-x}}{2}$； (8) $f(x)=\ln(\sqrt{1+x^2}-x)$.

2. 判断下列函数在指定区间内的单调性：

(1) $y=\lg x, x\in(0,+\infty)$； (2) $y=1+\dfrac{1}{x}, x\in(1,+\infty)$；

(3) $y=\sin x, x\in\left[-\dfrac{\pi}{2},\dfrac{\pi}{2}\right]$； (4) $y=x+\ln x, x\in(0,+\infty)$.

3. 证明，若函数 $f(x)$ 定义在 **R** 上，则 $F(x)=f(x)+f(-x)$ 是偶函数；$G(x)=f(x)-f(-x)$ 是奇函数.

4. 证明，定义在 $(-e,e)$ 内的任意函数 $f(x)$ 能表示成奇函数与偶函数之和.

5. 设函数 $f(x)$ 在 $[-b,b]$ 上是奇函数：

(1) 求证 $f(0)=0$；

(2) 如果 $f(x)$ 在 $[-b,-a](a>0)$ 上单调减少，求证 $f(x)$ 在 $[a,b]$ 上单调减少；

(3) 如果 $f(x)$ 在 $[-b,-a]$ 上单调减少且恒为正，讨论 $[f(x)]^2$ 在 $[a,b]$ 上的单调性.

(B)

1. 判断下列函数的奇偶性：

(1) $y=\dfrac{1}{2}(\mathrm{e}^x+\mathrm{e}^{-x})\sin x$； (2) $y=\operatorname{sgn} x$； (3) $y=|x|\sin\dfrac{1}{x}$；

(4) $y=\begin{cases}1, & x\text{ 为有理数,}\\ 0, & x\text{ 为无理数；}\end{cases}$ (5) $y=\dfrac{\mathrm{e}^x-1}{\mathrm{e}^x+1}$.

2. 指出下列函数在定义区间内是否是有界函数，为什么？

(1) $f(x)=\dfrac{x^2}{1+x^2}$； (2) $f(x)=\dfrac{1}{1+x}$；

(3) $f(x)=\sqrt{2-x^2}$； (4) $\varphi(x)=3\sin\dfrac{x}{2}$.

3. 下列各函数中哪些是周期函数？对周期函数指出其周期.

(1) $y=\cos(\omega x+\theta)(\omega,\theta\text{ 为常数})$； (2) $y=1+\sin\pi x$；

(3) $y=\sin^2 x$； (4) $y=\cos\dfrac{1}{x}$.

4. 证明：如果函数 $f(x)$ 与 $g(x)$ 都是定义在 I 上的周期函数，周期分别是 T_1 与 T_2，且 $\dfrac{T_1}{T_2}=a$，而 a 是有理数，则 $f(x)+g(x)$ 与 $f(x)g(x)$ 都是 I 上的周期函数.

§1-4 反函数

当两个变量之间有着一个确定的函数关系时，究竟哪一个变量是自变量，

反函数

哪一个是因变量,有时并不是固定的. 例如:在自由落体运动中, 如果需要从已知下落的时间 t 来确定下落的路程 s,则 t 是自变量,s 是因变量,它们之间的依赖关系由公式

$$s = \frac{1}{2}gt^2$$

给出,记作 $s = s(t) = \frac{1}{2}gt^2$. 反过来,如果需要由已知下落的路程 s 来确定下落的时间 t,则应从 $t = t(s) = \sqrt{\frac{2s}{t}}$ 中解出 t,得

$$t = \sqrt{\frac{2s}{g}}$$

(这里,因时间 $t > 0$,故舍去负根). 这时,s 成为自变量,t 变为因变量,t 与 s 的依赖关系记作 $t = t(s) = \sqrt{\frac{2s}{g}}$.

像这种从函数 $s = s(t)$ 得到的函数 $t = t(s)$ 称为函数 $s = s(t)$ 的反函数,而 $s = s(t)$ 则称为直接函数. 一般地,关于反函数有下面的定义.

定义　设函数 $y = f(x)$ 的定义域为 D,值域为 W,如果对于任一数值 $y \in W$,通过关系式 $y = f(x)$,在其定义域 D 中,都有唯一确定的 x 值与它对应,这样得到一个定义在 W 上的以 y 为自变量,x 为因变量的新函数,则称此新函数为 $y = f(x)$ 的反函数,记为 $x = f^{-1}(y)$.

相对于函数 $y = f(x)$ 的反函数 $x = f^{-1}(y)$,也称原来的函数 $y = f(x)$ 为直接函数. 由上述反函数的概念可知,反函数的定义域就是直接函数的值域 W,且 $x = f^{-1}(y)$ 与 $y = f(x)$ 互为反函数.

习惯上,仍用 x 表示自变量,用 y 表示因变量,因此,如果把 $x = f^{-1}(y)$ 中的 y 改成 x,x 改成 y,则 $y = f(x)$ 的反函数便可记为 $y = f^{-1}(x)$.

例　求下列函数的反函数:

(1) $y = 2x + 1$;　　　(2) $y = \sqrt[3]{x+2}$.

解　(1) 由 $y = 2x + 1$ 解出 $x = \frac{1}{2}(y-1)$,再把 y 与 x 互换,

即得所求的反函数为 $y = \frac{1}{2}(x-1)$.

(2) 从 $y = \sqrt[3]{x+2}$ 解出 $x = y^3 - 2$,再把 y 与 x 互换,

即得所求的反函数为 $y = x^3 - 2$.

应当注意,由反函数的概念可知,如果函数 $y = f(x)$ 有反函数,则 x 与 y 必定是一一对应的. 因 $y = f(x)$ 作为函数,故对每一个 $x \in D$,必有唯一的 y 与之对应. 同样地,作为它的反函数 $x = f^{-1}(y)$,对于任一 y,必有唯一的 x 与之对应,利用这种关系,不难判断一个函数的反函数是否存在.

例如,函数 $y = x^2$ 的定义域 $D = (-\infty, +\infty)$,值域 $W = [0, +\infty)$,对于任一 $y \in [0, +\infty)$,有两个不同的值:$x = \pm\sqrt{y}$ 与 y 值对应,即 x 与 y 不是一一对应的,所以函数 $y = x^2$ 在 $(-\infty, +\infty)$ 内没有反函数. 但是,如果把 x 限制在 $[0, +\infty)$ 内,则函数 $y = x^2$ 有反函数 $x = \sqrt{y}$,同样地,把 x 限制在 $(-\infty, 0]$ 上,则函数 $y = x^2$ 也有反函数 $x = -\sqrt{y}$.

那么,在什么条件下能保证函数的反函数一定存在呢?

定理 设函数 $y=f(x)$ 的定义域是 D,值域是 W. 如果它在其定义域 D 上是单调增加(或减少)的,则存在反函数 $x=f^{-1}(y)(y\in W)$,且反函数也单调增加(或减少).

(证略)

利用反函数存在定理,我们只需要判别直接函数在所讨论的范围内是否单调,就可确定其反函数是否存在.

例如,函数 $y=e^x$ 在 $(-\infty,+\infty)$ 内是单调增加的,因而它有反函数 $x=\ln y$,记作 $y=\ln x$,且此反函数在 $(0,+\infty)$ 内也是单调增加的.

下面来研究反函数图形,先看一个例子.

设直接函数为 $y=e^x$,则它的反函数为 $x=\ln y$,在同一个直角坐标系下,$y=e^x$ 与 $x=\ln y$ 的图形是同一条曲线. 但是,如果把反函数记作 $y=\ln x$,则直接函数 $y=e^x$ 与它的反函数 $y=\ln x$ 的图形就不是同一条曲线,它们关于直线 $y=x$ 对称(见图 1-20).

一般地,直接函数 $y=f(x)$ 与它的反函数 $x=f^{-1}(y)$ 是变量 x 和 y 的同一方程,所以在同一个直角坐标系中,它们的图形是同一条曲线. 如果把 $x=f^{-1}(y)$ 改成 $y=f^{-1}(x)$,则直接函数 $y=f(x)$ 与反函数 $y=f^{-1}(x)$ 的图形是关于直线 $y=x$ 对称的. 事实上,若设 $M(x_0,y_0)$ 是 $y=f(x)$ 图形上的点,则 $N(y_0,x_0)$ 便是 $y=f^{-1}(x)$ 图形上的点;反之,若 $N(y_0,x_0)$ 是 $y=f^{-1}(x)$ 图形上的点,则 $M(x_0,y_0)$ 是 $y=f(x)$ 图形上的点,且点 $M(x_0,y_0)$ 与 $N(y_0,x_0)$ 是关于直线 $y=x$ 对称的(见图 1-21).

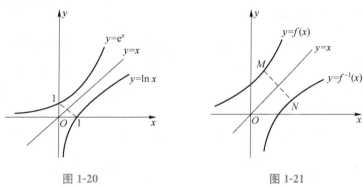

图 1-20　　　　　　　图 1-21

习题 1-4

(A)

求下列函数的反函数及其定义域:

(1) $y=3x+2$;　　　　　(2) $y=\dfrac{x+2}{x-2}$;

(3) $y=x^3+2$;　　　　　(4) $y=1+\lg(x+2)$.

(B)

求下列函数在指定区间的反函数:

(1) $y=\dfrac{2x+1}{3x-2}$,$x\neq\dfrac{2}{3}$;

(2) $y=\begin{cases} x, & x\in(-\infty,1), \\ x^2, & x\in[1,4], \\ 2^x, & x\in(4,+\infty); \end{cases}$

(3) $y=\dfrac{1}{2}(e^x+e^{-x}), x\in[0,+\infty]$;

(4) $y=\dfrac{1}{2}(e^x-e^{-x}), x\in \mathbf{R}$.

§1-5 基本初等函数

基本初等函数

常数函数、幂函数、指数函数、对数函数、三角函数和反三角函数这六类函数统称为**基本初等函数**. 它是今后研究各种函数的基础,这些函数在中学阶段已经学过. 为了便于今后熟练地应用,作为复习,现将这六类函数的定义、定义域、主要性质及图像概括如下:

一、常数函数 $y=C(C$ 为常数$)$

定义域为 $(-\infty,+\infty)$,值域为 $\{C\}$,图像过点 $(0,C)$,且垂直于 y 轴的直线.

二、幂函数 $y=x^{\alpha}(\alpha$ 为实数$)$

由幂 x^{α} 所确定的函数 $y=x^{\alpha}(\alpha$ 为实数$)$称为**幂函数**,其中,x 称为幂的底数,常数 α 称为幂的指数. 它的定义域与 α 值有关,但不论 α 取什么值,幂函数 $y=x^{\alpha}$ 在 $(0,+\infty)$ 内总是有定义的. 例如,当 $\alpha=3$ 时,$y=x^3$ 的定义域是 $(-\infty,+\infty)$;当 $\alpha=\dfrac{1}{2}$ 时,$y=x^{\frac{1}{2}}=\sqrt{x}$ 的定义域是 $[0,+\infty)$;当 $\alpha=-1$ 时,$y=\dfrac{1}{x}$ 的定义域是 $(-\infty,0)\bigcup(0,+\infty)$;当 $\alpha=-\dfrac{1}{2}$ 时,$y=\dfrac{1}{\sqrt{x}}$ 的定义域是 $(0,+\infty)$.

$y=x^{\alpha}$ 的图像过点 $(1,1)$,$\alpha=1,2,3,\dfrac{1}{2},-1$ 是最常见的幂函数,它们的图像如图 1-22 所示.

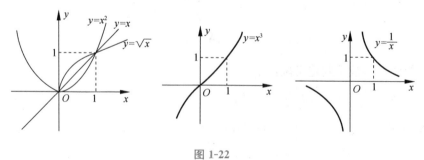

图 1-22

三、指数函数

由指数式 a^x 所确定的函数 $y=a^x(a$ 是常数,且 $a>0,a\neq1)$称为以 a 为底的**指数函数**. 它的定义域是$(-\infty,+\infty)$,值域是$(0,+\infty)$,它的图像过点$(0,1)$,且在 x 轴的上方.

当底数 $a>1$ 时,$y=a^x$ 是单调增加的;当 $0<a<1$ 时,$y=a^x$ 是单调减少的,$y=a^x$ 以 x 轴为渐近线.(见图 1-23)

工程中常用以无理数 $e=2.718\ 281\ 8\cdots$为底的指数函数记作 $y=e^x$.

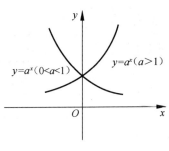

图 1-23

对于指数有如下的运算性质:

(1) $a^0=1(a\neq 0)$;

(2) $a^{-n}=\dfrac{1}{a^n}(a\neq 0,n\in \mathbf{N})$;

(3) $a^{\frac{m}{n}}=\sqrt[n]{a^m}(a\neq 0,n,m\in \mathbf{N})$;

(4) $a^{-\frac{m}{n}}=\dfrac{1}{\sqrt[n]{a^m}}(a\neq 0,n,m\in \mathbf{N})$;

(5) $a^\alpha \cdot a^\beta=a^{\alpha+\beta}$;

(6) $\dfrac{a^\alpha}{a^\beta}=a^{\alpha-\beta}$;

(7) $(a^\alpha)^\beta=a^{\alpha\beta}$;

(8) $(ab)^\alpha=a^\alpha b^\alpha$;

(9) $\left(\dfrac{a}{b}\right)^\alpha=\dfrac{a^\alpha}{b^\alpha}$.

四、对数函数

函数 $y=\log_a x$(a 是常数,且 $a>0,a\neq 1$)称为**以 a 为底的对数函数**,它的定义域是 $(0,+\infty)$(见图 1-24),对数函数 $y=\log_a x$ 与指数函数 $y=a^x$ 互为反函数,它们的图形在同一直角坐标系内关于直线 $y=x$ 对称.

根据对数的定义及指数的运算法则,得到如下的对数运算性质:($a>0$ 且 $a\neq 1,M>0,N>0$)

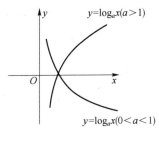

图 1-24

(1) $a^b=N\Leftrightarrow\log_a N=b$;

(2) $\log_a 1=0,\log_a a=1$;

(3) 对数恒等式

$$a^{\log_a N}=N,\quad \log_a a^b=b$$
$$\log_{10}N=\lg N,\quad \log_e N=\ln N$$

(4) $\log_a(MN)=\log_a M+\log_a N$;

(5) $\log_a\left(\dfrac{M}{N}\right)=\log_a M-\log_a N$;

(6) $\log_a M^n=n\log_a M(n\in \mathbf{R})$;

(7) $\log_a \sqrt[n]{M^p}=\dfrac{p}{n}\log_a M$;

(8) $\log_a M=\dfrac{\log_b M}{\log_b a}$.

对数函数的图像与性质如表 1-2 所示.

表 1-2

定义域	$(0,+\infty)$
值　域	$(-\infty,+\infty)$
单调性	$a>1$ 时单调增加,$0<a<1$ 时单调减少
其他性质	图像都过点$(1,0)$
图　像	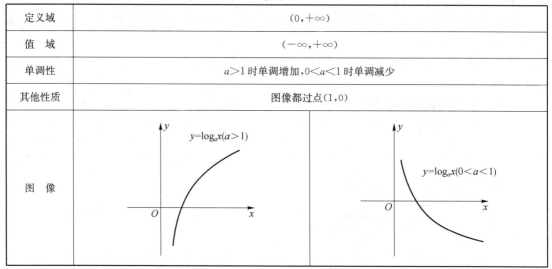

例 1 求函数 $y=\lg(x^2-5x+6)$ 的定义域.

解 要使函数 $y=\lg(x^2-5x+6)$ 有意义,则有

$$x^2-5x+6>0$$

解得 $x<2$ 或 $x>3$.

所以,函数 $y=\lg(x^2-5x+6)$ 的定义域为 $(-\infty,2)\bigcup(3,+\infty)$.

例 2 设 $\lg(x^2+1)+\lg(y^2+4)=\lg 8+\lg x+\lg y$,求 x,y 的值.

解 由对数运算法则,得

$$\lg[(x^2+1)(y^2+4)]=\lg(8xy)$$

即

$$(x^2+1)(y^2+4)=8xy$$

$$x^2y^2+4x^2+y^2+4=8xy$$

$$(x^2y^2-4xy+4)+(4x^2-4xy+y^2)=0$$

$$(xy-2)^2+(2x-y)^2=0$$

所以

$$\begin{cases} xy-2=0, \\ 2x-y=0 \end{cases}$$

解此方程组,得

$$\begin{cases} x=1, \\ y=2; \end{cases} \quad \begin{cases} x=-1, \\ y=-2 \end{cases}(\text{不合题意})$$

故所求的值为 $x=1,y=2$.

五、三角函数

(一)三角函数概念

在平面直角坐标系中,设 $P(x,y)$ 是角 α 的终边上的任意一点,且该点到原点距离为 $r(r=\sqrt{x^2+y^2}>0)$,那么 $\sin\alpha=\dfrac{y}{r}$,$\cos\alpha=\dfrac{x}{r}$,$\tan\alpha=\dfrac{y}{x}$,$\cot\alpha=\dfrac{x}{y}$,$\sec\alpha=\dfrac{r}{x}$,$\csc\alpha=\dfrac{r}{y}$分

别叫作角 α 的正弦、余弦、正切、余切、正割、余割（见图 1-25）.

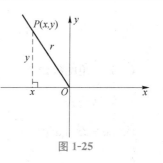

图 1-25

这些比值对于角 α 的每一个确定的值都有唯一确定的值和它对应,所以这些比值都是角 α 的函数,这些函数统称为角 α 的三角函数.

根据上述的概念及任意点 P 的坐标 x,y 随 α 而变化的情形可得到如下的结果:

1. 特殊角的三角函数值(见表 1-3)

表 1-3

α	$0°$	$30°$	$45°$	$60°$	$90°$	$180°$	$270°$	$360°$
$\sin\alpha$	0	$\dfrac{1}{2}$	$\dfrac{\sqrt{2}}{2}$	$\dfrac{\sqrt{3}}{2}$	1	0	-1	0
$\cos\alpha$	1	$\dfrac{\sqrt{3}}{2}$	$\dfrac{\sqrt{2}}{2}$	$\dfrac{1}{2}$	0	-1	0	1
$\tan\alpha$	0	$\dfrac{\sqrt{3}}{3}$	1	$\sqrt{3}$	不存在	0	不存在	0
$\cot\alpha$	不存在	$\sqrt{3}$	1	$\dfrac{\sqrt{3}}{3}$	0	不存在	0	不存在

2. 三角函数值在各象限的符号(见图 1-26)

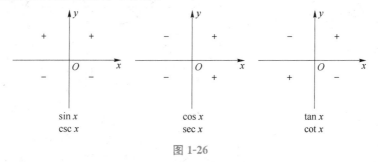

图 1-26

3. 同角的三角函数关系

平方关系: $\sin^2\alpha+\cos^2\alpha=1$, $\tan^2\alpha+1=\sec^2\alpha$, $\cot^2\alpha+1=\csc^2\alpha$.

倒数关系: $\sin\alpha\cdot\csc\alpha=1$, $\cos\alpha\cdot\sec\alpha=1$, $\tan\alpha\cdot\cot\alpha=1$.

商数关系: $\tan\alpha=\dfrac{\sin\alpha}{\cos\alpha}$, $\cot\alpha=\dfrac{\cos\alpha}{\sin\alpha}$.

4. 诱导公式($k\in\mathbf{Z}$)

$\sin(\alpha+2k\pi)=\sin\alpha$,　　　　　$\cos(\alpha+2k\pi)=\cos\alpha$,

$\sin[\alpha+(2k+1)\pi]=-\sin\alpha$,　　$\cos[\alpha+(2k+1)\pi]=-\cos\alpha$,

$\tan(\alpha+k\pi)=\tan\alpha$,　　　　　$\cot(\alpha+k\pi)=\cot\alpha$,

$\sin(-\alpha)=-\sin\alpha$,　　　　　　$\cos(-\alpha)=\cos\alpha$,

$\tan(-\alpha)=-\tan\alpha$,　　　　　　$\cot(-\alpha)=-\cot\alpha$,

$\sin\left(\alpha+\dfrac{\pi}{2}\right)=\cos\alpha$,　　　$\cos\left(\alpha+\dfrac{\pi}{2}\right)=-\sin\alpha$,

$$\tan\left(\alpha+\frac{\pi}{2}\right)=-\cot\alpha, \qquad \cot\left(\alpha+\frac{\pi}{2}\right)=-\tan\alpha.$$

(二) 三角函数公式

1. 倍角公式

$$\sin 2\alpha=2\sin\alpha\cos\alpha, \qquad \tan 2\alpha=\frac{2\tan\alpha}{1-\tan^2\alpha};$$

$$\cos 2\alpha=\cos^2\alpha-\sin^2\alpha=2\cos^2\alpha-1=1-2\sin^2\alpha.$$

2. 半角公式

$$\sin^2\frac{\alpha}{2}=\frac{1-\cos\alpha}{2}, \cos^2\frac{\alpha}{2}=\frac{1+\cos\alpha}{2};$$

$$\tan^2\frac{\alpha}{2}=\frac{1-\cos\alpha}{\sin\alpha}=\frac{\sin\alpha}{1+\cos\alpha}.$$

(三) 三角函数的图像(见图 1-27 ~图 1-32)

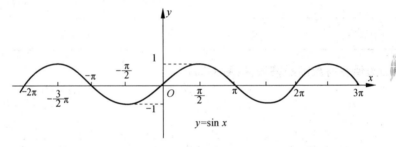

图 1-27

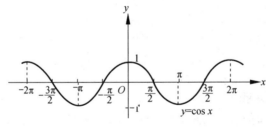

图 1-28

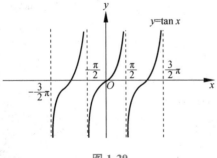

图 1-29

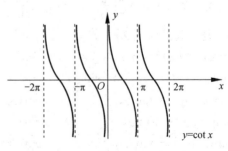

图 1-30

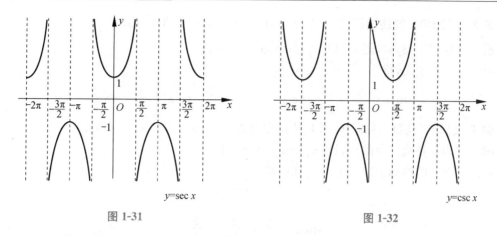

图 1-31　　　　　　　　　　　　图 1-32

（四）三角函数的性质

1. $y=\sin x$ 与 $y=\cos x$ 的性质（见表 1-4）

表 1-4

函数	$y=\sin x$	$y=\cos x$
定义域	一切实数	一切实数
值域	$-1\leqslant y\leqslant 1$	$-1\leqslant y\leqslant 1$
单调性	在区间 $\left[-\dfrac{\pi}{2}+2k\pi,\dfrac{\pi}{2}+2k\pi\right]$ 递增 在区间 $\left[\dfrac{\pi}{2}+2k\pi,\dfrac{3\pi}{2}+2k\pi\right]$ 递减 $(k\in\mathbf{Z})$	在区间 $[(2k-1)\pi,2k\pi]$ 递增 在区间 $[2k\pi,(2k+1)\pi]$ 递减 $(k\in\mathbf{Z})$
奇偶性	奇函数	偶函数
周期性	$\sin(x+2\pi)=\sin x, T=2\pi$	$\cos(x+2\pi)=\cos x, T=2\pi$

2. $y=\tan x$ 与 $y=\cot x$ 的性质（见表 1-5）

表 1-5

函数	$y=\tan x$	$y=\cot x$
定义域	$x\neq k\pi+\dfrac{\pi}{2}(k\in\mathbf{Z})$	$x\neq k\pi(k\in\mathbf{Z})$
值域	一切实数	一切实数
单调性	在每个开区间 $\left(-\dfrac{\pi}{2}+k\pi,\dfrac{\pi}{2}+k\pi\right)(k\in\mathbf{Z})$ 递增	在每个开区间 $(k\pi,k\pi+\pi)(k\in\mathbf{Z})$ 递减
奇偶性	奇函数	奇函数
周期性	$\tan(x+\pi)=\tan x, T=\pi$	$\cot(x+\pi)=\cot x, T=\pi$

3. $y=\sec x$ 与 $y=\csc x$ 的性质（见表 1-6）

表 1-6

函数	$y=\sec x$	$y=\csc x$
定义域	$x\neq k\pi+\dfrac{\pi}{2}(k\in\mathbf{Z})$	$x\neq k\pi(k\in\mathbf{Z})$
值域	$\lvert y\rvert\geqslant 1$	$\lvert y\rvert\geqslant 1$
单调性	在开区间 $\left(2k\pi,\dfrac{\pi}{2}+2k\pi\right)\cup\left(\dfrac{\pi}{2}+2k\pi,\pi+2k\pi\right)$ $(k\in\mathbf{Z})$ 递增，在开区间 $\left(-\dfrac{\pi}{2}+2k\pi,2k\pi\right)\cup\left(\pi+2k\pi,\dfrac{3\pi}{2}+2k\pi\right)(k\in\mathbf{Z})$ 递减	在开区间 $\left(\dfrac{\pi}{2}+2k\pi,\pi+2k\pi\right)\cup\left(\pi+2k\pi,\dfrac{3\pi}{2}+2k\pi\right)$ $(k\in\mathbf{Z})$ 递增，在开区间 $\left(2k\pi,\dfrac{\pi}{2}+2k\pi\right)\cup\left(\dfrac{3\pi}{2}+2k\pi,2\pi+2k\pi\right)(k\in\mathbf{Z})$ 递减
奇偶性	偶函数	奇函数
周期性	$\sec(x+2\pi)=\sec x, T=2\pi$	$\csc(x+2\pi)=\csc x, T=2\pi$

例 3　已知角 α 的终边经过点 $P(-3,4)$，求 $\sin\alpha$，$\cos\alpha$ 和 $\tan\alpha$.

解　已知 $P(-3,4)$，则 $r=OP=\sqrt{(-3)^2+4^2}=5$.

由三角函数定义，得

$$\sin\alpha=\frac{y}{r}=\frac{4}{5}, \cos\alpha=\frac{x}{r}=-\frac{3}{5}, \tan\alpha=\frac{y}{x}=-\frac{4}{3}$$

例 4　已知 α 是第二象限角，并且终边在直线 $y=-x$ 上，求 $\sin\alpha$ 和 $\tan\alpha$.

解　因为 α 是第二象限角且终边在线 $y=-x$ 上，

所以可在 α 的终边上取点 $P(-1,1)$，则

$$r=\sqrt{(-1)^2+1^2}=\sqrt{2}$$

$$\sin\alpha=\frac{y}{r}=\frac{1}{\sqrt{2}}=\frac{\sqrt{2}}{2}$$

$$\tan\alpha=\frac{y}{x}=\frac{1}{-1}=-1$$

例 5　根据 $\cos\theta>0$，且 $\sin2\theta<0$，确定 θ 是第几象限的角.

解　因为 $\cos\theta>0$，所以 θ 是第一或第四象限的角或终边在 x 轴的正半轴上，

又因为 $\sin2\theta=2\sin\theta\cos\theta<0$，$\cos\theta>0$，

所以 $\sin\theta<0$，所以 θ 是第三或第四象限的角或终边在 y 轴的负半轴上，

所以 θ 是第四象限的角.

例 6　已知 $\tan\alpha=-\frac{15}{8}$，求 α 的其他三角函数值.

解　因为 $\tan\alpha<0$，所以 α 可能在第二、第四象限，

当 α 在第二象限时，

$$\cot\alpha=\frac{1}{\tan\alpha}=-\frac{8}{15}$$

$$\sec\alpha=-\sqrt{1+\tan^2\alpha}=-\sqrt{1+\left(-\frac{15}{8}\right)^2}=-\frac{17}{8}$$

$$\cos\alpha=\frac{1}{\sec\alpha}=-\frac{8}{17}$$

$$\sin\alpha=\cos\alpha\cdot\tan\alpha=\left(-\frac{8}{17}\right)\times\left(-\frac{15}{8}\right)=\frac{15}{17}$$

$$\csc\alpha=\frac{1}{\sin\alpha}=\frac{17}{15}$$

当 α 在第四象限时，

$$\cot\alpha=-\frac{8}{15}; \sec\alpha=\frac{17}{8}; \cos\alpha=\frac{8}{17}; \sin\alpha=-\frac{15}{17}; \csc\alpha=-\frac{17}{15}$$

例 7　已知 $\tan\alpha=2$，求：

(1) $\sin^2\alpha$；　　(2) $\sin^2\alpha-\cos^2\alpha$；　　(3) $\dfrac{\sin\alpha+\cos\alpha}{\sin\alpha-\cos\alpha}$.

解　(1) 由题意有 $\begin{cases}\sin^2\alpha+\cos^2\alpha=1,　① \\ \dfrac{\sin\alpha}{\cos\alpha}=2.　　② \end{cases}$

由式②得 $\sin\alpha=2\cos\alpha$,代入式①整理 $5\cos^2\alpha=1$.

$$\cos^2\alpha=\frac{1}{5},\sin^2\alpha=1-\cos^2\alpha=1-\frac{1}{5}=\frac{4}{5}$$

(2) $\sin^2\alpha-\cos^2\alpha=\dfrac{\sin^2\alpha-\cos^2\alpha}{\sin^2\alpha+\cos^2\alpha}=\dfrac{\tan^2\alpha-1}{\tan^2\alpha+1}=\dfrac{2^2-1}{2^2+1}=\dfrac{3}{5}$;

(3) $\dfrac{\sin\alpha+\cos\alpha}{\sin\alpha-\cos\alpha}=\dfrac{\dfrac{\sin\alpha}{\cos\alpha}+\dfrac{\cos\alpha}{\cos\alpha}}{\dfrac{\sin\alpha}{\cos\alpha}-\dfrac{\cos\alpha}{\cos\alpha}}=\dfrac{\tan\alpha+1}{\tan\alpha-1}=\dfrac{2+1}{2-1}=3$.

六、反三角函数

1. 反正弦函数

从正弦函数 $y=\sin x$ 的图像(见图 1-33)上可以看出,对于 x 在定义域$(-\infty,+\infty)$内的每一个值,y 都在$[-1,1]$上有唯一确定的值和它对应,例如,对 $x=\dfrac{\pi}{6}$,有 $y=\sin\dfrac{\pi}{6}=\dfrac{1}{2}$ 和它对应;反过来,对于 y 在 $[-1,1]$上的每一个值,x 有无穷多个值和它对应,例如,对于 $y=\dfrac{1}{2}$,x 有 $\dfrac{\pi}{6},\dfrac{5\pi}{6},\cdots$无穷多个值和它对应.

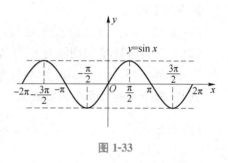

图 1-33

由此可见,对于 y 在$[-1,1]$上的每一个值,没有唯一确定的 x 值和它对应,因此 $y=\sin x$ 在区间$(-\infty,+\infty)$内没有反函数. 但由图 1-34 可以看到,正弦函数 $y=\sin x$ 在单调区间 $\left[-\dfrac{\pi}{2},\dfrac{\pi}{2}\right]$上,对于 x 的每个值,$y=\sin x$ 在$[-1,1]$上都有唯一的值和 x 对应;反过来,对于 y 在$[-1,1]$上的每一个值,x 在 $\left[-\dfrac{\pi}{2},\dfrac{\pi}{2}\right]$上也有唯一的值和 y 对应. 所以,函数 $y=\sin x$ 在区间 $\left[-\dfrac{\pi}{2},\dfrac{\pi}{2}\right]$上有反函数.

定义 函数 $y=\sin x,x\in\left[-\dfrac{\pi}{2},\dfrac{\pi}{2}\right]$的反函数叫作**反正弦函数**.

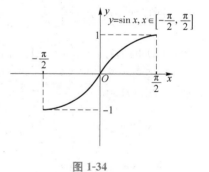

图 1-34

记作

$$x=\arcsin y$$

习惯上用字母 x 表示自变量,用 y 表示因变量,所以反正弦函数可以写成

$$y=\arcsin x,x\in[-1,1]$$

它的值域是 $\left[-\dfrac{\pi}{2},\dfrac{\pi}{2}\right]$.

例如,当 $x=\dfrac{1}{2}$时,$y=\arcsin\dfrac{1}{2}=\dfrac{\pi}{6}$,即

$$\sin\left(\arcsin\dfrac{1}{2}\right)=\sin\dfrac{\pi}{6}=\dfrac{1}{2}$$

一般地,根据反正弦函数的定义,可以得到

$$\sin(\arcsin x) = x$$

其中，$x \in [-1,1]$，$\arcsin x \in \left[-\dfrac{\pi}{2}, \dfrac{\pi}{2}\right]$.

下面我们来研究反正弦函数的图像和性质.

根据互为反函数的图像和性质，容易知道，反正弦函数 $y = \arcsin x$ 的图像与正弦函数 $y = \sin x$ 在区间 $\left[-\dfrac{\pi}{2}, \dfrac{\pi}{2}\right]$ 上的图像关于直线 $y = x$ 对称，如图 1-35 所示.

从图像上可以看出反正弦函数 $y = \arcsin x$，$x \in [-1,1]$.

还有如下性质：

(1) 它在区间 $[-1,1]$ 上是增函数；

(2) 它是奇函数，它的图像关于原点成中心对称. 即

$$\arcsin(-x) = -\arcsin x, x \in [-1,1].$$

例 8 求下列各反正弦函数的值：

(1) $\arcsin \dfrac{\sqrt{2}}{2}$；　　　　(2) $\arcsin\left(-\dfrac{\sqrt{3}}{2}\right)$；

(3) $\arcsin(-1)$；　　　　(4) $\arcsin\left(-\dfrac{1}{2}\right)$.

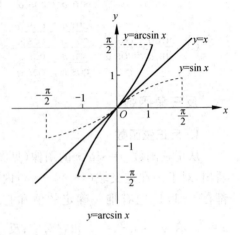

$y = \arcsin x$

图 1-35

解　(1) 因为在 $\left[-\dfrac{\pi}{2}, \dfrac{\pi}{2}\right]$ 上，$\sin \dfrac{\pi}{4} = \dfrac{\sqrt{2}}{2}$，

所以 $\arcsin \dfrac{\sqrt{2}}{2} = \dfrac{\pi}{4}$.

(2) 因为在 $\left[-\dfrac{\pi}{2}, \dfrac{\pi}{2}\right]$ 上，$\sin\left(-\dfrac{\pi}{3}\right) = -\dfrac{\sqrt{3}}{2}$，

所以 $\arcsin\left(-\dfrac{\sqrt{3}}{2}\right) = -\dfrac{\pi}{3}$.

(3) 因为在 $\left[-\dfrac{\pi}{2}, \dfrac{\pi}{2}\right]$ 上，$\sin\left(-\dfrac{\pi}{2}\right) = -1$，

所以 $\arcsin(-1) = -\dfrac{\pi}{2}$.

(4) 因为在 $\left[-\dfrac{\pi}{2}, \dfrac{\pi}{2}\right]$ 上，$\sin\left(-\dfrac{\pi}{6}\right) = -\dfrac{1}{2}$，

所以 $\arcsin\left(-\dfrac{1}{2}\right) = -\dfrac{\pi}{6}$.

例 9 求下列各式的值：

(1) $\sin\left(\arcsin \dfrac{2}{3}\right)$；　　　(2) $\sin\left[\arcsin\left(-\dfrac{1}{2}\right)\right]$.

解　(1) 因为 $\dfrac{2}{3} \in [-1,1]$，　所以 $\sin\left(\arcsin \dfrac{2}{3}\right) = \dfrac{2}{3}$.

(2) 因为 $-\dfrac{1}{2} \in [-1,1]$，所以 $\sin\left[\arcsin\left(-\dfrac{1}{2}\right)\right] = -\dfrac{1}{2}$.

2. 反余弦函数

从余弦函数的图像(见图 1-36)同样可以看到:

余弦函数 $y=\cos x$ 在区间 $(-\infty,+\infty)$ 内不存在反函数,但在单调区间 $[0,\pi]$ 上,对于 x 的每一个值,$y=\cos x$ 在 $[-1,1]$ 上有唯一的值和 x 对应;反过来,对于 y 在 $[-1,1]$ 上的每一个值,在 $[0,\pi]$ 上也有唯一的 x 值和 y 对应,所以函数 $y=\cos x$ 在区间 $x\in[0,\pi]$ 上有反函数.

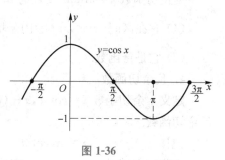

图 1-36

定义　余弦函数 $y=\cos x,x\in[0,\pi]$ 的反函数叫作**反余弦函数**.

记作
$$y=\arccos x,x\in[-1,1]$$

它的值域是 $[0,\pi]$.

我们知道 $x=\dfrac{1}{2}$,$y=\arccos \dfrac{1}{2}=\dfrac{\pi}{3}$,

所以 $\cos\left(\arccos \dfrac{1}{2}\right)=\cos \dfrac{\pi}{3}=\dfrac{1}{2}$.

即
$$\cos\left(\arccos \dfrac{1}{2}\right)=\dfrac{1}{2}$$

一般地,根据反余弦函数的定义,可以得到
$$\cos(\arccos x)=x$$
其中,$x\in[-1,1]$,$\arccos x\in[0,\pi]$.

根据互为反函数的图像和性质,反余弦函数 $y=\arccos x$ 的图像(见图 1-37)与余弦函数 $y=\cos x$ 在区间 $[0,\pi]$ 上的图像关于直线 $y=x$ 对称.

从图像上可以看出反余弦函数 $y=\arccos x,x\in[-1,1]$.

还有如下性质:

(1) 它在区间 $[-1,1]$ 上是减函数;

(2) 它既不是奇函数,也不是偶函数

3. 反正切函数

定义　正切函数 $y=\tan x,x\in\left(-\dfrac{\pi}{2},\dfrac{\pi}{2}\right)$ 的反函数叫作**反正切函数**.

记作
$$y=\arctan x$$

它的定义域是 $(-\infty,+\infty)$,它的值域是 $\left(-\dfrac{\pi}{2},\dfrac{\pi}{2}\right)$.

它的图像如图 1-38 所示.

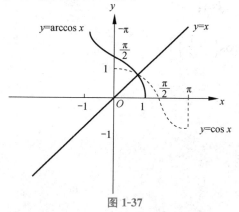

图 1-37

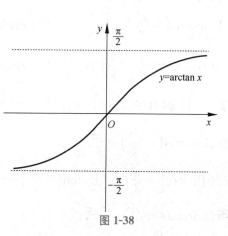

图 1-38

反正切函数 $y=\arctan x$ 还有如下性质：

(1) 它在区间 $(-\infty,+\infty)$ 内是增函数,它的值域是 $\left(-\dfrac{\pi}{2},\dfrac{\pi}{2}\right)$;

(2) 它是奇函数.

4. 反余切函数

定义 余切函数 $y=\cot x, x\in(0,\pi)$ 的反函数叫作**反余切函数**.

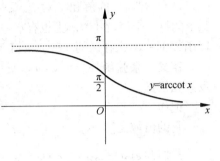

图 1-39

记作 $\qquad y=\text{arccot } x$

它的定义域是 $(-\infty,+\infty)$,它的值域是 $(0,\pi)$.

它的图像如图 1-39 所示.

反余切函数 $y=\text{arccot } x$ 还有如下性质：

(1) 它在区间 $(-\infty,+\infty)$ 内是减函数,它的值域是 $(0,\pi)$;

(2) 它既不是奇函数,也不是偶函数.

反正弦函数 $y=\arcsin x$,反余弦函数 $y=\arccos x$,反正切函数 $y=\arctan x$,反余切函数 $y=\text{arccot } x$ **统称为反三角函数**.

它们的性质概括如表 1-7 所示.

表 1-7

函数	$y=\arcsin x$	$y=\arccos x$	$y=\arctan x$	$y=\text{arccot } x$
定义域	$x\in[-1,1]$	$x\in[-1,1]$	一切实数	一切实数
值域	$y\in\left[-\dfrac{\pi}{2},\dfrac{\pi}{2}\right]$	$y\in[0,\pi]$	$y\in\left(-\dfrac{\pi}{2},\dfrac{\pi}{2}\right)$	$y\in(0,\pi)$
性质	(1) 增函数; (2) $\sin(\arcsin x)=x$; (3) $\arcsin(\sin y)=y$; (4) $\arcsin(-x)=$ $-\arcsin x(-1\leqslant x\leqslant 1,$ $-\dfrac{\pi}{2}\leqslant y\leqslant\dfrac{\pi}{2})$	(1) 减函数; (2) $\cos(\arccos x)=x$; (3) $\arccos(\cos y)=y$; (4) $\arccos(-x)=\pi-$ $\arccos x(-1\leqslant x\leqslant 1,0\leqslant$ $y\leqslant\pi)$	(1) 增函数; (2) $\tan(\arctan x)=x$; (3) $\arctan(\tan y)=y$; (4) $\arctan(-x)=$ $-\arctan x\left(-\dfrac{\pi}{2}<y<\dfrac{\pi}{2}\right)$	(1) 减函数; (2) $\cot(\text{arccot } x)=x$; (3) $\text{arccot}(\cot y)=y$; (4) $\text{arccot}(-x)=\pi-$ $\text{arccot } x(0<y<\pi)$

例 10 求下列各值：

(1) $\arccos\left(-\dfrac{\sqrt{2}}{2}\right)$; (2) $\arctan(-\sqrt{3})$;

(3) $\cos\left[\arccos\left(-\dfrac{\sqrt{2}}{3}\right)\right]$; (4) $\sin\left[\arccos\left(-\dfrac{1}{2}\right)\right]$.

解 (1) 因为在 $[0,\pi]$ 上,$\cos\dfrac{3\pi}{4}=-\dfrac{\sqrt{2}}{2}$,

所以 $\arccos\left(-\dfrac{\sqrt{2}}{2}\right)=\dfrac{3\pi}{4}$.

(2) 因为在 $\left[-\dfrac{\pi}{2},\dfrac{\pi}{2}\right]$ 上,$\tan\left(-\dfrac{\pi}{3}\right)=-\sqrt{3}$,

所以 $\arctan(-\sqrt{3})=-\dfrac{\pi}{3}$.

（3）因为 $-\dfrac{\sqrt{2}}{3} \in [-1,1]$，

所以 $\cos\left[\arccos\left(-\dfrac{\sqrt{2}}{3}\right)\right] = -\dfrac{\sqrt{2}}{3}$.

（4）$\sin\left[\arccos\left(-\dfrac{1}{2}\right)\right] = \sin\dfrac{2\pi}{3} = \dfrac{\sqrt{3}}{2}$.

例 11 求函数 $y = \arcsin\dfrac{1+x^2}{5}$ 的定义域.

解 要使函数 $y = \arcsin\dfrac{1+x^2}{5}$ 有意义，则有

$$-1 \leqslant \dfrac{1+x^2}{5} \leqslant 1$$

即

$$-5 \leqslant 1+x^2 \leqslant 5$$
$$-2 \leqslant x \leqslant 2$$

所以，函数 $y = \arcsin\dfrac{1+x^2}{5}$ 的定义域为 $[-2,2]$.

习题 1-5

（A）

1. 求下列函数的定义域：

　　（1）$y = \ln(\ln x)$；　　　　　　　　（2）$y = 2^{\frac{1}{x-1}}$；

　　（3）$y = 3\arccos(2-3x)$；　　　　　（4）$y = \arctan(1-x)$.

2. 计算下列各式的值：

　　（1）$(\log_4 3 + \log_8 3)(\log_3 2 + \log_9 2) - \log_2 \sqrt[4]{32}$；

　　（2）$\dfrac{1}{2}\lg 25 + \lg 2 - \lg\sqrt{0.1} - \log_2 9 \cdot \log_3 2$；

　　（3）$\log_3 4 \cdot \log_4 5 \cdot \log_5 6 \cdot \log_6 7 \cdot \log_7 8 \cdot \log_8 9$；

　　（4）$\sin\dfrac{25\pi}{6} + \cos\dfrac{25\pi}{3} + \tan\left(-\dfrac{25\pi}{4}\right)$.

3. 设 $\cos\alpha = -\dfrac{3}{5}$，而 $\dfrac{\pi}{2} < \alpha < \pi$，分别求 $\sin\left(\alpha - \dfrac{\pi}{6}\right)$ 和 $\cos\left(\alpha - \dfrac{\pi}{3}\right)$.

4. 设 $\cos(\alpha+\beta) = -\dfrac{1}{5}$，$\cos(\alpha-\beta) = \dfrac{4}{5}$，分别求 $\cos\alpha\cos\beta$ 和 $\sin\alpha\sin\beta$ 的值.

5. 求函数 $y = \log_2(x^2 + 4x - 12)$ 的单调区间.

6. 已知 $f(\sin^2 x) = \cos 2x + \tan^2 x$，$0 < x < 1$，求 $f(x)$.

7. 设函数 $f(x)$ 在 $(-\infty, +\infty)$ 内有定义，$f(0) \neq 0$，$f(x \cdot y) = f(x) \cdot f(y)$，试求 $f(2\,009)$ 的值.

（B）

1. 求下列函数的定义域：

　　（1）$y = \arcsin[x(x-2)]$；　　　　　　（2）$y = \sqrt{\arcsin\dfrac{1}{x}}$.

・32・   一元函数微积分

2. 求下列各式的值:

(1) $\cos\left(\arccos\dfrac{\sqrt{6}}{3}\right)$;

(2) $\cos\left[\arcsin\left(-\dfrac{\sqrt{2}}{2}\right)\right]$.

3. 已知 $\sin\alpha+\cos\alpha=\sqrt{2}$,求 $\tan\alpha+\cot\alpha$.

§1-6　复合函数与初等函数

一、复合函数

1. 复合函数的概念

在实际问题中,经常遇到这样一种函数,两个变量之间的函数关系不是直接的,而是通过另外其他一些变量的复合关系联系起来的. 例如,

在物理学中,质量为 m 的物体,自由下落时的动能为

$$E = f(v) = \frac{1}{2}mv^{2} \tag{1}$$

而

$$v = \varphi(t) = gt \tag{2}$$

因此,要考察动能 E 随时间 t 变化的规律,可将式(2)代入式(1),得到动能 E 关于时间 t 的函数,即

$$E = f(v) = f[\varphi(t)] = \frac{1}{2}m(gt)^{2}$$

在数学上,像这种由函数套函数而得到的函数称为**复合函数**.

定义 1　若函数 $u=\varphi(x)$ 定义在 D_x,其值域为 W_φ,又函数 $y=f(u)$ 定义在 D_u 上,且 $D_u\bigcap W_\varphi\neq\varnothing$,则 y 可通过变量 u 而定义在 D_x 上关于 x 的函数,这样的函数叫作 $u=\varphi(x)$ 与 $y=f(u)$ 的**复合函数**,记为 $y=f[\varphi(x)]$,x 是自变量,u 称为中间变量,$u=\varphi(x)$ 称为**内层函数**,$y=f(u)$ 称为**外层函数**.

例如,函数 $y=\cos^2 x$ 是由 $y=u^2$,$u=\cos x$ 复合而成的复合函数,这个复合函数的定义域为 $(-\infty,+\infty)$,它也是 $u=\cos x$ 的定义域. 又例如,函数 $y=\sqrt{1-x^2}$ 是由 $y=\sqrt{u}$,$u=1-x^2$ 复合而成的,这个复合函数的定义域为 $[-1,1]$,它只是 $u=1-x^2$ 的定义域的一部分. 函数 $y=\sqrt{u}$ 的定义域是 $[0,+\infty)$,这应是函数 $u=1-x^2$ 的值域,即应满足 $1-x^2\geqslant0$,由此得 $-1\leqslant x\leqslant1$,显然对一切 $x\in[-1,1]$,函数 $u=1-x^2$ 的值域即为函数 $y=\sqrt{u}$ 的定义域. 但一般来说,内层函数的值域不必等于外层函数的定义域,只要交集是非空即可.

必须注意,并不是任何两个函数都可以复合成一个复合函数. 例如,$y=\sqrt{u}$ 与 $u=-x^2-1$ 就不能复合成一个复合函数. 因为对于 $u=-x^2-1$ 的定义域 $(-\infty,+\infty)$ 内任何 x 值所对应的 u 值都在函数 $y=\sqrt{u}$ 的定义域之外,不能使 $y=\sqrt{u}$ 有意义.

另外,复合函数的中间变量,可以不止一个,有的复合函数由两个或多个中间变量复

合而成.

例如,若函数 $y=\sqrt{u}$, $u=\cos v$, $v=\dfrac{x}{2}$,则可得复合函数

$$y=\sqrt{\cos\dfrac{x}{2}}$$

这里有 u 和 v 两个中间变量.

例 1　判断下列各题所给函数能否构成复合函数. 如能构成,求出复合函数及定义域.

(1) $y=\sin u$, $u=\sqrt{x}$;　　　　　(2) $y=\sqrt{u}$, $u=\arcsin x$;

(3) $y=\log_a u$, $u=-\sqrt{x^2+1}$;　　(4) $y=u^2$, $u=\cos v$, $v=x+1$.

解　(1) 因为 $u=\sqrt{x}$ 的值域 $[0,+\infty)$ 全部包含在 $y=\sin u$ 的定义域 $(-\infty,+\infty)$ 内,

所以 $y=\sin u$, $u=\sqrt{x}$ 能构成复合函数 $y=\sin\sqrt{x}$ 且它的定义是 $[0,+\infty)$.

(2) 因为 $u=\arcsin x$ 的值域 $\left[-\dfrac{\pi}{2},\dfrac{\pi}{2}\right]$ 有部分包含在 $y=\sqrt{u}$ 的定义域 $[0,+\infty)$ 内,

所以 $y=\sqrt{u}$, $u=\arcsin x$ 能构成复合函数 $y=\sqrt{\arcsin x}$ 且它的定义域是 $[0,1]$.

(3) 因为 $u=-\sqrt{x^2+1}$ 的值域 $(-\infty,-1]$ 全部不包含在 $y=\log_a u$ 的定义域 $(0,+\infty)$ 内,

所以 $y=\log_a u$, $u=-\sqrt{x^2+1}$ 不能构成复合函数.

(4) 因为 $v=x+1$ 的值域 $(-\infty,+\infty)$ 全部包含在 $u=\cos v$ 的定义域 $(-\infty,+\infty)$ 内,又 $u=\cos v$ 的值域 $[-1,1]$ 也全部包含在 $y=u^2$ 的定义域 $(-\infty,+\infty)$ 内,

所以 $y=u^2$, $u=\cos v$, $v=x+1$ 能构成复合函数 $y=\cos^2(x+1)$ 且它的定义域是 $(-\infty,+\infty)$.

例 2　设 $f(x)=x^2$, $g(x)=2^x$,求 $f[g(x)]$, $g[f(x)]$.

解　$f[g(x)]=f(2^x)=(2^x)^2=4^x$.

　　$g[f(x)]=g(x^2)=2^{x^2}$.

例 3　已知 $f(x)=\dfrac{1}{1-x}$,求 $f\{f[f(x)]\}$.

解　$f\{f[f(x)]\}=f\left[f\left(\dfrac{1}{1-x}\right)\right]=f\left(\dfrac{1}{1-\dfrac{1}{1-x}}\right)$

$$=f\left(\dfrac{x-1}{x}\right)=\dfrac{1}{1-\dfrac{x-1}{x}}=x.$$

例 4　设 $f(x)=\begin{cases}0, & x\leqslant 0 \\ x, & x>0;\end{cases}$ $g(x)=\begin{cases}x, & x\leqslant 0 \\ -x^2, & x>0.\end{cases}$ 求 $g[f(x)]$.

解　因为 $g(x)=\begin{cases}x, & x\leqslant 0 \\ -x^2, & x>0,\end{cases}$

所以 $g[f(x)]=\begin{cases}f(x), & f(x)\leqslant 0 \\ -[f(x)]^2, & f(x)>0.\end{cases}$

而当 $x>0$ 时, $f(x)=x>0$;当 $x\leqslant 0$ 时, $f(x)=0$;

所以 $g[f(x)] = \begin{cases} 0, & x \leqslant 0, \\ -x^2, & x > 0. \end{cases}$

例 5 设函数 $f(x)$ 的定义域为 $(0,1)$，求函数 $f(\lg x)$ 的定义域.

解 因为 $f(x)$ 的定义域为 $(0,1)$，

所以 $0 < \lg x < 1$，解得 $1 < x < 10$.

故函数 $f(\lg x)$ 的定义域为 $(1,10)$.

例 6 已知函数 $f(3-2x)$ 的定义域为 $[-1,2]$，求函数 $f(x)$ 的定义域.

解 因为 $f(3-2x)$ 的定义域为 $[-1,2]$，

所以 $-1 \leqslant x \leqslant 2$，由此得 $-1 \leqslant 3-2x \leqslant 5$.

故函数 $f(x)$ 的定义域为 $[-1,5]$.

例 7 已知函数 $f(2x+1)$ 的定义域为 $[0,2]$，求函数 $f(1-3x)$ 的定义域.

解 因为 $f(2x+1)$ 的定义域为 $[0,2]$，

所以 $0 \leqslant x \leqslant 2$，由此得 $1 \leqslant 2x+1 \leqslant 5$.

所以也有 $1 \leqslant 1-3x \leqslant 5$，解得 $-\dfrac{4}{3} \leqslant x \leqslant 0$.

故函数 $f(1-3x)$ 的定义域为 $\left[-\dfrac{4}{3}, 0\right]$.

2. 复合函数的分解

从上面的讨论可以看到，在一定条件下，由几个简单的函数可以复合成复合函数. 反过来，一个比较复杂的函数也可以通过适当地引进中间变量，分解为几个简单函数，把它看作是由这些简单函数复合而成的. 这里所讲的"**简单函数**"，一般是指基本初等函数或由不同基本初等函数经有限次的四则运算而得到的函数.

把一个复合函数分成不同层次的简单函数，叫作**复合函数的分解**. 合理分解复合函数，在微积分中有着十分重要的意义. 分解的步骤是从外向内，评判分解合理与否的准则是：观察各层函数是否为简单函数.

例如函数 $y = \sin^2 x$ 可由 $y = u^2$，$u = \sin x$ 复合而成，函数 $y = a^{3x^2}$ 可由 $y = a^u$，$u = 3x^2$ 复合而成.

把复合函数分解成几个简单函数的复合，有利于今后学习复合函数的求导.

例 8 分析下列函数由哪些简单函数复合而成：

(1) $y = e^{\cos(3x-1)}$；   (2) $y = \ln \sin \sqrt{x}$；

(3) $y = \sin^3(2x+1)$；   (4) $y = \sqrt[3]{\cos(2x-3)}$.

解 (1) 函数 $y = e^{\cos(3x-1)}$ 由 $y = e^u$，$u = \cos v$，$v = 3x-1$ 复合而成；

(2) 函数 $y = \ln \sin \sqrt{x}$ 由 $y = \ln u$，$u = \sin v$，$v = \sqrt{x}$ 复合而成；

(3) 函数 $y = \sin^3(2x+1)$ 由 $y = u^3$，$u = \sin v$，$v = 2x+1$ 复合而成；

(4) 函数 $y = \sqrt[3]{\cos(2x-3)}$ 由 $y = \sqrt[3]{u}$，$u = \cos v$，$v = 2x-3$ 复合而成.

例 9 设 $u = g(x)$ 在区间 (a,b) 内是减函数，其值域为 (c,d)，又函数 $y = f(u)$ 在区间 (c,d) 内是减函数，试研究复合函数 $y = f[g(x)]$ 在区间 (a,b) 内是增函数.

解 在区间(a,b)内任取两个数 x_1,x_2,使 $a<x_1<x_2<b$.

因为 $u=g(x)$ 在区间(a,b)内为减函数,所以 $g(x_1)>g(x_2)$.

记 $u_1=g(x_1),u_2=g(x_2)$,即 $u_1>u_2$,且 $u_1,u_2\in(c,d)$.

又因为 $y=f(u)$ 在区间(c,d)内为减函数,

所以 $f(u_1)<f(u_2)$,即 $f[g(x_1)]<f[g(x_2)]$.

故 $y=f[g(x)]$ 在区间(a,b)内是增函数.

复合函数的单调性是由两个函数决定的,一般我们有下列结论(见表1-8).

表 1-8

$u=g(x)$	单调增加	单调增加	单调减少	单调减少
$y=f(u)$	单调增加	单调减少	单调增加	单调减少
$y=f[g(x)]$	单调增加	单调减少	单调减少	单调增加

例 10 讨论函数 $y=\log_{\frac{1}{2}}(3x^2-2x-1)$ 的单调性.

解 由 $3x^2-2x-1>0$,得函数 $y=\log_{\frac{1}{2}}(3x^2-2x-1)$ 的定义域为

$$\left(-\infty,-\frac{1}{3}\right)\cup(1,+\infty)$$

因为 $y=\log_{\frac{1}{2}}(3x^2-2x-1)$ 由 $y=\log_{\frac{1}{2}}u,u=3x^2-2x-1$ 复合而成. 而 $y=\log_{\frac{1}{2}}u$ 在$(0,+\infty)$内单调减少,$u=3x^2-2x-1$ 在$(1,+\infty)$内单调增加,在$\left(-\infty,-\frac{1}{3}\right)$内单调减少.

所以 $y=\log_{\frac{1}{2}}(3x^2-2x-1)$ 在区间$(1,+\infty)$内单调减少,在区间$\left(-\infty,-\frac{1}{3}\right)$内单调增加.

二、初等函数

由基本初等函数经过有限次的四则运算或有限次的复合运算而得到,且用一个解析式表示的函数,称为**初等函数**.

例如 $y=3x^2-1,y=\sin\frac{1}{x}$ 都是初等函数.

如果一个函数必须用几个式子表示(如分段函数),例如

$$y=\begin{cases}x^2+1,&-1<x\leqslant 2,\\ x^2-3,&2<x\leqslant 4\end{cases}$$

就不是初等函数,即为非初等函数. 一般来说,**分段函数是非初等函数**.

习题 1-6

(A)

1. 下列各题中,求所给函数复合而成的复合函数:

(1) $y=u^2,u=\sin x$;

(2) $y=\sqrt{u},u=1+x^2$;

(3) $y=e^u, u=x^2+1$;

(4) $y=u^2, u=e^v, v=\sin x$.

2. 下列函数可以看作由哪些简单函数复合而成?

(1) $y=\cos(2x+1)$;

(2) $y=e^{-x^2}$;

(3) $y=e^{\sin^2 x}$;

(4) $y=(1+\ln x)^5$;

(5) $y=\sqrt{\ln\sqrt{x}}$;

(6) $y=\arcsin[\lg(2x+1)]$;

(7) $y=[\lg(\arccos x^3)]^2$.

3. 已知 $f(x)=\begin{cases} x+1, & x>0, \\ \pi, & x=0, \\ 0, & x<0. \end{cases}$ 求 $f\{f[f(\pi)]\}$.

4. 已知 $f(x)=x^3-x, \varphi(x)=\sin 2x$, 求 $f[\varphi(x)], \varphi[f(x)]$.

5. 已知 $f(x+1)=x^2-3x+2$, 求 $f(x)$.

6. 已知 $f\left(x+\dfrac{1}{x}\right)=x^2+\dfrac{1}{x^2}$, 求 $f(x)$.

7. 已知函数 $f(x)$ 的定义域为 $[0,1]$, 求函数 $f(x^2)$ 的定义域.

8. 已知函数 $f(3-2x)$ 的定义域为 $[-3,3]$, 求函数 $f(x)$ 的定义域.

9. 已知函数 $f(2^x)$ 的定义域为 $[-1,1]$, 求函数 $f(\log_{\frac{1}{2}} x)$ 的定义域.

10. 讨论函数 $y=\log_2(x^2-2x-3)$ 的单调性.

11. 下列函数中哪些是初等函数? 哪些是非初等函数?

(1) $y=e-x^2+\sin 2x$;

(2) $y=\sqrt{x}+\ln(2-10x)$;

(3) $y=\begin{cases} -1, & x\geqslant 0, \\ 3, & x<0; \end{cases}$

(4) $y=\begin{cases} x+1, & -1\leqslant x\leqslant 0, \\ -2x+1, & 0<x<1; \end{cases}$

(5) $y=a_0+a_1 x+a_2 x^2+\cdots+a_n x^n+\cdots$.

(B)

1. 已知 $f(x)=\begin{cases} x^2, & x>0, \\ 2, & x=0, \\ 0, & x<0. \end{cases}$ 求 $f(4)$ 和 $f\{f[f(-3)]\}$.

2. 设 $f(\sin x)=\cos 2x+1$, 求 $f(\cos x)$.

3. 设 $f(x)=\dfrac{x}{\sqrt{1-x^2}}$, 求 $\underbrace{f\{f[\cdots f(x)]\}}_{n次}$.

4. 讨论函数 $y=0.8^{x^2-4x+3}$ 的单调性.

5. 已知函数 $f(x)=\dfrac{1}{x+1}$，求函数 $f[f(x)]$ 的定义域.

6. 求函数 $y=\sqrt{x^2+x-6}$ 的单调区间.

7. 若函数 $f(x)$ 与 $g(x)$ 都是奇函数，证明 $f[g(x)]$ 与 $g[f(x)]$ 都是奇函数.

8. 证明：若函数 $f(x),g(x),h(x)$ 都是单调增加的，且 $f(x)\leqslant g(x)\leqslant h(x)$，则 $f[f(x)]\leqslant g[g(x)]\leqslant h[h(x)]$.

复习题一

第一章学习指导

(A)

1. 与函数 $y=x$ 有相同图像的函数是（   ）.

   A. $y=(\sqrt{x})^2$ B. $y=\sqrt{x^2}$ C. $y=\dfrac{x^2}{x}$ D. $y=\sqrt[3]{x^3}$

2. 下列等式成立的是（   ）.

   A. $(x-\sqrt{3})^0=1,x\in\mathbf{R}$ B. $x^{-\frac{1}{3}}=-\sqrt[3]{x},x\in\mathbf{R}$

   C. $\sqrt[4]{x^3+y^3}=(x+y)^{\frac{3}{4}}$，$x,y\in\mathbf{R}$ D. $\sqrt{a\sqrt{a\sqrt{a}}}=a^{\frac{7}{8}},a\geqslant 0$

3. 化简 $\sqrt{(\pi-4)^2}+\sqrt[3]{(\pi-5)^3}$ 的结果是（   ）.

   A. $2\pi-9$ B. $9-2\pi$ C. -1 D. 1

4. 函数 $y=\dfrac{\sqrt{2-x}}{2x^2-3x-2}$ 的定义域为（   ）.

   A. $(-\infty,2]$ B. $(-\infty,1]$

   C. $\left(-\infty,-\dfrac{1}{2}\right)\cup\left(-\dfrac{1}{2},2\right]$ D. $\left(-\infty,-\dfrac{1}{2}\right)\cup\left(-\dfrac{1}{2},2\right)$

5. 函数 $f(x)$ 有反函数，下列命题为真命题的是（   ）.

   A. 若 $f(x)$ 在 $[a,b]$ 上是增函数，则 $y=f^{-1}(x)$ 在 $[a,b]$ 上也是增函数

   B. 若 $f(x)$ 在 $[a,b]$ 上是增函数，则 $y=f^{-1}(x)$ 在 $[a,b]$ 上是减函数

   C. 若 $f(x)$ 在 $[a,b]$ 上是增函数，则 $y=f^{-1}(x)$ 在 $[f(a),f(b)]$ 上是增函数

   D. 若 $f(x)$ 在 $[a,b]$ 上是增函数，则 $y=f^{-1}(x)$ 在 $[f(a),f(b)]$ 上是减函数

6. 已知 $f(x)=\begin{cases}x^2, & x>0,\\ \pi, & x=0,\\ 0, & x<0.\end{cases}$ 则 $f\{f[f(-2)]\}$ 的值是（   ）.

   A. 0 B. π C. π^2 D. 4

7. 设 $f(x)=\dfrac{1}{1-x}$，则 $f\{f[f(x)]\}$ 的解析式为（   ）.

   A. $\dfrac{1}{1-x}$ B. $\dfrac{1}{(1-x)^3}$ C. $-x$ D. x

8. 若函数 $f(x)=\dfrac{1}{1+x}$，那么函数 $f[f(x)]$ 的定义域是（   ）.

   A. $x\neq 1$ B. $x\neq -2$

C. $x \neq -1$ 且 $x \neq -2$ D. $x \neq -1$ 或 $x \neq -2$

9. 已知 $f(x+1)$ 的定义域为 $[-2,3]$，则 $f(2x-1)$ 的定义域是(   ).

    A. $\left[0, \frac{5}{2}\right]$ B. $[-1,4]$ C. $[-5,5]$ D. $[-3,7]$

10. 若 $f(x)=|x|, x \in \mathbf{R}$，则下列说法正确的是(   ).

    A. $f(x)$ 是奇函数   B. $f(x)$ 的奇偶性无法确定

    C. $f(x)$ 是非奇非偶函数   D. $f(x)$ 是偶函数

11. 函数 $y=\ln(1-2x)$ 的定义域是_____.

12. 方程 $\log_3(2x-1)=1$ 的解 $x=$_____.

13. 函数 $y=\dfrac{2^x}{2^x+1}$ 的值域是_____.

14. 函数 $y=\sqrt{x^2-1}\,(x \leqslant -1)$ 的反函数是_____.

15. $\log_2(4^7 \times 2^5)+\log_2 6-\log_2 3=$_____.

16. 已知 $f(x)$ 满足 $2f(x)+f\left(\dfrac{1}{x}\right)=3x$，求 $f(x)$.

17. 求函数 $y=\log_3(x^2-2x)$ 的单调区间.

18. 已知函数 $f(x)=\dfrac{2^x-1}{2^x+1}$，

    (1) 求 $f(x)$ 的定义域 D；

    (2) 判断 $f(x)$ 的奇偶性；

    (3) 证明 $f(x)$ 在 D 上是增函数.

19. 把下列函数分解为几个简单函数的复合：

    (1) $y=\sqrt{\arctan(x^2+1)}$；   (2) $y=\lg\left(\dfrac{1-\sin^2 x}{1+\sin^2 x}\right)^{\frac{1}{3}}$.

20. 建造一个容积为 $8\ \mathrm{m}^3$，深为 $2\ \mathrm{m}$ 的长方体无盖水池，如果池底和池壁的造价分别为 120 元/m^2 和 80 元/m^2，求总造价 y 关于底面一边长 x 的函数关系.

(B)

1. 下列判断正确的是(   ).

    A. 函数 $f(x)=\dfrac{x^2-2x}{x-2}$ 是奇函数   B. $f(x)=(1-x)\sqrt{\dfrac{1+x}{1-x}}$ 是偶函数

    C. 函数 $f(x)=x+\sqrt{x^2-1}$ 是非奇非偶函数   D. $f(x)=1$ 既是奇函数又是偶函数

2. 若 $F(x)=f(x)-\dfrac{1}{f(x)}$，且 $x=\ln f(x)$，则 $F(x)$(   ).

    A. 是奇函数且是增函数   B. 是奇函数且是减函数

    C. 是偶函数且是增函数   D. 是偶函数且是减函数

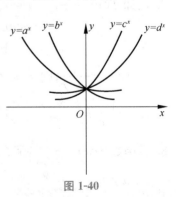

3. a,b,c,d 都是不等于 1 的正数，$y=a^x, y=b^x, y=c^x, y=d^x$ 在同一坐标系中的图像如图 $1\text{-}40$ 所示，则 a,b,c,d 的大小顺序是(   ).

    A. $b<a<d<c$ B. $a<b<d<c$

    C. $a<b<c<d$ D. $b<a<c<d$

图 1-40

4. 不等式 $\log_{x+3}(x^2-x-6)>\log_{x+3}(2-3x)$ 的解集是_____.

5. 函数 $y=\log_{\frac{1}{2}}(x^2-3x+2)$ 的递增区间是_____.

6. 函数 $f(x)=x|x|$ 的反函数是_____.

7. 函数 $f(x)=ax^2-\sqrt{2}\,(a>0)$，如果 $f[f(\sqrt{2})]=-\sqrt{2}$，则 $a=$_____.

8. 下面的函数对 $f(x)$ 与 $\varphi(x)$ 是否是同一个函数？请说明理由. 在任何区间内它们都是相同的吗？

    (1) $f(x)=\sqrt{x}\,\sqrt{x-1}$，$\varphi(x)=\sqrt{x(x-1)}$；

    (2) $f(x)=x$，$\varphi(x)=\sqrt{x^2}$；

    (3) $f(x)=\lg(x-1)+\lg(x-2)$，$\varphi(x)=\lg[(x-1)(x-2)]$；

    (4) $f(x)=x$，$\varphi(x)=(\sqrt{x})^2$.

9. 函数 $y=\begin{cases}-2x, & x\in[0,+\infty), \\ x^2-1, & x\in(-\infty,0)\end{cases}$ 是否存在反函数？若存在，请求出来；若不存在，请说明理由.

10. 求下列函数的反函数：

    (1) $y=\dfrac{2^x}{2^x+1}$；   (2) $y=\log_a(x+\sqrt{x^2+1})$；

    (3) $y=\begin{cases}x, & -\infty<x<1, \\ x^2, & 1\leqslant x\leqslant 4, \\ 2^x, & 4<x<+\infty.\end{cases}$

11. 作函数 $y=x^2-|2x-1|$ 的图像.

12. 求下列各式的值：

    (1) $\dfrac{a^{3x}+a^{-3x}}{a^x+a^{-x}}$（设 $a^{2x}=5$）；

    (2) $\lg\left(\dfrac{\cos 30°}{\sin 60°-\sin 45°}-\dfrac{\sin 45°}{\cos 30°+\cos 45°}\right)+\lg 2$.

13. 求证：$\dfrac{\sin\theta+\cos\theta}{\sin\theta-\cos\theta}-\dfrac{1+2\cos^2\theta}{\cos^2\theta(\tan^2\theta-1)}=\dfrac{2}{1+\tan\theta}$.

 **课外阅读**

天才在于积累，聪明在于勤奋
——自学成才的华罗庚

  华罗庚既是国际著名的数学家，又是一位伟大的爱国主义者.1950年他响应祖国的召唤，毅然从美国回到北京，投身于社会主义建设事业并作出了重大贡献，1979年他加入了中国共产党.1985年6月12日在访日作学术报告时，他的心脏病复发，倒在讲台上，没能再醒过来，一颗科学界的巨星陨落.党和国家对他的一生作了高度的评价.

  华罗庚于1910年11月12日出生于江苏省金坛县（今为金坛市）一个贫苦家庭，1924年，他初中毕业，因家境贫寒没能升高中，为学点本事养家糊口，考取了上海中华职业学校学习会计.后又因家庭经济窘困交不起学费，不得不放弃还差一个学期就毕业的机会，离开了学校，在其父经营的小杂货铺里帮工当学徒.渴望学习的他，只能利用业余时间刻苦自学数学.1928年，他在金坛初中任会计兼事务.这一年金坛发生了流行瘟疫，华罗庚的母亲染病过世了，他本人染病卧床半年，病虽痊愈，但留下了终身残疾——左腿瘸了.1929年，他开始在上海《科学》杂志发表论文.1930年他19岁时写的论文《苏家驹之代数五次方程式解法不能成立的理由》一文受到清华大学数学系主任熊庆来先生的赞赏，并邀他到清华大学边工作边进修.到清华大学后，他更加勤奋！四年中打下了坚实的数学基础，自学了英文、法文和德文.同期，他仅数论这一分支就写了十几篇高水平的论文，成为轰动世界的青年数学家，同时从管理员升为助教，再晋升为讲师.1936年他作为访问学者，到英国剑桥大学工作并深造.1937年抗日战争爆发，华罗庚闻讯回到祖国，因成绩卓著，于1938年受聘为昆明西南联合大学教授.在当时，生活条件极为艰苦，他白天教学，晚上柴油灯下孜孜不倦地从事研究工作.著名的《堆垒素数论》就是在这样的条件下写成的.1945年，他应苏联科学院邀请赴苏旅行和讲学，受到热烈欢迎.1946年秋，他应美国普林斯顿高等研究院邀请任研究员，并在普林斯顿大学执教，后被伊利诺伊大学聘任为终身教授.中华人民共和国刚成立，他毫不犹豫地放弃了在美国优越的生活和工作条件，携妇将雏，于1950年乘船回国.在横渡太平洋的航船上，他致信留美学生："梁园虽好，非久居之乡，归去来兮！为了抉择真理，我们应当回去；为了国家民族，我们应当回去；为了为人民服务，我们应当回去！"回国后，他担任我国科学界诸多重要职务，领导着中国数学研究、教学与普及工作，为国家的数学事业作出了巨大贡献.他的足迹遍布中国20个省市厂矿企业，普及推广"统筹法"和"优选法"，取得了很好的经济效益，产生了深远的影响.

  回顾他的一生，只有一张初中文凭，却成为蜚声中外的杰出科学家，靠什么？华罗庚从不迷信天才，他说："天才在于积累，聪明在于勤奋."他就靠刻苦自学、靠勤奋的钻研，给人类留下了近300篇学术论文和多种学术专著，还写了10多种科普读物，在报刊上发表了不少介绍治学经验和体会的文章.他在晚年已有很高的声望和地位，但仍手不释卷，顽强地读和写，他说："树老易空，人老易松，科学之道，戒之以空，戒之以松，我愿一辈子从实而终.""发白才知智叟呆，埋头苦干向未来，勤能补拙是良训，一分辛苦一分才."这是留给我们的多么宝贵的精神财富啊！

  华罗庚对中国数学发展所作出的巨大贡献，中华儿女世代铭记.他爱祖国、爱人民的赤胆忠心，永远鼓舞着中华儿女.他历进拼搏的科学精神永远激励着后人.

函数极限

新的数学方法和概念,常常比解决数学问题本身更重要.

——华罗庚

极限是研究变量变化趋势的重要工具. 极限的方法是人们从有限中认识无限、从近似中认识精确、从量变中认识质变的一种数学方法. 它是微积分学的理论基础和研究工具. 微积分学中其他的一些重要概念,如连续、导数、定积分等,都是用极限来描述的,所以,掌握极限概念和极限运算是非常重要的. 本章主要用精确的数学语言,首先讨论数列的极限,然后讨论函数的极限,并在此基础上讨论无穷小、无穷大等内容.

§2-1 预备知识

本节将简单地介绍学习本章内容需要掌握的数列知识.

一、数列相关知识

(一) 数列的概念

定义 1 按照一定顺序排列的一列数 $a_1, a_2, \cdots, a_n, \cdots$ 叫作数列,记作 $\{a_n\}$,其中的每一个数叫作数列的项,a_1 称为数列的第一项;a_n 称为数列的第 n 项,也叫作数列的通项. 如果一个数列的第 n 项 a_n 和 n 之间的函数关系可以用一个公式来表示,则把这个数学式子叫作数列的通项公式,由数列通项公式的定义可知,数列的通项是以正整数集的子集为其定义域的函数,因此,通项可记作 $a_n = f(n)(n \in \mathbf{N})$.

数列分为有穷数列和无穷数列,下文研究的是无穷数列,下文提到的"数列"都是指无穷数列.

(二) 等差数列及其求和公式

定义 2 一般地,如果一个数列从第二项起,每一项与它的前一项的差都等于同一个常数,那么这个数列叫作等差数列,这个常数叫作等差数列的公差,公差通常用字母 d 表示.

如果已知第一项和公差,则等差数列 $\{a_n\}$ 的通项公式可表示为

$$a_n = a_1 + (n-1)d$$

等差数列 $\{a_n\}$ 的前 n 项和公式为

$$S_n = a_1 + a_2 + a_3 + \cdots + a_n = \frac{n(a_1 + a_n)}{2}$$

由等差数列的通项公式 $a_n = a_1 + (n-1)d$,以上求和公式又可以写为

$$S_n = na_1 + \frac{n(n-1)}{2}d$$

(三) 等比数列及其求和公式

定义 3　一般地,如果一个数列从第二项起,每一项与它前一项的比都等于同一个常数,那么这个数列叫作等比数列,这个常数叫作等比数列的公比,公比通常用字母 q 表示.

等比数列 $\{a_n\}$ 的通项公式是

$$a_n = a_1 q^{n-1}$$

当 $q \neq 1$ 时,等比数列 $\{a_n\}$ 的前 n 项和

$$S_n = a_1 + a_2 + a_3 + \cdots + a_n = a_1 + a_1 q + a_1 q^2 + \cdots + a_1 q^{n-1}$$

等比数列 $\{a_n\}$ 的前 n 项和公式为

$$S_n = \frac{a_1(1-q^n)}{1-q} = \frac{a_1 - a_n q}{1-q}, q \neq 1$$

当 $q = 1$ 时,等比数列 $\{a_n\}$ 的前 n 项和 $S_n = na_1$.

(四) 数列的求和方法

(1) 公式法.

对于常见的等差和等比数列的求和,直接应用求和公式.

(2) 错位相减法.

对于一个等差数列 $\{a_n\}$ 与一个等比数列 $\{b_n\}$ 相乘构成的新数列 $\{a_n \cdot b_n\}$ 的求和问题,通常采用错位相减法:通过 $S_n - qS_n$ 来构造新的等比数列.

例 1　求和:$S_n = 1 + 2x + 3x^2 + \cdots + nx^{n-1} (x \neq 1)$.

解　因为 $S_n = 1 + 2x + 3x^2 + \cdots + nx^{n-1}$,　　　　　　　　　　　①

所以

$$x \cdot S_n = x + 2x^2 + 3x^3 + \cdots + nx^n \qquad\qquad ②$$

式①-式②得

$$(1-x)S_n = 1 + x + x^2 + \cdots + x^{n-1} - nx^n$$
$$= \frac{1-x^n}{1-x} - nx^n$$
$$= \frac{1-(1+n)x^n + nx^{n+1}}{1-x}$$

所以　　　　　　　　　　$$S_n = \frac{1-(1+n)x^n + nx^{n+1}}{(1-x)^2}$$

使用错位相减法时,应注意在写出 S_n 与 $q \cdot S_n$ 的表达式时将两式"齐次对齐",以便写出 "$S_n - qS_n$"的准确表达式.

利用以上方法,可以推导出等比数列的求和公式,请读者自行推导.

(3) 裂项相消法.

例 2　求和:$S_n = \frac{1}{2} + \frac{1}{2 \times 3} + \frac{1}{3 \times 4} + \cdots + \frac{1}{n(n+1)}$.

解　因为数列通项 $a_n = \dfrac{1}{n(n+1)}$ 可以化简为 $a_n = \dfrac{1}{n(n+1)} = \dfrac{1}{n} - \dfrac{1}{n+1}$,

所以数列的每一项都可以分裂成两项的差的形式.

因此

$$S_n = \left(1 - \dfrac{1}{2}\right) + \left(\dfrac{1}{2} - \dfrac{1}{3}\right) + \left(\dfrac{1}{3} - \dfrac{1}{4}\right) + \cdots + \left(\dfrac{1}{n} - \dfrac{1}{n+1}\right)$$

$$= 1 - \dfrac{1}{n+1} = \dfrac{n}{n+1}$$

一般地,型如 $\left\{\dfrac{1}{a_n \cdot a_{n+1}}\right\}$(其中$\{a_n\}$为等差数列)的求和可以使用裂项相消法.

常用的裂项技巧有:

$$\dfrac{1}{n(n+k)} = \dfrac{1}{k}\left(\dfrac{1}{n} - \dfrac{1}{n+k}\right), \qquad \dfrac{1}{\sqrt{n} + \sqrt{n+k}} = \dfrac{1}{k}\left(\sqrt{n+k} - \sqrt{n}\right)$$

(4) 递推法.

例 3　求和: $S_n = 1^2 + 2^2 + \cdots + n^2$.

解　因为 $(k+1)^3 - k^3 = 3k^2 + 3k + 1$,依次令 $k = 1, 2, \cdots, n$,得

$$2^3 - 1^3 = 3 \times 1^2 + 3 \times 1 + 1$$
$$3^3 - 2^3 = 3 \times 2^2 + 3 \times 2 + 1$$
$$\cdots$$
$$(n+1)^3 - n^3 = 3 \cdot n^2 + 3 \cdot n + 1$$

将上述式子全部相加,得

$$(n+1)^3 - 1 = 3(1^2 + 2^2 + \cdots + n^2) + 3(1 + 2 + \cdots + n) + n$$

所以

$$(n+1)^3 - 1 = 3S_n + 3 \cdot \dfrac{n(n+1)}{2} + n$$

所以 $S_n = \dfrac{1}{6}n(n+1)(2n+1)$. 即

$$1^2 + 2^2 + 3^2 + \cdots + n^2 = \dfrac{1}{6}n(n+1)(2n+1)$$

二、数列的特性

(一) 数列的单调性

定义 4　在数列 $\{a_n\}$ 中,如果对于一切 n 都有 $a_{n+1} \geqslant a_n$,则称 $\{a_n\}$ 为**单调递增数列**. 对于一切 n 都有 $a_{n+1} \leqslant a_n$,则称 $\{a_n\}$ 为**单调递减数列**.

单调递增数列和单调递减数列统称为**单调数列**.

例 4　已知数列

(1) $\dfrac{1}{2}, \dfrac{2}{3}, \dfrac{3}{4}, \cdots, \dfrac{n}{n+1}, \cdots$;

(2) $1, 0, -1, -2, \cdots, 2-n, \cdots$.

问:这两个数列是递增还是递减数列?

解　(1) 因为 $a_n = \dfrac{n}{n+1}$,$a_{n+1} = \dfrac{n+1}{n+2}$,

所以 $a_{n+1} - a_n = \dfrac{n+1}{n+2} - \dfrac{n}{n+1} = \dfrac{1}{(n+1)(n+2)} > 0$.

所以 $a_{n+1} > a_n$,因此,这个数列是单调递增数列.

(2) 因为 $a_n = 2-n$, $a_{n+1} = 2-(n+1) = 1-n$,

所以 $a_{n+1} - a_n = (1-n) - (2-n) = -1 < 0$,

即 $a_{n+1} < a_n$,因此,这个数列是单调递减数列.

(二)数列的有界性

定义 5　在数列 $\{a_n\}$ 中,若存在正数 M,对一切 a_n,均有 $|a_n| \leqslant M$ 成立,则称数列 $\{a_n\}$ **有界**.若这样的正数 M 不存在,则称数列**无界**.

例如数列 $\{(-1)^n\}$、$\left\{-\dfrac{1}{5^n}\right\}$ 都是有界数列,而数列 $\{3n-1\}$、$\{2^n\}$ 都是无界数列.

具有单调性和有界性的数列统称为**单调有界数列**.

例 5　判断下列数列是有界的,还是无界的:

(1) $\dfrac{2}{1}, \dfrac{3}{2}, \dfrac{4}{3}, \cdots, \dfrac{n+1}{n}, \cdots$;

(2) $\dfrac{1}{2}, \dfrac{2}{3}, \dfrac{3}{4}, \cdots, \dfrac{n}{n+1}, \cdots$;

(3) $1, -4, 9, -16, \cdots, (-1)^{n+1} \cdot n^2, \cdots$.

解　(1)数列 $\dfrac{2}{1}, \dfrac{3}{2}, \dfrac{4}{3}, \cdots, \dfrac{n+1}{n}, \cdots$

各项的绝对值都小于等于 2,当然小于 3.

$$\left|\frac{n+1}{n}\right| = 1 + \frac{1}{n} \leqslant 2 < 3$$

所以是有界数列,3 是这个数列的一个界.

(2) 数列 $\dfrac{1}{2}, \dfrac{2}{3}, \dfrac{3}{4}, \cdots, \dfrac{n}{n+1}, \cdots$

各项的绝对值都小于 1,即 $\left|\dfrac{n}{n+1}\right| = 1 - \dfrac{1}{n+1} < 1$,

所以是有界数列,1 是这个数列的一个界.

(3) 数列 $1, -4, 9, -16, \cdots, (-1)^{n+1} \cdot n^2, \cdots$

各项的绝对值 $|(-1)^{n+1} \cdot n^2| = n^2$,

随 n 增大而无限增大,所以是无界数列.

习题 2-1

(A)

1. 观察下面数列的特点,用适当的数填空,并对每一个数列各写出一个通项公式:

(1) $2, 4, ($ 　　 $), 8, 10, ($ 　　 $), 14$;

(2) $($ 　　 $), 4, 9, 16, 25, ($ 　　 $), 49$;

(3) $1, \sqrt{2}, ($ 　　 $), 2, \sqrt{5}, ($ 　　 $), \sqrt{7}$.

2. 求正整数列 $\{n\}$ 的前 n 项和.

3. 已知等比数列 $\{a_n\}$ 的 $a_1=8,q=\dfrac{1}{2}$,求 S_n.

4. 求下面数列的前 n 项和:

(1) $a-1,a^2-2,a^3-3,\cdots,a^n-n,\cdots$;

(2) $1,3x,5x^2,7x^3,\cdots,(2n-1)x^{n-1},\cdots$.

(B)

1. 在等比数列 $\{a_n\}$ 里,如果 $a_7-a_5=a_6+a_5=48$,求 a_1,q,S_n.

2. 求下列数列的前 n 项和:

(1) $\sin^2 1°,\sin^2 2°,\sin^2 3°,\cdots,\sin^2 88°,\sin^2 89°$;

(2) $\dfrac{1}{1\times 3},\dfrac{1}{3\times 5},\dfrac{1}{3\times 4},\cdots,\dfrac{1}{(2n-1)\cdot(2n+1)},\cdots$;

(3) $\dfrac{1}{1+\sqrt{2}},\dfrac{1}{\sqrt{2}+\sqrt{3}},\cdots,\dfrac{1}{\sqrt{n}+\sqrt{n+1}},\cdots$;

(4) $1,-\dfrac{1}{2},\dfrac{1}{4},-\dfrac{1}{8},\cdots,\dfrac{(-1)^{n-1}}{2^{n-1}},\cdots$.

§2-2 数列极限

一、数列极限的概念

1. 数列极限的直观性定义(定性描述)

在实践探索或理论研究中,常常需要判断数列 $\{a_n\}$ 当序号 n 无限增大时,a_n 的变化趋势,这就是数列极限所要研究的问题.

当序号 n 无限增大时,考察以下几个数列 $\{a_n\}$ 的变化趋势:

(1) $1,4,9,16,25,\cdots,n^2,\cdots$;

(2) $1,0,-1,0,1,0,-1,0,\cdots$;

(3) $2,\dfrac{3}{2},\dfrac{4}{3},\dfrac{5}{4},\cdots,\dfrac{n+1}{n},\cdots$.

它们的变化趋势是不一样的:

数列(1)是由自然数的完全平方数依次排列构成的,随着项数 n 的增大,它的项 a_n 的值无限增大.数列(2)的奇数项由 $1,-1$ 交替出现构成,偶数项都是 0,随着项数 n 的增大,项 a_n 的值在 $1,0,-1$ 之间摆动.数列(3)随着项数 n 的增大,项 a_n 逐渐减少,而且越来越接近于常数 1,并且想让它有多接近,它就会有多接近,此时称 1 为该数列的极限.

数列(3)随着项数 n 的无限增大(用 $n\to\infty$ 表示),a_n 无限趋近于一个确定的常数(用符号 $a_n\to A$ 表示),我们可得数列极限的描述性定义.

定义 1 如果对于数列 $\{a_n\}$,当项数 n 无限增大时,它的项 a_n 无限趋近于某一个确定的常数 A,则称 A 为当 $n\to\infty$ 时数列 $\{a_n\}$ 的**极限**,或称数列 $\{a_n\}$ 收敛于 A,记为

$$\lim_{n\to\infty}a_n=A \quad 或 \quad 当 n\to\infty 时,a_n\to A$$

这时,数列$\{a_n\}$称为**收敛数列**.

如果$n\to\infty$,数列$\{a_n\}$不以任何固定常数为极限,则称数列$\{a_n\}$发散. 这时,数列$\{a_n\}$称为发散数列.

数列(3)是收敛的,可记作$\lim\limits_{n\to\infty}\dfrac{n+1}{n}=1$;而数列(1)、(2)则是发散数列.

数列的收敛或发散的性质统称为数列的**敛散性**.

例1　讨论下列数列的敛散性:

(1) $\{2^n\}$;　　　(2) $\left\{\dfrac{1}{2^n}\right\}$;　　　(3) $\{(-1)^{n+1}\}$;　　　(4) $\left\{\dfrac{n}{n+1}\right\}$.

解　(1) 观察该数列的变化趋势可知,随着n的无限增大,数列中的项$a_n=2^n$无限增大,即当$n\to\infty$时,$2^n\to\infty$,所以数列$\{2^n\}$发散.

(2) 观察该数列的变化趋势可知,当$n\to\infty$时,$\dfrac{1}{2^n}\to0$,所以数列收敛,且$\lim\limits_{n\to\infty}\dfrac{1}{2^n}=0$.

(3) 数列的奇数项都是1,偶数项都是-1,随着项数n的增大,数列的项$a_n=(-1)^{n+1}$的值在$1,-1$之间摆动,所以数列$\{(-1)^{n+1}\}$发散.

(4) 当$n\to\infty$时,$\dfrac{n}{n+1}=1-\dfrac{1}{n+1}\to1$,所以,数列$\left\{\dfrac{n}{n+1}\right\}$收敛,且$\lim\limits_{n\to\infty}\dfrac{n}{n+1}=1$.

定义1给出的数列极限概念,是在运动观点的基础上凭借几何图像产生的直接用自然语言作出的定性描述. 对于变量a_n的变化过程(n无限增大),以及a_n的变化趋势(无限趋近于常数A),都借助于形容词"无限"加以修饰. 从文学的角度来审视,不可不谓尽善尽美,并且能激起人们诗一般的想象. 然而从数学的角度来审视,它明显地带有直观的模糊性. 直观虽然在数学的发展和创造中扮演着充满活力的积极角色,但数学不能停留在直观的认识阶段,并且在数学中一定要力避几何直观可能带来的错误,因而作为微积分逻辑演绎基础的极限概念,必须将凭借直观产生的定性描述转化为用形式化的数学语言表达的超越现实原型的理想化的定量描述.

2. 数列极限的精确性定义(定量描述)

关于数列极限的定量描述,初学者会感到有一定困难,这是因为对数学语言不习惯. 然而数列极限的定量描述是数学语言的经典代表之一. 学习这一内容,将使读者领悟、欣赏数学语言的简洁性、一义性和科学性,从而增进对数学语言的理解. 为了精确地给出数列极限的定义,下面通过深入分析"无限趋近"的数学含义,逐步由数列极限的定性描述过渡到定量描述.

(1) 定义1中"数列的项a_n无限趋近于A"的含义就是"数列各项与A的差的绝对值(即距离)无限变小".

例如,数列(3)$2,\dfrac{3}{2},\dfrac{4}{3},\dfrac{5}{4},\cdots,\dfrac{n+1}{n},\cdots$,无限趋近于1,它的各项与1的距离,即差的绝对值依次构成新数列

$$\left|2-1\right|,\left|\dfrac{3}{2}-1\right|,\left|\dfrac{4}{3}-1\right|,\left|\dfrac{5}{4}-1\right|,\cdots,\left|\dfrac{n+1}{n}-1\right|,\cdots$$

即$1,\dfrac{1}{2},\dfrac{1}{3},\dfrac{1}{4},\cdots,\dfrac{1}{n},\cdots$无限变小.

但是,这一步并没有使问题发生本质的变化,因为"距离无限变小"仍是一种直观描述,仍离不开观察.

（2）为了摆脱"距离无限变小"的直观描述,我们运用比较的思想方法来定量刻画"距离无限变小",即你无论说出一个怎样小的正数,总能在数列中找到某一项,使这一项后面的各项与 A 的"距离"可以变得并保持比你说的数还要小.

仍以数列（3）为例:

1）如果你说出一个很小的数 $\frac{1}{10}$,那么第 10 项以后的各项与 1 的距离分别为

第 11 项 $\frac{12}{11}$ 与 1 的距离: $\frac{1}{11}$;

第 12 项 $\frac{13}{12}$ 与 1 的距离: $\frac{1}{12}$;

第 13 项 $\frac{14}{13}$ 与 1 的距离: $\frac{1}{13}$;

…

都比 $\frac{1}{10}$ 小.

由上面可以看出第 10 项之后的项与 1 的距离都比 $\frac{1}{10}$ 小,这里的第 10 项是怎样找到的呢? 如何推而广之?

其实只要解一个不等式就行了.

设第 n 项与 1 的距离比 $\varepsilon_1 = \frac{1}{10}$ 小,而 $a_n = \frac{n+1}{n}$,第 n 项与 1 的距离可以写成 $|a_n - 1| = \left| \frac{n+1}{n} - 1 \right|$,令它小于 $\frac{1}{10}$,即 $|a_n - 1| = \left| \frac{n+1}{n} - 1 \right| < \frac{1}{10}$,解之,有 $\frac{1}{n} < \frac{1}{10}$,得 $n > 10$.

所以,第 10 项以后的各项（从第 11 项起）,与 1 的距离都比 $\frac{1}{10}$ 小.

2）类似地,如果你说出一个更小的正数 $\varepsilon_2 = \frac{1}{100}$,就可以找到从第 100 项以后每一项与 1 的距离都比 $\frac{1}{100}$ 小;

3）如果你说出一个更小的正数 $\frac{1}{1\,000}$,就可以找到从第 1 000 项以后每一项与 1 的距离都比 $\frac{1}{1\,000}$ 小.

……

这一步已经涉及了极限的本质,即用距离 $|a_n - A|$ 与一个很小的 ε 比较. 但是,对于数列（3）,我们只说出了 3 个或更多的很小的正数,还不是任意说出"无论怎样小"的正数,"距离"可以变得并保持比你说的数还要小. 为了讨论任意的情形,我们需要用到代数学的基本思想,用字母代表数.

（3）把"你无论说出一个怎样小的正数"改进为"你任意说出无论怎样小的正数 ε".

对数列（3）,现在任意给出无论怎样小的正数 ε,"距离"能不能变得并保持比 ε 还要小呢? 如果能的话,要找出是从哪一项以后可以达到要求的,即找到这项数.

我们还是通过解不等式来找这个项数.

设第 n 项与 1 的距离比 ε 还要小,即有

$$\left|\frac{n+1}{n}-1\right|<\varepsilon$$

解之,有 $\frac{1}{n}<\varepsilon$,得 $n>\frac{1}{\varepsilon}$.

所以,只要 n 大于 $\frac{1}{\varepsilon}$ 的项都满足要求,即 $\frac{1}{\varepsilon}$ 就是满足条件的项数,通常用 N 表示. 由于 ε 的任意性,不等式 $\left|\frac{n+1}{n}-1\right|<\varepsilon$ 就表示 $\frac{n+1}{n}$ 与 1 的距离可以任意小了(要多小就可以多小),因此,$\frac{n+1}{n}$ 无限地趋近于 1,就是 $\left|\frac{n+1}{n}-1\right|$ 小于任意给定的正数 ε. 归纳 1)、2)、3),经过上面三步的分析,我们可以给出数列极限的精确性定义了.

定义 2 已知数列 $\{a_n\}$,如果对任意给定的正数 ε(不论它多么小),在数列 $\{a_n\}$ 中,总存在一项 a_N,使得这一项以后所有项 $a_n(n>N)$ 与常数 A 之差的绝对值 $|a_n-A|$ 都小于 ε,那么称常数 A 是数列 $\{a_n\}$ 的**极限**.

换言之,如果对任意给定的正数 ε,存在一个正数 N,使得当 $n>N$ 时,恒有 $|a_n-A|<\varepsilon$,那么称常数 A 是数列 $\{a_n\}$ 的极限,记为 $\lim\limits_{n\to\infty}a_n=A$.

此定义称为极限的"$\varepsilon-N$"语言,用逻辑符号来表示就是:

$\forall\varepsilon>0,\exists N>0$,当 $n>N$ 时,恒有 $|a_n-A|<\varepsilon$,则 $\lim\limits_{n\to\infty}a_n=A$.

根据这个定义,要证明数列 $\{a_n\}$ 以 A 为极限,就是对任意给定的 $\varepsilon>0$,要找符合定义中所述条件的正整数 N. 如果这样的 N 不存在,则 $\lim\limits_{n\to\infty}a_n\neq A$.

例 2 证明数列 $\left\{\dfrac{n}{n+1}\right\}$ 的极限是 1.

证 记 $a_n=\dfrac{n}{n+1}$,则

$$|a_n-1|=\left|\frac{n}{n+1}-1\right|=\left|\frac{-1}{n+1}\right|=\frac{1}{n+1}$$

对 $\forall\varepsilon>0$,要使 $|a_n-1|<\varepsilon$,就要 $\frac{1}{n+1}<\varepsilon$,只要 $n+1>\frac{1}{\varepsilon}$,即 $n>\frac{1}{\varepsilon}-1$ 就行了.

取自然数 $N\geqslant\left[\dfrac{1}{\varepsilon}-1\right]$,则当 $n>N$ 时,恒有 $|a_n-1|=\frac{1}{n+1}<\varepsilon$,根据极限的定义得

$$\lim_{n\to\infty}\frac{n}{n+1}=1$$

即数列 $\left\{\dfrac{n}{n+1}\right\}$ 的极限是 1.

一般地,证明 $\lim\limits_{n\to\infty}a_n=A$ 的步骤是:

(1) 计算 $|a_n-A|$;

(2) 对于任意给定 $\varepsilon>0$,从 $|a_n-A|<\varepsilon$ 出发找出保证 $|a_n-A|<\varepsilon$ 成立的不等式 $n>N(\varepsilon)$,通常为了方便找出 $N(\varepsilon)$,需要对 n 加限制条件,放大 $|a_n-A|$;

(3) 取自然数 $N\geqslant N(\varepsilon)$,则当 $n>N$ 时,恒有 $|a_n-A|<\varepsilon$;

(4) 由极限的定义得 $\lim\limits_{n\to\infty}a_n=A$.

例 3　证明 $\lim\limits_{n\to\infty}\dfrac{2n+3}{7n+2}=\dfrac{2}{7}$.

证　记 $a_n=\dfrac{2n+3}{7n+2}$,则

$$\left|a_n-\frac{2}{7}\right|=\left|\frac{2n+3}{7n+2}-\frac{2}{7}\right|=\left|\frac{17}{7(2+7n)}\right|=\frac{17}{7(2+7n)}$$

对 $\forall\varepsilon>0$,解不等式 $\dfrac{17}{7(2+7n)}<\varepsilon$,得 $\dfrac{1}{7n+2}<\dfrac{7\varepsilon}{17}$,有 $7n+2>\dfrac{17}{7\varepsilon}$,解得 $n>\dfrac{17}{49\varepsilon}-\dfrac{2}{7}$.

取自然数 $N\geqslant\left[\dfrac{17}{49\varepsilon}-\dfrac{2}{7}\right]$,则当 $n>N$ 时,恒有 $\left|a_n-\dfrac{2}{7}\right|<\varepsilon$,根据极限的定义得 $\lim\limits_{n\to\infty}\dfrac{2n+3}{7n+2}=\dfrac{2}{7}$.

例 4　证明:当 $|q|<1$ 时,$\lim\limits_{n\to\infty}q^n=0$.

证　当 $q=0$ 时,显然 $\lim\limits_{n\to\infty}q^n=0$.

当 $q\neq0$ 时,因为 $|q^n-0|=|q^n|=|q|^n$,

所以对 $\forall\varepsilon>0$,要使 $|q^n-0|=|q|^n<\varepsilon$,只要 $n\lg|q|<\lg\varepsilon$,而 $|q|<1$,$\lg|q|<0$,

故只要 $n>\dfrac{\lg\varepsilon}{\lg|q|}$.

取自然数 $N\geqslant\left[\dfrac{\lg\varepsilon}{\lg|q|}\right]$,则当 $n>N$ 时,恒有 $|q^n-0|<\varepsilon$ 成立.

根据极限的定义,$\lim\limits_{n\to\infty}q^n=0(|q|<1)$.

注: 以下是计算数列极限时常用到的一些结论:

(1) $\lim\limits_{n\to\infty}C=C$($C$ 为常数);

(2) $\lim\limits_{n\to\infty}q^n=0(|q|<1)$;

(3) $\lim\limits_{n\to\infty}\dfrac{1}{n^\alpha}=0(\alpha>0)$;

(4) $\lim\limits_{n\to\infty}\sqrt[n]{a}=1(a>0)$.

3. 数列极限的几何解释

从几何意义来看,$\lim\limits_{n\to\infty}a_n=A$ 表示数列 $\{a_n\}$ 中的各项对应于数轴上一串运动着的动点,极限值 A 是数轴上的某个定点.因为数列极限中的不等式 $|a_n-A|<\varepsilon$ 等价于 $A-\varepsilon<a_n<A+\varepsilon$,所以在数轴上作点 A 的 ε 邻域,即 $a_n(n>N)$ 属于开区间 $(A-\varepsilon,A+\varepsilon)$. **因此 A 为数列 $\{a_n\}$ 的极限的几何意义是**:对于任意给定的正数 ε,总存在一个正整数 N,使得当 $n>N$ 时,下标大于 N 的所有无穷多个点 a_n:

$$a_{N+1},a_{N+2},\cdots,a_n,\cdots$$

都落在以 A 为中心,长度为 2ε 的开区间 $(A-\varepsilon,A+\varepsilon)$ 内.

因此,如果数列 $\{a_n\}$ 收敛于 A,则无论正数 ε 多么小,即无论开区间 $(A-\varepsilon,A+\varepsilon)$ 的长度多么小,在 $(A-\varepsilon,A+\varepsilon)$ 内总包含数列 $\{a_n\}$ 的无穷多项,而最多只有有限项 $a_1,a_2,a_3,\cdots,a_N$ 落在开区间 $(A-\varepsilon,A+\varepsilon)$ 外.如图 2-1 所示.

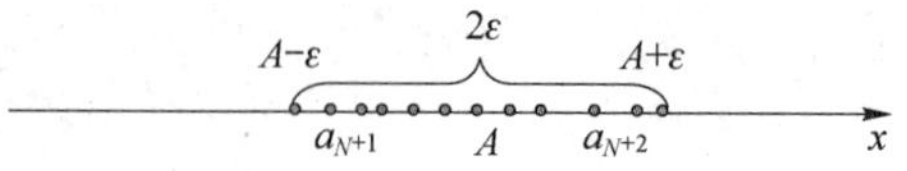

图 2-1

二、收敛数列极限的四则运算法则

通常,求极限的问题比较复杂,仅凭定义来求极限是不能解决问题的. 为此,我们介绍极限的运算法则,在某些场合这些法则为计算极限提供了方便.

一般地,我们有以下结论:

定理 1   如果 $\lim\limits_{n\to\infty}a_n=A,\lim\limits_{n\to\infty}b_n=B$,那么

(1) $$\lim\limits_{n\to\infty}(a_n\pm b_n)=\lim\limits_{n\to\infty}a_n\pm\lim\limits_{n\to\infty}b_n=A\pm B$$

(2) $$\lim\limits_{n\to\infty}(a_n\cdot b_n)=\lim\limits_{n\to\infty}a_n\cdot\lim\limits_{n\to\infty}b_n=A\cdot B$$

(3) $$\lim\limits_{n\to\infty}\frac{a_n}{b_n}=\frac{\lim\limits_{n\to\infty}a_n}{\lim\limits_{n\to\infty}b_n}=\frac{A}{B}(B\neq 0)$$

特别地,如果 C 是常数,那么

$$\lim\limits_{n\to\infty}(C\cdot a_n)=\lim\limits_{n\to\infty}C\cdot\lim\limits_{n\to\infty}a_n=CA$$

下面我们来证明第一法则,其他法则证明从略.

(1) 证明因为 $\lim\limits_{n\to\infty}a_n=A,\lim\limits_{n\to\infty}b_n=B$,

所以对 $\forall\varepsilon>0$,存在自然数 N_1 和 N_2.

当 $n>N_1$ 时,恒有 $|a_n-A|<\dfrac{\varepsilon}{2}$,

当 $n>N_2$ 时,恒有 $|b_n-B|<\dfrac{\varepsilon}{2}$.

取 $N=\max\{N_1,N_2\}$,则当 $n>N$ 时,上述两个不等式同时成立,因此有

$$|(a_n+b_n)-(A+B)|=|(a_n-A)+(b_n-B)|$$
$$\leqslant|(a_n-A)|+|(b_n-B)|$$
$$<\frac{\varepsilon}{2}+\frac{\varepsilon}{2}=\varepsilon$$

所以 $\lim\limits_{n\to\infty}(a_n+b_n)=\lim\limits_{n\to\infty}a_n+\lim\limits_{n\to\infty}b_n=A+B$.

同理可以证明 $\lim\limits_{n\to\infty}(a_n-b_n)=\lim\limits_{n\to\infty}a_n-\lim\limits_{n\to\infty}b_n=A-B$.

注:以上法则(1)(2)可推广至有限个数列的情形,但不能推广到无限个数列的情形.

利用定理 1 和一些已知数列极限,可以把复杂的数列极限的计算问题转化为简单的数列极限的计算问题.

例 5   求下列数列的极限:

(1) $\lim\limits_{n\to\infty}\left(2+\dfrac{1}{2^n}\right)\cdot\dfrac{1}{n}$;   (2) $\lim\limits_{n\to\infty}\dfrac{1-\dfrac{1}{n^2}}{2+\dfrac{1}{\sqrt{n}}}$.

解   (1) $\lim\limits_{n\to\infty}\left(2+\dfrac{1}{2^n}\right)\cdot\dfrac{1}{n}=\lim\limits_{n\to\infty}\left(2+\dfrac{1}{2^n}\right)\cdot\lim\limits_{n\to\infty}\dfrac{1}{n}$

$$= \left(\lim_{n \to \infty} 2 + \lim_{n \to \infty} \frac{1}{2^n} \right) \cdot \lim_{n \to \infty} \frac{1}{n}$$

$$= (2 + 0) \cdot 0 = 0.$$

因为 $\lim\limits_{n \to \infty} q^n = 0$（$|q| < 1$），所以 $\lim\limits_{n \to \infty} \frac{1}{2^n} = \lim\limits_{n \to \infty} \left(\frac{1}{2} \right)^n = 0.$

（2）原式 $= \dfrac{\lim\limits_{n \to \infty} \left(1 - \dfrac{1}{n^2} \right)}{\lim\limits_{n \to \infty} \left(2 + \dfrac{1}{\sqrt{n}} \right)}$

$$= \dfrac{\lim\limits_{n \to \infty} 1 - \lim\limits_{n \to \infty} \dfrac{1}{n^2}}{\lim\limits_{n \to \infty} 2 + \lim\limits_{n \to \infty} \dfrac{1}{\sqrt{n}}}$$

$$= \dfrac{1 - 0}{2 + 0} = \dfrac{1}{2}.$$

应用常用极限：$\lim\limits_{n \to \infty} \dfrac{1}{n^a} = 0 (a > 0).$

注：以上两小题满足极限的四则运算，如果不能直接应用极限的运算法则，则需要变形化简，符合定理条件，再应用运算法则.

例 6　求下列数列的极限：

（1）$\lim\limits_{n \to \infty} \dfrac{2n^2 + n + 1}{3n^2 + 2}$；　　　（2）$\lim\limits_{n \to \infty} \dfrac{3n^3 + n}{2n^4 - n^2}$.

解　先化简：分子、分母同时除以 n 的最高次幂.

（1）$\lim\limits_{n \to \infty} \dfrac{2n^2 + n + 1}{3n^2 + 2} = \lim\limits_{n \to \infty} \dfrac{2 + \dfrac{1}{n} + \dfrac{1}{n^2}}{3 + \dfrac{2}{n^2}}$

$$= \dfrac{\lim\limits_{n \to \infty} \left(2 + \dfrac{1}{n} + \dfrac{1}{n^2} \right)}{\lim\limits_{n \to \infty} \left(3 + \dfrac{2}{n^2} \right)} = \dfrac{2 + 0 + 0}{3 + 0} = \dfrac{2}{3};$$

（2）$\lim\limits_{n \to \infty} \dfrac{3n^3 + n}{2n^4 - n^2} = \lim\limits_{n \to \infty} \dfrac{\dfrac{3}{n} + \dfrac{1}{n^3}}{2 - \dfrac{1}{n^2}}$

$$= \dfrac{\lim\limits_{n \to \infty} \left(\dfrac{3}{n} + \dfrac{1}{n^3} \right)}{\lim\limits_{n \to \infty} \left(2 - \dfrac{1}{n^2} \right)} = \dfrac{0}{2} = 0.$$

以上这种求极限的方法称为**同除法**：分子、分母同时除以它们中 n 的最高次幂.

一般地，关于 n 的有理数列的极限有下面的结论：

$$\lim_{n \to \infty} \frac{a_0 n^k + a_1 n^{k-1} + \cdots + a_{k-1} n + a_k}{b_0 n^m + b_1 n^{m-1} + \cdots + b_{m-1} n + b_m} = \begin{cases} \dfrac{a_0}{b_0}, & k = m, \\ 0, & k < m, \\ \text{发散}, & k > m \end{cases}$$

例 7   求下列数列的极限:

(1) $\lim\limits_{n \to \infty}\dfrac{\sqrt[3]{n^2+n}}{n-2}$;   (2) $\lim\limits_{n \to \infty}\dfrac{2^n+5^n}{2^{n+1}+5^{n+1}}$.

解   分子分母同时除以 n

(1) $\lim\limits_{n \to \infty}\dfrac{\sqrt[3]{n^2+n}}{n-2}=\lim\limits_{n \to \infty}\dfrac{\sqrt[3]{\dfrac{1}{n}+\dfrac{1}{n^2}}}{1-\dfrac{2}{n}}=\dfrac{\lim\limits_{n \to \infty}\sqrt[3]{\dfrac{1}{n}+\dfrac{1}{n^2}}}{\lim\limits_{n \to \infty}\left(1-\dfrac{2}{n}\right)}$

$$=\frac{0}{1}=0.$$

注: 这里我们不加以证明地引用了极限运算性质:

如果 $\lim\limits_{n \to \infty}a_n=A(a_n \geqslant 0)$, 则 $\lim\limits_{n \to \infty}\sqrt[k]{a_n}=\sqrt[k]{A}$ (k 为常数, $k \in \mathbf{N}$), 无理式的极限常用到它.

(2) 分子分母同除以 5^n, 并利用 $\lim\limits_{n \to \infty}q^n=0(|q|<1)$ 的结论, 得

$$原式=\lim\limits_{n \to \infty}\frac{\left(\dfrac{2}{5}\right)^n+1}{2 \cdot \left(\dfrac{2}{5}\right)^n+5}=\frac{\lim\limits_{n \to \infty}\left(\dfrac{2}{5}\right)^n+1}{2 \cdot \lim\limits_{n \to \infty}\left(\dfrac{2}{5}\right)^n+5}=\frac{0+1}{2 \times 0+5}=\frac{1}{5}$$

例 8   求极限 $\lim\limits_{n \to \infty}\dfrac{1^2+2^2+\cdots+n^2}{n^3}$.

解 $\lim\limits_{n \to \infty}\dfrac{1^2+2^2+\cdots+n^2}{n^3}=\lim\limits_{n \to \infty}\dfrac{n(n+1)(2n+1)}{6n^3}$

$$=\frac{1}{6}\lim\limits_{n \to \infty}\left(1+\frac{1}{n}\right) \cdot \lim\limits_{n \to \infty}\left(2+\frac{1}{n}\right)=\frac{1}{3}.$$

这是一个无穷数列前 n 项的和当 $n \to \infty$ 时的极限(无限和), 因此先求前 n 项和, 再求极限.

例 9   求极限 $\lim\limits_{n \to \infty}(\sqrt{n+1}-\sqrt{n})$.

解 $\lim\limits_{n \to \infty}(\sqrt{n+1}-\sqrt{n})=\lim\limits_{n \to \infty}\dfrac{(\sqrt{n+1}-\sqrt{n})(\sqrt{n+1}+\sqrt{n})}{(\sqrt{n+1}+\sqrt{n})}$

$$=\lim\limits_{n \to \infty}\frac{1}{(\sqrt{n+1}+\sqrt{n})}=0.$$

两个含有根式的代数式相乘, 如果它们的积不含有根式, 那么这两个代数式相互叫作有理化因式. 因此, 互为有理化因式的乘积是有理式. 在分式化简中, 经常要乘以分母(或者分子)的有理化因式使分母(分子)化为有理式. 以上求极限的方法称为**有理化法**.

以上各例表明, 有些数列往往不能直接应用极限运算法则求它们的极限, 但可以通过将数列变形, 使之符合极限运算法则的条件再求出极限.

三、数列极限的有关定理

下面介绍几个常用的定理, 证明从略.

定理 2 (极限的唯一性)   如果数列 $\{a_n\}$ 收敛, 则它的极限是唯一的.

定理 3 (收敛数列的有界性)   如果数列 $\{a_n\}$ 收敛, 则数列 $\{a_n\}$ 一定有界.

定理 4 (极限存在准则)   单调有界的数列必定有极限.

定理 5（夹逼定理）　若 $\lim\limits_{n \to \infty} a_n = \lim\limits_{n \to \infty} b_n = A$，并且存在正整数 N，对于 $n \geqslant N$，有关系式 $a_n \leqslant c_n \leqslant b_n$，则 $\lim\limits_{n \to \infty} c_n = A$.

注：定理 4、定理 5 是极限存在的两个准则，可用于两个重要极限的证明，并可推广到函数的情形.

例 10　求极限 $\lim\limits_{n \to \infty} \left(\dfrac{1}{\sqrt{n^2+1}} + \dfrac{1}{\sqrt{n^2+2}} + \cdots + \dfrac{1}{\sqrt{n^2+n}} \right)$.

解　将数列放大和缩小，得

$$\frac{1}{\sqrt{n^2+n}} + \frac{1}{\sqrt{n^2+n}} + \cdots + \frac{1}{\sqrt{n^2+n}} < \frac{1}{\sqrt{n^2+1}} + \frac{1}{\sqrt{n^2+2}} + \cdots + \frac{1}{\sqrt{n^2+n}} <$$

$$\frac{1}{\sqrt{n^2+1}} + \frac{1}{\sqrt{n^2+1}} + \cdots + \frac{1}{\sqrt{n^2+1}}$$

左边式子的极限：$\lim\limits_{n \to \infty} \left(\dfrac{1}{\sqrt{n^2+n}} + \dfrac{1}{\sqrt{n^2+n}} + \cdots + \dfrac{1}{\sqrt{n^2+n}} \right) = \lim\limits_{n \to \infty} \dfrac{n}{\sqrt{n^2+n}}$

$$= \lim\limits_{n \to \infty} \frac{1}{\sqrt{1 + \dfrac{1}{n}}} = 1$$

右边式子的极限：$\lim\limits_{n \to \infty} \left(\dfrac{1}{\sqrt{n^2+1}} + \dfrac{1}{\sqrt{n^2+1}} + \cdots + \dfrac{1}{\sqrt{n^2+1}} \right) = \lim\limits_{n \to \infty} \dfrac{n}{\sqrt{n^2+1}}$

$$= \lim\limits_{n \to \infty} \frac{1}{\sqrt{1 + \dfrac{1}{n^2}}} = 1$$

由夹逼定理可知：$\lim\limits_{n \to \infty} \left(\dfrac{1}{\sqrt{n^2+1}} + \dfrac{1}{\sqrt{n^2+2}} + \cdots + \dfrac{1}{\sqrt{n^2+n}} \right) = 1$.

此方法称为利用夹逼定理求数列的极限.

习题 2-2

(A)

1. 解下列绝对值不等式：

   (1) $\left| \sqrt{x} - 1 \right| < \dfrac{1}{2}$；　　　　(2) $|x+1| > 2$.

2. 设数列 $\{x_n\}$ 的一般项 $x_n = (-1)^n \dfrac{1}{n}$，问：$\lim\limits_{n \to \infty} x_n = ?$ 求出 N，使得当 $n > N$ 时，x_n 与它的极限之差的绝对值小于正数 ε，当 $\varepsilon = 0.001$ 时，求出数 N.

3. 求下列极限：

   (1) $\lim\limits_{n \to \infty} \dfrac{2n-1}{2n+1}$；　　　　　　(2) $\lim\limits_{n \to \infty} \left(1 - \dfrac{2n}{n+2} \right)$；

   (3) $\lim\limits_{n \to \infty} \dfrac{4n^2+5n+2}{3n^2+2n+1}$；　　　　(4) $\lim\limits_{n \to \infty} \dfrac{2(n+1)^2}{(n+1)^2-1}$；

   (5) $\lim\limits_{n \to \infty} \dfrac{(-2)^n + 3^n}{(-2)^{n+1} + 3^{n+1}}$；　　　(6) $\lim\limits_{n \to \infty} \dfrac{a^n}{1+a^n}$ （$|a| \neq 1$）；

(7) $\lim\limits_{n\to\infty}\left(\dfrac{1+2+\cdots+n}{n+2}-\dfrac{n}{2}\right)$;　　　　(8) $\lim\limits_{n\to\infty}(\sqrt{2}\times\sqrt[4]{2}\times\sqrt[8]{2}\times\cdots\times\sqrt[2^n]{2})$;

(9) $\lim\limits_{n\to\infty}\dfrac{\sqrt{n^2+5}}{3n+1}$;　　　　　　　　　　(10) $\lim\limits_{n\to\infty}(\sqrt{4n^2+n}-2n)$.

(B)

1. 试用"$\varepsilon-N$"方法,论证下列各等式:

(1) $\lim\limits_{n\to\infty}\left(1-\dfrac{1}{2^n}\right)=1$;　　　　　　(2) $\lim\limits_{n\to\infty}\dfrac{n}{5+3n}=\dfrac{1}{3}$;

(3) $\lim\limits_{n\to\infty}\dfrac{\sin n}{n}=0$;　　　　　　　　(4) $\lim\limits_{n\to\infty}0.\underbrace{999\cdots9}_{n\uparrow}=1$;

(5) $\lim\limits_{n\to\infty}\dfrac{3n+1}{2n+1}=\dfrac{3}{2}$;　　　　　　(6) $\lim\limits_{n\to\infty}\dfrac{1}{\sqrt{n}}=0$.

2. 证明:若$\lim\limits_{n\to\infty}a_n=0$,又$|b_n|\leqslant M(n=1,2,3,\cdots)$,则$\lim\limits_{n\to\infty}a_nb_n=0$.

3. 求下列极限:

(1) $\lim\limits_{n\to\infty}\left(1-\dfrac{1}{2^2}\right)\left(1-\dfrac{1}{3^2}\right)\cdots\left(1-\dfrac{1}{n^2}\right)$;

(2) $\lim\limits_{n\to\infty}\left(\dfrac{1}{1\times2}+\dfrac{1}{2\times3}+\cdots+\dfrac{1}{(n-1)\cdot n}\right)$;

(3) $\lim\limits_{n\to\infty}\left(\dfrac{1}{n^2}+\dfrac{2}{n^2}+\cdots+\dfrac{n-1}{n^2}\right)$.

4. 求下列极限:

(1) $\lim\limits_{n\to\infty}[\sqrt{(n+a)(n+b)}-n]$;

(2) $\lim\limits_{n\to\infty}\sqrt{n}(\sqrt{n+1}-\sqrt{n}]$.

5. 求极限$\lim\limits_{n\to\infty}\left(\dfrac{1}{n^2}+\dfrac{1}{(n+1)^2}+\cdots+\dfrac{1}{(2n)^2}\right)$.

§2-3　函数极限

　　数列$\{a_n\}$是一种特殊类型的函数,即自变量n是取自然数的函数$a_n=f(n),n\in\mathbf{N}^+$,因此,数列极限讨论的是自变量$n$只取自然数值且无限增大时,对应的函数值$f(n)$的变化趋势,即数列极限是一类特殊的函数极限.

　　本节将研究自变量在某个实数集上连续取值的函数$y=f(x)$的变化趋势,函数自变量的变化过程不同,函数的极限就表现为不同的形式.主要有两种类型:一类是自变量无限增大时函数的变化趋势;另一类是自变量无限趋近于有限值时函数的变化趋势.

一、函数极限的概念

1. 当自变量 $x\to\infty$ 时函数 $f(x)$ 的极限

　　x无限增大,指的是x的绝对值$|x|$无限增大(x可正可负),记作$x\to\infty$;

当 x 取正值并无限增大时,记为 $x \to +\infty$;

当 x 取负值且其绝对值无限增大时,记为 $x \to -\infty$.

我们考虑反比例函数 $y = \dfrac{1}{x}$,当 x 无限增大时函数

值的变化趋势.由图 2-2 可以看出:当 $x \to +\infty$ 时,y 的值无限趋近于零;当 $x \to -\infty$ 时,y 的值也是无限趋近于零,从而当 $x \to \infty$ 时,y 的值无限趋近于零.

一般地,我们可以给出如下定义:

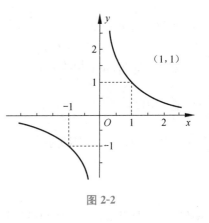

图 2-2

定义 1 当自变量 x 的绝对值无限增大时,如果函数 $f(x)$ 无限趋近于一个常数 A,则 A 称为函数 $f(x)$ 当 $x \to \infty$ 时的极限,记作

$$\lim_{x \to \infty} f(x) = A \quad \text{或} \quad f(x) \to A(x \to \infty)$$

由定义 1 就有 $\lim\limits_{x \to \infty} \dfrac{1}{x} = 0$.

设函数 $f(x)$ 在 $[a, +\infty)$ 内有定义,若 x 无限增大,函数 $f(x)$ 趋近于某一定数 A,则称函数 $f(x)$ 当 x 趋近于正无穷大时以 A 为极限.记作

$$\lim_{x \to +\infty} f(x) = A \quad \text{或} \quad f(x) \to A(x \to +\infty)$$

设函数 $f(x)$ 在 $(-\infty, b]$ 上有定义,若当 x 无限减小时,函数 $f(x)$ 趋近于某一定数 A,则称函数 $f(x)$ 当 x 趋近于负无穷大时以 A 为极限.记作

$$\lim_{x \to -\infty} f(x) = A \quad \text{或} \quad f(x) \to A(x \to -\infty)$$

例如 $\lim\limits_{x \to +\infty} \dfrac{1}{x} = 0$,$\lim\limits_{x \to -\infty} \dfrac{1}{x} = 0$.

类似数列极限,我们也可以用"$\varepsilon - M$"语言,严格地给出当 $x \to \infty$ 时函数极限的精确定义.

定义 2 对 $\forall \varepsilon > 0$,若存在 $M > 0$,使当 $|x| > M$ 时,恒有 $|f(x) - A| < \varepsilon$,则称 A 为 $x \to \infty$ 时函数 $f(x)$ 的**极限**.记为 $\lim\limits_{x \to \infty} f(x) = A$.

此定义称为函数极限的"$\varepsilon - m$"语言.

当 $x \to +\infty$ 时函数的极限和当 $x \to -\infty$ 时函数的极限,也可类似地用上述定义表述.即如果 $x > 0$ 且无限增大,只要把上面定义中的 $|x| > M$ 改为 $x > M$,便可以得到 $\lim\limits_{x \to +\infty} f(x) = A$ 的定义.如果 $x < 0$ 且 $|x|$ 无限增大,只要把 $|x| > M$ 改为 $x < -M$,便可以得到 $\lim\limits_{x \to -\infty} f(x) = A$ 的定义.

例 1 证明:$\lim\limits_{x \to +\infty} \dfrac{1}{\sqrt{x}} = 0$.

证 因为 $\left| \dfrac{1}{\sqrt{x}} - 0 \right| = \dfrac{1}{\sqrt{x}}$,

所以对 $\forall \varepsilon > 0$,由 $\left| \dfrac{1}{\sqrt{x}} - 0 \right| = \dfrac{1}{\sqrt{x}} < \varepsilon$,

即 $\sqrt{x} > \dfrac{1}{\varepsilon}$,得 $x > \dfrac{1}{\varepsilon^2}$,取 $M = \dfrac{1}{\varepsilon^2}$,

当 $x > M$ 时,恒有 $\left| \dfrac{1}{\sqrt{x}} - 0 \right| < \varepsilon$,

所以 $\lim\limits_{x\to+\infty}\dfrac{1}{\sqrt{x}}=0$.

例 2 证明：$\lim\limits_{x\to\infty}\dfrac{\sin x}{x}=0$.

证 因为 $\left|\dfrac{\sin x}{x}-0\right|=\left|\dfrac{\sin x}{x}\right|\leqslant\dfrac{1}{|x|}$（放大不等式），

所以对 $\forall\varepsilon>0$，由不等式 $\dfrac{1}{|x|}<\varepsilon$，得

$$|x|>\dfrac{1}{\varepsilon}$$

取 $M=\dfrac{1}{\varepsilon}$，则当 $|x|>M$ 时，恒有 $\left|\dfrac{\sin x}{x}-0\right|<\varepsilon$.

故由函数极限定义 2 得 $\lim\limits_{x\to\infty}\dfrac{\sin x}{x}=0$.

例 3 证明：$\lim\limits_{x\to-\infty}10^x=0$.

证 因为 $|10^x-0|=10^x$，

所以对 $\forall\varepsilon>0$，不妨设 $\varepsilon<1$，则由不等式 $10^x<\varepsilon$，得 $x<\lg\varepsilon$.

因为 $\varepsilon<1$，所以 $\lg\varepsilon<0$.

取 $M=-\lg\varepsilon>0$，于是，当 $x<-M$ 时，恒有 $|10^x-0|<\varepsilon$，

即 $\lim\limits_{x\to-\infty}10^x=0$.

定理 1 当且仅当 $\lim\limits_{x\to+\infty}f(x)=A$，且 $\lim\limits_{x\to-\infty}f(x)=A$ 时，$\lim\limits_{x\to\infty}f(x)=A$ 才能成立（证明从略）. 也就是说，$\lim\limits_{x\to\infty}f(x)=A$ 成立的充分必要条件是 $\lim\limits_{x\to+\infty}f(x)=\lim\limits_{x\to-\infty}f(x)=A$.

2. 当自变量 $x\to x_0$ 时函数 $f(x)$ 的极限

定义 3 设函数 $f(x)$ 在点 x_0 附近有定义（可能除去点 x_0 本身），如果在 $x\to x_0$ 的过程中，对应的 $f(x)$ 无限趋近于确定的数值 A，则称 A 为函数 $f(x)$ 当 $x\to x_0$ 时的极限. 记为

$x\to x_0$ 时函数
极限精确定义

$$\lim\limits_{x\to x_0}f(x)=A \text{ 或 } \text{当 } x\to x_0 \text{ 时}, f(x)\to A$$

例如，根据基本初等函数的图像可知 $\lim\limits_{x\to0}2^x=1$.

类似数列极限的精确定义，我们假定函数 $f(x)$ 在点 x_0 的某个去心邻域内是有定义的，在 $x\to x_0$ 的过程中，函数值 $f(x)$ 无限趋近于 A，就是 $|f(x)-A|$ 能任意小. 如数列极限概念所述，$|f(x)-A|$ 能任意小，可以用 $|f(x)-A|<\varepsilon$ 来表达，其中 ε 是任意给定的正数.

因此，函数值 $f(x)$ 无限趋近于 A 是在 $x\to x_0$ 的过程中实现的，所以对于任意给定的正数 ε，只要求充分接近于 x_0 的 x 所对应的函数值 $f(x)$ 满足不等式 $|f(x)-A|<\varepsilon$；而充分接近于 x_0 的 x 可表达为 $0<|x-x_0|<\delta$，其中 δ 是某个正数. 从几何上看，适合不等式 $0<|x-x_0|<\delta$ 的 x 全体，就是点 x_0 的去心 δ 邻域，而邻域半径 δ 则体现了 x 趋近 x_0 的程度.

通过以上分析，我们给出 $x\to x_0$ 时函数的极限的精确定义如下：

定义 4 设函数 $f(x)$ 在 x_0 的某个去心邻域内有定义，如果存在常数 A，对于任意给定的正数 ε（不论它多么小），总存在正数 δ，使得当 x 满足不等式 $0<|x-x_0|<\delta$ 时，对应的函数值 $f(x)$ 都满足不等式

$$| f(x) - A | < \varepsilon.$$

那么常数 A 就叫作函数 $f(x)$ 当 $x \to x_0$ 时的极限,记作

$$\lim_{x \to x_0} f(x) = A \text{ 或当 } x \to x_0 \text{ 时}, f(x) \to A$$

定义 5　还可以简单地表述为

$$\lim_{x \to x_0} f(x) = A \Leftrightarrow \forall \varepsilon > 0, \exists \delta > 0, \text{ 当 } 0 < | x - x_0 | < \delta \text{ 时},\text{恒有 } | f(x) - A | < \varepsilon.$$

此定义称为函数极限的"$\varepsilon - \delta$"语言.

定义中 $0 < | x - x_0 |$ 表示 $x \neq x_0$,所以 $x \to x_0$ 时,$f(x)$ 有没有极限与 $f(x)$ 在点 x_0 是否有定义并无关系.

例 4　证明 $\lim\limits_{x \to x_0} C = C, C$ 为常数.

证　因为 $| f(x) - A | = | C - C | = 0$,

所以 $\forall \varepsilon > 0$,可任取 $\delta > 0$,当 $0 < | x - x_0 | < \delta$ 时,

能使不等式 $| f(x) - A | = | C - C | = 0 < \varepsilon$ 成立,

所以 $\lim\limits_{x \to x_0} C = C$.

可见,常数的极限仍是该常数.

例 5　证明 $\lim\limits_{x \to x_0} x = x_0$.

证　由于 $| f(x) - A | = | x - x_0 |$,

因此 $\forall \varepsilon > 0$,总可取 $\delta = \varepsilon$,当 $0 < | x - x_0 | < \delta = \varepsilon$ 时,

能使不等式 $| f(x) - A | = | x - x_0 | < \varepsilon$ 成立,

所以 $\lim\limits_{x \to x_0} x = x_0$.

例 6　证明 $\lim\limits_{x \to 1} (3x - 2) = 1$.

证　由于 $| f(x) - A | = | (3x - 2) - 1 | = 3 | x - 1 |$,

为了使 $| f(x) - A | < \varepsilon$,只要 $3 | x - 1 | < \varepsilon$,即 $| x - 1 | < \dfrac{\varepsilon}{3}$,

因此 $\forall \varepsilon > 0$,可取 $\delta = \dfrac{\varepsilon}{3}$,则当 x 适合不等式 $0 < | x - 1 | < \delta$ 时,

函数 $f(x)$ 就满足不等式 $| f(x) - 1 | = | (3x - 2) - 1 | < \varepsilon$,

从而 $\lim\limits_{x \to 1} (3x - 2) = 1$.

3. 函数的左极限和右极限

上述 $x \to x_0$ 时函数 $f(x)$ 的极限概念中,x 是既从 x_0 的左侧也从 x_0 的右侧趋于 x_0 的,但有时只能或只需要考虑自变量 x 仅从 x_0 左(右)侧趋近于 x_0,即 x 小于(大于)x_0 而趋近于 x_0,记为 $x \to x_0^-$ $(x \to x_0^+)$.

定义 6　当函数 $f(x)$ 的自变量 x 从 x_0 的左(右)侧无限趋近 x_0 时,如果 $f(x)$ 的值无限趋近于一个常数 A,则称 A 为 $x \to x_0^-$ $(x \to x_0^+)$ 时,函数 $f(x)$ 的**左(右)极限**,记为 $\lim\limits_{x \to x_0^-} f(x) = A$ $(\lim\limits_{x \to x_0^+} f(x) = A)$,或 $f(x_0 - 0) = A$ $(f(x_0 + 0) = A)$.

函数的左极限和右极限统称为函数的单侧极限.

根据极限、左极限和右极限的定义可以证明:

定理 2 函数 $f(x)$ 在点 x_0 有极限并等于 A 的**充要条件**是函数 $f(x)$ 在点 x_0 的左、右极限都存在并且都等于 A，即 $\lim\limits_{x \to x_0} f(x) = A \Leftrightarrow \lim\limits_{x \to x_0^-} f(x) = \lim\limits_{x \to x_0^+} f(x) = A$.

例 7 讨论函数 $f(x) = \begin{cases} x, & x > 1, \\ \dfrac{1}{2}, & x = 1, \\ 1, & x < 1 \end{cases}$ 在 $x = 1$ 处的极限.

解 右极限 $\lim\limits_{x \to 1^+} f(x) = \lim\limits_{x \to 1^+} x = 1$，左极限 $\lim\limits_{x \to 1^-} f(x) = \lim\limits_{x \to 1^-} 1 = 1$，

左极限和右极限存在且相等：$\lim\limits_{x \to 1^+} f(x) = \lim\limits_{x \to 1^-} f(x) = 1$，

所以 $\lim\limits_{x \to 1} f(x) = 1$.

例 8 讨论函数 $f(x) = \begin{cases} x-1, & x < 0, \\ 0, & x = 0, \\ x+1, & x > 0 \end{cases}$ 在 $x = 0$ 处的极限.

解 右极限为 $\lim\limits_{x \to 0^+} f(x) = \lim\limits_{x \to 0^+} (x+1) = 1$，

左极限为 $\lim\limits_{x \to 0^-} f(x) = \lim\limits_{x \to 0^-} (x-1) = -1$，

因为

$$\lim\limits_{x \to 0^+} f(x) \neq \lim\limits_{x \to 0^-} f(x)$$

所以 $\lim\limits_{x \to 0} f(x)$ 不存在.

一般地，求分段函数极限的方法就是计算它在指定点的左极限和右极限是否存在并且是否相等.

例 9 函数 $f(x) = e^{\frac{1}{x}}$，在 $x = 0$ 处的极限是否存在？

解 当 $x \to 0^-$ 时，$\lim\limits_{x \to 0^-} \dfrac{1}{x} = -\infty$，左极限为 $\lim\limits_{x \to 0^-} e^{\frac{1}{x}} = 0$；

当 $x \to 0^+$ 时，$\lim\limits_{x \to 0^+} \dfrac{1}{x} = +\infty$，右极限为 $\lim\limits_{x \to 0^+} e^{\frac{1}{x}} = +\infty$；

因为函数 $f(x) = e^{\frac{1}{x}}$ 在 $x = 0$ 处的右极限不存在，左极限为 0，所以 $\lim\limits_{x \to 0} e^{\frac{1}{x}}$ 不存在.

二、函数极限的性质

与收敛数列的定理相比较，可得函数极限的一些相应的定理，它们都可以根据函数极限的定义加以证明，在这证明省略. 函数极限的定义按自变量的变化过程不同有各种形式，下面仅以"$\lim\limits_{x \to x_0} f(x)$"这种形式为代表给出关于函数极限的一些定理.

定理 3 （函数极限的唯一性）如果 $\lim\limits_{x \to x_0} f(x) = A$，那么这个极限是唯一的.

定理 4 （函数极限的局部有界性）如果 $\lim\limits_{x \to x_0} f(x) = A$，那么存在常数 $M > 0$ 和 $\delta > 0$，使得当 $0 < |x - x_0| < \delta$ 时，有 $|f(x)| \leqslant M$.

定理 5 （函数极限的局部保号性）如果 $\lim\limits_{x \to x_0} f(x) = A$，而且 $A > 0$（或 $A < 0$），那么存在常数 $\delta > 0$，使得当 $0 < |x - x_0| < \delta$ 时，有 $f(x) > 0$（或 $f(x) < 0$）.

定理6 若 $\lim\limits_{x \to x_0} f(x) = A$,且在点 x_0 的某去心邻域内 $f(x) \geqslant 0$(或 $f(x) \leqslant 0$),则 $A \geqslant 0$(或 $A \leqslant 0$).

定理7 (函数极限的局部保序性)如果 $\lim\limits_{x \to x_0} f(x) = A$, $\lim\limits_{x \to x_0} g(x) = B$,且 $A > B$(或 $A < B$),则存在常数 $\delta > 0$,当 $0 < |x - x_0| < \delta$ 时,恒有 $f(x) > g(x)$(或 $f(x) < g(x)$).

习题 2-3

(A)

1. 用严格的数学语言叙述下列极限的定义:

(1) $\lim\limits_{x \to a} f(x) = A$;　　(2) $\lim\limits_{x \to a^-} f(x) = A$;　　(3) $\lim\limits_{x \to a^+} f(x) = 0$;

(4) $\lim\limits_{x \to \infty} f(x) = A$;　　(5) $\lim\limits_{x \to +\infty} f(x) = A$;　　(6) $\lim\limits_{x \to -\infty} f(x) = 0$.

2. 若 $f(x) = \begin{cases} \dfrac{1}{x-1}, & x < 0, \\ x, & 0 \leqslant x < 1, \\ 1, & x \geqslant 1. \end{cases}$ 问: $f(x)$ 在 $x = 0$ 与 $x = 1$ 两点的极限是否存在? 为什么?

3. 求下列函数在指定点的左、右极限,并指出函数在该点的极限是否存在.

(1) $f(x) = \dfrac{1}{|x|}$,在点 $x = 0$;

(2) $f(x) = e^{\frac{1}{x-1}}$,在点 $x = 1$;

(3) $f(x) = \begin{cases} 2x+1, & x > 0, \\ 1-3x, & x < 0, \end{cases}$ 在点 $x = 0$.

4. 当 a 为何值时,能使函数 $f(x) = \begin{cases} ax+1, & x > 2, \\ 4x-5, & x < 2 \end{cases}$ 在点 $x = 2$ 的极限存在?

(B)

1. 用函数极限的精确定义证明:

(1) $\lim\limits_{x \to \infty} \dfrac{1}{3x+1} = 0$;　　(2) $\lim\limits_{x \to 3} (3x-1) = 8$.

2. 描述函数 $f(x) = \begin{cases} 2-x, & x < -1, \\ x, & -1 \leqslant x < 1, \\ 4, & x = 1, \\ 4-x, & x > 1 \end{cases}$ 的图形,利用图形说出下列每个极限的情况:

$\lim\limits_{x \to -1^-} f(x)$, $\lim\limits_{x \to -1^+} f(x)$, $\lim\limits_{x \to -1} f(x)$, $\lim\limits_{x \to 1^-} f(x)$, $\lim\limits_{x \to 1^+} f(x)$, $\lim\limits_{x \to 1} f(x)$.

3. 设 $f(x) = \begin{cases} ax-b, & x > 0, \\ 1, & x = 0, \\ 1+e^x, & x < 0. \end{cases}$ 若极限 $\lim\limits_{x \to 0} f(x)$ 存在,求 a、b 的值.

§2-4 无穷小量与无穷大量

一、无穷小量

1. 无穷小量的定义

定义 1　如果函数 $f(x)$ 当 $x \to x_0$（或 $x \to \infty$）时的极限为零,那么函数 $f(x)$ 称为 $x \to x_0$（或 $x \to \infty$）时的**无穷小量**(简称无穷小).

例如因为 $\lim\limits_{x \to 1}(x-1) = 0$,所以函数 $x-1$ 为当 $x \to 1$ 时的无穷小量.

因为 $\lim\limits_{x \to \infty}\dfrac{1}{x} = 0$,所以函数 $\dfrac{1}{x}$ 为当 $x \to \infty$ 时的无穷小量.

同理,因为 $\lim\limits_{x \to 0^-}\mathrm{e}^{\frac{1}{x}} = 0$,所以当 $x \to 0^-$ 时,$\mathrm{e}^{\frac{1}{x}}$ 是无穷小量.

2. 无穷小量的性质

性质 1　无穷小量与有界变量之积仍为无穷小量.

性质 2　有限多个无穷小量之积仍为无穷小量.

性质 3　有限多个无穷小量的代数和仍为无穷小量.

例 1　求 $\lim\limits_{x \to 0} x \sin\dfrac{1}{x}$.

解　因为 $\left| \sin\dfrac{1}{x} \right| \leqslant 1$,所以 $\sin\dfrac{1}{x}$ 是有界函数,又因 $\lim\limits_{x \to 0} x = 0$,所以 x 是 $x \to 0$ 时的无穷小量. 根据无穷小量的性质 1,可知 $\lim\limits_{x \to 0} x \sin\dfrac{1}{x} = 0$.

例 2　求 $\lim\limits_{x \to \infty}\dfrac{\sin x}{x}$.

解　因为 $|\sin x| \leqslant 1$,函数 $\sin x$ 有界,$\lim\limits_{x \to \infty}\dfrac{1}{x} = 0$,所以根据无穷小量的性质 1,可知原式 $= \lim\limits_{x \to \infty}\dfrac{1}{x} \cdot \sin x = 0$.

3. 无穷小量与函数极限的关系

无穷小量是极限为零的函数,它与极限值不为零的函数有着密切的关系. 下面的定理就阐述了这个关系.

定理　在自变量的某个变化过程中,函数有极限的充分必要条件是函数可写成常数与无穷小量的和,即

$$\lim\limits_{x \to x_0} f(x) = A \Longleftrightarrow f(x) = A + \alpha(x)$$

其中,$\lim\limits_{x \to x_0} \alpha(x) = 0$;$x_0$ 可以是有限数,也可以是 ∞.

※**证**　我们仅对 x_0 是有限数的情形进行证明,类似地,可以证明 $x \to \infty$ 时的情形.

若 $\lim\limits_{x \to x_0} f(x) = A$,则对任意给定的正数 ε,存在正数 δ,使当 $0 < |x - x_0| < \delta$ 时,有 $|f(x) - A| < \varepsilon$.

令 $\alpha(x) = f(x) - A$,则 $f(x) = A + \alpha(x)$,且 $\lim\limits_{x \to x_0} \alpha(x) = \lim\limits_{x \to x_0}[f(x) - A] = 0$.

反之,若 $f(x) = A + \alpha(x)$,且 $\lim\limits_{x \to x_0} \alpha(x) = 0$,则 $\lim\limits_{x \to x_0}[f(x) - A] = 0$,即 $\lim\limits_{x \to x_0} f(x) = A$.

同理可证：$\lim\limits_{x\to\infty}f(x)=A\Longleftrightarrow f(x)=A+\alpha$，其中，$A$ 是常数；α 为当 $x\to\infty$ 时的无穷小.

二、无穷大量

1. 无穷大量的定义

定义 2 当 $x\to x_0$（或 $x\to\infty$）时，$f(x)$ 的绝对值无限增大，那么函数 $f(x)$ 称为 $x\to x_0$（或 $x\to\infty$）时的无穷大量（简称无穷大）. 记为 $\lim\limits_{x\to x_0}f(x)=\infty$（或 $\lim\limits_{x\to\infty}f(x)=\infty$）.

如 $\dfrac{1}{x}(x\to 0)$、$\ln x(x\to 0^+)$、$3^x(x\to\infty)$ 等都是无穷大量. 记为：$\lim\limits_{x\to 0}\dfrac{1}{x}=\infty$，$\lim\limits_{x\to 0^+}\ln x=-\infty$，$\lim\limits_{x\to\infty}3^x=\infty$.

2. 无穷大量与无穷小量的关系

由定义很容易看出无穷大量与无穷小量有如下关系：

在自变量的同一变化过程中，无穷大量的倒数是无穷小量，无穷小量（不为零）的倒数是无穷大量.

注：（1）无穷小量和无穷大量是与某一极限过程相联系的，如 $\dfrac{x}{x^3-1}$ 在 $x\to 0$ 时是无穷小量，在 $x\to 1$ 时是无穷大量；在 $x\to -1$ 时既不是无穷小量，也不是无穷大量.

（2）很小很小的数不是无穷小量；无穷大量也不是很大的数.

习题 2-4

(A)

1. 下列各种说法是否正确：

   （1）无穷小量是比任何数都小的数.   （   ）

   （2）无穷小量就是绝对值很小的量.   （   ）

   （3）无穷小量就是零.   （   ）

   （4）$-\infty$ 是无穷小量.   （   ）

   （5）无限多个无穷小量之和仍为无穷小量.   （   ）

   （6）无穷大量是很大的数.   （   ）

2. 下列各题中，哪些是无穷小量？哪些是无穷大量？

   （1）$x^2+0.1x$，当 $x\to 0$ 时；   （2）$2^{-x}-1$，当 $x\to 0$ 时；

   （3）$\dfrac{x+1}{x^2-9}$，当 $x\to 3$ 时；   （4）$\lg x$，当 $x\to +\infty$ 时.

3. $y=\dfrac{\sin x}{(x-1)^2}$ 在怎样的变化过程中是无穷大量？在怎样的变化过程中是无穷小量？

(B)

1. 下列函数，当 $x\to\infty$ 时均有极限，把 y 表示为一常数（极限值）与一无穷小（当 $x\to\infty$ 时）之和的形式.

(1) $y=\dfrac{x^3}{x^3-1}$;   (2) $y=\dfrac{x^2}{2x^2+1}$.

2. 证明:当 $x\to\infty$ 时, $y=\dfrac{\arctan x}{x}$ 是无穷小量.

§2-5 函数极限的运算法则

为了求出比较复杂的函数极限,需要用到极限的运算法则,本节主要是建立极限的运算法则,并利用这些法则求某些函数的极限. 以后我们还将介绍求极限的其他方法.

一、函数极限的四则运算法则

定理 1   如果 $\lim\limits_{x\to x_0}f(x)=A,\lim\limits_{x\to x_0}g(x)=B$,那么

函数极限的
四则运算法则

(1) $\lim\limits_{x\to x_0}[f(x)\pm g(x)]=\lim\limits_{x\to x_0}f(x)\pm\lim\limits_{x\to x_0}g(x)=A\pm B$;

(2) $\lim\limits_{x\to x_0}[f(x)\cdot g(x)]=\lim\limits_{x\to x_0}f(x)\cdot\lim\limits_{x\to x_0}g(x)=A\cdot B$,

$\quad\lim\limits_{x\to x_0}C\cdot f(x)=\lim\limits_{x\to x_0}C\cdot\lim\limits_{x\to x_0}f(x)=CA$;

(3) $\lim\limits_{x\to x_0}\dfrac{f(x)}{g(x)}=\dfrac{\lim\limits_{x\to x_0}f(x)}{\lim\limits_{x\to x_0}g(x)}=\dfrac{A}{B}(B\neq 0)$.

定理中的自变量的变化趋势变为 $x\to\infty$ 也一样成立. 定理中的(1)(2)可推广到有限个函数的情形,值得注意的是以上运算法则成立的前提是 $\lim\limits_{x\to x_0}f(x)$ 和 $\lim\limits_{x\to x_0}g(x)$ 存在.

关于定理 1 中的(2),有如下推论:

推论 1   如果 $\lim\limits_{x\to x_0}f(x)$ 存在,而 n 是正整数,则 $\lim\limits_{x\to x_0}[f(x)]^n=\left[\lim\limits_{x\to x_0}f(x)\right]^n$.

推论 2 $\lim\limits_{x\to x_0}\sqrt[n]{f(x)}=\sqrt[n]{\lim\limits_{x\to x_0}f(x)}=\sqrt[n]{A}$ (n 为正整数,当 n 为偶数时,要假设 $A\geqslant 0$).

例 1   求:(1) $\lim\limits_{x\to 2}(6x^2-9x+4)$;(2) $\lim\limits_{x\to -16}\sqrt{1-5x}$.

解   (1) 根据定理 1 得: $\lim\limits_{x\to 2}(6x^2-9x+4)$

$\qquad = \lim\limits_{x\to 2}6x^2-\lim\limits_{x\to 2}9x+\lim\limits_{x\to 2}4$

$\qquad = 6\lim\limits_{x\to 2}x^2-9\lim\limits_{x\to 2}x+4$

$\qquad = 6\times 2^2-9\times 2+4$

$\qquad = 10$.

(2) 根据推论 2 得: $\lim\limits_{x\to -16}\sqrt{(1-5x)}$

$\qquad = \sqrt{\lim\limits_{x\to -16}(1-5x)}$

$\qquad = \sqrt{1-5\times(-16)}$

$\qquad = 9$.

这种求极限的方法称为"代入法".

例 2   求:(1) $\lim\limits_{x\to 2}\dfrac{3x^3-8x^2-9}{6x^2-9x+4}$;   (2) $\lim\limits_{x\to 2}\dfrac{x^2-5x+6}{x^2-3x+2}$.

解　(1) 这里分母的极限不为零,故

$$\lim_{x \to 2} \frac{3x^3 - 8x^2 - 9}{6x^2 - 9x + 4}$$

$$= \frac{\lim\limits_{x \to 2}(3x^3 - 8x^2 - 9)}{\lim\limits_{x \to 2}(6x^2 - 9x + 4)}$$

$$= \frac{3 \times 2^3 - 8 \times 2^2 - 9}{6 \times 2^2 - 9 \times 2 + 4}$$

$$= -\frac{17}{10}$$

(2) 当 $x \to 2$ 时,分子及分母的极限都是零,于是分子、分母不能分别取极限. 因分子及分母有公因子 $x-2$,而 $x \to 2$ 时,$x \neq 2$,$x-2 \neq 0$,可约去这个无穷小因子,所以

$$\lim_{x \to 2} \frac{x^2 - 5x + 6}{x^2 - 3x + 2}$$

$$= \lim_{x \to 2} \frac{(x-2)(x-3)}{(x-2)(x-1)}$$

$$= \lim_{x \to 2} \frac{x-3}{x-1}$$

$$= -1$$

这种求极限的方法称为**"消去无穷小因子法"**:通过因式分解直接消除分子、分母的公因式再求极限的方法. 在处理某些数列或函数的极限问题时,因式分解法可化繁为简、化难为易.

例3　求:(1) $\lim\limits_{x \to \infty} \dfrac{2x^3 - x^2 + 1}{x^3 - x + 1}$；　(2) $\lim\limits_{x \to \infty} \dfrac{2x^2 - x + 1}{x^3 - x + 1}$.

解　(1) 当 $x \to \infty$ 时,分子、分母都趋于无穷大,又因为 $\lim\limits_{x \to \infty}\dfrac{a}{x^n}=0$,$\lim\limits_{x \to \infty}\dfrac{1}{x^n}=0$,$\left(\lim\limits_{x \to \infty}\dfrac{1}{x}\right)^n=0$,所以先用 x^3 去除分母及分子,然后取极限:

$$\lim_{x \to \infty} \frac{2x^3 - x^2 + 1}{x^3 - x + 1}$$

$$= \lim_{x \to \infty} \frac{2 - \dfrac{1}{x} + \dfrac{1}{x^3}}{1 - \dfrac{1}{x^2} + \dfrac{1}{x^3}}$$

$$= \frac{2 - 0 + 0}{1 - 0 + 0}$$

$$= 2$$

(2) 当 $x \to \infty$ 时,分子、分母都趋于无穷大,故先用 x^3 除分母和分子,然后取极限,得

$$\lim_{x \to \infty} \frac{2x^2 - x + 1}{x^3 - x + 1}$$

$$= \lim_{x \to \infty} \frac{\dfrac{2}{x} - \dfrac{1}{x^2} + \dfrac{1}{x^3}}{1 - \dfrac{1}{x^2} + \dfrac{1}{x^3}}$$

$$= \frac{0 + 0 + 0}{1 - 0 + 0} = 0$$

求分式的极限时,若分母与分子的极限都是 0,则通常称其为 $\dfrac{\mathbf{0}}{\mathbf{0}}$ **型未定式**,如例 2(2)是求 $\dfrac{0}{0}$ 型的未定式的极限,通常用"消去无穷小因子法"求解. 若分子、分母的极限都是无穷大,则通常称其为 $\dfrac{\infty}{\infty}$ **型未定式**,如例 3,通常用"同除法"求解.

例 4 求:(1) $\lim\limits_{x\to+\infty}\dfrac{\sqrt{2x}+3}{\sqrt{x+5}}$;   (2) $\lim\limits_{x\to+\infty}\dfrac{2^x-1}{4^x+1}$.

解 (1) 先用 $\sqrt{x}$ 除分子和分母,化简后再取极限:

$$\lim_{x\to+\infty}\frac{\sqrt{2x}+3}{\sqrt{x+5}}$$

$$=\lim_{x\to+\infty}\frac{\dfrac{\sqrt{2x}+3}{\sqrt{x}}}{\dfrac{\sqrt{x+5}}{\sqrt{x}}}$$

$$=\lim_{x\to+\infty}\frac{\sqrt{2}+3\cdot\sqrt{\dfrac{1}{x}}}{\sqrt{1+\dfrac{5}{x}}}=\frac{\sqrt{2}+0}{\sqrt{1+0}}=\sqrt{2}$$

(2) 先用 4^x 除分子和分母,化简后再取极限:

$$\lim_{x\to+\infty}\frac{2^x-1}{4^x+1}$$

$$=\lim_{x\to+\infty}\frac{\left(\dfrac{2}{4}\right)^x-\left(\dfrac{1}{4}\right)^x}{1+\left(\dfrac{1}{4}\right)^x}$$

$$=0$$

例 5 求下列函数的极限:

(1) $\lim\limits_{x\to0}\dfrac{\sqrt{x+4}-2}{x}$;   (2) $\lim\limits_{x\to1}\dfrac{\sqrt[3]{x}-1}{x-1}$.

解 (1)当 $x\to0$ 时,分子和分母的极限为零,不能对分子、分母分别求极限,用分子有理化方法,得

$$\lim_{x\to0}\frac{\sqrt{x+4}-2}{x}=\lim_{x\to0}\frac{(x+4)-2^2}{x(\sqrt{x+4}+2)}=\lim_{x\to0}\frac{1}{\sqrt{x+4}+2}$$

$$=\frac{1}{\sqrt{0+4}+2}=\frac{1}{4}$$

(2) 根式中根指数大于 2,不能用有理化的方法,但可用换元法来求解.

令 $t=\sqrt[3]{x}$,则 $x=t^3$,当 $x\to1$ 时,$t\to1$.

$$\lim_{x\to1}\frac{\sqrt[3]{x}-1}{x-1}=\lim_{t\to1}\frac{t-1}{t^3-1}=\lim_{t\to1}\frac{t-1}{(t-1)(t^2+t+1)}$$

$$= \lim_{t \to 1} \frac{1}{t^2 + t + 1} = \frac{1}{3}$$

上式中用到立方差公式: $a^3 - b^3 = (a-b)(a^2 + ab + b^2)$.

例6 求极限 $\lim\limits_{x \to -1} \left(\dfrac{1}{x+1} - \dfrac{3}{x^3+1} \right)$.

解 因为当 $x \to -1$ 时, $\dfrac{1}{x+1}$、$\dfrac{3}{x^3+1}$ 都趋于无穷大, 即所求极限的变量是"$\infty - \infty$"型未定式, 不能直接用极限的运算法则. 所以先利用立方和公式 $a^3 + b^3 = (a+b)(a^2 - ab + b^2)$ 进行化简, 通分之后, 再求极限.

$$\lim_{x \to -1} \left(\frac{1}{x+1} - \frac{3}{x^3+1} \right) = \lim_{x \to -1} \left[\frac{1}{x+1} - \frac{3}{(x+1)(x^2-x+1)} \right]$$

$$= \lim_{x \to -1} \frac{x^2 - x - 2}{(x+1)(x^2-x+1)} = \lim_{x \to -1} \frac{(x+1)(x-2)}{(x+1)(x^2-x+1)}$$

$$= \lim_{x \to -1} \frac{x-2}{x^2-x+1} = \frac{-3}{3} = -1$$

注: 求分式或无理函数的 $\infty - \infty$ 型极限时, 一般用通分或有理化的方法转化为 $\dfrac{0}{0}$ 型或 $\dfrac{\infty}{\infty}$ 型来求极限.

在例5、例6中, 函数 $f(x)$ 在点 x_0 处虽然没有定义, 但是当 $x \to x_0$ 时, 函数的极限是存在的.

二、复合函数的极限运算法则

定理2 设函数 $y = f[g(x)]$ 是由函数 $y = f(u)$ 与函数 $u = g(x)$ 复合而成的, $f[g(x)]$ 在点 x_0 的某去心邻域内有定义, 若 $\lim\limits_{x \to x_0} g(x) = u_0$, $\lim\limits_{u \to u_0} f(u) = A$ 且存在 $\delta_0 > 0$, 当 $x \in \mathring{U}(x_0, \delta_0)$ 时, 有 $g(x) \neq u_0$, 则

$$\lim_{x \to x_0} f[g(x)] = \lim_{u \to u_0} f(u) = A$$

在定理中, 把 $\lim\limits_{x \to x_0} g(x) = u_0$ 换成 $\lim\limits_{x \to x_0} g(x) = \infty$ 或 $\lim\limits_{x \to \infty} g(x) = \infty$, 而把 $\lim\limits_{u \to u_0} f(u) = A$ 换成 $\lim\limits_{u \to \infty} f(u) = A$, 可得类似的定理(证明从略).

定理2表示, 如果函数 $f(u)$ 和 $g(x)$ 满足该定理的条件, 那么作代换 $u = g(x)$ 可把求 $\lim\limits_{x \to x_0} f[g(x)]$ 化为求 $\lim\limits_{u \to u_0} f(u)$, 这里 $u_0 = \lim\limits_{x \to x_0} g(x)$, 这种求极限的方法叫作**换元法**. 如例5(2)就是采用**换元法**来求极限的.

例如求 $\lim\limits_{x \to 0} e^{\cos x}$, 我们可以令 $u = \cos x$, 当 $x \to 0$ 时, 有 $u = \cos 0 \to 1$. 则有 $\lim\limits_{x \to 0} e^{\cos x} = \lim\limits_{u \to 1} e^u = e$. 以后为了方便书写, 此题也可以这样写 $\lim\limits_{x \to 0} e^{\cos x} = e^{\lim\limits_{x \to 0} \cos x} = e$.

例7 求 $\lim\limits_{x \to 1} \sqrt{\dfrac{x-1}{x^3-1}}$.

解 由复合函数极限定理, 设 $u = \dfrac{x-1}{x^3-1}$, 当 $x \to 1$ 时, $u = \dfrac{x-1}{(x-1)(x^2+x+1)} = \dfrac{1}{x^2+x+1} \longrightarrow$ $\dfrac{1}{3}$, 即 $\lim\limits_{x \to 1} \dfrac{x-1}{x^3-1} = \dfrac{1}{3}$.

则
$$\lim_{x \to 1} \sqrt{\frac{x-1}{x^3-1}} = \lim_{u \to \frac{1}{3}} \sqrt{u} = \sqrt{\frac{1}{3}} = \frac{\sqrt{3}}{3}$$

习题 2-5

(A)

求下列极限：

(1) $\lim\limits_{x \to 1}\left(x^5 - 5x + 2 + \dfrac{1}{x}\right)$；

(2) $\lim\limits_{t \to -2}(t+1)^9(t^2-1)$；

(3) $\lim\limits_{x \to 0}\left(1 - \dfrac{2}{x-3}\right)$；

(4) $\lim\limits_{x \to 1}\dfrac{x^2-1}{2x^2-x-1}$；

(5) $\lim\limits_{h \to 0}\dfrac{(x+h)^3 - x^3}{h}$；

(6) $\lim\limits_{x \to -1}\sqrt{x^3 + 2x + 7}$；

(7) $\lim\limits_{x \to \infty}\dfrac{x^2-1}{2x^2-x-1}$；

(8) $\lim\limits_{x \to \infty}\left(1 + \dfrac{1}{x}\right)\left(2 - \dfrac{1}{x^2}\right)$；

(9) $\lim\limits_{x \to 3}\dfrac{\sqrt{1+x}-2}{x-3}$；

(10) $\lim\limits_{x \to 1}\left(\dfrac{1}{x-1} - \dfrac{3}{x^3-1}\right)$.

(B)

1. 求下列极限：

(1) $\lim\limits_{x \to +\infty}\dfrac{\arctan x}{x}$；

(2) $\lim\limits_{x \to \infty}\left(\dfrac{x^3}{2x^2-1} - \dfrac{x^2}{2x+1}\right)$；

(3) $\lim\limits_{x \to 1}\dfrac{x^n-1}{x-1}$（$n$ 为正整数）；

(4) $\lim\limits_{x \to \infty}\dfrac{x^2+x}{x^4-3x^2+1}$.

2. 若 $\lim\limits_{x \to \infty}\left(\dfrac{x^2+1}{x+1} + ax + b\right) = 0$，求常数 a、b 的值.

§2-6 两个重要极限

两个重要极限分别为

$$\lim_{x \to 0}\frac{\sin x}{x} = 1 \text{ 和} \lim_{x \to \infty}\left(1 + \frac{1}{x}\right)^x = e$$

它们在计算其他函数的极限时是非常有用的. 我们将利用函数极限的夹逼定理来证明第一个重要极限.

定理（夹逼定理）　如果函数 $f(x)$、$g(x)$、$h(x)$ 在点 x_0 的某个去心邻域内有定义且满足：

(1) $g(x) \leqslant f(x) \leqslant h(x)$；

(2) $\lim\limits_{x \to x_0} g(x) = \lim\limits_{x \to x_0} h(x) = A$（$A$ 是常数）.

则
$$\lim_{x \to x_0} f(x) = A$$

此定理类似于数列极限的夹逼定理.

一、第一个重要极限 $\lim\limits_{x\to 0}\dfrac{\sin x}{x}=1$

下面，我们用夹逼定理来证明重要极限$\lim\limits_{x\to 0}\dfrac{\sin x}{x}=1$.

在图 2-3 中的单位圆中令圆心角$\angle AOC=x\left(0<x<\dfrac{\pi}{2}\right)$，由于$|BD|=\sin x,\overset{\frown}{BC}=x,|CA|=\tan x$，且$\triangle OBC$的面积$<$扇形$OBC$的面积$<\triangle AOC$的面积，得到$\dfrac{1}{2}\sin x<\dfrac{1}{2}x<\dfrac{1}{2}\tan x$，

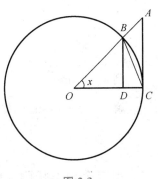

图 2-3

即 $$\sin x<x<\tan x$$

上式同除以$\sin x$，得

$$1<\frac{x}{\sin x}<\frac{\tan x}{\sin x}，即 \cos x<\frac{\sin x}{x}<1 \qquad (1)$$

容易看出，当$x<0$时，上述不等式仍成立.

下面证明$\lim\limits_{x\to 0}\cos x=1$.

事实上，当$0<|x|<\dfrac{\pi}{2}$时，

$$0<|\cos x-1|=1-\cos x=2\sin^2\frac{x}{2}<2\cdot\left(\frac{x}{2}\right)^2=\frac{x^2}{2}$$

即 $$0<1-\cos x<\frac{x^2}{2}$$

当$x\to 0$时，$\dfrac{x^2}{2}\to 0$，由夹逼定理有$\lim\limits_{x\to 0}(1-\cos x)=0$，

所以 $$\lim\limits_{x\to 0}\cos x=1$$

由于$\lim\limits_{x\to 0}\cos x=1,\lim\limits_{x\to 0}1=1$，由不等式(1)及夹逼定理即得

$$\lim\limits_{x\to 0}\frac{\sin x}{x}=1$$

从几何上看，这个极限表明圆周上弦与弧之比，当弧长趋于零时其极限为 1.

例 1 求$\lim\limits_{x\to 0}\dfrac{\tan x}{x}$.

解 原式$=\lim\limits_{x\to 0}\dfrac{\sin x}{x}\cdot\dfrac{1}{\cos x}=\lim\limits_{x\to 0}\dfrac{\sin x}{x}\cdot\lim\limits_{x\to 0}\dfrac{1}{\cos x}=1$.

推论 1 如果$x\to a$时，也有$y=\alpha(x)\to 0$，则

$$\lim\limits_{x\to a}\frac{\sin \alpha(x)}{\alpha(x)}=\lim\limits_{y\to 0}\frac{\sin y}{y}=1$$

注：一般含有三角函数的$\dfrac{0}{0}$型的未定式可以考虑利用第一个重要极限来求极限.

第一个重要极限及其结构美

例 2 求$\lim\limits_{x\to 0}\dfrac{\sin ax}{x}(a\neq 0)$.

解 根据推论 1 原式$=\lim\limits_{x\to 0}\dfrac{a\sin ax}{ax}=a\lim\limits_{x\to 0}\left(\dfrac{\sin ax}{ax}\right)=a$.

例 3 求极限 $\lim\limits_{x\to 0}\dfrac{1-\cos x}{x^2}$.

解 根据推论 1 原式 $=\lim\limits_{x\to 0}\dfrac{2\sin^2\dfrac{x}{2}}{x^2}=\dfrac{1}{2}\lim\limits_{x\to 0}\dfrac{\sin^2\dfrac{x}{2}}{\left(\dfrac{x}{2}\right)^2}$

$$=\dfrac{1}{2}\lim\limits_{x\to 0}\left(\dfrac{\sin\dfrac{x}{2}}{\dfrac{x}{2}}\right)^2=\dfrac{1}{2}\times 1^2=\dfrac{1}{2}.$$

例 4 求 $\lim\limits_{x\to 0}\dfrac{\arcsin x}{x}$.

解 令 $t=\arcsin x$, 则 $x=\sin t$, 当 $x\to 0$ 时, 有 $t\to 0$, 于是由复合函数的极限运算法则得

$$\lim\limits_{x\to 0}\dfrac{\arcsin x}{x}=\lim\limits_{t\to 0}\dfrac{t}{\sin t}=1$$

二、第二个重要极限 $\lim\limits_{x\to\infty}\left(1+\dfrac{1}{x}\right)^x=\mathrm{e}$ （证明从略）

第二个重要
极限的应用

当 $x\to\infty$ 时, $\left(1+\dfrac{1}{x}\right)^x$ 的变化趋势用记号 "1^∞" 未定式表示, 在计算 1^∞ 型未定式极限时, 常常用到它的推广形式, 即以下的推论 2 和推论 3.

推论 2 如果 $x\to a$, $\alpha(x)\to\infty$, 则

$$\lim\limits_{x\to a}\left[1+\dfrac{1}{\alpha(x)}\right]^{\alpha(x)}=\mathrm{e}$$

例 5 求 $\lim\limits_{x\to\infty}\left(1+\dfrac{m}{x}\right)^x\ (m\neq 0)$.

解 令 $y=\dfrac{x}{m}$, 则当 $x\to\infty$ 时, 也有 $y\to\infty$,

所以 $\lim\limits_{x\to\infty}\left(1+\dfrac{m}{x}\right)^x=\lim\limits_{x\to\infty}\left[\left(1+\dfrac{1}{\frac{x}{m}}\right)^{\frac{x}{m}}\right]^m$

$$=\lim\limits_{y\to\infty}\left[\left(1+\dfrac{1}{y}\right)^y\right]^m=\left[\lim\limits_{y\to\infty}\left(1+\dfrac{1}{y}\right)^y\right]^m=\mathrm{e}^m.$$

特别地, 当 $m=-1$ 时, 有 $\lim\limits_{x\to\infty}\left(1-\dfrac{1}{x}\right)^x=\mathrm{e}^{-1}$.

例 6 求 $\lim\limits_{y\to 0}(1+y)^{\frac{1}{y}}$.

解 令 $y=\dfrac{1}{x}$, 则当 $y\to 0$ 时, $x\to\infty$,

所以 $\lim\limits_{y\to 0}(1+y)^{\frac{1}{y}}=\lim\limits_{x\to\infty}\left(1+\dfrac{1}{x}\right)^x=\mathrm{e}$, 即 $\lim\limits_{y\to 0}(1+y)^{\frac{1}{y}}=\mathrm{e}$.

推论 3 如果 $x\to a$, $y=\alpha(x)\to 0$, 则

$$\lim\limits_{x\to a}[1+\alpha(x)]^{\frac{1}{\alpha(x)}}=\lim\limits_{y\to 0}(1+y)^{\frac{1}{y}}=\mathrm{e}$$

例 7 计算极限 $\lim\limits_{x\to\infty}\left(\dfrac{x^2+1}{x^2-1}\right)^{x^2}$.

解 因为 $x\neq 0$,

所以
$$\frac{x^2+1}{x^2-1}=\frac{1+\dfrac{1}{x^2}}{1-\dfrac{1}{x^2}}$$

因此
$$原式=\lim_{x\to\infty}\frac{\left(1+\dfrac{1}{x^2}\right)^{x^2}}{\left(1-\dfrac{1}{x^2}\right)^{x^2}}=\frac{\lim\limits_{x\to\infty}\left(1+\dfrac{1}{x^2}\right)^{x^2}}{\lim\limits_{x\to\infty}\left[1+\dfrac{1}{(-x^2)}\right]^{(-x^2)\cdot(-1)}}=\frac{\mathrm{e}}{\mathrm{e}^{-1}}=\mathrm{e}^2$$

例 8 求极限$\lim\limits_{x\to0}(1+\sin x)^{\csc x}$.

解 当 $x\to0$ 时,有 $\sin x\to0$,

所以
$$\lim_{x\to0}(1+\sin x)^{\csc x}=\lim_{\sin x\to0}(1+\sin x)^{\frac{1}{\sin x}}=\mathrm{e}$$

注:一般 1^∞ 型的未定式可以考虑利用第二个重要极限来求极限.

习题 2-6

(A)

1. 求下列极限:

(1) $\lim\limits_{x\to0}\dfrac{\sin wx}{x}$;

(2) $\lim\limits_{x\to0}\dfrac{\tan 3x}{x}$;

(3) $\lim\limits_{x\to\infty}\dfrac{\sin\dfrac{1}{3x}}{\sin\dfrac{1}{5x}}$;

(4) $\lim\limits_{x\to0}\dfrac{1-\cos 2x}{x\sin x}$;

(5) $\lim\limits_{x\to0}\dfrac{x-\sin x}{x+\sin x}$;

(6) $\lim\limits_{x\to\infty}\dfrac{x-\sin x}{x+\sin x}$.

2. 求下列极限:

(1) $\lim\limits_{x\to+\infty}\left(\dfrac{x+1}{x-1}\right)^x$;

(2) $\lim\limits_{x\to\infty}\left(1+\dfrac{1}{x}\right)^{\frac{x}{2}}$;

(3) $\lim\limits_{x\to\infty}\left(\dfrac{x}{1+x}\right)^{2x}$;

(4) $\lim\limits_{x\to\infty}\left(1-\dfrac{1}{x}\right)^{kx}$($k$ 为正整数);

(5) $\lim\limits_{x\to0}(1-2x)^{\frac{1}{x}}$;

(6) $\lim\limits_{x\to\frac{\pi}{2}}(1+\cos x)^{3\sec x}$;

(7) $\lim\limits_{x\to1}x^{\frac{1}{x-1}}$;

(8) $\lim\limits_{x\to1}\left(\dfrac{2x}{x+1}\right)^{\frac{2x}{x-1}}$.

(B)

1. 求下列极限:

(1) $\lim\limits_{x\to0}\dfrac{\cos x-\cos 3x}{x^2}$;

(2) $\lim\limits_{x\to0}\dfrac{\sin(\sin x)}{x}$;

(3) $\lim\limits_{x\to0}\dfrac{\arcsin\dfrac{x}{4}}{x}$.

2. 证明 $\lim\limits_{x\to\infty}\left(1+\dfrac{k}{x}\right)^x=e^k$，$k$ 为整数.

§2-7　无穷小量的比较

一、无穷小量的阶的比较

当 $x\to0$ 时，不难看出 $x,x^3,x^{\frac{1}{3}},\sin x$ 都是无穷小量，也就是说，当 $x\to0$ 时，它们都趋于零. 很明显，x 与 x^3 趋于 0 的快慢不一样. 当 $|x|<1$ 时，$|x^3|$ 要比 $|x|$ 小得多，即 x^3 趋于 0 的速度比 x 趋于 0 的速度要快得多. 对任意两个无穷小量如何比较它们趋于 0 的快慢呢? 我们可以通过引入无穷小量的"阶"的概念，来区分两个无穷小量趋于 0 的速度快慢.

定义　设当 $x\to x_0$ 时，$u(x)$ 和 $v(x)$ 都是无穷小量，那么当

(1) $\lim\limits_{x\to x_0}\dfrac{u(x)}{v(x)}=0$，称当 $x\to x_0$ 时，$u(x)$ 是比 $v(x)$ **高阶的无穷小量**，或称 $v(x)$ 是比 $u(x)$ 低阶的无穷小量，记作 $u(x)=o(v(x))$；

(2) $\lim\limits_{x\to x_0}\dfrac{u(x)}{v(x)}=\infty$，称当 $x\to x_0$ 时，$u(x)$ 是比 $v(x)$ **低阶的无穷小量**；

(3) $\lim\limits_{x\to x_0}\dfrac{u(x)}{v(x)}=c$（$c$ 是常数，$c\neq0$），称当 $x\to x_0$ 时，$u(x)$ 与 $v(x)$ 是**同阶无穷小量**；

(4) $\lim\limits_{x\to x_0}\dfrac{u(x)}{v(x)}=1$，称当 $x\to x_0$ 时，$u(x)$ 与 $v(x)$ 是**等价的无穷小量**，记作 $u(x)\sim v(x)(x\to x_0)$.

注：对于 $x\to\infty$、$x\to+\infty$、$x\to-\infty$、$n\to\infty$、$x\to a^+$、$x\to a^-$ 的情形，上述定义仍然适用.

下面举一些例子：

因为 $\lim\limits_{x\to0}\dfrac{x^3}{x}=0$，所以当 $x\to0$ 时，x^3 是比 x 高阶的无穷小，即 $x^3=o(x)(x\to0)$.

因为 $\lim\limits_{x\to0}\dfrac{x}{\sqrt[3]{x}}=\lim\limits_{x\to0}x^{\frac{2}{3}}=0$，

所以当 $x\to0$ 时，x 是比 $\sqrt[3]{x}$ 高阶的无穷小，即 $x=o(\sqrt[3]{x})(x\to0)$.

因为 $\lim\limits_{x\to0}\dfrac{\sin x}{x}=1$，所以当 $x\to0$ 时，$\sin x$ 与 x 是等价无穷小，即 $\sin x\sim x(x\to0)$.

关于等价无穷小，有如下定理：

定理（无穷小等价替换定理）　设当 $x\to x_0$ 时，$u\sim u_1$，$v\sim v_1$，且 $\lim\limits_{x\to x_0}\dfrac{u_1}{v_1}$ 存在，则 $\lim\limits_{x\to x_0}\dfrac{u}{v}=\lim\limits_{x\to x_0}\dfrac{u_1}{v_1}$.

证　因为 $\lim\limits_{x\to x_0}\dfrac{u}{v}=\lim\limits_{x\to x_0}\left(\dfrac{u}{u_1}\cdot\dfrac{v_1}{v}\cdot\dfrac{u_1}{v_1}\right)$

$$=\lim\limits_{x\to x_0}\dfrac{u}{u_1}\cdot\lim\limits_{x\to x_0}\dfrac{v_1}{v}\cdot\lim\limits_{x\to x_0}\dfrac{u_1}{v_1}$$

$$=1\cdot\lim\limits_{x\to x_0}\dfrac{u_1}{v_1}\cdot1=\lim\limits_{x\to x_0}\dfrac{u_1}{v_1}.$$

特别地,若当 $x \to x_0$ 时, $u \sim u_1$(或 $v \sim v_1$),则

$$\lim_{x \to x_0} \frac{u}{v} = \lim_{x \to x_0} \frac{u_1}{v} \left(\text{或} \lim_{x \to x_0} \frac{u}{v} = \lim_{x \to x_0} \frac{u}{v_1} \right)$$

推论　设当 $x \to x_0$ 时, $u \sim u_1$, $v \sim v_1$,且 $\lim\limits_{x \to x_0} u_1 v_1$ 存在,则 $\lim\limits_{x \to x_0} uv = \lim\limits_{x \to x_0} u_1 v_1$(请读者自行推导).

当 $x \to \infty$ 时,两个无穷小量也可以作上述的比较.

二、利用无穷小量等价替换求极限

利用无穷小等价替换求极限

利用无穷小等价替换定理,在求两个无穷小量之比或之积的极限时可用其等价无穷小进行替换,使有些极限的计算变得简单,但对分子或分母中用"+""−"号连接的各部分不能随便地作替换(如例5).

例1　求 $\lim\limits_{x \to 0} \dfrac{\sin 4x}{\tan 3x}$.

解　因为当 $x \to 0$ 时, $\sin 4x \sim 4x$, $\tan 3x \sim 3x$,所以

$$\lim_{x \to 0} \frac{\sin 4x}{\tan 3x} = \lim_{x \to 0} \frac{4x}{3x} = \frac{4}{3}$$

例2　证明:当 $x \to 0$ 时, $\sqrt[n]{1+x} - 1 \sim \dfrac{1}{n}x$(公式).

分析　公式: $a^n - b^n = (a-b)(a^{n-1} + a^{n-2}b + a^{n-3}b^2 + \cdots + ab^{n-2} + b^{n-1})$($n$ 为整数),因此 $y^n - 1 = (y-1)(y^{n-1} + y^{n-2} + \cdots + y + 1)$.

证　令 $y = \sqrt[n]{1+x}$,则当 $x \to 0$ 时, $y \to 1$,

$$\lim_{x \to 0} \frac{\sqrt[n]{1+x} - 1}{\dfrac{x}{n}} = \lim_{x \to 0} \frac{n(\sqrt[n]{1+x} - 1)}{x} = \lim_{y \to 1} \frac{n(y-1)}{y^n - 1}$$

$$= \lim_{y \to 1} \frac{n(y-1)}{(y-1)(y^{n-1} + y^{n-2} + \cdots + y + 1)}$$

$$= \lim_{y \to 1} \frac{n}{y^{n-1} + y^{n-2} + \cdots + y + 1} = 1$$

故当 $x \to 0$ 时, $\sqrt[n]{1+x} - 1 \sim \dfrac{x}{n}$.

推广　当 $Q(x) \to 0$ 时, $\sqrt[n]{1+Q(x)} - 1 \sim \dfrac{Q(x)}{n}$,例如 $x \to 0$ 时, $\sqrt[3]{1+x^2} - 1 \sim \dfrac{x^2}{3}$.

例3　求 $\lim\limits_{x \to 0} \dfrac{x}{\sqrt[n]{1+x} - 1}$.

解　由例2知当 $x \to 0$ 时, $\sqrt[n]{1+x} - 1 \sim \dfrac{1}{n}x$,又根据无穷小等价替换定理,可得

$$\lim_{x \to 0} \frac{x}{\sqrt[n]{1+x} - 1} = \lim_{x \to 0} \frac{x}{\dfrac{x}{n}} = n$$

用同样的方法可得

$$\lim_{x \to 0} \frac{1 - \sqrt[m]{1+x}}{1 - \sqrt[n]{1+x}} = \frac{n}{m}$$

例 4　求 $\lim\limits_{x\to 0}\dfrac{\sin x}{\sqrt{1+x}-1}$.

解　当 $x\to 0$ 时，$\sin x$ 与 x 等价，$\sqrt{1+x}-1$ 与 $\dfrac{x}{2}$ 等价，利用无穷小等价替换定理知

$$\lim_{x\to 0}\frac{\sin x}{\sqrt{1+x}-1}=\lim_{x\to 0}\frac{x}{\dfrac{x}{2}}=2$$

例 5　求 $\lim\limits_{x\to 0}\dfrac{\tan x-\sin x}{x^3}$.

解　$\lim\limits_{x\to 0}\dfrac{\tan x-\sin x}{x^3}=\lim\limits_{x\to 0}\dfrac{\tan x\cdot(1-\cos x)}{x^3}=\lim\limits_{x\to 0}\dfrac{\sin x(1-\cos x)}{x^3\cos x}=\lim\limits_{x\to 0}\dfrac{x}{x^3}\cdot\dfrac{\dfrac{x^2}{2}}{\cos x}=\dfrac{1}{2}$.

但若一开始就使用等价替换，就会产生下面的错误结果：

$$\lim_{x\to 0}\frac{\tan x-\sin x}{x^3}=\lim_{x\to 0}\frac{x-x}{x^3}=0$$

此例说明，无穷小等价替换求极限的方法，只能用于乘积因子运算中，在极限和、差运算中一般不能使用.

附：当 $x\to 0$ 时，常用等价无穷小有：

$$\sin x\sim x,\tan x\sim x,\mathrm{e}^x-1\sim x,a^x-1\sim x\ln a,\ln(1+x)\sim x,1-\cos x\sim\frac{x^2}{2},$$

$$\sqrt{1+x}-1\sim\frac{x}{2},\arcsin x\sim x,\arctan x\sim x,\sqrt[n]{1+x}-1\sim\frac{x}{n}.$$

习题 2-7

(A)

1. 当 $x\to 0$ 时，试将下列无穷小量与无穷小量 x 进行比较.

(1) $x^3+1\,000x$；　　　　　　　　　(2) $\sqrt[3]{x}+\sin x$；

(3) $\ln(1+2x)$；　　　　　　　　　(4) $\dfrac{(x+1)x}{4+\sqrt[3]{x}}$；

(5) x^2-x^3.

2. 证明：

(1) 当 $x\to 0$ 时，$\sqrt{1+x}-1\sim\dfrac{x}{2}$；

(2) 当 $x\to 0$ 时，$\sqrt{1+x}-\sqrt{1-x}\sim x$.

3. 求下列极限：

(1) $\lim\limits_{x\to 0}\dfrac{\tan 4x}{5x}$；　　　　　　　(2) $\lim\limits_{x\to 1}\dfrac{x}{1-x}$；

(3) $\lim\limits_{x\to 0}x^2\sin\dfrac{1}{x}$；　　　　　　(4) $\lim\limits_{x\to\infty}\dfrac{x^2+1}{x^3+x}(3+\cos x)$.

(B)

1. 证明：

(1) 当 $x\to 0^+$ 时，$\sqrt{x+\sqrt{x+\sqrt{x}}}\sim\sqrt[8]{x}$；

(2) 当 $x \to 0$ 时，$\sec x - 1 \sim \dfrac{x^2}{2}$.

2. 求下列极限：

(1) $\lim\limits_{x \to 0} \dfrac{\sin(x^n)}{(\sin x)^m}$（$m, n$ 为正整数）；　　(2) $\lim\limits_{x \to 1}(1-x)\tan\dfrac{\pi}{2}x$；

(3) $\lim\limits_{x \to 0} \dfrac{\mathrm{e}^{\sin x}-1}{\ln(1-3x)}$.

3. 证明：$f(x) \sim g(x)(x \to a)$ 的充要条件是 $f(x)-g(x)$ 是比 $g(x)$ 高阶的无穷小.

4. 证明：若 $f(x) \sim g(x)(x \to x_0)$，且 $\lim\limits_{x \to x_0} f(x)h(x)=A$，则 $\lim\limits_{x \to x_0} g(x)h(x)=A$.

复习题二

第二章学习指导

(A)

1. 计算下列极限：

(1) $\lim\limits_{n \to \infty} \dfrac{(n+1)(n+2)(n+3)}{5n^3}$；　　(2) $\lim\limits_{x \to +\infty} \dfrac{\sqrt{2x+3}}{\sqrt{x+5}}$；

(3) $\lim\limits_{x \to 0} \dfrac{\sqrt{2-x}-\sqrt{2}}{x}$；　　(4) $\lim\limits_{x \to 0^+} \dfrac{\sqrt{1+x}-1}{1-\cos\sqrt{x}}$；

(5) $\lim\limits_{x \to 1} \dfrac{\sin(x^2-1)}{x-1}$；　　(6) $\lim\limits_{x \to 0}(1-3x)^{\frac{1}{2x}}$.

2. 设 $f(x)=\begin{cases} x^2, & x<1, \\ 3x-1, & x \geqslant 1, \end{cases}$ 讨论当 $x \to 1$ 时，函数 $f(x)$ 的极限.

3. 设 $f(x)=\begin{cases} 1+\sin x, & x<0, \\ a+\mathrm{e}^x, & x \geqslant 0, \end{cases}$ 若 $\lim\limits_{x \to 0} f(x)$ 存在，求 a 的值.

(B)

※1. 用数列极限的精确定义证明：

(1) $\lim\limits_{n \to \infty} \dfrac{3n}{n+2}=3$；　　(2) $\lim\limits_{n \to \infty} \dfrac{\sqrt{n^2+1}}{n}=1$.

※2. 用函数极限的精确定义证明：

(1) $\lim\limits_{x \to 4}(2x+3)=11$；　　(2) $\lim\limits_{x \to \infty} \dfrac{2x^2+x}{x^2-2}=2$；

(3) $\lim\limits_{x \to 1} \dfrac{x^3-1}{x-1}=3$.

3. 计算下列极限：

(1) $\lim\limits_{n \to \infty} \dfrac{1+2+2^2+\cdots+2^n}{1+3+3^2+\cdots+3^n}$；　　(2) $\lim\limits_{n \to \infty} \sqrt[n]{2^n+3^n}$；

(3) $\lim\limits_{x \to \infty}(\sqrt{x^2+1}-\sqrt{x^2-1})$；　　(4) $\lim\limits_{x \to 0} \dfrac{\sin 5x - \sin 3x}{\sin x}$.

4. 求数 a 和 b，使得 $\lim\limits_{x \to 0} \dfrac{\sqrt{ax+b}-2}{x}=1$.

极限思想

所谓极限的思想,是指用极限概念分析问题和解决问题的一种数学思想.极限思想是微积分的基本思想和理论基础,微积分中的一系列重要概念,如函数的连续性、导数以及定积分等都是借助于极限来定义的.

1. 极限思想的由来与发展

(1) 极限思想的由来.

与一切科学的思想方法一样,极限思想也是社会实践的产物.极限的思想可以追溯到古代,刘徽的割圆术就是建立在直观基础上的一种原始的极限思想的应用;古希腊人的穷竭法也蕴含了极限思想.到了 16 世纪,荷兰数学家斯泰文在考察三角形重心的过程中改进了古希腊人的穷竭法,他借助几何直观大胆地运用极限思想思考问题,放弃了归谬法的证明.如此,他就在无意中"指出了把极限方法发展成为一个实用概念的方向".

(2) 极限思想的发展.

极限思想的进一步发展是与微积分的建立紧密相联的.16 世纪的欧洲处于资本主义萌芽时期,生产力得到极大的发展,生产和技术中大量的问题,只用初等数学的方法已无法解决,要求数学突破只研究常量的传统范围,而提供能够用以描述和研究运动、变化过程的新工具,这是促进极限发展、建立微积分的社会背景.

起初牛顿和莱布尼兹以无穷小概念为基础建立微积分,后来因遇到了逻辑困难,所以在他们的晚期都不同程度地接受了极限思想.牛顿用路程的改变量 ΔS 与时间的改变量 Δt 之比 $\Delta S/\Delta t$ 表示运动物体的平均速度,让 Δt 无限趋近于零,得到物体的瞬时速度,并由此引出导数概念和微分学理论.他意识到极限概念的重要性,试图以极限概念作为微积分的基础,他说:"两个量和量之比,如果在有限时间内不断趋于相等,且在这一时间终止前互相靠近,使得其差小于任意给定的差,则最终就成为相等".但牛顿的极限观念也是建立在几何直观上的,因而他无法得出极限的严格表述.牛顿所运用的极限概念,只是接近于下列直观性的语言描述:"如果当 n 无限增大时,a_n 无限地接近于常数 A,那么就说 a_n 以 A 为极限".

这种描述性语言,人们容易接受,现代一些初等的微积分读物中还经常采用这种定义.但是,这种定义没有定量地给出两个"无限过程"之间的联系,不能作为科学论证的逻辑基础.弄清极限概念,建立严格的微积分理论基础,不但是数学本身所需要的,而且有着认识论上的重大意义.

(3) 极限思想的完善.

极限思想的完善与微积分的严格化密切联系.在很长一段时间里,微积分理论基础的问题,许多人都曾尝试解决,但都未能如愿以偿.这是因为数学的研究对象已从常量扩展到变量,而人们对变量数学特有的规律还不十分清楚;对变量数学和常量数学的区别和联系还缺乏了解;对有限和无限的对立统一关系还不明确.

到了 19 世纪,法国数学家柯西在前人工作的基础上,比较完整地阐述了极限概念及其理论,他在《分析教程》中指出:"当一个变量逐次所取的值无限趋于一个定值,最终使变量的值和该定值之差要多小就多小时,这个定值就叫作所有其他值的极限值,特别地,当一个变量的数值(绝对值)无限地减小使之收敛到极限0,就说这个变量成为无穷小."

柯西把无穷小视为以0为极限的变量,这就澄清了无穷小"似零非零"的模糊认识,这就是说,在变化过程中,它的值可以是非零,但它变化的趋向是"零",可以无限地接近于零.

柯西试图消除极限概念中的几何直观,作出极限的明确定义,然后去完成牛顿的愿望.但柯西的叙述中还存在描述性的词语,如"无限趋近""要多小就多小"等,因此还保留着几何和物理的直观痕迹,没有达到彻底严密化的程度.

为了排除极限概念中的直观痕迹,维尔斯特拉斯提出了极限的静态的定义,给微积分提供了严格的理论基础.所谓 $a_n \to A$,就是指:"如果对任何 $\varepsilon > 0$,总存在自然数 N,使得当 $n > N$ 时,不等式 $|a_n - A| < \varepsilon$ 恒成立."

这个定义,借助不等式,通过 ε 和 N 之间的关系,定量地、具体地刻画了两个"无限过程"之间的联系.因此,这样的定义是严格的,可以作为科学论证的基础,至今仍在数学分析书籍中使用.在该定义中,涉及的仅仅是数及其大小关系,此外只是给定、存在、任取等词语,已经摆脱了"趋近"一词,不再求助于运动的直观.

众所周知,常量数学是静态地研究数学对象,自从解析几何和微积分问世以后,运动进入了数学,人们有可能对物理过程进行动态研究.之后,维尔斯特拉斯建立的"$\varepsilon - N$"语言,则用静态的定义刻画变量的变化趋势.这种"静态—动态—静态"的螺旋式的演变,反映了数学发展的辩证规律.

2. 极限思想的思维功能

极限思想在现代数学乃至物理学等学科中有着广泛的应用,这是由它本身固有的思维功能决定的.极限思想揭示了变量与常量、无限与有限的对立统一关系,是唯物辩证法的对立统一规律在数学领域中的应用.借助极限思想,人们可以从有限认识无限,从"不变"认识"变",从直线形认识曲线形,从量变认识质变,从近似认识精确.

无限与有限有本质的不同,但二者又有联系,无限是有限的发展.无限个数的和不是一般的代数和,把它定义为"部分和"的极限,就是借助于极限的思想方法,从有限来认识无限的.

"变"与"不变"反映了事物运动变化与相对静止两种不同状态,但它们在一定条件下又可相互转化,这种转化是"数学科学的有力杠杆之一".例如,要求变速直线运动的瞬时速度,用初等方法是无法解决的,困难在于速度是变量.为此,人们先在小范围内用匀速代替变速,并求其平均速度,把瞬时速度定义为平均速度的极限,就是借助于极限的思想方法,从"不变"来认识"变"的.

量变和质变既有区别又有联系,二者之间有着辩证的关系.量变能引起质变,质和量的互变规律是辩证法的基本规律之一,在数学研究工作中起着重要作用.对任何一个圆内接正多边形来说,当它边数加倍后,得到的还是内接正多边形,是量变而不是质变;但是,不断地让边数加倍,经过无限过程之后,多边形就"变"成圆,多边形面积便转化为圆面积.这就是借助于极限的思想方法,从量变来认识质变的.

近似与精确是对立统一关系,二者在一定条件下也可相互转化,这种转化是数学应用于实际计算的重要诀窍.前面所讲到的"部分和""平均速度""圆内接正多边形面积",分别是相应的"无穷级数和""瞬时速度""圆面积"的近似值,取极限后就可得到相应的精确值.这都是借助于极限的思想方法,从近似来认识精确的.

第三章

函数的连续性

> 展现在我们眼前的宇宙像一本用数学语言写成的大书,如不掌握数学符号语言,就像在黑暗的迷宫里游荡,什么也认识不清.
>
> ——伽利略

自然界中有许多现象不仅是运动变化的,而且其运动变化的过程往往是连绵不断的,比如气温的变化、河水的流动、植物的生长等,这些连绵不断发展变化的现象在量的相依关系方面的反映就是函数的连续性,具有连续性的函数称为连续函数.连续函数是刻画变量连续变化的数学模型.

16 世纪、17 世纪微积分的酝酿和产生,直接始于对物体的连续运动的研究.比如伽利略研究的落体运动等都是连续变化的量.这个时期以及 18 世纪的数学家,虽然已把连续变化的量作为研究的重要对象,但仍停留在几何直观上,即把能一笔画成的曲线所对应的函数叫作连续函数.直至 19 世纪,当柯西以及稍后的维尔斯特拉斯等数学家建立起严格的极限理论之后,才对连续函数作出了纯数学的精确表述.

连续函数不仅是微积分的研究对象,而且微积分中的主要概念、定理、公式、法则等,往往要求函数具有连续性.在本章中,我们将以极限为基础,作为极限应用的一个例子,介绍连续函数的概念、运算及连续函数的一些性质.

§3-1 函数的连续与间断

一、函数连续的概念

第二章我们已经讨论了当 $x \to x_0$ 时函数 $f(x)$ 的极限问题,它所考察的是当自变量 x 无限接近 x_0(但不等于 x_0)时函数 $f(x)$ 的变化趋向,因而与函数在点 x_0 取什么值乃至是否有定义都没有关系.本节要研究的函数连续性却要将二者结合起来.从分析上看,要研究当自变量有一个微小变化时,相应的函数值是否也很小.下面我们先引入改变量的概念,然后再来引入函数连续的定义.

1. 改变量

设函数 $y = f(x)$ 在点 x_0 的某一邻域内有定义,如图 3-1 所示,当自变量从定点 x_0 变到新点 x 时,其差称为自变量的**改变量**或**增量**,记作 $\Delta x = x - x_0$,

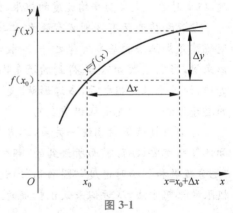

图 3-1

自然有 $x=x_0+\Delta x$,对应的函数值从 $f(x_0)$ 变到 $f(x)=f(x_0+\Delta x)$,其差称为函数的**改变量**或**增量**,记作 $\Delta y=f(x)-f(x_0)$,或 $\Delta y=f(x_0+\Delta x)-f(x_0)$. 由于新点 x 的改变方向以及函数 $f(x)$ 的增减性不同,因此 Δx 和 Δy 可能为正,也可能为负.

注:Δx 和 Δy 都是改变量或增量的整体记号,而不是 Δ 和 x 及 Δ 和 y 相乘.

2. 函数的点连续

函数的点
连续的概念

比较图 3-2 和图 3-3 中两条曲线 $y=f(x)=x+1$ 与 $y=g(x)=\dfrac{x^2-1}{x-1}$ 在点 $x_0=1$ 处的性态,我们不难得到函数在一点处连续的概念.

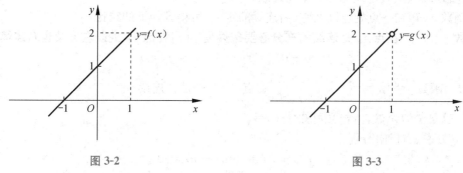

图 3-2　　　　　　　　　　　　　　图 3-3

定义 1　若函数 $y=f(x)$ 满足:(1)在点 x_0 处及其某个邻域内有定义;(2)在点 x_0 处的极限存在;(3)在点 x_0 处的极限值等于函数值,即 $\lim\limits_{x\to x_0}f(x)=f(x_0)$,则称**函数 $y=f(x)$ 在点 x_0 处连续**,x_0 称为函数 $f(x)$ 的**连续点**.

上述定义告诉我们,函数 $f(x)$ 在点 x_0 处连续有三要素:在点 x_0 处有定义、有极限、极限值等于函数值. 因此,求函数在连续点处的极限,只需求出函数在该点处的函数值即可.

由定义 1 可引申出其他形式的等价定义和有益结果.

引用改变量记号,定义 1 中的 $x\to x_0$ 和 $f(x)\to f(x_0)$ 可以改写成 $\Delta x=x-x_0\to 0$ 和 $\Delta y=f(x_0+\Delta x)-f(x_0)\to 0$. 于是得

定义 2　当 $\Delta x=x-x_0\to 0$ 时,$\Delta y=f(x_0+\Delta x)-f(x_0)\to 0$,即 $\lim\limits_{\Delta x\to 0}\Delta y=0$,**则称函数 $y=f(x)$ 在 x_0 处连续**.

函数在一点处有
定义、有极限、连续
三者之间的关系

定义 2 在数学上给出了自然界中连续变化现象的实质,就是:**当自变量变化很微小时,函数值变化也很微小**.

比如人的生长、气温变化等都具有这种特征. 但某市人口的变化就不具有这种特征.

根据函数 $y=f(x)$ 当 $x\to x_0$ 时极限的 $\varepsilon-\delta$ 定义,又可把函数在一点处连续的定义用"$\varepsilon-\delta$"的语言来叙述.

※定义 3　设函数 $y=f(x)$ 在点 x_0 的某个邻域内有定义,如果对于任意给定的正数 ε,总存在正数 δ,使得对于满足不等式 $|x-x_0|<\delta$ 的一切 x,对应的函数值 $f(x)$ 恒满足不等式

$$|f(x)-f(x_0)|<\varepsilon$$

则称**函数 $y=f(x)$ 在点 x_0 处连续**.

注:定义 3 中没有 $|x-x_0|>0$ 这一条件,即 $f(x)$ 在点 x_0 处连续,必须要求 $f(x)$ 在点 x_0 处有定义. 这是不同于极限定义的.

上述关于函数 $y=f(x)$ 在一点处连续的三种定义,虽然表述形式不相同,但实质上是互相等价的(即三种定义之间可以互相推证).

3. 函数的单侧连续

类似于左极限与右极限,有时只需从 x_0 的左侧或右侧来考虑函数 $y=f(x)$ 在点 x_0 处的连续性,这就是函数 $y=f(x)$ 在点 x_0 处的左连续与右连续.

定义 4 如果函数 $y=f(x)$ 当 $x \to x_0^-$ 时的左极限存在,且等于函数值 $f(x_0)$,即 $f(x_0-0)=\lim\limits_{x \to x_0^-} f(x)=f(x_0)$,则称函数 $y=f(x)$ 在点 x_0 处**左连续**. 如果函数 $y=f(x)$ 当 $x \to x_0^+$ 时的右极限存在,且等于函数值 $f(x_0)$,即 $f(x_0+0)=\lim\limits_{x \to x_0^+} f(x)=f(x_0)$,则称函数 $y=f(x)$ 在点 x_0 处**右连续**. 左、右连续统称为**单侧连续**.

由函数 $f(x)$ 在一点处连续及左、右连续的定义,可得到如下的**结论**:

函数 $y=f(x)$ 在点 x_0 处连续的充分必要条件是 $f(x)$ 在点 x_0 处既左连续也右连续,即
$$f(x_0-0)=f(x_0+0)=f(x_0)$$

例 1 函数 $y=|x|=\begin{cases}-x, & x<0, \\ x, & x \geq 0,\end{cases}$ 在点 $x=0$ 处是否连续?

解 这是分段函数,由定义可知 $f(0)=0$.

$x=0$ 处左、右极限分别为
$$f(0-0)=\lim_{x \to 0^-}(-x)=0$$
$$f(0+0)=\lim_{x \to 0^+}(x)=0$$

因为 $f(0-0)=f(0+0)=f(0)$,所以由函数在一点处连续的充要条件可知,函数 $y=|x|$ 在点 $x=0$ 处是连续的(见图 3-4).

例 2 设函数 $f(x)=\begin{cases}\left(1+\dfrac{x}{3}\right)^{\frac{6}{x}}, & x \neq 0, \\ a^2, & x=0,\end{cases}$ 在点 $x=0$

处连续,问:a 应取什么值?

解 因为

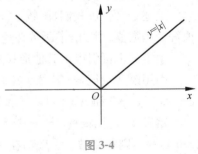

图 3-4

$$\lim_{x \to 0} f(x)=\lim_{x \to 0}\left(1+\frac{x}{3}\right)^{\frac{6}{x}}=\lim_{x \to 0}\left[\left(1+\frac{x}{3}\right)^{\frac{3}{x}}\right]^2=\mathrm{e}^2,$$
而 $f(0)=a^2$,要使 $f(x)$ 在 $x=0$ 处连续,应满足条件
$$\lim_{x \to 0} f(x)=f(0),\text{ 即 } a^2=\mathrm{e}^2$$

所以应取 $a=\pm \mathrm{e}$.

4. 函数的区间连续

上面给出了函数在一点处连续的概念,下面给出函数在一个区间连续的概念.

定义 5 如果函数 $y=f(x)$ 在开区间 (a,b) 内每一点都连续,则称函数 $y=f(x)$ **在开区间 (a,b) 内连续**. 如果函数 $y=f(x)$ 在开区间 (a,b) 内连续,且在左端点 $x=a$ 处右连续,在右端点 $x=b$ 处左连续,则称函数 $y=f(x)$ **在闭区间 $[a,b]$ 上连续**.

类似地,还可以定义 $f(x)$ 在半开半闭区间上的连续性. 在一个区间连续的函数,叫作在该区间的连续函数. 从几何上看,连续函数的图形是一条连续不间断的曲线.

如果 $f(x)$ 是多项式函数,则对任意的实数 x_0,都有

$$\lim_{x \to x_0} f(x) = f(x_0)$$

因此,多项式函数是区间$(-\infty, +\infty)$内的连续函数. 对有理函数$R(x) = \dfrac{P(x)}{Q(x)}$只要$Q(x_0) \neq 0$, 就有$\lim\limits_{x \to x_0} R(x) = R(x_0)$, 因此有理函数在其定义区间内的每一点都是连续的, 故有理函数是其定义区间内的连续函数.

观察基本初等函数的图形可知, 基本初等函数的图形在其定义域内都是一条连续不间断的曲线, 可见基本初等函数在其定义域内连续. 事实上, 根据连续函数的定义也很容易证明**基本初等函数在其定义域内都是连续函数**, 下面我们仅以$y = \cos x$为例.

例3 证明$y = \cos x$在$(-\infty, +\infty)$内连续.

证 $y = \cos x$在全数轴上有定义, 设x_0是数轴上任意取定的一点, 当x_0有改变量Δx时, 对应的函数y的改变量为

$$\Delta y = \cos(x_0 + \Delta x) - \cos x_0$$
$$= -2\sin \frac{\Delta x}{2} \sin\left(x_0 + \frac{\Delta x}{2}\right)$$

因为$\left| \sin\left(x_0 + \dfrac{\Delta x}{2}\right) \right| \leqslant 1$, $\sin \dfrac{\Delta x}{2}$在$\Delta x \to 0$时是无穷小量, 所以$\lim\limits_{\Delta x \to 0}\left[-2\sin \dfrac{\Delta x}{2} \sin\left(x_0 + \dfrac{\Delta x}{2}\right) \right] = 0$, 即$\lim\limits_{\Delta x \to 0} \Delta y = 0$, 所以$y = \cos x$在点$x_0$处连续. 又因为$x_0$是$(-\infty, +\infty)$内任意一点, 所以$y = \cos x$在$(-\infty, +\infty)$内连续, 即$y = \cos x$是$(-\infty, +\infty)$内的连续函数.

同理可证$y = \sin x$也是$(-\infty, +\infty)$内的连续函数.

例4 讨论函数$f(x) = \begin{cases} x+1, & x \leqslant 0, \\ x^2, & x > 0, \end{cases}$在定义域内的连续性.

解 这是分段函数, 由定义式可知它的定义域是$(-\infty, +\infty)$.

因为$f(x)$在开区间$(-\infty, 0)$、$(0, +\infty)$内均为多项式, 所以函数$f(x)$在$(-\infty, 0)$和$(0, +\infty)$内连续.

而分段函数$f(x)$在分段点$x = 0$处左、右两侧的函数表达式不同, 因此要单独加以讨论

$$f(0-0) = \lim_{x \to 0^-}(x+1) = 1$$
$$f(0+0) = \lim_{x \to 0^+} x^2 = 0$$

由于$f(0-0) \neq f(0+0)$即$\lim\limits_{x \to 0} f(x)$不存在, 因此$f(x)$在点$x = 0$处不连续(见图3-5).

综上所述, 函数$f(x)$在其定义域$(-\infty, +\infty)$内除点$x = 0$外均连续.

例5 若函数$f(x)$在$x = 0$处连续, 且$f(x+y) = f(x) + f(y)$对任意的$x, y \in (-\infty, +\infty)$都成立, 试证$f(x)$为$(-\infty, +\infty)$内的连续函数.

证 由已知条件知, 对任意的$x \in (-\infty, +\infty)$, 有$f(x) = f(x+0) = f(x) + f(0)$, 所以$f(0) = 0$, 又因为$f(x)$在$x = 0$处连续, 即有$\lim\limits_{x \to 0} f(x) = f(0) = 0$.

从而, 对任意$x \in (-\infty, +\infty)$有

$$\lim_{\Delta x \to 0} f(x + \Delta x) = \lim_{\Delta x \to 0}[f(x) + f(\Delta x)] = f(x)$$

可见$f(x)$在$(-\infty, +\infty)$内连续.

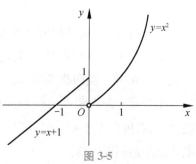

图3-5

二、函数的间断点及其分类

1. 函数的间断点

由函数 $f(x)$ 在一点处连续的定义 1 可知,函数 $y=f(x)$ 在点 x_0 处连续必须同时满足下列三个条件:

(1) $f(x)$ 在 x_0 处有定义;

(2) $\lim\limits_{x \to x_0} f(x)$ 存在;

(3) $\lim\limits_{x \to x_0} f(x) = f(x_0)$.

如果上述三个条件中有一个不满足,则称函数 $f(x)$ 在点 x_0 处**间断**或**不连续**,而此时称点 x_0 为函数 $f(x)$ 的**间断点**或**不连续点**. 显然,如果 x_0 是 $f(x)$ 的间断点,则不外乎符合下列三种情况之一:

(1) $f(x_0)$ 没有定义,即无定义的点,肯定是函数的间断点. 如函数 $y=\dfrac{1}{x}$ 在 $x=0$ 处没有定义,所以 $y=\dfrac{1}{x}$ 在点 $x=0$ 处间断,即 $x=0$ 是 $y=\dfrac{1}{x}$ 的间断点(见图 3-6).

(2) $f(x_0)$ 虽有定义,但 $\lim\limits_{x \to x_0} f(x)$ 不存在,即极限不存在的点,一定是函数的间断点. 如前面的例 4 中点 $x=0$ 就属于此种情况.

(3) $f(x_0)$ 有定义,且 $\lim\limits_{x \to x_0} f(x)$ 存在,但 $\lim\limits_{x \to x_0} f(x) \neq f(x_0)$,即极限虽存在,但不等于该点处函数值的点,也是函数的间断点.

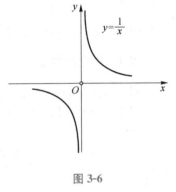

图 3-6

如函数 $f(x) = \begin{cases} x^2, & x \neq 1, \\ \dfrac{1}{2}, & x=1. \end{cases}$ 因为 $\lim\limits_{x \to 1} f(x) = 1$,但 $f(1) = \dfrac{1}{2}$,所以 $\lim\limits_{x \to 1} f(x) \neq f(1)$,即在点 $x=1$ 处函数的极限值不等于函数值,因此 $x=1$ 是函数 $f(x)$ 的间断点(见图 3-7).

上述三个条件中的第二个条件“$\lim\limits_{x \to x_0} f(x)$ 存在”,若用其等价条件“在点 x_0 处的左、右极限存在且相等”来代替它,就可利用左、右极限来讨论分段函数在分段点处的连续性.

2. 间断点的分类

对间断点 x_0,通常用极限的方法将其分成两类:

若函数 $f(x)$ 在间断点 x_0 处的左、右极限都存在,则称点 x_0 为函数 $f(x)$ 的**第一类间断点**. 常见的有:跳跃间断点和可去间断点等.

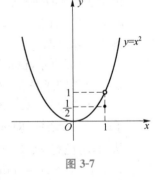

图 3-7

不是第一类间断点的任何间断点,即函数 $f(x)$ 在间断点 x_0 处的左、右极限至少有一个不存在,则称点 x_0 为函数 $f(x)$ 的**第二类间断点**. 常见的有:无穷间断点和振荡间断点等.

（1）跳跃间断点.

例 6 考察函数 $f(x)=\begin{cases} x-1, & x<0, \\ 0, & x=0, \\ x+1, & x>0. \end{cases}$ 在 $x=0$ 处的连续性.

解 当 $x \to 0$ 时，函数 $f(x)$ 在点 $x=0$ 处的左极限是

$$\lim_{x \to 0^-} f(x) = \lim_{x \to 0^-}(x-1) = -1$$

函数 $f(x)$ 在点 $x=0$ 处的右极限是

$$\lim_{x \to 0^+} f(x) = \lim_{x \to 0^+}(x+1) = 1$$

左、右极限都存在，但不相等，故 $\lim_{x \to 0} f(x)$ 不存在. 所以函数 $f(x)$ 在点 $x=0$ 处不连续，即 $x=0$ 为函数 $f(x)$ 的间断点，且是第一类间断点（见图 3-8）.

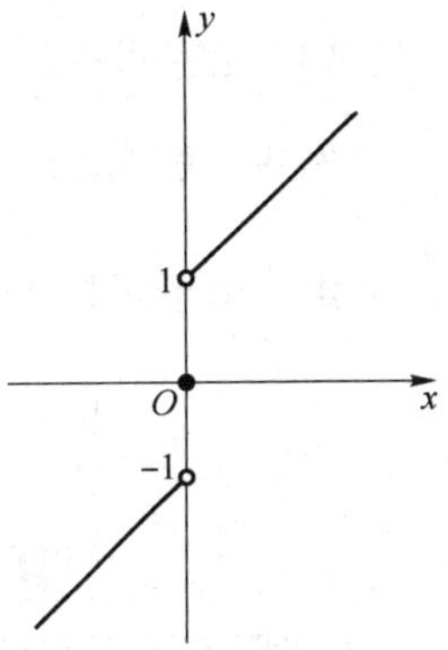

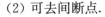

图 3-8

例 6 中函数 $f(x)$ 的间断点有一个特点，即该间断点的左、右极限都存在，但不相等，像这样一种间断点称为函数 $f(x)$ 的**跳跃间断点**.

（2）可去间断点.

例 7 考察函数 $f(x)=\begin{cases} \dfrac{\sin x}{x}, & x \neq 0, \\ 0, & x=0, \end{cases}$ 在点 $x=0$ 处的连续性.

解 因为 $\lim_{x \to 0} f(x) = \lim_{x \to 0^-} f(x) = \lim_{x \to 0^+} f(x) = 1 \neq 0 = f(0)$，所以 $x=0$ 是 $f(x)$ 的间断点，且是第一类间断点.

在此例中，间断点 $x=0$ 是非本质的，因为 $\lim_{x \to 0} f(x)$ 存在，故只要将 $f(x)$ 在 $x=0$ 处的函数值改变（或补充定义），间断点即可去掉，即如果改变函数 $f(x)$ 在 $x=0$ 处的定义：令 $f(0)=\lim_{x \to 0} f(x)=1$，则函数 $f(x)$ 在点 $x=0$ 处便能连续了. 这样的间断点有一个特征，即函数 $f(x)$ 在间断点 x_0 处极限存在，但不等于 $f(x_0)$，或 $f(x_0)$ 根本就没有定义，这时称这种间断点 x_0 为函数 $f(x)$ 的**可去间断点**.

一般地，如果函数 $f(x)$ 在点 x_0 处存在极限，即

$$\lim_{x \to x_0} f(x) = A$$

但 $f(x_0)$ 无定义，或 $f(x_0) \neq A$，此时可补充或改变 $f(x)$ 在点 x_0 处的定义：

令 $f(x_0) = \lim_{x \to x_0} f(x) = A$，即定义一个新的函数 $F(x)$：

$$F(x) = \begin{cases} f(x), & x \neq x_0, \\ A, & x = x_0 \end{cases}$$

那么函数 $F(x)$ 在点 $x=x_0$ 处是连续的. 此时，称函数 $F(x)$ 为函数 $f(x)$ 在点 $x=x_0$ 处的**连续延拓函数**.

例如，例 7 中函数在 $x=0$ 处的连续延拓函数为

$$F(x) = \begin{cases} \dfrac{\sin x}{x}, & x \neq 0, \\ 1, & x = 0 \end{cases}$$

必须指出的是，延拓函数定义域的这种方法，只有对有可去间断点的函数才有意义，对

其他类型的间断点是毫无意义的,比如对函数 $f(x)=\dfrac{1}{x}$ 就行不通,因为无论怎么定义函数在点 $x=0$ 处的值,都不能使函数连续. 原因就在于 $f(x)=\dfrac{1}{x}$ 在点 $x=0$ 处的极限根本不存在.

（3）无穷间断点.

例 8　考察函数 $f(x)=\dfrac{1}{x-1}$ 在 $x=1$ 处的连续性.

解　由于函数 $f(x)=\dfrac{1}{x-1}$ 在 $x=1$ 处没有意义,并且

$$\lim_{x\to 1^-}f(x)=\lim_{x\to 1^-}\frac{1}{x-1}=-\infty$$

$$\lim_{x\to 1^+}f(x)=\lim_{x\to 1^+}\frac{1}{x-1}=+\infty$$

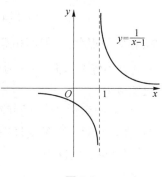

图 3-9

左、右极限都不存在,所以 $\lim\limits_{x\to 1}f(x)$ 不存在,函数 $f(x)$ 在点 $x=1$ 处间断,即 $x=1$ 是函数 $f(x)$ 的间断点,且是第二类间断点(见图 3-9).

此例中,当 $x\to 1$ 时函数 $f(x)=\dfrac{1}{x-1}$ 的绝对值无限增大,即 $\lim\limits_{x\to 1}f(x)=\infty$,像这种间断点称为无穷间断点.

一般地,如果 x_0 是函数 $y=f(x)$ 的间断点,且当 $x\to x_0$ 时,函数 $f(x)$ 的绝对值无限增大,即 $\lim\limits_{x\to x_0}f(x)=\infty$,则称 x_0 为函数 $f(x)$ 的**无穷间断点**.

（4）振荡间断点.

例 9　考察函数 $f(x)=\sin\dfrac{1}{x}$ 在点 $x=0$ 处的连续性.

解　因为函数 $f(x)=\sin\dfrac{1}{x}$ 在点 $x=0$ 处没有定义,且 $\lim\limits_{x\to 0}f(x)=\lim\limits_{x\to 0^-}f(x)=\lim\limits_{x\to 0^+}f(x)=\lim\limits_{x\to 0}\sin\dfrac{1}{x}$ 不存在,所以函数 $f(x)$ 在点 $x=0$ 处不连续,即 $x=0$ 是函数 $f(x)$ 的间断点,且是第二类间断点.

在此例中,当 $x\to 0$ 时,函数值在 -1 与 $+1$ 之间不断地往复振荡,这种间断点称为**振荡间断点**(见图 3-10).

一般地,如果 x_0 是函数 $y=f(x)$ 的间断点,且当 $x\to x_0$ 时,函数 $f(x)$ 的值不断地往复振荡而没有确定的极限,则称 x_0 是函数 $f(x)$ 的**振荡间断点**.

例 10　指出函数 $f(x)=e^{\frac{1}{x}}$ 的间断点,并说明其类型.

解　因为函数 $f(x)=e^{\frac{1}{x}}$ 在 $x=0$ 处没有意义,且在 $x=0$ 处 $\lim\limits_{x\to 0^-}f(x)=\lim\limits_{x\to 0^-}e^{\frac{1}{x}}=0$, $\lim\limits_{x\to 0^+}f(x)=\lim\limits_{x\to 0^+}e^{\frac{1}{x}}=+\infty$,即左极限存在,但右极限不存在,所以 $x=0$ 为函数 $f(x)=e^{\frac{1}{x}}$ 的间断点且为第二类间断点.

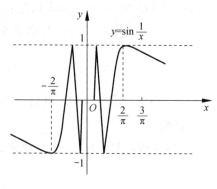

图 3-10

习题 3-1

(A)

1. 求函数 $y=\sqrt{1+x^2}$，当 $x=3,\Delta x=-0.2$ 时的增量.

2. 讨论下列函数在其定义域内的连续性.

(1) $f(x)=\begin{cases}x^2, & -\infty<x\leqslant 1,\\ 2-x, & 1<x<+\infty;\end{cases}$
(2) $f(x)=\begin{cases}2x+1, & x<0,\\ 0, & x=0,\\ 2x-1, & x>0.\end{cases}$

3. 指出下列函数的间断点，并说明其类型，如果是可去间断点，试作出连续延拓函数.

(1) $f(x)=\dfrac{\sin 5x}{x}$；
(2) $f(x)=\dfrac{x^2-1}{x^3-3x+2}$；

(3) $f(x)=\dfrac{1}{1+\mathrm{e}^{\frac{1}{x-1}}}$；
(4) $f(x)=\sin x\sin\dfrac{1}{x}$；

(5) $f(x)=\begin{cases}x+1, & x<0,\\ x-1, & x\geqslant 0.\end{cases}$

4. 设 $f(x)=\begin{cases}\mathrm{e}^x, & x<0,\\ a+x, & x\geqslant 0,\end{cases}$ 当 a 为何值时，函数 $f(x)$ 在点 $x=0$ 处是连续的？

5. 某国邮政规定信函每 10 g 收费 0.12 元，不足部分以 10 g 计算. 设 $f(x)$ 表示 x g 信函的收费，写出这个函数并讨论它的连续性.

(B)

1. 定义 $f(0)$ 的值，使 $f(x)=\dfrac{\sqrt{1+x}-1}{\sqrt[3]{1+x}-1}$ 在点 $x=0$ 处连续.

2. 设 $f(x)$ 在 $(-\infty,+\infty)$ 内有定义，且 $\lim\limits_{x\to\infty}f(x)=a$，$g(x)=\begin{cases}f\left(\dfrac{1}{x}\right), & x\neq 0,\\ 0, & x=0,\end{cases}$ 试讨论 $g(x)$ 在点 $x=0$ 处的连续性.

3. 利用函数连续性的定义，证明下列函数在其定义域内连续：

(1) $y=\sin x$；　　　(2) $y=x\,|x|$；　　　(3) $f(x)=\sqrt{x}$.

§3-2　连续函数的运算与初等函数的连续性

一、四则运算的连续性

由于函数的连续性是通过极限来定义的，因此由函数在一点处连续的定义和极限的四则运算法则，可以得到下列连续函数四则运算的连续性.

定理 1　两个连续函数的和、差、积、商(分母不为 0)仍是连续函数.

证　只证"和"的情形，其他证法类似.

设 $y=f(x),z=g(x)$ 是定义在 X 上的连续函数,作辅助函数

$$U(x) = y+z = f(x)+g(x)$$

任取 $x_0 \in X$,则有

$$\lim_{x \to x_0} U(x) = \lim_{x \to x_0}[f(x)+g(x)] = \lim_{x \to x_0} f(x) + \lim_{x \to x_0} g(x)$$
$$= f(x_0)+g(x_0) = U(x_0)$$

所以 $U(x)=f(x)+g(x)$ 在点 x_0 处连续. 由 x_0 的任意性,便知连续函数 y 与 z 的和在 X 上连续.

例如,前已证,$\sin x$ 和 $\cos x$ 在其定义域内连续,由定理 1 可知,正切函数 $y=\tan x=\dfrac{\sin x}{\cos x}$ 和余切函数 $y=\cot x=\dfrac{\cos x}{\sin x}$ 在其定义域内也连续.

定理 1 可推广:**有限多个连续函数的和、差、积、商(分母不为 0)仍是连续函数.**

二、反函数的连续性

定理 2　单调连续函数的反函数仍是单调连续函数(证明从略).

如正弦函数 $y=\sin x$ 在 $\left[-\dfrac{\pi}{2},\dfrac{\pi}{2}\right]$ 上单调增加且连续,所以由定理 2 知,它的反函数 $y=\arcsin x$ 在对应区间 $[-1,1]$ 上也是单调增加且连续的(见图 3-11).

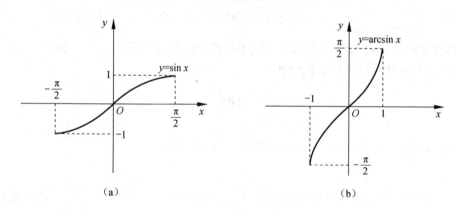

图 3-11

同理可得,$y=\arccos x$ 在 $[-1,1]$ 上单调减少且连续;$y=\arctan x$ 在 $(-\infty,+\infty)$ 内单调增加且连续;$y=\text{arccot } x$ 在 $(-\infty,+\infty)$ 内单调减少且连续.

总之,反三角函数在它们的定义域内是连续的.

三、复合函数的连续性

由第二章的复合函数极限运算法则立即有下面的定理:

定理 3　设函数 $u=\varphi(x)$ 当 $x \to x_0$ 时的极限存在且等于 a,即

$$\lim_{x \to x_0} \varphi(x) = a$$

而且函数 $y=f(u)$ 在点 $u=a$ 处连续,那么复合函数 $y=f[\varphi(x)]$ 当 $x \to x_0$ 时的极限也存在且等于 $f(a)$,即

$$\lim_{x \to x_0} f[\varphi(x)] = f(a) \tag{3-1}$$

注：由于 $\lim_{x \to x_0} \varphi(x) = a$，$f(u)$ 在点 a 处连续，因此式(3-1)可改写为下面两种形式：

(1) $\lim_{x \to x_0} f[\varphi(x)] = f[\lim_{x \to x_0} \varphi(x)]$，这说明在该定理条件下，求 $f[\varphi(x)]$ 的极限时，极限号与函数符号可以交换计算次序.

(2) $\lim_{x \to x_0} f[\varphi(x)] = \lim_{u \to a} f(u)$，这说明在该定理条件下，作代换 $u = \varphi(x)$，可将求 $\lim_{x \to x_0} f[\varphi(x)]$ 转化为求 $\lim_{u \to a} f(u)$，这里 $a = \lim_{x \to x_0} \varphi(x)$.

将定理中 $x \to x_0$ 换成 $x \to \infty$，可得到类似的定理.

例 1 求 $\lim_{x \to 2} \sqrt{\dfrac{x-2}{x^2-4}}$.

解 $y = \sqrt{\dfrac{x-2}{x^2-4}}$ 可看作由 $y = \sqrt{u}$ 与 $u = \dfrac{x-2}{x^2-4}$ 复合而成. 因为

$$\lim_{x \to 2} \frac{x-2}{x^2-4} = \frac{1}{4}$$

而函数 $y = \sqrt{u}$ 在点 $u = \dfrac{1}{4}$ 处连续，所以

$$\lim_{x \to 2} \sqrt{\frac{x-2}{x^2-4}} = \sqrt{\lim_{x \to 2} \frac{x-2}{x^2-4}} = \sqrt{\frac{1}{4}} = \frac{1}{2}$$

推论 （复合函数的连续性）连续函数的复合函数仍是连续函数，即设函数 $u = \varphi(x)$ 在点 $x = x_0$ 处连续，且 $\varphi(x_0) = u_0$，而函数 $y = f(u)$ 在点 $u = u_0$ 处连续，那么复合函数 $y = f[\varphi(x)]$ 在点 $x = x_0$ 处也是连续的.

证 由于 $u = \varphi(x)$ 在点 x_0 处连续，则可在定理 3 中令 $\lim_{x \to x_0} \varphi(x) = a = u_0 = \varphi(x_0)$. 于是根据已知条件可得函数 $u = \varphi(x)$ 和 $y = f(u)$ 完全满足定理 3 的条件，从而由式(3-1)得

$$\lim_{x \to x_0} f[\varphi(x)] = f(u_0) = f[\varphi(x_0)]$$

这就证明了复合函数 $f[\varphi(x)]$ 在点 x_0 处连续.

如函数 $y = f(u) = u^2$ 在 $(-\infty, +\infty)$ 内是连续的，函数 $u = \varphi(x) = \sin x$ 在 $(-\infty, +\infty)$ 内是连续的，所以复合函数 $y = \sin^2 x$ 在 $(-\infty, +\infty)$ 内也是连续的.

四、初等函数连续性

由前一节的讨论可知，所有基本初等函数在它们的定义域都是连续的，于是再根据前述的四则运算及复合函数的连续性，可得由基本初等函数经过有限次四则运算或有限次复合运算而成的**一切初等函数在其定义区间内都是连续的**. 所谓定义区间，就是包含在定义域内的区间.

初等函数连续性例题选讲

这个结论给初等函数求极限带来方便，即当 x_0 是初等函数 $f(x)$ 的定义区间内一点时，求极限 $\lim_{x \to x_0} f(x)$ 时只需求出函数值 $f(x_0)$，即 $\lim_{x \to x_0} f(x) = f(x_0)$.

例 2 求 $\lim_{x \to 1} \dfrac{(x^2+1)\sin \dfrac{\pi}{2} x}{\sqrt{1+x}}$.

解 $f(x) = \dfrac{(x^2+1)\sin\dfrac{\pi}{2}x}{\sqrt{1+x}}$ 是初等函数,其定义域为 $(-1,+\infty)$,显然 $x=1 \in (-1,$

$+\infty)$,故有

$$\lim_{x\to 1}\frac{(x^2+1)\sin\dfrac{\pi}{2}x}{\sqrt{1+x}} = \frac{(1^2+1)\sin\dfrac{\pi}{2}}{\sqrt{1+1}} = \sqrt{2}$$

例 3 求下列函数的连续区间:

(1) $y = \sqrt{x^2-4x+3}$;   (2) $y = f(x) = \begin{cases} \dfrac{1}{x-1}, & x<0, \\ x-4, & x\geqslant 0. \end{cases}$

解 (1) 因为 $y = \sqrt{x^2-4x+3}$ 是初等函数,而初等函数在其定义区间内是连续的,所以求初等函数的连续区间就是求它的定义区间. 从 $x^2-4x+3 \geqslant 0$ 即 $(x-1)(x-3) \geqslant 0$,解得定义区间为 $(-\infty,1]$ 及 $[3,+\infty)$. 于是所求函数 $y = \sqrt{x^2-4x+3}$ 的连续区间为 $(-\infty,1] \bigcup [3,+\infty)$.

(2) 该函数为分段函数,当 $x<0$ 或 $x>0$ 时,函数都是连续的. 现只需考虑分段点 $x=0$ 处是否连续.

当 $x=0$ 时,函数有定义且 $f(0) = (x-4)|_{x=0} = -4$,左、右极限分别为

$$\lim_{x\to 0^-}\frac{1}{x-1} = -1; \quad \lim_{x\to 0^+}(x-4) = -4$$

因左、右极限不相等,故函数 $f(x)$ 在 $x=0$ 处不连续但右连续,于是所求函数 $f(x)$ 的连续区间为 $(-\infty,0)$ 和 $[0,+\infty)$.

例 4 求 $\lim\limits_{x\to 0}\dfrac{\ln(1+x)}{x}$.

解 设 $y = \ln u, u = (1+x)^{\frac{1}{x}}$ 构成复合函数

$$y = \ln(1+x)^{\frac{1}{x}} = \frac{1}{x}\ln(1+x) = \frac{\ln(1+x)}{x}$$

$\dfrac{\ln(1+x)}{x}$ 虽然是初等函数,但 $x=0$ 不在定义域内,不能利用初等函数的连续性求解这个极限. 但注意到 $\lim\limits_{x\to 0}(1+x)^{\frac{1}{x}} = e, \ln u$ 又在 $u = e$ 处连续,故由定理 3 有

$$\lim_{x\to 0}\frac{\ln(1+x)}{x} = \lim_{x\to 0}\ln(1+x)^{\frac{1}{x}} = \ln\left[\lim_{x\to 0}(1+x)^{\frac{1}{x}}\right] = \ln e = 1$$

例 5 求 $\lim\limits_{x\to 0}\dfrac{a^x-1}{x}$ $(a>0, a\neq 1)$.

解 设 $y = a^x-1$,则 $a^x = 1+y$,因而 $x = \log_a(1+y)$,且 $x\to 0$ 时,$y\to 0$. 所以有

$$\lim_{x\to 0}\frac{a^x-1}{x} = \lim_{y\to 0}\frac{y}{\log_a(1+y)} = \lim_{y\to 0}\frac{1}{\log_a(1+y)^{\frac{1}{y}}} = \frac{1}{\log_a e} = \ln a$$

特别地,当 $a = e$ 时,$\lim\limits_{x\to 0}\dfrac{e^x-1}{x} = 1$.

例 4、例 5 都是 $\dfrac{0}{0}$ 型极限,根据无穷小比较的定义可得到很有用的结果:当 $x\to 0$ 时,

$\ln(1+x) \sim x, a^x - 1 \sim x\ln a(a>0, a\neq 1), e^x - 1 \sim x.$

注：不能认为 $a=1$ 时，$a^x - 1 \sim x\ln a(x\to 0)$ 也成立.一方面 $a=1$ 时，a^x 不再是指数函数，它只能理解成是恒为 1 的常数函数；另一方面，无穷小量阶的比较只针对非零无穷小量.

利用这些等价无穷小，可以很方便地求出一些函数的极限.

例 6 求 $\lim\limits_{h\to 0}\dfrac{a^{x+h}+a^{x-h}-2a^x}{h^2}(a>0)$.

解

$$\text{原式} = \lim_{h\to 0} a^{x-h} \cdot \frac{a^{2h}-2a^h+1}{h^2} = \lim_{h\to 0} a^{x-h} \cdot \lim_{h\to 0}\left(\frac{a^h-1}{h}\right)^2 = a^x\left(\lim_{h\to 0}\frac{a^h-1}{h}\right)^2$$

$$= a^x\left(\lim_{h\to 0}\frac{h\ln a}{h}\right)^2 = a^x\ln^2 a.$$

例 7 求 $\lim\limits_{x\to 0}(1+2x)^{\frac{3}{\sin x}}$.

幂指函数
极限的求法

解法一 因为 $(1+2x)^{\frac{3}{\sin x}} = e^{\frac{3}{\sin x}\ln(1+2x)}$，又 $x\to 0$ 时，$\sin x \sim x$，$\ln(1+2x) \sim 2x$，则利用定理 3 及无穷小等价替换，便有

$$\lim_{x\to 0}(1+2x)^{\frac{3}{\sin x}} = e^{\lim\limits_{x\to 0}\left[\frac{3}{\sin x}\ln(1+2x)\right]} = e^{\lim\limits_{x\to 0}\frac{3}{x}\cdot 2x} = e^{\lim\limits_{x\to 0}6} = e^6$$

解法二 因为

$$(1+2x)^{\frac{3}{\sin x}}$$
$$= (1+2x)^{\frac{1}{2x}\cdot\frac{x}{\sin x}\cdot 6}$$
$$= e^{6\cdot\frac{x}{\sin x}\ln(1+2x)^{\frac{1}{2x}}}$$

利用定理 3 及极限运算法则，便有

$$\lim_{x\to 0}(1+2x)^{\frac{3}{\sin x}} = e^{\lim\limits_{x\to 0}\left[6\cdot\frac{x}{\sin x}\cdot\ln(1+2x)^{\frac{1}{2x}}\right]} = e^{6\cdot 1\cdot\ln e} = e^6$$

解法三 $\lim\limits_{x\to 0}(1+2x)^{\frac{3}{\sin x}} = \lim\limits_{x\to 0}(1+2x)^{\frac{1}{2x}\cdot 2x\cdot\frac{3}{\sin x}} = \lim\limits_{x\to 0}\left[(1+2x)^{\frac{1}{2x}}\right]^{\frac{6x}{\sin x}}$

$$= e^{\lim\limits_{x\to 0}\frac{6x}{\sin x}} = e^{6\cdot 1} = e^6$$

习题 3-2

(A)

1. 利用函数的连续性求下列极限：

(1) $\lim\limits_{x\to 0}\dfrac{\ln(1+x^2)}{\cos x}$；

(2) $\lim\limits_{x\to 0}\dfrac{e^x\cos x+5}{1+x^2+\ln(1-x)}$；

(3) $\lim\limits_{x\to 0}\dfrac{e^{ax}-e^{bx}}{x}$；

(4) $\lim\limits_{\alpha\to\beta}\dfrac{e^\alpha-e^\beta}{\alpha-\beta}$；

(5) $\lim\limits_{x\to\infty}\left(\dfrac{x+a}{x-a}\right)^x$；

(6) $\lim\limits_{x\to 0}(1+\sin x)^{\cot x}$；

(7) $\lim\limits_{x\to\infty}\dfrac{1}{1+e^{\frac{1}{x}}}$；

(8) $\lim\limits_{x\to 0}\dfrac{\ln(a+x)-\ln a}{x}(a>0)$；

(9) $\lim\limits_{x\to 0}\ln\dfrac{\sin x}{x}$；

(10) $\lim\limits_{x\to 0}\dfrac{\ln(1+x^2)}{x\sin x}$；

(11) $\lim\limits_{x\to 0}(\cos x)^{-x^2}$；

(12) $\lim\limits_{x\to 0}(1-x^2)^{\frac{1}{x\tan x}}$.

2. 求函数 $f(x) = \dfrac{x+2}{x^3+x^2-2x}$ 的连续区间，并求极限 $\lim\limits_{x\to -2}f(x)$ 及 $\lim\limits_{x\to 2}f(x)$.

3. 设 $f(x)=\begin{cases} \dfrac{1}{x}\sin x, & x<0, \\ k, & x=0, \\ x\sin\dfrac{1}{x}+1, & x>0, \end{cases}$ 当 k 取什么值时,函数 $f(x)$ 在其定义域内连续?

4. 设 $f(x)=\begin{cases} \dfrac{x^2-16}{x-4}, & x\neq 4, \\ a, & x=4, \end{cases}$ 当 a 取什么值时函数连续?

5. 求 $f(x)=\begin{cases} \dfrac{\ln(1+x)}{x}, & x>0, \\ 0, & x=0, \\ \dfrac{\sqrt{1+x}-\sqrt{1-x}}{x}, & -1\leqslant x<0 \end{cases}$ 的连续区间?

(B)

1. 设 $a>0,b>0$ 且 $f(x)=\begin{cases} \dfrac{\sin ax}{x}, & x<0, \\ 2, & x=0, \\ (1+bx)^{\frac{1}{x}}, & x>0 \end{cases}$ 在 $(-\infty,+\infty)$ 内处处连续,求 a,b 的值.

2. 设 $f(x)$ 在点 $x=1$ 处连续,且 $x\to 1$ 时,$\dfrac{f(x)-2x}{x-1}-\dfrac{1}{\ln x}$ 是有界量,求 $f(1)$.

3. 讨论下列函数的连续性:

(1) $y=\ln\dfrac{3x^2+1}{x^2}$; (2) $f(x)=\sin\begin{cases} \dfrac{x^2-1}{x-1}, & x\neq 1, \\ \dfrac{1}{2}, & x=1. \end{cases}$

§3-3 闭区间上连续函数的性质

本节介绍闭区间上连续函数的几个基本性质,它们从几何上或物理上看是比较明显的. 这些性质常常用来作为分析问题的理论依据,在后面的讨论中会经常用到,故要求读者结合图像熟悉并学会运用这些性质.

一、最值定理

定理 1 若函数 $f(x)$ 在闭区间 $[a,b]$ 上连续,则 $f(x)$ 在该闭区间上一定有最大值和最小值. 也就是说,存在 $x_1,x_2\in[a,b]$,使对一切 $x\in[a,b]$,$\min\limits_{a\leqslant x\leqslant b}\{f(x)\}=f(x_1)\leqslant f(x)\leqslant f(x_2)=\max\limits_{a\leqslant x\leqslant b}\{f(x)\}$ 成立. (证明从略)

x_1、x_2 分别称为函数的最小值点和最大值点,$f(x_1)$、$f(x_2)$ 分别称为函数 $f(x)$ 在区间 $[a,b]$ 上的最小值与最大值.

定理 1 告诉我们,在闭区间上连续的函数,在该闭区间上至少取得它的最大值和最小值各一次.

这个性质从物理上或几何上看是明显的.从物理上看,例如某地一昼夜的温度变化,总有两个时刻分别达到最高温度和最低温度.从几何上看,一段连续曲线对应闭区间上的连续函数,曲线上必有一点纵坐标值最大,对应函数最大值;也有一点纵坐标值最小,对应函数最小值.在图 3-12 中,x_1 对应的函数值 $f(x_1)$ 最大,x_2 对应的函数值 $f(x_2)$ 最小.需要指出的是,函数在某区间上的最大值与最小值(若存在的话)是唯一的,而最大值点与最小值点不一定是唯一的.如图 3-12 中 x_2 与 x_3 之间的任意一点都是该函数的最小值点.

注:定理中提出的"闭区间"和"连续"两个条件很重要,满足时结论一定成立,不满足时结论可能成立,也可能不成立.

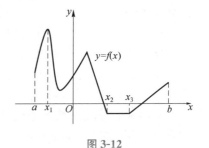

图 3-12

例如函数 $y=\dfrac{1}{|x|}$ 有间断点 $x=0$,在闭区间 $[-1,1]$ 上不连续.而在间断点 $x=0$ 处,由于 $\lim\limits_{x\to 0}\dfrac{1}{|x|}=\infty$,因此该函数在 $[-1,1]$ 上没有最大值(见图 3-13).

又如函数 $y=x$ 是在开区间 $(0,1)$ 内严格单调递增的连续函数,但它只有在区间的端点处才能取得最大值和最小值,而区间端点不属于该开区间,所以该函数在开区间 $(0,1)$ 内既无最大值,也无最小值.

然而函数

$$y=\begin{cases} x, & 0<x<1, \\ x-1, & 1\leqslant x\leqslant 2 \end{cases}$$

的定义域 $(0,2]$ 不是闭区间,而且它在该区间上也不连续,但它既存在最大值 $f(2)=1$,也存在最小值 $f(1)=0$(见图 3-14).可见在应用定理时应注意搞清充分条件与结论之间的逻辑关系.

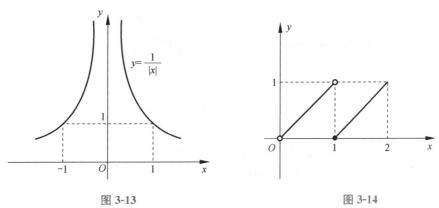

图 3-13 图 3-14

推论(有界性定理) 闭区间上的连续函数一定在该区间上有界.

证 设函数 $f(x)$ 在闭区间 $[a,b]$ 上连续,由定理 1 知,一定存在 M 与 m 使得对于 $[a,b]$ 上任意一点 x,都有

$$m\leqslant f(x)\leqslant M$$

令 $k=\max\{|M|,|m|\}$,则对于任意一点 $x\in[a,b]$ 均有

$$|f(x)|\leqslant k$$

因此,函数 $f(x)$ 在 $[a,b]$ 上有界.

有界性定理的几何意义是：$f(x)$ 的图形位于与 x 轴平行的两直线 $y=k$ 和 $y=-k$ 之间（见图 3-15）.

二、介值定理

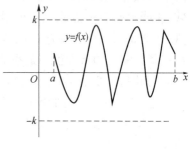

图 3-15

定理 2 若函数 $f(x)$ 在闭区间 $[a,b]$ 上连续，且在该闭区间的两端点取不同函数值即 $f(a)\neq f(b)$，那么不论 μ 为介于 $f(a)$ 与 $f(b)$ 之间的怎样一个数，即 $f(a)<\mu<f(b)$ 或 $f(a)>\mu>f(b)$，在开区间 (a,b) 内至少有一个点 ξ，使得 $f(\xi)=\mu$.（证明从略）

定理 2 也可叙述为，闭区间 $[a,b]$ 上连续的函数 $f(x)$，当 x 从 a 变化到 b 时，要经过 $f(a)$ 与 $f(b)$ 之间的一切数值.

从物理上看，如气温的变化，从 0 到 20 ℃，它必然经过 0 到 20 ℃ 之间的一切温度；再如一架直升机从海平面升高到海平面上空 1 000 m，它必然经过中间的任意一个高度. 从几何上看，闭区间 $[a,b]$ 上的连续函数 $f(x)$ 的图像如图 3-16(a)所示，是一条从点 $(a,f(a))$ 到点 $(b,f(b))$ 的连绵不断的曲线，因此介于 $y=f(a)$ 与 $y=f(b)$ 之间的任意一条直线 $y=\mu$ 都必与该曲线相交（交点不一定唯一）. 若 $f(x)$ 在 $[a,b]$ 上有间断点 η，如图 3-16(b)所示，则直线 $y=\mu$ 就不一定与 $f(x)$ 的图像相交了.

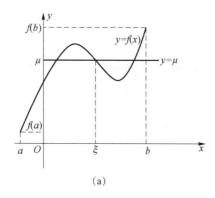

(a)

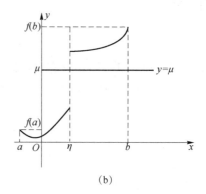

(b)

图 3-16

推论 1（中间值定理）

在闭区间上连续的函数必取得介于最大值 M 与最小值 m 之间的任何一个中间值 $C(m<C<M)$.

设 $M=f(x_1)$，$N=f(x_2)$，而 $M\neq N$. 在闭区间 $[x_1,x_2]$（或 $[x_2,x_1]$）上应用介值定理，即得上述结论. 如图 3-17 中的交点 P 对应的横坐标 x_p 就满足 $f(x_p)=C$.

推论 2（零点定理）

在闭区间两端点处的函数值异号的连续函数，在该区间内至少有一个**零点**①.

这就是说，若函数 $f(x)$ 在闭区间 $[a,b]$ 上连续，且在两

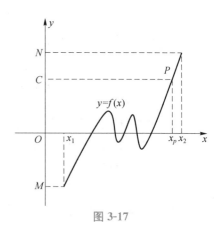

图 3-17

---

① 如果点 x_0 使得 $f(x_0)=0$，则称 x_0 为函数 $f(x)$ 的零点，或称 x_0 为方程 $f(x)=0$ 的根.

端点处的函数值 $f(a)$ 与 $f(b)$ 异号,即 $f(a) \cdot f(b) < 0$,则在开区间 (a,b) 内至少存在一个点 ξ,使得 $f(\xi)=0(a < \xi < b)$.

推论 2 中的 ξ 显然就是方程 $f(x)=0$ 的一个根,所以推论 2 也叫根存在性定理.

证　由 $f(a) \cdot f(b) < 0$,可知 $f(a)$ 与 $f(b)$ 异号.不妨设 $f(a) < 0, f(b) > 0$.因为零是介于 $f(a)$ 与 $f(b)$ 之间的一个数,由介值定理得,至少存在一个点 $\xi \in (a,b)$,使得 $f(\xi)=0$.

零点定理的几何意义如图 3-18 所示,如果点 $A(a, f(a))$ 与点 $B(b, f(b))$ 分别在 x 轴的两侧,那么连接这两点的连续曲线 $y=f(x)$ 从 x 轴下侧的点 A(纵坐标 $f(a) < 0$)笔不离纸地画到 x 轴的上侧的点 B(纵坐标 $f(b) > 0$)时,与 x 轴至少有一个交点 $C(\xi, 0)$.

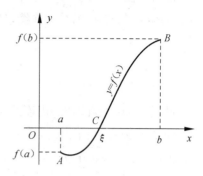

图 3-18

零点定理表明:若方程 $f(x)=0$ 左端的连续函数 $f(x)$ 在闭区间 $[a,b]$ 两个端点处的函数值异号,则该方程 $f(x)=0$ 在开区间 (a,b) 内至少存在一个实根 ξ.

零点定理可以用于证明根的存在性.它在判定方程在某一范围内是否有解,以及确定根的位置十分有用.

例 1　证明:超越方程 $2^x=4x$ 在 $\left(0, \dfrac{1}{2}\right)$ 内至少存在一个实根.

证　令 $f(x)=2^x-4x$,显然 $f(x)$ 在 $\left[0, \dfrac{1}{2}\right]$ 上连续,且 $f(0)=1 > 0, f\left(\dfrac{1}{2}\right)=\sqrt{2}-2 < 0$,根据零点定理,$f(x)$ 在 $\left(0, \dfrac{1}{2}\right)$ 内至少存在一个零点,即超越方程 $2^x=4x$ 在 $\left(0, \dfrac{1}{2}\right)$ 内至少存在一个实根.

例 2　证明:若函数 $f(x)$ 与 $g(x)$ 在 $[a,b]$ 上连续,且 $f(a) \leqslant g(a), f(b) \geqslant g(b)$,则存在 $\xi \in [a,b]$,使 $f(\xi)=g(\xi)$.

证　令 $F(x)=f(x)-g(x)$,显然 $F(x)$ 在 $[a,b]$ 上连续,又
$$F(a)=f(a)-g(a) \leqslant 0, F(b)=f(b)-g(b) \geqslant 0$$
若 $F(a)=0$,则取 $\xi=a$,此时有 $F(\xi)=0$ 即 $f(\xi)=g(\xi)$.

若 $F(b)=0$,则取 $\xi=b$,此时有 $F(\xi)=0$ 即 $f(\xi)=g(\xi)$.

若 $F(a) \neq 0, F(b) \neq 0$,则 $F(a) \cdot F(b) < 0$,由零点定理可得,$F(x)$ 在 (a,b) 内至少存在一个点 ξ,使 $F(\xi)=0$,即 $f(\xi)=g(\xi)$.

综上所述,在 $[a,b]$ 上必存在一点 ξ,使 $f(\xi)=g(\xi)$.

注：本节所有定理和推论都是对闭区间上连续函数进行讨论的.像最值定理一样,我们也可以通过例子说明,若把闭区间换成开区间或函数不连续,则结论就不一定成立了(读者可自己举例说明).

习题 3-3

(A)

1. 证明下列函数存在零点:

(1) $f(x)=x^2 \cos x-\sin x$ 在 $\left(\pi, \dfrac{3}{2}\pi\right)$ 内至少有一个零点;

(2) $f(x)=x^5-2x^2+x+1$ 至少有一个零点.

2. 证明:若 $f(x)$ 在 $[a,b]$ 上连续,$a<x_1<x_2<\cdots<x_n<b$,则在 $[x_1,x_n]$ 上必存在 ξ,使得

$$f(\xi)=\frac{f(x_1)+f(x_2)+\cdots+f(x_n)}{n}$$

3. 证明方程 $xe^{2x}-1=0$ 至少有一个实根.

4. 设函数 $f(x)$ 在 $[0,1]$ 上连续,且 $f(0)=0,f(1)=1$,证明:方程 $f(x)=1-2x$ 在 $(0,1)$ 内至少有一个根.

(B)

1. 设函数 $f(x)$ 在 $[0,2a]$ 内连续,且 $f(0)=f(2a)$,证明在闭区间 $[0,a]$ 上至少存在某个数 ξ,使得 $f(\xi)=f(\xi+a)$.

2. 证明方程 $x=a\sin x+b(a>0,b>0)$ 至少有一个正根,并且不超过 $a+b$.

3. 设 $f(x)$ 在 $[a,b]$ 上连续且无零点,证明 $f(x)$ 在 $[a,b]$ 上不变号.

复习题三

(A)

第三章学习指导

1. 设 $a>0,a\neq1,b>0,b\neq1$,判别

$$f(x)=\begin{cases}\dfrac{a^x-b^x}{x}, & x\neq0,\\ 0, & x=0\end{cases}$$

在点 $x=0$ 处是否连续. 如果不连续,指出该间断点的类型.

2. 设 $f(x)$ 在 $x=0$ 与 $x=1$ 两点处连续,且 $f(0)=1,f(1)=0$,问:极限 $\lim\limits_{x\to0}f\left(\dfrac{x}{\arcsin x}\right)$ 是否存在? 若存在,求出其值.

3. 设 $\lim\limits_{x\to\infty}\left(\dfrac{2x-c}{2x+c}\right)^x=3$,求 c 的值.

4. 设 $f(x)=\begin{cases}e^{\frac{1}{x-1}}+a, & x<1,\\ 2, & x=1,\\ b\arctan x, & x>1,\end{cases}$ 在 $(-\infty,+\infty)$ 内连续,求 a,b 的值.

(B)

1. 求下列函数极限:

(1) $\lim\limits_{x\to1}x^{\frac{2}{1-x}}$;

(2) $\lim\limits_{x\to0}(\cos 2x)^{1+\cot^2 x}$;

(3) $\lim\limits_{x\to\infty}\left(1+\dfrac{1}{2x}-\dfrac{3}{x^2}\right)^x$;

(4) $\lim\limits_{x\to0}\left(1+x\sin\dfrac{1}{x}\right)^{\frac{1}{\sqrt[3]{x}}}$.

2. 求 $f(x)=\begin{cases} \dfrac{1}{x}\sin\dfrac{1}{x}, & x<0, \\ \sqrt{1-x}, & 0\leqslant x\leqslant 1, \\ \dfrac{1-x}{\ln x}, & x>1 \end{cases}$ 的间断点,并确定它们的类型.

3. 设 $a>0$,

$$f(x)=\begin{cases} 2\lim\limits_{t\to x}\dfrac{\ln\dfrac{t}{x}}{t-x}, & 0<x<1, \\ \lim\limits_{n\to\infty}\left(1+\dfrac{ax}{n}\right)^{n}, & x\geqslant 1 \end{cases}$$

(1) 求 $f(x)$ 的定义域及 $f(x)$ 的表达式;

(2) 若 $f(x)$ 在定义域内连续,求 a 的值.

4. 设函数 $f(x)$ 在 $[a,b]$ 上连续,$f(a)<a,f(b)>b$,试证:在 (a,b) 内至少有一点 ξ,使 $f(\xi)=\xi$.

5. 设 $f(x)$ 连续,且

$$\lim_{x\to 0}\left[\frac{f(x)-1}{x}-\frac{\sin x}{x^2}\right]=2$$

求 $f(0)$.

数 学 符 号

第二章我们引入了"$\varepsilon-N$""$\varepsilon-\delta$"数学符号,给极限概念作了精确的描述.数学符号在数学科学中占有重要的地位,它是数学共同体用来表述数学成果,交流数学思想不可缺少的工具.下面就数学符号的含义、特征、作用以及它的选择原则作以下介绍.

数学符号及其特征

符号是人们共同约定的用来指称一定对象的标志物,是用来表达和交换思想的工具.符号最基本的且最重要的形式是语言符号,而语言符号中又分为自然语言和人工语言.为了适应数学和各门科学自身的发展,需要专门建立一种符号体系,这就是人工语言符号.所谓数学符号,就是数学共同体专门约定的一种人工语言符号,是用以表达和交换数学信息的工具.

数学符号,作为符号的一种,它首先具备一般符号的共同性,这就是它的物质性和非相似性.其次它又具备区别于其他符号的一些不同特征,现分述如下:

1. **抽象性**.任何符号,分析其构成,都是一种联系能指与所指的两面体.数学符号区别于其他符号的一个特点是,它所指的对象都具有高度的抽象性.

2. **精确性**.数学符号本质上是一门推理科学的人工语言符号,具有精确性.因为数学的对象是形式化的思想材料,所以它的结论是否正确,首先要靠严格推理来证明,如果符号不精确,就很难保证推理的正常进行.

3. **规范性**.符号与它指代的对象必须相对稳定.否则,任意改变符号意义或无规则地乱用符号,就会使符号失去信息传递的作用.因此数学符号能指与所指的联系,一经规定之后就约定俗成,具有规范性.

4. **通用性**.在现代科学中,只有数学符号系统是统一的,无论哪个国家,也无论是哪个民族的数学,他们可以很方便地交流数学成果.

5. **自我生成性**.从数学符号整个系统考察,只要符合规则,就可以从已有的符号中产生出新的符号.

6. **开放性**.数学符号系统是一个开放系统,它随着社会实践的发展不断容纳新符号而使自己逐步完善.

数学符号的类型

数学符号系统按其结构,可分为基本符号、组合符号和公式符号.基本符号是表示单个概念的符号,它是符号系统中不可分割的最小单位.如 $a,x,+,-,\sin$ 等.组合符号是由若干个基本符号组合而成的,它表示复杂的数学概念,形成数学符号短语,如 $(a+b)^2, a^2+2ab+b^2$,

$\begin{vmatrix} a_1 & a_2 \\ b_1 & b_2 \end{vmatrix}$ 等.公式符号是由组合符号与基本符号中的关系符号按一定规则相连而形成的,它表达一个判断,一个命题,如 $(a+b)^2=a^2+2ab+b^2$,$\sin^2\alpha+\cos^2\alpha=1$ 等.

如果从数学符号的功能和互相关系考虑,它又可分为对象符号、运算符号、关系符号和辅助符号.表示数学实体的符号叫作对象符号,如 $1,2,3,e,a,b$ 等.运算符号是表示对象施行何种运算的符号,例如,$+,-,\times,\log$ 等.用来表示对象之间关系的符号,称为关系符号,如 $>$,$\geqslant$,$/\!/$,$\perp$ 等.辅助符号主要用于确定上述符号的结合顺序,如大括号,中括号等.

数学符号的作用

1. **表述和交流数学思想**.数学是一项集体的、社会性的事业.数学之所以能够存在和发展,是由于人们在各个历史时期所从事的社会的、集体活动的结果.这样的活动要求人们能及时了解前人研究的成果,相互交流思想和观点,为此就需要一定的物质手段,即数学符号.因此数学符号是表述、交流和传播数学思想不可缺少的工具,而且这种传播工具具有跨学科、跨地域、跨国界的特点,其应用和适用范围甚为广泛.

2. **明化数学问题,简化数学推理**.数学符号具有简洁性和准确性的特点,因此用符号表述概念、判断、命题、推理自然要比自然语言简洁和明确得多,从而也就有助于人们理解问题、分析问题和解决问题.数学符号以浓缩的形式表达大量的信息,因而可以简化数学推理,从而也就加快了思维的速度.

3. **触发人们的创造性思维**.数学命题借助于数学符号被形式化之后,有助于从特殊命题发现其中的普遍规律,由于数学符号的形式化发展,通过理性思维构思出某些新概念,故常常成为数学发现的有力工具.

4. **实现思维的机械操作**.由于采用符号形式易于运算和推理,故研究问题时,人们可以暂时撇开符号的意义而仅着眼于形式,让符号与一定的概念单值地对应,思想的操作可转换为对符号的操作,而符号的操作可交给机器进行.故人们利用符号,借助于计算机,便可使复杂、繁重的一部分脑力劳动机械化,从而实现智力的大解放.

5. **促进数学和其他学科走向成熟**.一门学科的数学符号化程度,常常是这门学科是否成熟的重要标志.数学是如此,其他学科亦是如此.采用适宜的数学符号,对于学科理论的建立和发展具有重要的意义.

数学符号的选择原则

数学符号作为数学科学中的人工语言符号,它的能指与所指间的关系,开始时是任意的,但一旦选定就相对稳定.在数学符号系统中,在组成组合符号、公式符号时,怎样去选择基本符号? 应遵循哪些原则? 这主要有如下一些原则.

1. **整体性原则**.随着数学的不断发展,数学符号也在不断增多,这就要求人们不断加强对符号的审视和修订,不然,有可能使符号的使用混乱、重复和失去控制.为了保证数学严格的逻辑性、系统性,在数学理论的体系中,要使用贯彻始终统一的符号,使符号系统成为统一、有序、相容的整体,这就是数学符号选择的整体性原则.

2. **单义性原则**. 为了保证数学的精确性,严格的逻辑推理,作为数学科学的人工语言符号必须是单义的,这就是说符号的能指与所指的关系要互为单值映射,而且基本符号组合成各种组合符号和公式符号,其语法必须按照预定的法则进行.

3. **简明性原则**. 数学的简明性的关键在于符号和符号系统的选择上. 对于符号系统,要求用它来表达的公理体系,应该是相容的、独立的和完备的,在不同的公理体系或同一问题的不同解决方案或模型中,应选择使用符号较少的系统. 在基本符号的选择上,要使书写、排版方便,且用词要尽可能短,并且容易翻译成主要的科学语言.

4. **表意性原则**. 在可能性的情况下,所选择的符号应力求反映该符号所指概念、公式的思维特征,这主要包括概念、公式的由来,实质,客观现实原型,几何直观和隐含着的丰富、深刻的内容等. 例如,导数符号 $\dfrac{dy}{dx}$ 就是能解释导数、微分思维实质的一种符号. 它表明,函数在某点处的导数,等于函数在该点处的切线的纵坐标改变量与横坐标改变量的商,亦即在该点处的切线的斜率,这就深刻揭示了导数、微分概念的内在联系,并具有鲜明的直观性.

5. **科学性原则**. 符号指代的概念要确切、无误、严格、科学,没有潜在的歧义,不能模棱两可,似是而非.

6. **习惯性原则**. 人们约定俗成,习惯上使用的符号,不宜随意改动.

7. **适用性原则**. 为了使用的方便,同一含义的符号,在不同的场合下,可以用两种不同的表示形式,甚至多种表示形式. 在不引起歧义的情况,一个符号在不同的情况下,可以表示不同的含义.

8. **和谐性原则**. 在一个数学公式、理论系统中,选择的符号要注意对称性、和谐性,使之整齐美观. 例如,三元线性函数一般表示为 $ax+by+cz$ 或 $a_1x_1+a_2x_2+a_3x_3$,如果表示为 $ax_1+bx_2+cx_3$ 就显得不协调了.

导数与微分

宇宙之大,粒子之微,火箭之速,化工之巧,地球之变,生物之谜,日用之繁,无处不用数学.

——华罗庚

前面学习的极限理论,是研究微积分学的理论工具. 由于这个工具是必需的,因此现代微积分学也把它列入微分学的内容,但极限工具不是微积分学的主要研究对象. 本章开始涉及微分学的实质内容.

历史上,微积分学曾经是两门分开的学科,分别独立为微分学和积分学. 直到 17 世纪下半叶,牛顿和莱布尼兹两位数学家发现,微分和积分实际上是两个互逆的运算过程,并提出了著名的牛顿—莱布尼兹公式,使微分学与积分学得以统一为微积分学.

§4-1 导数的概念

微分学的内容就是研究各种函数的近似代替过程,其研究的目的是通过无限逼近思想,找到误差无限趋近于 0 的各种近似代替过程,并用系统的数学计算形式来准确表达该过程. 微分学主要解决两类具有代表性的问题:一是已知运动规律求瞬时速度;二是已知曲线求其切线. 我们从物体运动及曲线切线斜率问题入手,利用极限引入导数的概念.

一、导数的起源

(一) 变速直线运动的瞬时速度

在许多问题中,我们经常需要研究运动物体的瞬时速度,如研究变速行驶的动车在某时刻 t_0 的瞬时速度. 假设一辆变速直线行驶的动车,其运动规律为 $s = f(t)$,其中,t 是时间,s 是位移,求动车在行驶过程中 t_0 时刻的瞬时速度.

由中学物理知识我们知道,物体在时间段 $[t_0, t]$ 上的平均速度等于物体在时间段 $[t_0, t]$ 经过的位移 Δs 除以所用的时间 Δt,如图 4-1 所示. 则 t_0 到 t 的平均速度 $\bar{v}$ 为

$$\bar{v} = \frac{\Delta s}{\Delta t} = \frac{f(t) - f(t_0)}{t - t_0}$$

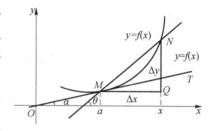

图 4-1

当时间间隔 Δt 很小时,即 $\Delta t = t - t_0$ 趋于 0,也就是时间 t 不断接近于 t_0 时,变速运动可以看成匀速运动,t_0 到 t 的平均速度 $\bar{v}$ 可以看成在 t_0 时刻的瞬时速度.则在 t_0 时刻的瞬时速度 v 为

$$v = \lim_{\Delta t \to 0} \frac{\Delta s}{\Delta t} = \lim_{t \to t_0} \frac{f(t) - f(t_0)}{t - t_0}$$

(二)求平面曲线切线的斜率

如何求曲线 $y = f(x)$ 在点 M 处的切线斜率?设点 M 的坐标为 $(a, f(a))$,曲线上取另一点 $N(x, f(x))$,则割线 MN 的斜率 $\bar{k}$ 容易求得.即

$$\bar{k} = \tan \theta = \frac{\Delta y}{\Delta x} = \frac{f(x) - f(a)}{x - a}$$

如何通过割线 MN 的斜率 $\bar{k}$ 来求过点 M 的切线斜率 k?如图 4-2 所示,切线 MT 的斜率为 $\tan \alpha$,当割线的倾斜角 θ 不断趋近于切线的倾斜角 α 时,也就是当点 N 不断靠近点 M 时,即自变量 x 不断趋近于点 a 时,对应的自变量增量 Δx 不断趋于零时.此时割线 MN 无限趋近切线 MT,割线 MN 的斜率就可以近似代替曲线 $f(x)$ 在点 M 处的切线斜率.则切线 MT 斜率 k 为

图 4-2

$$k = \lim_{\theta \to \alpha} \tan \theta = \lim_{\Delta x \to 0} \frac{\Delta y}{\Delta x} = \lim_{x \to a} \frac{f(x) - f(a)}{x - a}$$

以上两个实例解决问题的思路都蕴含了"无限逼近"的思想.极限理论对于微积分学很重要,无限逼近某个数值的变量,取极限后与该数值丝毫没有误差,这种思想叫作"无限逼近取极限后精确",这种思想在积分学中也有应用.由以上例子,我们得到导数的定义.

二、导数定义及其几何意义

(一)导数的定义

定义 1　设函数 $y = f(x)$ 在 $x = a$ 的某个邻域内有定义,若极限 $\lim\limits_{\Delta x \to 0} \dfrac{\Delta y}{\Delta x} = \lim\limits_{x \to a} \dfrac{f(x) - f(a)}{x - a}$ 存在,则称函数 $f(x)$ 在 $x = a$ 处可导,此极限称为函数 $f(x)$ 在 $x = a$ 处的导数,记为 $f'(a)$,或 $y'\Big|_{x=a}, \dfrac{\mathrm{d}y}{\mathrm{d}x}\Big|_{x=a}, \dfrac{\mathrm{d}f(x)}{\mathrm{d}x}\Big|_{x=a}$.

若极限不存在,就说函数 $f(x)$ 在 $x = a$ 处不可导.

注：(1) 特别地，当 $\lim\limits_{x \to a} \dfrac{f(x) - f(a)}{x - a} = \infty$ 时，则称函数 $f(x)$ 在点 a 处的导数为无穷大，此时导数不存在.

导数的定义

(2) 导数的其他形式如下：

定义中，有

$$f'(a) = \lim_{\Delta x \to 0} \frac{\Delta y}{\Delta x} = \lim_{x \to a} \frac{f(x) - f(a)}{x - a} \tag{1}$$

若记 $\Delta x = x - a$，则 $x = a + \Delta x$，当 $x \to a$ 时，等价于 $\Delta x \to 0$.

则函数 $f(x)$ 在点 a 处的导数也可记为

$$f'(a) = \lim_{\Delta x \to 0} \frac{\Delta y}{\Delta x} = \lim_{\Delta x \to 0} \frac{f(a + \Delta x) - f(a)}{\Delta x} \tag{2}$$

如果把自变量增量 Δx 记为 h，则有

$$f'(a) = \lim_{\Delta x \to 0} \frac{\Delta y}{\Delta x} = \lim_{h \to 0} \frac{f(a + h) - f(a)}{h} \tag{3}$$

以上三个式子是等价的，是导数定义中常用的式子. 特别地，当 $a = 0$ 时，有

$$f'(0) = \lim_{x \to 0} \frac{f(x) - f(0)}{x} = \lim_{h \to 0} \frac{f(h) - f(0)}{h}$$

(3) 函数在某点处的**导数的本质**是：该点处函数变化率的极限，即 $f'(a) = \lim\limits_{\Delta x \to 0} \dfrac{\Delta y}{\Delta x}$.

根据导数的定义，我们前面的两个实例，可以写成：

(1) 在 t_0 时刻的瞬时速度：$v = \lim\limits_{t \to t_0} \dfrac{f(t) - f(t_0)}{t - t_0} = f'(t_0)$；

(2) 切线斜率：$k = \lim\limits_{x \to a} \dfrac{f(x) - f(a)}{x - a} = f'(a)$.

例 1　求函数 $f(x) = x^2 + 2x$ 在 $x = 3$ 处的导数.

解法一
$$f'(3) = \lim_{x \to 3} \frac{f(x) - f(3)}{x - 3} = \lim_{x \to 3} \frac{x^2 + 2x - 15}{x - 3}$$
$$= \lim_{x \to 3} \frac{(x - 3)(x + 5)}{x - 3} = \lim_{x \to 3} (x + 5) = 8$$

解法二
$$f'(3) = \lim_{\Delta x \to 0} \frac{f(3 + \Delta x) - f(3)}{\Delta x} = \lim_{\Delta x \to 0} \frac{(\Delta x)^2 + 8\Delta x}{\Delta x}$$
$$= \lim_{\Delta x \to 0} (\Delta x + 8) = 8$$

解法三
$$f'(3) = \lim_{h \to 0} \frac{f(3 + h) - f(3)}{h} = \lim_{h \to 0} \frac{h^2 + 8h}{h}$$
$$= \lim_{h \to 0} (h + 8) = 8$$

通过上例，导数定义中三个等价导数公式计算的结果是一致的，计算极限的过程选择适当的式子，可以简化计算.

例 2　已知函数 $f(x)$ 在点 a 处的导数 $f'(a) = 1$，求 $\lim\limits_{h \to 0} \dfrac{f(a - 2h) - f(a)}{h}$.

解　导数的本质是：$f'(a) = \lim\limits_{\Delta x \to 0} \dfrac{\Delta y}{\Delta x}$.

式子中 $\Delta y = f(a-2h) - f(a)$，

相应的自变量增量是：$\Delta x = (a-2h) - a = -2h$.

因此，函数 $f(x)$ 在点 a 处的导数可表示为

$$f'(a) = \lim_{\Delta x \to 0} \frac{\Delta y}{\Delta x} = \lim_{h \to 0} \frac{f[a+(-2h)] - f(a)}{-2h}$$

所以

$$\lim_{h \to 0} \frac{f(a-2h) - f(a)}{h} = -2 \lim_{h \to 0} \frac{f[a+(-2h)] - f(a)}{-2h}$$
$$= -2f'(a) = -2 \cdot 1 = -2$$

从此例题可知，函数 $f(x)$ 在点 a 处的导数表达式，不仅仅是定义当中的 3 个等价式子，只要符合导数的本质特征 $f'(a) = \lim\limits_{\Delta x \to 0} \frac{\Delta y}{\Delta x}$ 就可以. 因此可以认定式子

$$\lim_{h \to 0} \frac{f(a+h) - f(a-h)}{2h}$$

也可以表示导数 $f'(a)$.

(二) 导数的几何意义

由"求平面曲线切线的斜率"可知，函数在某点处的导数，其**几何意义**就是函数在这一点处切线的斜率，即 $k = f'(a)$.

一般情况下，若某点处导数不存在，则函数对应曲线在该点处就没有切线，但有一种情况例外：若函数在某点处连续且导数趋向于无穷大，则表示曲线在该点处存在一条垂直于 x 轴的切线（倾斜角为 $90°$）. 总之，连续函数的导数即为切线的斜率，但因为有切线不一定有斜率，所以无导数不一定无切线.

函数 $f(x)$ 在点 $(a, f(a))$ 处的**切线方程**为

$$y - f(a) = f'(a)(x-a)$$

法线与切线垂直，二者斜率互为负倒数.

(1) 当 $f'(a) \neq 0$ 时，所求法线的斜率为 $-\frac{1}{f'(a)}$. 函数 $f(x)$ 在点 $(a, f(a))$ 处的**法线方程**为：$y - f(a) = -\frac{1}{f'(a)}(x-a)$.

(2) 当 $f'(a) = 0$ 时，法线方程为 $x = a$.

例 3　求函数 $f(x) = 2x^2 + x$ 在点 $(1, 3)$ 处的切线方程和法线方程.

解
$$k = f'(1) = \lim_{x \to 1} \frac{f(x) - f(1)}{x-1} = \lim_{x \to 1} \frac{2x^2 + x - 3}{x-1}$$
$$= \lim_{x \to 1} \frac{(2x+3)(x-1)}{x-1} = \lim_{x \to 1} (2x+3) = 5$$

函数 $f(x) = 2x^2 + x$ 在点 $(1, 3)$ 处的切线方程：$y - 3 = 5(x-1)$，即

$$y - 5x + 2 = 0$$

函数 $f(x) = 2x^2 + x$ 在点 $(1, 3)$ 处的法线方程：$y - 3 = -\frac{1}{5}(x-1)$，即

$$5y + x - 16 = 0$$

三、单侧导数

在求函数 $y=f(x)$ 在点 a 处的导数时，$x \to a$ 的方式是任意的，即可以从小于 a（左侧）的方向趋于 a，记为 $x \to a^-$ 或 $\Delta x \to 0^-$；也可以从大于 a（右侧）的方向趋于 a，记为 $x \to a^+$ 或 $\Delta x \to 0^+$. 此时将遇到单侧导数的情况.

定义 2　设函数 $y=f(x)$ 在点 a 处的某个左（或右）邻域内有定义，若极限 $\lim\limits_{\Delta x \to 0^-} \dfrac{\Delta y}{\Delta x} = \lim\limits_{x \to a^-} \dfrac{f(x)-f(a)}{x-a}$ 存在，则该极限值称为函数 $f(x)$ 在 $x=a$ 处的**左导数**，记为 $f'_-(a)$，即 $f'_-(a) = \lim\limits_{\Delta x \to 0^-} \dfrac{\Delta y}{\Delta x} = \lim\limits_{x \to a^-} \dfrac{f(x)-f(a)}{x-a}$；

若 $\lim\limits_{\Delta x \to 0^+} \dfrac{\Delta y}{\Delta x} = \lim\limits_{x \to a^+} \dfrac{f(x)-f(a)}{x-a}$ 存在，则该极限值称为函数 $f(x)$ 在 $x=a$ 处的**右导数**，记为 $f'_+(a)$，即 $f'_+(a) = \lim\limits_{\Delta x \to 0^+} \dfrac{\Delta y}{\Delta x} = \lim\limits_{x \to a^+} \dfrac{f(x)-f(a)}{x-a}$.

函数极限存在的充分必要条件是它的左、右极限存在并且相等，导数作为一种特殊结构的极限当然也有这种性质. 函数在某点处的左、右导数与函数在该点处可导之间有如下关系：

定理　函数 $f(x)$ 在 $x=a$ 处存在导数的**充分必要**条件是它的左、右导数都存在并且相等. 即 $f'(a)$ 存在 $\Leftrightarrow f'_-(a)$，$f'_+(a)$ 存在，且 $f'_-(a) = f'_+(a)$.

本定理常用于判断分段函数在分段点是否可导.

例 4　讨论函数 $f(x) = \begin{cases} 1-x, & x \leqslant 1 \\ \ln(2-x), & x > 1 \end{cases}$ 在 $x=1$ 处是否可导.

解　$f'_-(1) = \lim\limits_{h \to 0^-} \dfrac{f(1+h)-f(1)}{h} = \lim\limits_{h \to 0^-} \dfrac{[1-(1+h)]-0}{h} = \lim\limits_{h \to 0^-} \dfrac{-h}{h} = -1$

$f'_+(1) = \lim\limits_{h \to 0^+} \dfrac{f(1+h)-f(1)}{h} = \lim\limits_{h \to 0^+} \dfrac{\ln[2-(1+h)]-0}{h} = \lim\limits_{h \to 0^+} \dfrac{\ln(1-h)}{h}$

$\qquad = \lim\limits_{h \to 0^+} \dfrac{-h}{h} = \lim\limits_{h \to 0^+}(-1) = -1 \quad$（当 $h \to 0$ 时，$\ln(1-h) \sim -h$）

因为 $f'_-(1) = f'_+(1) = -1$，所以函数 $f(x)$ 在 $x=1$ 处可导，且 $f'(1) = -1$.

四、函数可导与连续的关系

我们知道初等函数在其定义域区间上都是连续的，那么函数的连续性与可导性有什么关系呢？

我们对导数定义公式 $f'(a) = \lim\limits_{\Delta x \to 0} \dfrac{\Delta y}{\Delta x} = \lim\limits_{x \to a} \dfrac{f(x)-f(a)}{x-a}$ 进行分析：若 $f'(a)$ 存在，则说明公式表示的极限存在. 由于 $x \to a$，故 $x-a \to 0$. 极限式子中等价于，当 $x \to a$ 时，$f(x)-f(a) \to 0$ 成立（否则极限值（或导数）不存在）. 把上述推理结果表达为严格的数学式子就是 $\lim\limits_{x-a \to 0}[f(x)-f(a)] = 0$，即 $\lim\limits_{x \to a} f(x) = f(a)$，故函数 $f(x)$ 在 $x=a$ 处连续.

结论：若函数 $f(x)$ 在点 a 处可导，则函数 $f(x)$ 在点 a 处连续. 即**可导必连续**.

值得注意的是，该命题的逆命题并不成立，即**连续不一定可导**.

例 5 讨论函数 $f(x)=|x|$ 在 $x=0$ 处的可导性与连续性.

解 $f'_-(0)=\lim\limits_{x\to 0^-}\dfrac{f(x)-f(0)}{x-0}=\lim\limits_{x\to 0^-}\dfrac{|x|}{x}=\lim\limits_{x\to 0^-}\dfrac{-x}{x}=-1$

$\quad\quad f'_+(0)=\lim\limits_{x\to 0^+}\dfrac{f(x)-f(0)}{x-0}=\lim\limits_{x\to 0^+}\dfrac{|x|}{x}=\lim\limits_{x\to 0^+}\dfrac{x}{x}=1$

因为 $f'_-(0)\neq f'_+(0)$,所以函数 $f(x)=|x|$ 在 $x=0$ 处不可导.

而根据连续的充要条件可知:

$\lim\limits_{x\to 0^-}|x|=\lim\limits_{x\to 0^+}|x|=f(0)=0$,所以 $f(x)=|x|$ 在 $x=0$ 处

连续.

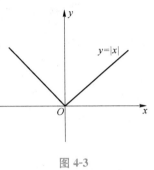

图 4-3

综上,函数 $f(x)=|x|$ 在 $x=0$ 处连续但不可导.

从图 4-3 可以看出,函数 $f(x)=|x|$ 的图像在点 $x=0$ 处没有切线.

根据命题的逻辑等价关系可知,该命题的逆否命题也成立,即**不连续必不可导**. 由此可知:**可导必连续,连续不一定可导,不连续必不可导**.

习题 4-1

(A)

1. 用定义求下列函数在点 $x=1$ 处的导数 $f'(1)$.

    (1) $f(x)=2x^2-3x+1$;   (2) $f(x)=\dfrac{1}{x}$.

2. 求抛物线 $y=x^2-4$ 在和直线 $y=x+2$ 相交处的切线方程与法线方程.

3. 已知 $f'(2)=2$,求 $\lim\limits_{h\to 0}\dfrac{f(2)-f(2-h)}{2h}$.

4. 已知 $f'(1)=1$,求 $\lim\limits_{x\to 1}\dfrac{f(x)-f(1)}{x^2-1}$.

5. 讨论函数 $f(x)=\begin{cases}2\sin x+1, & x\leqslant 0,\\ 1+2x, & x>0\end{cases}$ 在 $x=0$ 处是否可导.

(B)

1. 讨论 $f(x)=\begin{cases}x\sin\dfrac{1}{x}, & x\neq 0,\\ 0, & x=0\end{cases}$ 在 $x=0$ 处的连续性与可导性.

2. 设 $f'(a)$ 存在,且 $a\neq 0$,求 $\lim\limits_{x\to a}\dfrac{xf(a)-af(x)}{x-a}$.

3. 已知 $f'(1)=1$,根据导数定义来证明 $f(x)$ 在点 $x=1$ 处连续.

§4-2　导函数及其四则运算法则

经过上一节的分析,我们在切线和导数之间建立了联系:曲线在某点处切线的斜率就是该点处的导数.但数学是研究抽象理论的科学,每一种理论都需要达到高度概括.只研究某一点处切线的情况是不够的,还必须研究所有点处切线斜率的规律,也就是研究所有点处导数的规律.这样就涉及了函数的导函数问题.

一、导函数的概念

前面我们学习了函数 $y=f(x)$ 在点 a 处的导数,现在我们将点 a 推广为任意点 x 处的导数.如果函数 $f(x)$ 在开区间 (a,b) 内的每一点都可导,则称函数在开区间 (a,b) 内可导.

定义　若函数 $f(x)$ 在开区间 (a,b) 内可导,对于任意 $x\in(a,b)$,通过对应关系 $\lim\limits_{\Delta x\to 0}\dfrac{f(x+\Delta x)-f(x)}{\Delta x}$,都有唯一的函数值(即导数) $f'(x)$ 与之对应(极限唯一性准则),这样就构成一个新的函数,这个函数叫作函数 $f(x)$ 的**导函数**(简称**导数**).记为 $f'(x)$ 或 y', $\dfrac{\mathrm{d}y}{\mathrm{d}x}$, $\dfrac{\mathrm{d}f(x)}{\mathrm{d}x}$.

根据上一节导数的定义,将点 a 换成任意点 x,得到函数 $f(x)$ 的导数,即

$$f'(x)=\lim_{\Delta x\to 0}\frac{\Delta y}{\Delta x}=\lim_{\Delta x\to 0}\frac{f(x+\Delta x)-f(x)}{\Delta x}$$

或

$$f'(x)=\lim_{h\to 0}\frac{f(x+h)-f(x)}{h}$$

注: $f'(a)$ 是表示函数 $f(x)$ 在 $x=a$ 处的导数,也可看作导函数 $f'(x)$ 在 $x=a$ 处的函数值,即 $f'(x)|_{x=a}=f'(a)$.而 $[f(a)]'$ 是表示常数 $f(a)$ 的导数,恒为零,因此注意 $f'(a)\neq[f(a)]'$.

由导数定义可知求 $f(x)$ 的导数 $f'(x)$ 的步骤:

(1) 求函数改变量: $\Delta y=f(x+\Delta x)-f(x)$;

(2) 作比值: $\dfrac{\Delta y}{\Delta x}=\dfrac{f(x+\Delta x)-f(x)}{\Delta x}$;

(3) 求极限: $f'(x)=\lim\limits_{\Delta x\to 0}\dfrac{f(x+\Delta x)-f(x)}{\Delta x}$.

导函数和基本
求导公式

例 1　已知 $f(x)=\sin x$,求其导数 $f'(x)$.

解　$f'(x)=\lim\limits_{h\to 0}\dfrac{f(x+h)-f(x)}{h}=\lim\limits_{h\to 0}\dfrac{\sin(x+h)-\sin x}{h}$

$\qquad=\lim\limits_{h\to 0}\dfrac{2\cos\left(x+\dfrac{h}{2}\right)\sin\dfrac{h}{2}}{h}$

$\qquad=\lim\limits_{h\to 0}\left[\cos\left(x+\dfrac{h}{2}\right)\cdot\dfrac{\sin\dfrac{h}{2}}{\dfrac{h}{2}}\right]$

$\qquad=\cos x\cdot 1=\cos x.$

所以 $(\sin x)'=\cos x.$

类似可以得到 $(\cos x)' = -\sin x$.

例 2 求函数 $f(x) = a^x$ 的导数.

解 $f'(x) = \lim\limits_{h \to 0} \dfrac{f(x+h) - f(x)}{h} = \lim\limits_{h \to 0} \dfrac{a^{x+h} - a^x}{h} = \lim\limits_{h \to 0} \dfrac{a^x(a^h - 1)}{h}$

$$= a^x \lim\limits_{h \to 0} \frac{a^h - 1}{h} = a^x \lim\limits_{h \to 0} \frac{h \ln a}{h} = a^x \lim \ln a = a^x \ln a$$

所以 $(a^x)' = a^x \ln a$

注:当 $x \to 0$ 时, $a^x - 1 \sim x \ln a$.

在实际的求导问题里,虽然理论上可以利用导数的定义公式来求解可导函数的导数,但这样的运算过程并不轻松,对于有些复杂的初等函数根据导数定义来求导难度极高,很不现实.因此,对于函数的求导问题,我们可以运用各种方法求出所有基本初等函数的导函数,并把这些结果作为基本求导公式,将来求导时可以直接引用.

下面是基本初等函数的导数公式,需要牢记公式.

基本初等函数求导公式

(1) $C' = 0$ (C 为常数);

(2) $(x^n)' = nx^{n-1}$ (n 为任意实数);

(3) $(a^x)' = a^x \ln a$ ($a > 0, a \neq 1$);

(4) $(\mathrm{e}^x)' = \mathrm{e}^x$;

(5) $(\log_a x)' = \dfrac{1}{x \ln a}$ ($a > 0, a \neq 1$);

(6) $(\ln x)' = \dfrac{1}{x}$;

(7) $(\sin x)' = \cos x$;

(8) $(\cos x)' = -\sin x$;

(9) $(\tan x)' = \sec^2 x = \dfrac{1}{\cos^2 x}$;

(10) $(\cot x)' = -\csc^2 x = -\dfrac{1}{\sin^2 x}$;

(11) $(\sec x)' = \sec x \tan x$;

(12) $(\csc x)' = -\csc x \cot x$;

(13) $(\arcsin x)' = \dfrac{1}{\sqrt{1 - x^2}}$;

(14) $(\arccos x)' = -\dfrac{1}{\sqrt{1 - x^2}}$;

(15) $(\arctan x)' = \dfrac{1}{1 + x^2}$;

(16) $(\text{arccot}\, x)' = -\dfrac{1}{1 + x^2}$.

前面我们从导数定义出发得到基本初等函数的导数,那么如何计算初等函数的导数呢?由于初等函数是由基本初等函数通过有限次四则运算和复合运算得到的,因此我们来研究函数的四则运算法则和复合运算的求导法则.

二、导数的四则运算法则

定理 若 u 和 v 都是 x 的函数,且都是可导的,那么它们的和、差、积、商(分母为零的点除外)都是可导的,并且有:

(1) $(u \pm v)' = u' \pm v'$;

(2) $(uv)' = u'v + uv'$,特别地, $(Cu)' = Cu'$ (C 为常数);

(3) $\left(\dfrac{u}{v}\right)' = \dfrac{u'v - uv'}{v^2}$ (其中 $v \neq 0$).

说明 定理中函数 u 和 v ,分别是 $u(x)$ 和 $v(x)$ 的简写.

这些法则也可以文字叙述如下:

法则 1 两个可导函数的和或差的导数等于这两个函数的导数的和或差.

法则 2　两个可导函数的积的导数等于第一个函数的导数乘以第二个函数加上第一个函数乘以第二个函数的导数.

法则 3　两个可导函数的商的导数等于分子的导数乘以分母与分子乘以分母的导数的差,再除以分母的平方,其中分母不能等于零.

注：法则 1 和法则 2 可以推广到任意有限个函数的情形.

法则 1 的证明很简单,大家可以自己推导一下,这里仅以法则 2 为例给出证明(法则 3 的证法略).

证　设 $f(x)=u(x)v(x)$,且令自变量 x 的变化量为 h,则函数的变化率为：

$$\frac{f(x+h)-f(x)}{h}=\frac{u(x+h)v(x+h)-u(x)v(x)}{h}$$

$$=\frac{[u(x+h)-u(x)]v(x+h)+u(x)[v(x+h)-v(x)]}{h}$$

$$=\frac{u(x+h)-u(x)}{h}\cdot v(x+h)+u(x)\cdot\frac{v(x+h)-v(x)}{h}$$

由函数 v 可导知函数 v 连续,因此有 $\lim\limits_{h\to 0}v(x+h)=v(x)$,再由 u,v 均可导,得

$$f'(x)=\lim\limits_{h\to 0}\frac{f(x+h)-f(x)}{h}$$

$$=\lim\limits_{h\to 0}\frac{u(x+h)-u(x)}{h}\cdot\lim\limits_{h\to 0}v(x+h)+\lim\limits_{h\to 0}u(x)\cdot\lim\limits_{h\to 0}\frac{v(x+h)-v(x)}{h}$$

$$=u'(x)\cdot v(x)+u(x)\cdot v'(x)$$

例 3　设 $y=x^3-\sin x+\mathrm{e}^x+9$,求 y'.

解　$y'=(x^3-\sin x+\mathrm{e}^x+9)'=(x^3)'-(\sin x)'+(\mathrm{e}^x)'+(9)'$

$\qquad =3x^2-\cos x+\mathrm{e}^x.$

例 4　设 $f(x)=(x^2-3x)\cdot\ln x$,求 $f'(x)$.

解　$f'(x)=(x^2-3x)'\cdot\ln x+(x^2-3x)\cdot(\ln x)'$

$\qquad =(2x-3)\cdot\ln x+(x^2-3x)\cdot\dfrac{1}{x}=(2x-3)\cdot\ln x+x-3.$

例 5　设 $f(x)=\tan x$,求 $f'(x)$.

解　$f'(x)=(\tan x)'=\left(\dfrac{\sin x}{\cos x}\right)'=\dfrac{(\sin x)'\cos x-\sin x(\cos x)'}{\cos^2 x}$

$\qquad =\dfrac{\cos^2 x+\sin^2 x}{\cos^2 x}=\dfrac{1}{\cos^2 x}=\sec^2 x.$

同理可以求出：$(\cot x)'=-\csc^2 x.$

例 6　设 $f(x)=\sec x$,求 $f'(x)$.

解　$f'(x)=(\sec x)'=\left(\dfrac{1}{\cos x}\right)'=\dfrac{(1)'\cdot\cos x-1\cdot(\cos x)'}{\cos^2 x}$

$\qquad =\dfrac{\sin x}{\cos^2 x}=\dfrac{1}{\cos x}\cdot\dfrac{\sin x}{\cos x}=\sec x\tan x.$

同理可以求出：$(\csc x)'=-\csc x\cot x.$

从例 5、例 6 可知,通过商的求导法则,我们可以推导出基本初等函数求导公式中的(9)(10)(11)(12)这四个公式.

习题 4-2

(A)

1. 用定义法求下列函数的导数：

(1) $f(x) = 2x + 1$；　　　　　　　　(2) $f(x) = x^3$.

2. 利用基本求导公式和导数四则运算法则计算 $f'(x)$.

(1) $f(x) = x^2 - 2^x$；　　　　　　　(2) $f(x) = \dfrac{1}{x} + \ln x$；

(3) $f(x) = x^3 \cos x$；　　　　　　(4) $f(x) = x^2 \arctan x$；

(5) $f(x) = \dfrac{x+1}{x-1}$；　　　　　　(6) $f(x) = \dfrac{2x}{\tan x}$；

(7) $f(x) = (2 + \ln x)^2$；　　　　　(8) $f(x) = x^2(\ln x + \sin x)$.

(B)

1. 用定义法求下列函数的导数：

(1) $f(x) = \dfrac{1}{x}$；　　　　　　　　(2) $f(x) = \cos x$.

2. 利用基本求导公式和导数四则运算法则计算 $f'(x)$.

(1) $f(x) = x \sin x + \sqrt{x}$；　　　　(2) $f(x) = (\log_2 x + 1)^2$；

(3) $f(x) = \dfrac{\arctan x}{x^2 + 1}$；　　　　(4) $f(x) = \dfrac{u(x) + 2x}{v(x)}$.

§4-3　复合函数求导法则

在学习复合函数求导法则之前，我们先掌握好导数记号和基本求导公式的推广，这为复合函数求导问题打下基础.

一、导数记号

前面我们学习导数的定义中，函数 $f(x)$ 的导数有如下表示：$f'(x)$，y'，$\dfrac{\mathrm{d}y}{\mathrm{d}x}$ 或 $\dfrac{\mathrm{d}f(x)}{\mathrm{d}x}$，这些都是导数的记号. 导数记号非常丰富，我们可以把导数记号分为默认型导数记号和强制型导数记号.

（1）**默认型导数记号**. 默认型导数记号是指不明确标明函数关于哪一个变量求导的记号.

例如：x'、$(\sin x)'$、$f'(x)$、$\{f[g(x)]\}'$、$f'[g(x)]$，还有我们前面学习的基本初等函数求导公式采用的是默认型的导数记号. 这类默认型记号的共同特征是省略了函数关于哪一个变量求导的明显信息，采取公认的方式来默认其关于哪个变量求导.

x'、$(\sin x)'$、$f'(x)$ 均表示默认函数关于自变量 x 求导；需要注意 $\{f[g(x)]\}'$ 表示函数 $f[g(x)]$ 关于自变量 x 求导，而 $f'[g(x)]$ 表示函数 $f[g(x)]$ 关于 $g(x)$ 求导. 当导数记号形式

为 ( )′ 时,表示括号内函数关于自变量求导,一般自变量为 x;当形式为 $f'(***)$ 的默认型导数记号时,均表示函数关于最外层括号内的全体表达式 $***$ 求导.

例如 $[f(2x)]'$ 是指函数 $f(2x)$ 关于自变量 x 求导;而 $f'(2x)$ 是指函数 $f(2x)$ 关于变量 $2x$ 求导.

默认型导数记号的优点是形式简洁,便于书写交流,缺点是容易引发不熟悉者的误解.

(2) **强制型导数记号**. 强制型导数记号是指强行规定函数关于某一个变量求导的记号. 一般采用加下标和微商两种方式.

① 加下标的表示方法,求导变量以下标的方式体现出来.

例如 $(\sin 2x)'_x$、$(\sin 2x)'_{2x}$、$\{f[g(x)]\}'_{g(x)}$ 都是加下标的强制型记号. 其中 $(\sin 2x)'_x$ 表示函数 $\sin 2x$ 关于变量 x 求导,$(\sin 2x)'_{2x}$ 表示函数 $\sin 2x$ 关于变量 $2x$ 求导,$\{f[g(x)]\}'_{g(x)}$ 表示函数 $f[g(x)]$ 关于变量 $g(x)$ 求导.

② 微商形式的表示方法,如 $\dfrac{\mathrm{d}f(x)}{\mathrm{d}x}$,求导变量在分母位置体现.

例如 $\dfrac{\mathrm{d}\sin 2x}{\mathrm{d}x}$,$\dfrac{\mathrm{d}\sin 2x}{\mathrm{d}2x}$,$\dfrac{\mathrm{d}f[g(x)]}{\mathrm{d}x}$,$\dfrac{\mathrm{d}f[g(x)]}{\mathrm{d}g(x)}$ 都是微商形式的强制型记号,它表示分子中字母 d 后的函数关于分母中字母 d 后面的全体表达式求导. 其中 $\dfrac{\mathrm{d}\sin 2x}{\mathrm{d}x}$ 表示函数 $\sin 2x$ 关于变量 x 求导,$\dfrac{\mathrm{d}\sin 2x}{\mathrm{d}2x}$ 表示函数 $\sin 2x$ 关于变量 $2x$ 求导.

要注意默认型与强制型导数记号的等价表示:如 $\dfrac{\mathrm{d}f[g(x)]}{\mathrm{d}x} = f_x'[g(x)] = \{f[g(x)]\}'$,$\dfrac{\mathrm{d}f[g(x)]}{\mathrm{d}g(x)} = f_{g(x)}'[g(x)] = f'[g(x)]$.

在以后书写中注意区分导数的记号,强制型的导数记号能明显看出求导变量,不会引起歧义,以后会经常用到.

二、基本求导公式中的"三元统一"

前面我们学习的基本初等函数求导公式,是采用默认型导数记号,默认关于自变量 x 求导,求导变量被隐藏了,在使用公式时容易出现错误. 例如 $\sin x$ 求导后得到 $\cos x$,会误认为 $\sin 2x$ 求导后也会得到 $\cos 2x$,理由是求导后正弦变成了余弦,但这是错误的. 求导过程中还存在着严格的变量统一的逻辑关系,因为同一个函数关于不同变量求导结果是不同的.

学习了导数记号后,我们可以将基本求导公式改成强制型记号.

例如 $(x^n)'_x = nx^{n-1}$,$(\ln x)'_x = \dfrac{1}{x}$,$(\sin x)'_x = \cos x$ 等为强制型导数记号. 因此可以把基本求导公式进行推广,例如 $(\sin x)'_x = \cos x$,把式子中三个位置的 x 换成 u,其中 u 可以是关于 x 的函数,得到求导公式:$(\sin u)'_u = \cos u$. 如果 $u = 2x$,则有 $(\sin 2x)'_{2x} = \cos 2x$.

因此,套用基本求导公式时要满足"**三元统一**"原则,指的是任何一个基本求导公式中,被求导函数的自变量、求导变量和结果中的自变量这三者(三元)是统一的. 如图 4-4 所示,公式中第一元,第二元,第三元都是 $2x$.

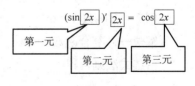

图 4-4

只有满足"三元统一"的原则，才能套用基本求导公式，举例如下：

基本求导公式	求导公式推广	举例	统一的三元
$(x^n)'_x = nx^{n-1}$	$(u^n)'_u = nu^{n-1}$	$[(2x+3)^2]'_{2x+3} = 2(2x+3)$	$2x+3$
$(\ln x)'_x = \dfrac{1}{x}$	$(\ln u)'_u = \dfrac{1}{u}$	$(\ln \ln x)'_{\ln x} = \dfrac{1}{\ln x}$	$\ln x$
$(e^x)'_x = e^x$	$(e^u)'_u = e^u$	$(e^{x^2+1})'_{x^2+1} = e^{x^2+1}$	x^2+1

由以上分析可知符合"三元统一"，可以套用基本求导公式，否则不能使用，如 $(\sin 2x)'_x \neq \cos 2x$. 那么想要求 $(\sin 2x)'_x$ 应该怎么办呢？想要解决这个问题，需要学习复合函数的求导法则.

三、复合函数求导法则

定理 若函数 $y=f(u)$ 与 $u=g(x)$ 可以复合成函数 $y=f[g(x)]$，且 $y=f(u)$ 在点 u 可导和 $u=g(x)$ 在点 x 可导，则函数 $y=f[g(x)]$ 在点 x 也可导，并且有

$$\{f[g(x)]\}' = f'[g(x)] \cdot g'(x) \tag{1}$$

式(1)也可表示为

$$y'_x = y'_u \cdot u'_x \tag{2}$$

微商形式表示为

$$\frac{\mathrm{d}f[g(x)]}{\mathrm{d}x} = \frac{\mathrm{d}f[g(x)]}{\mathrm{d}g(x)} \cdot \frac{\mathrm{d}g(x)}{\mathrm{d}x} \tag{3}$$

复合函数求导法则的本质是函数对自变量求导，等于函数对中间变量求导，乘以中间变量对自变量求导，也叫作**链式法则**. 式(1)采用默认型导数记号，式(2)和式(3)分别是加下标和微商形式的强制型导数记号. 在复合函数求导中，习惯使用强制型导数记号，明确求导变量，不容易出错.

例 1 求函数 $y=\cos(1+2x)$ 的导数.

解 复合函数 $y=\cos(1+2x)$ 可以分解为 $y=\cos u, u=1+2x$.

由链式法则可得

$$\begin{aligned} y'_x &= y'_u \cdot u'_x = (\cos u)'_u \cdot (1+2x)'_x \\ &= -\sin u \cdot 2 = -2\sin(1+2x) \end{aligned}$$

链式求导法则
的应用

根据以上例题，我们总结使用链式法则的具体步骤：

(1) 将复合函数进行分解；

(2) 应用链式法则；

(3) 求导并相乘(求导时注意套用基本求导公式要符合"三元统一")；

(4) 回代变量.

例 2 求函数 $y=\ln(x^2-2)$ 的导数.

解法一 复合函数 $y=\ln(x^2-2)$ 可以分解为 $y=\ln u, u=x^2-2$.

由链式法则可得

$$y'_x = y'_u \cdot u'_x = (\ln u)'_u \cdot (x^2-2)'_x$$

$$= \frac{1}{u} \cdot 2x = \frac{2x}{x^2-2}$$

省略中间变量的写法：

解法二
$$[\ln(x^2-2)]'_x = [\ln(x^2-2)]'_{x^2-2} \cdot (x^2-2)'_x$$
$$= \frac{1}{x^2-2} \cdot (2x) = \frac{2x}{x^2-2}$$

解法三
$$\frac{dy}{dx} = \frac{d\ln(x^2-2)}{d(x^2-2)} \cdot \frac{d(x^2-2)}{dx} = \frac{1}{x^2-2} \cdot 2x = \frac{2x}{x^2-2}$$

例 3 已知函数 $f(x)=\tan\cos x$，求 $(\tan\cos x)'$.

解
$$(\tan\cos x)'_x = (\tan\cos x)'_{\cos x} \cdot (\cos x)'_x$$
$$= \sec^2\cos x \cdot (-\sin x) = -\sec^2\cos x \cdot \sin x$$

例 4 已知函数 $f(\cos x)=\tan\cos x$，求 $f'(\cos x)$.

解
$$f'(\cos x) = (\tan\cos x)'_{\cos x} = \sec^2\cos x$$

定理可以推广到任意有限个函数构成的复合函数. 下面以三个函数复合构成复合函数为例说明求导法则.

定理的推广 若函数 $y=f(u),u=\varphi(v),v=\psi(x)$ 均为可导函数，则构成的复合函数 $y=f\{\varphi[\psi(x)]\}$ 也可导，且有

$$\frac{dy}{dx} = \frac{dy}{du} \cdot \frac{du}{dv} \cdot \frac{dv}{dx} \quad \text{或} \quad y'_x = y'_u \cdot u'_v \cdot v'_x$$

例 5 求函数 $y=\ln\sin 2x$ 的导数.

解法一 复合函数 $y=\ln\sin 2x$ 可以分解为 $y=\ln u, u=\sin v, v=2x$.

由链式法则可得

$$y'_x = y'_u \cdot u'_v \cdot v'_x = (\ln u)'_u \cdot (\sin v)'_v \cdot (2x)'_x$$
$$= \frac{1}{u} \cdot \cos v \cdot 2 = \frac{1}{\sin 2x} \cdot (\cos 2x) \cdot 2$$
$$= 2\cot 2x$$

熟悉法则后，可以不用写出中间变量，此例可以这样写：

解法二
$$(\ln\sin 2x)'_x = (\ln\sin 2x)'_{\sin 2x} \cdot (\sin 2x)'_{2x} \cdot (2x)'_x$$
$$= \frac{1}{\sin 2x} \cdot \cos 2x \cdot 2 = 2\cot 2x$$

解法三
$$\frac{dy}{dx} = \frac{d\ln\sin 2x}{d\sin 2x} \cdot \frac{d\sin 2x}{d2x} \cdot \frac{d2x}{dx}$$
$$= \frac{1}{\sin 2x} \cdot \cos 2x \cdot 2 = 2\cot 2x$$

例 6 已知函数 $f(x)=e^{\sin\ln 2x}$，求 $(e^{\sin\ln 2x})'$.

解 $(e^{\sin\ln 2x})'_x = (e^{\sin\ln 2x})'_{\sin\ln 2x} \cdot (\sin\ln 2x)'_{\ln 2x} \cdot (\ln 2x)'_{2x} \cdot (2x)'_x$

$$= e^{\sin\ln 2x} \cdot \cos\ln 2x \cdot \frac{1}{2x} \cdot 2 = \frac{1}{x} \cdot e^{\sin\ln 2x}\cos\ln 2x.$$

在复合函数求导过程中，求导变量非常关键，相同函数对不同的变量求导，结果是不一样的. 所以在求导时，一定要时刻认清函数是关于哪一个变量求导的.

前面我们学习了导数的四则运算法则和复合函数的求导法则，以后我们会遇到这两种法

则的综合使用,即初等函数的导数.对于初等函数的求导,此时省略中间变量的写法的优势就体现出来了.

例7 求$[\ln(x+\sqrt{x^2+1})+x\sqrt{x^2+1}]'$.

解 原式 $=[\ln(x+\sqrt{x^2+1})]'+(x\sqrt{x^2+1})'$

$$=\frac{1}{x+\sqrt{x^2+1}}\cdot(x+\sqrt{x^2+1})'+[x'\cdot\sqrt{x^2+1}+x(\sqrt{x^2+1})']$$

$$=\frac{1}{x+\sqrt{x^2+1}}\cdot\left(1+\frac{x}{\sqrt{x^2+1}}\right)+\left(\sqrt{x^2+1}+x\cdot\frac{x}{\sqrt{x^2+1}}\right)$$

$$=\frac{1}{x+\sqrt{x^2+1}}\cdot\left[\frac{\sqrt{x^2+1}+x}{\sqrt{x^2+1}}\right]+\left(\sqrt{x^2+1}+\frac{x^2}{\sqrt{x^2+1}}\right)$$

$$=\frac{1}{\sqrt{x^2+1}}+\left(\sqrt{x^2+1}+\frac{x^2}{\sqrt{x^2+1}}\right)$$

$$=\frac{2x^2+2}{\sqrt{x^2+1}}=2\sqrt{x^2+1}.$$

对于含有绝对值函数的求导问题,需要讨论绝对值里面的符号,去掉绝对值,再求导.

例8 已知函数$y=\ln|x|$,求y'.

解 根据函数定义域和绝对值的定义,去掉绝对值后,$y=\ln|x|$,

表示为分段函数 $y=\begin{cases}\ln x, & x>0, \\ \ln(-x), & x<0.\end{cases}$

当$x>0$时,求$y'=(\ln|x|)'=(\ln x)'=\dfrac{1}{x}$;

当$x<0$时,求$y'=(\ln|x|)'=[\ln(-x)]'=\dfrac{1}{-x}\cdot(-x)'=\dfrac{1}{x}$.

综上所述有,$y'=(\ln|x|)'=\dfrac{1}{x}$.

习题 4-3

(A)

1.求下列复合函数的导数:

(1) $f(x)=(2x+3)^{10}$;   (2) $f(x)=\sin(7x+1)$;

(3) $f(x)=\sqrt{x^2+1}$;   (4) $f(x)=\ln\ln x$;

(5) $y=\operatorname{arccot}(x^3)$;   (6) $f(x)=(\arcsin x)^2$;

(7) $f(x)=\sin^3 2x$;   (8) $f(x)=\arctan\ln 2x$.

2. 求下列函数的导数:

(1) $f(x)=\tan x-\log_3 2x$;   (2) $f(x)=\ln(2x+1)+\dfrac{1}{x}$;

(3) $f(x)=e^{2x}\cos 3x$;   (4) $f(x)=\ln(x+e^{5x})$;

(5) $f(x)=e^x\sin^2 x$;   (6) $f(x)=\sin(\cos 2x+x^3)$.

3. 已知 $f(x)=\ln|2x|$，求 $f'(x)$.

(B)

1. 求下列函数的导数 $f'(x)$：

(1) $f(x)=\ln\sqrt{\dfrac{1+x}{1-x}}$；　　　　　(2) $f(x)=\mathrm{e}^{\arcsin\sqrt{x}}$.

2. 设 $y=f\left(\arcsin\dfrac{1}{x}\right)$，求 $\dfrac{\mathrm{d}y}{\mathrm{d}x}$.

3. 设 $f(x)=\begin{cases}\mathrm{e}^{-x}, & x\geqslant 0, \\ \sqrt{1-2x}, & x<0.\end{cases}$ 求 $f'(x)$.

§4-4　特殊求导法则

一、反函数求导

定理　若函数 $y=f(x)$ 在点 x 的某邻域内严格单调且连续，在点 x 处可导且 $f'(x)\neq 0$；则它的反函数 $x=\varphi(y)$ 在 y 处可导，且

$$\varphi'(y)=\frac{1}{f'(x)} \tag{1}$$

也可表示为

$$x_y'=\frac{1}{y_x'} \tag{2}$$

或

$$\frac{\mathrm{d}x}{\mathrm{d}y}=\frac{1}{\dfrac{\mathrm{d}y}{\mathrm{d}x}} \tag{3}$$

即反函数的导数等于直接函数导数的倒数.

　　例 1　利用反函数求导法则，求 $y=\ln x$ 的导数.

　　解　$y=\ln x$ 的反函数为 $x=\mathrm{e}^y$. 根据反函数求导法则

$$f'(x)=\frac{1}{\varphi'(y)}$$

有

$$(\ln x)_x'=\frac{1}{(\mathrm{e}^y)_y'}=\frac{1}{\mathrm{e}^y}=\frac{1}{\mathrm{e}^{\ln x}}=\frac{1}{x}$$

所以

$$(\ln x)'=\frac{1}{x}$$

　　例 2　利用反函数求导法则，求 $y=\arcsin x$ 的导数 y'.

　　解　$y=\arcsin x$ 的反函数为 $x=\sin y$.

由反正弦函数的定义，可知 $y\in\left[-\dfrac{\pi}{2},\dfrac{\pi}{2}\right]$.

根据反函数求导法则,有

$$y'_x = \frac{1}{x'_y}$$

$$(\arcsin x)'_x = \frac{1}{(\sin y)'_y} = \frac{1}{\cos y}$$

因为 $y \in \left[-\frac{\pi}{2}, \frac{\pi}{2} \right]$,所以 $\cos y > 0$.

又

$$\cos y = \sqrt{1 - \sin^2 y}$$

所以

$$(\arcsin x)'_x = \frac{1}{(\sin y)'_y} = \frac{1}{\cos y}$$

$$= \frac{1}{\sqrt{1 - \sin^2 y}} = \frac{1}{\sqrt{1 - x^2}}$$

因此

$$(\arcsin x)' = \frac{1}{\sqrt{1 - x^2}}$$

注:用反函数求导法则来求导时,最终结果必须以原问题的自变量为自变量. 如例 1 和例 2 的结果,就不能保留 y 表示,必须把 y 还原为关于 x 来表示.

二、隐函数求导

一般地,若因变量 y 可以写成关于自变量 x 的表达式 $y = f(x)$,则称 $y = f(x)$ 为**显函数**. 例如 $y = \sqrt[3]{1-x}$, $y = x^2 + e^x + 1$ 均为显函数. 假设自变量 x 和因变量 y 之间的函数关系是由一个方程 $F(x, y) = 0$ 所确定的,即对方程有意义的任意 x,通过方程有唯一的 y 与之对应. 一般地,由方程 $F(x, y) = 0$ 确定了一个 y 关于 x 的函数 $y = f(x)$,该方程称为**隐函数**. 例如 $x + y^3 - 1 = 0$, $y = \sin(x + y)$ 均为隐函数.

隐函数中有些可以写成显函数,比如隐函数 $x + y^3 - 1 = 0$,可以写成显函数 $y = \sqrt[3]{1-x}$;但有些隐函数却无法写成显函数,如 $y = \sin(x + y)$,无法找出直接的对应关系. 隐函数中,有变量 x 和 y,一般会把 y 看成函数,x 看成自变量,当然也可以将 x 看成函数,y 看成自变量,因此为了避免歧义,在隐函数求导时一般采用强制型导数记号. 对于隐函数求导,通常是对等式两边关于指定变量求导,其间经常还会用到复合函数的求导法. 对于无法显化的隐函数的求导结果还是隐函数,可以显化的隐函数,其求导结果也可以不必转化为显函数.

隐函数的求导法

例 3 已知 $y^3 + 2y - 3x = 0$,求 y'_x.

解 等式两边关于 x 求导,注意到 y 是 x 的函数,即 $y = y(x)$,于是有

$$(y^3 + 2y - 3x)'_x = (0)'_x$$

$$(y^3)'_x + (2y)'_x - (3x)'_x = 0$$

$$3y^2 y'_x + 2y'_x - 3 = 0$$

$$(3y^2 + 2)y'_x = 3$$

$$y'_x = \frac{3}{3y^2 + 2}$$

例 4 已知 $y = \sin(x+y)$,求 x'_y,y'_x.

解 等式两边关于 y 求导,注意 x 是 y 的函数,即 $x = x(y)$,于是有

$$(y)'_y = [\sin(x+y)]'_y$$
$$1 = \cos(x+y) \cdot (x+y)'_y$$
$$1 = \cos(x+y) \cdot (x'_y + 1)$$
$$x'_y = \frac{1}{\cos(x+y)} - 1 = \frac{1 - \cos(x+y)}{\cos(x+y)}$$

根据反函数求导法则,可知

$$y'_x = \frac{1}{x'_y} = \frac{\cos(x+y)}{1 - \cos(x+y)}$$

例 5 已知 $ye^x + \ln y - 1 = 0$,求 $\dfrac{dy}{dx}\Big|_{x=0}$.

解 方程两边关于 x 求导,注意到 $y = y(x)$,得

$$e^x \frac{dy}{dx} + ye^x + \frac{1}{y} \cdot \frac{dy}{dx} = 0$$

$$\left(e^x + \frac{1}{y}\right)\frac{dy}{dx} = -ye^x$$

$$\frac{dy}{dx} = \frac{-ye^x}{e^x + \frac{1}{y}}$$

将 $x = 0$,代入 $ye^x + \ln y - 1 = 0$,解得 $y = 1$. 代入导函数得

$$\frac{dy}{dx}\Big|_{x=0} = \frac{-ye^x}{e^x + \frac{1}{y}} = \frac{-1 \cdot e^0}{e^0 + 1} = -\frac{1}{2}$$

由隐函数这种确定函数对应关系的特殊方式,可以看到 x 和 y 在其中自然形成相互反函数的关系,再根据反函数求导法则,有 $y'_x = \dfrac{1}{x'_y}$. 由于隐函数不确定自变量和因变量,故采用反函数求导法则求导的结果也不存在还原为自变量的表示问题.

三、取对数技巧求导

一般地,底数与指数中同时含有自变量的函数,如 $u(x)^{v(x)}$,称为**幂指函数**. 例如 $y = x^{\sin x}$,$y = (\ln x)^x$ 等都是幂指函数. 对于幂指函数的求导,一般先采用**式子两边取对数**的方式进行化简后,再用隐函数求导法进行求导.

例如求函数 $y = u(x)^{v(x)}$ 的导数,首先两边取对数,得 $\ln y = \ln u(x)^{v(x)} = v(x) \cdot \ln u(x)$,再用隐函数求导即可.

例 6 已知 $y = x^{\cos x}$,求 y'.

解 等式两边取对数 $\ln y = \cos x \ln x$.

然后等式两边关于 x 求导,于是有

$$(\ln y)'_x = (\cos x \ln x)'_x$$

取对数求导法

$$\frac{1}{y} \cdot y'_x = -\sin x \cdot \ln x + \cos x \cdot \frac{1}{x}$$

$$y'_x = y\left(\frac{\cos x}{x} - \sin x \ln x\right)$$

$$y'_x = x^{\cos x}\left(\frac{\cos x}{x} - \sin x \ln x\right)$$

除了幂指函数求导时采用式子两边取对数的方法外,对于多个函数相乘、除、乘方或开方构成的复杂形式的函数,求其导数时,也可以采用两边取对数的方式化简,再利用**对数运算性质转化为加减法的求导运算来处理**.

例 7 求 $y = \sqrt{\frac{(x+1)(x-2)}{(x-3)(x-4)}}$ 的导数 $(x > 4)$.

解 式子两边取对数,并化简得

$$\ln y = \frac{1}{2}(\ln|x+1| + \ln|x-2| - \ln|x-3| - \ln|x-4|)$$

然后等式两边关于 x 求导,得

$$(\ln y)'_x = \frac{1}{2}(\ln|x+1| + \ln|x-2| - \ln|x-3| - \ln|x-4|)'_x$$

$$\frac{1}{y} \cdot y'_x = \frac{1}{2}\left(\frac{1}{x+1} + \frac{1}{x-2} - \frac{1}{x-3} - \frac{1}{x-4}\right)$$

$$y'_x = \frac{1}{2}\sqrt{\frac{(x+1)(x-2)}{(x-3)(x-4)}}\left(\frac{1}{x+1} + \frac{1}{x-2} - \frac{1}{x-3} - \frac{1}{x-4}\right)$$

四、高阶导数

若函数 $f(x)$ 的导函数 $f'(x)$ 仍可导,则 $f'(x)$ 的导数,称为 $y = f(x)$ 的**二阶导数**,记为 $f''(x)$,y'' 或 $\frac{d^2 y}{dx^2}$.

若函数 $f(x)$ 的二阶导数可导,则 $f''(x)$ 的导数,称为 $y = f(x)$ 的**三阶导数**,记为 $f'''(x)$,y''' 或 $\frac{d^3 y}{dx^3}$.

以此类推,若函数 $f(x)$ 的 $n-1$ 阶导数可导,则称 $f(x)$ 的 $n-1$ 阶导数的导数为 $y = f(x)$ 的 n **阶导数**,记为 $f^{(n)}(x)$,$y^{(n)}$ 或 $\frac{d^n y}{dx^n}$.

二阶及二阶以上的导数称为**高阶导数**.

例 8 已知 $f(x) = 2x^3 - x^2 + 1$,求 $f^{(4)}(x)$.

解 $f'(x) = (2x^3 - x^2 + 1)' = 6x^2 - 2x$,

$f''(x) = (6x^2 - 2x)' = 12x - 2$,

$f'''(x) = (12x - 2)' = 12$,

$f^{(4)}(x) = (12)' = 0$.

例 9 已知 $y = \sin x$,求 $y^{(n)}$.

解 $y' = \cos x = \sin\left(x + \frac{\pi}{2}\right)$,

$$y''=-\sin x=\sin\left(x+2\cdot\frac{\pi}{2}\right),$$

$$y'''=-\cos x=\sin\left(x+3\cdot\frac{\pi}{2}\right).$$

由此可以猜想得到

$$(\sin x)^{(n)}=\sin\left(x+n\cdot\frac{\pi}{2}\right)$$

上式可用数学归纳法证,在此不作证明,读者可自证. 类似可得到公式

$$(\cos x)^{(n)}=\cos\left(x+\frac{n\pi}{2}\right)$$

以上例子中,求函数的 n 阶导数是由递推法得到的,即先求出前几阶导数,从中发现规律,从而得到 n 阶导数. 严格来说,还应该用数学归纳法证明,但通常把这一步省略了.

习题 4-4

(A)

1. 求曲线 $x^2+2xy-2x-y^2=0$ 上点 $(2,4)$ 的切线方程.

2. 求下列函数的导数 y'_x:

    (1) $y=\ln(xy)$;　　　　　　　　　　(2) $e^y=xy$;

    (3) $xy=\cos(x+y)$;　　　　　　　　(4) $x^2y-e^{x^2}=\sin y$.

3. 求下列函数的导数 y'_x,x'_y:

    (1) $y-xe^y=2$;　　　　　　　　　　(2) $\sin(xy)=x+y$.

4. 求下列函数的导数 y':

    (1) $y=x^x$;　　　　　　　　　　　　(2) $y=x^{\sin x}$;

    (3) $y=e^{x^x}$;　　　　　　　　　　　(4) $y=(\ln x)^{e^x}$;

    (5) $y=\sqrt[x]{\dfrac{x+1}{x-1}}$;　　　　　　　　　(6) $y=x^{3^x}$.

5. 求下列函数的高阶导数:

    (1) $y=\sin e^x$,求 y''.

    (2) $y=\dfrac{1}{1-x}$,求 $y^{(4)}$.

(B)

1. 求曲线 $x^2+y^2=1$ 上点 (a,b) 处的切线方程(提示:需要讨论 a、b 的取值问题).

2. 求下列函数的导数 y'_x:

    (1) $xy=e^{x+y}$;　　　　　　　　　　(2) $(\cos x)^y=(\sin y)^x$.

3. 设 $y=\dfrac{\sqrt{x+2}(3-x)^4}{(1+x)^5}$,求 y'.

§4-5　微分

一、微分的概念

前面几节我们研究了导数,所谓函数 $y=f(x)$ 的导数 $f'(x)$,就是函数的改变量 $\Delta y = f(x+\Delta x)-f(x)$ 与自变量改变量 Δx 之比 $\dfrac{\Delta y}{\Delta x}$,当 $\Delta x \to 0$ 时的极限.

$$f'(x) = \lim_{\Delta x \to 0} \frac{\Delta y}{\Delta x} = \lim_{\Delta x \to 0} \frac{f(x+\Delta x)-f(x)}{\Delta x}$$

这里我们关心的只是改变量之比 $\dfrac{\Delta y}{\Delta x}$ 的极限,而不是改变量本身.

然而,在许多情况下,我们需要考察和估算函数的改变量 Δy,特别是自变量的改变量 Δx 很小时.

我们考察一个例子. 正方形的面积 y 是边长为 x 的函数 $y=x^2$. 当边长有一个改变量 Δx 时,对应面积的改变量为 Δy. 如图 4-5 所示.

$$\Delta y = (x+\Delta x)^2 - x^2 = 2x \cdot \Delta x + (\Delta x)^2$$

面积的改变量 Δy 可以分为两部分,第一部分 $2x \cdot \Delta x$ 是关于 Δx 的线性函数(即图中斜线阴影的两个矩形面积之和),而 Δx 的系数 $2x$ 是正方形面积 $y=x^2$ 的导数. 第二部分 $(\Delta x)^2$ 是 Δx 的高阶无穷小(第二部分即图中右上角小正方形的面积). 即 $\Delta y = 2x \cdot \Delta x + o(\Delta x)$,当 $\Delta x \to 0$,第一部分起主导作用,第二部分可以忽略不计. 因此 $\Delta y \approx 2x \cdot \Delta x = (x^2)' \cdot \Delta x$,即 $\Delta y \approx f'(x) \cdot \Delta x$.

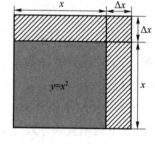

图 4-5

定义　如果函数 $y=f(x)$ 在点 x 处可导,则 $y=f(x)$ 在点 x 处的导数 $f'(x)$ 与自变量的改变量 Δx 的乘积 $f'(x)\Delta x$,叫作函数 $y=f(x)$ 在点 x 处的微分,简称函数 y 的微分,记作 $\mathrm{d}y$,即 $\mathrm{d}y = f'(x)\Delta x$.

微分具有下面两个特点:

(1) 它是关于 Δx 的线性函数,因此计算较方便;

(2) 当自变量的改变量 Δx 很小时,可以用微分 $\mathrm{d}y$ 来近似代替函数改变量 Δy. 即 $\Delta y \approx \mathrm{d}y = f'(x)\Delta x$.

若 $y=f(x)=x$,则 $\mathrm{d}y = \mathrm{d}x = f'(x)\Delta x = x' \cdot \Delta x = \Delta x$. 即自变量 x 的微分等于自变量的改变量 $\mathrm{d}x = \Delta x$.

函数 $y=f(x)$ 的微分:

$$\mathrm{d}y = f'(x)\mathrm{d}x \quad \text{或} \quad \mathrm{d}f(x) = f'(x)\mathrm{d}x$$

把微分定义公式 $\mathrm{d}y = f'(x)\mathrm{d}x$ 进行恒等变形,得到式子 $f'(x) = \dfrac{\mathrm{d}y}{\mathrm{d}x}$. 即函数的导数等于函数的微分 $\mathrm{d}y$ 与自变量微分 $\mathrm{d}x$ 的商,因此导数也称为"**微商**",即微分之商.

由于函数的导数和微分仅仅相差一个 $\mathrm{d}x$ 的乘积形式,因此要计算函数的微分,只要计算函数的导数,再乘以自变量的微分 $\mathrm{d}x$ 即可,可见求微分问题可以归结为求导数问题. 但是要注意,导数和微分是完全不同的两个概念,不能混淆.

例 1　求函数 $y=\sin(1-2x^2)$ 的微分.

解　根据定义 $\mathrm{d}y=f'(x)\mathrm{d}x$，有

$$[\sin(1-2x^2)]'=\cos(1-2x^2)\cdot(1-2x^2)'$$
$$=\cos(1-2x^2)\cdot(-4x)=-4x\cos(1-2x^2)$$

所以

$$\mathrm{d}y=-4x\cos(1-2x^2)\mathrm{d}x$$

例 2　求函数 $y=\sqrt{x^2+1}$ 的微分.

解　$\mathrm{d}y=\mathrm{d}\sqrt{1+x^2}=(\sqrt{1+x^2})'\mathrm{d}x$

$$=[(1+x^2)^{\frac{1}{2}}]'\mathrm{d}x=\frac{1}{2}(1+x^2)^{-\frac{1}{2}}\cdot(1+x^2)'\mathrm{d}x$$

$$=\frac{1}{2}(1+x^2)^{-\frac{1}{2}}\cdot(2x)\mathrm{d}x=\frac{x}{\sqrt{1+x^2}}\mathrm{d}x.$$

二、微分的几何意义

微分的几何意义：当 Δy 是曲线 $y=f(x)$ 的纵坐标增量时，$\mathrm{d}y$ 就是切线对应点的纵坐标增量.

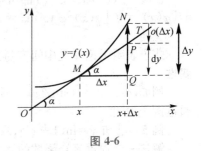

函数 $y=f(x)$ 在点 x 附近的函数增量 Δy 是线段 NQ，即 $\Delta y=NQ$. 由导数定义可知，$f'(x)=\lim\limits_{\Delta x\to0}\dfrac{\Delta y}{\Delta x}=\tan\alpha$. 由微分定义有，$\mathrm{d}y=f'(x)\Delta x=\tan\alpha\cdot\Delta x=PQ$，即 $\mathrm{d}y$ 就是切线对应点的纵坐标增量. 如图 4-6 所示. 因此函数增量与微分的关系为：$\Delta y=\mathrm{d}y+o(\Delta x)$，当 $|\Delta x|$ 很小时，$\mathrm{d}y\approx\Delta y$. 即在点 M 的附近，可以用切线增量 PQ 近似代替曲线增量 NQ，这体现了以直代曲的逼近思想.

图 4-6

三、微分的运算

由导数基本公式和微分定义 $\mathrm{d}y=f'(x)\mathrm{d}x$ 知，求函数的微分，只要求出函数的导数后再乘以 $\mathrm{d}x$ 即可，因此可得到基本初等函数的微分公式.

(一) 微分公式

(1) $\mathrm{d}C=0$（C 为常数）；

(2) $\mathrm{d}(x^n)=nx^{n-1}\mathrm{d}x$（$n$ 为任意实数）；

(3) $\mathrm{d}(a^x)=a^x\ln a\mathrm{d}x$（$a>0,a\neq1$）；

(4) $\mathrm{d}(\mathrm{e}^x)=\mathrm{e}^x\mathrm{d}x$；

(5) $\mathrm{d}(\log_a x)=\dfrac{1}{x\ln a}\mathrm{d}x$（$a>0,a\neq1$）；

(6) $\mathrm{d}(\ln x)=\dfrac{1}{x}\mathrm{d}x$；

(7) $\mathrm{d}(\sin x)=\cos x\mathrm{d}x$；

(8) $\mathrm{d}(\cos x)=-\sin x\mathrm{d}x$；

(9) $\mathrm{d}(\tan x)=\sec^2 x\mathrm{d}x=\dfrac{1}{\cos^2 x}\mathrm{d}x$；

(10) $\mathrm{d}(\cot x)=-\csc^2 x\mathrm{d}x=-\dfrac{1}{\sin^2 x}\mathrm{d}x$；

(11) $\mathrm{d}(\sec x)=\sec x\tan x\mathrm{d}x$；

(12) $\mathrm{d}(\csc x)=-\csc x\cot x\mathrm{d}x$；

(13) $\mathrm{d}(\arcsin x)=\dfrac{1}{\sqrt{1-x^2}}\mathrm{d}x$；

(14) $\mathrm{d}(\arccos x)=-\dfrac{1}{\sqrt{1-x^2}}\mathrm{d}x$；

(15) $\mathrm{d}(\arctan x)=\dfrac{1}{1+x^2}\mathrm{d}x$；

(16) $\mathrm{d}(\mathrm{arccot}\,x)=-\dfrac{1}{1+x^2}\mathrm{d}x$.

(二) 微分的四则运算法则

由导数的四则运算法则,可以推导出微分的四则运算法则.

定理　若函数 $u=u(x)$ 和 $v=v(x)$ 都可导,则

(1) $\mathrm{d}(u\pm v)=\mathrm{d}u\pm\mathrm{d}v$;　　　　　　　　(2) $\mathrm{d}(uv)=v\mathrm{d}u+u\mathrm{d}v$;

(3) $\mathrm{d}(Cu)=C\mathrm{d}u$;　　　　　　　　　(4) $\mathrm{d}\left(\dfrac{u}{v}\right)=\dfrac{v\mathrm{d}u-u\mathrm{d}v}{v^2},v\neq0$.

例 3　已知 $y=\mathrm{e}^x+3\tan x$,求 $\mathrm{d}y$.

解　$\mathrm{d}y=\mathrm{d}(\mathrm{e}^x+3\tan x)=\mathrm{d}(\mathrm{e}^x)+3\mathrm{d}(\tan x)$

$\qquad=\mathrm{e}^x\mathrm{d}x+3\sec^2 x\mathrm{d}x=(\mathrm{e}^x+3\sec^2 x)\mathrm{d}x.$

例 4　已知 $f(x)=x^2\ln x$,求 $\mathrm{d}f(x)$.

解　$\mathrm{d}f(x)=\mathrm{d}(x^2\ln x)=\ln x\mathrm{d}x^2+x^2\mathrm{d}\ln x$

$\qquad=2x\ln x\mathrm{d}x+x^2\cdot\dfrac{1}{x}\mathrm{d}x=(2x\ln x+x)\mathrm{d}x.$

(三) 复合函数的微分法则

设 $y=f(u),u=\varphi(x)$ 都可微,则复合而成的复合函数 $y=f[\varphi(x)]$ 也可微,其微分是 $\mathrm{d}f[\varphi(x)]=f'[\varphi(x)]\varphi'(x)\mathrm{d}x=f'[\varphi(x)]\mathrm{d}\varphi(x)=f'(u)\mathrm{d}u$,即

$$\mathrm{d}f(u)=f'(u)\mathrm{d}u$$

式子表明无论 u 是中间变量还是自变量,微分形式保持不变,称这一性质为**微分形式不变性**.

例如,$\mathrm{d}\sin 2x=(\sin 2x)'_{2x}\cdot\mathrm{d}2x,\mathrm{d}\ln(1+x^2)=[\ln(1+x^2)]'_{1+x^2}\cdot\mathrm{d}(1+x^2)$ 等,下面我们通过例子说明.

例 5　已知 $y=\ln(1+x^2)$,求 $\mathrm{d}y$.

解法一　根据复合函数的微分法则,有

$$\mathrm{d}y=\mathrm{d}[\ln(1+x^2)]=[\ln(1+x^2)]'_{1+x^2}\cdot\mathrm{d}(1+x^2)$$

$$=\frac{1}{1+x^2}\cdot\mathrm{d}(1+x^2)=\frac{1}{1+x^2}\cdot(1+x^2)'\mathrm{d}x=\frac{2x}{1+x^2}\mathrm{d}x$$

解法二　根据微分的定义,

$$y'=[\ln(1+x^2)]'=\frac{1}{1+x^2}\cdot(1+x^2)'=\frac{2x}{1+x^2}$$

$$\mathrm{d}y=y'\mathrm{d}x=\frac{2x}{1+x^2}\mathrm{d}x$$

微分定义公式中,从 $\mathrm{d}f(x)$ 到 $f'(x)\mathrm{d}x$ 这个方向是人们熟悉的,由于逆向思维的不习惯性,人们往往容易忽视由 $f'(x)\mathrm{d}x$ 到 $\mathrm{d}f(x)$ 这个方向的运算. 但是,这个方向的微分运算却更为重要,并且在将来学习的积分学理论中的作用巨大,必须熟悉它.

例 6　将下列式子写成微分形式:

(1) $\dfrac{\ln x}{x}\mathrm{d}x$;　　(2) $\cos(2x+1)\mathrm{d}x$.

解　(1) $\dfrac{\ln x}{x}\mathrm{d}x=\dfrac{1}{x}\ln x\mathrm{d}x=\ln x\cdot(\ln x)'\mathrm{d}x=\ln x\mathrm{d}\ln x$;

(2) $\cos(2x+1)\mathrm{d}x=\dfrac{1}{2}\cos(2x+1)\mathrm{d}(2x+1)$

$\qquad=\dfrac{1}{2}[\sin(2x+1)]'_{2x+1}\mathrm{d}(2x+1)=\dfrac{1}{2}\mathrm{d}\sin(2x+1).$

例7 已知 $y = \dfrac{e^{2x}}{x}$，求 dy.

解法一

$$dy = d\left(\frac{e^{2x}}{x}\right) = \frac{x\,de^{2x} - e^{2x}\,dx}{x^2}$$

$$= \frac{xe^{2x}\,d2x - e^{2x}\,dx}{x^2}$$

$$= \frac{e^{2x}(2x-1)\,dx}{x^2}$$

解法二

$$y' = \left(\frac{e^{2x}}{x}\right)' = \frac{(e^{2x})'x - e^{2x}(x)'}{x^2}$$

$$= \frac{2e^{2x}x - e^{2x}}{x^2} = \frac{e^{2x}(2x-1)}{x^2}$$

$$dy = y'\,dx = \frac{e^{2x}(2x-1)}{x^2}\,dx$$

四、微分在近似计算上的应用

微分在近似计算上具有巧妙的作用，可以用它的性质来简化很多烦琐计算得到非常理想的近似值.

利用微分进行近似计算的原理：若已知函数 $f(x)$ 在点 a 可微，则根据前述函数微分的含义，当 $x \to a$ 时，$f'(a)\,dx$ 是可以无限近似等于函数值变化量 $f(x) - f(a)$ 的. 也就是说，当 $x \to a$ 时，$f(x) - f(a) \approx f'(a)\,dx$. 在这里，$dx$ 也就是 $x-a$，所以

$$f(x) - f(a) \approx f'(a)(x-a)，即\ f(x) \approx f(a) + f'(a)(x-a) \qquad (*)$$

式 $(*)$ 就是函数值 $f(x)$ **的近似计算公式**. 这个公式计算结果的误差，在一定程度上是可以估计衡量的：根据本节开头"微分概念"中的内容可知，微分与函数值变化量仅仅相差一个比 $x-a$ 更高阶的无穷小而已，这个无穷小等于式 $(*)$ 近似计算产生的理论误差值. 不过，由于这类无穷小至今仍然是个很难界定精确范围的变量，所以我们这里只能退而求其次以无穷小的上限 $x-a$ 为最大误差估计值. 因此，利用式 $(*)$ 进行近似计算，其结果的误差至少小于 $x-a$ 的值.

例8 求 $e^{0.001}$ 的近似值，要求误差小于 0.002.

解 注意到 0.001 和 0 相差特别小，所以 0.001 可对应于式 $(*)$ 中的 x，而 0 则对应于式 $(*)$ 中的 a，自然地，e^x 就相当于式 $(*)$ 中的 $f(x)$.

因此，套用式 $(*)$ 相应计算就有

$$e^{0.001} \approx e^0 + (e^x)'|_{x=0} \times 0.001 = 1 + 0.001 = 1.001$$

且该结果的误差远远小于 $0.001 - 0 = 0.001 < 0.002$，符合题目要求.

例8表明，利用微分运算来进行近似计算可以在保证一定精度的同时大大简化计算过程.

习题 4-5

(A)

1. 求 $df(x)$：

(1) $f(x) = \ln \sin x$；　　　　　　　　(2) $f(x) = \arctan(\ln x)$；

(3) $f(x) = \arcsin \sqrt{1-x^2}$;   (4) $f(x) = \sqrt{x} + \ln x - \dfrac{1}{\sqrt{x}}$.

2. 已知 $f(x) = \sin x$,求 $\mathrm{d}f(2x)$.

3. 将适当的函数填入空格内,使等式成立.

(1) $\mathrm{d}(\quad) = 2\mathrm{d}x$;   (2) $\mathrm{d}(\quad) = 3x\mathrm{d}x$;

(3) $\mathrm{d}(\quad) = \cos t\mathrm{d}t$;   (4) $\mathrm{d}(\quad) = \dfrac{\mathrm{d}x}{\sqrt{x}}$;

(5) $\mathrm{d}(\quad) = \mathrm{e}^{-2x}\mathrm{d}x$;   (6) $x\mathrm{d}x = (\quad)\mathrm{d}(x^2-1)$;

(7) $\dfrac{\mathrm{d}x}{x} = (\quad)\mathrm{d}(3-5\ln x)$;   (8) $\dfrac{(\quad)}{\sqrt{x^2-1}}\mathrm{d}x = \mathrm{d}\sqrt{x^2-1}$.

（B）

1. 已知 $f(x) = \mathrm{e}^{ax}\cos bx$,求 $\mathrm{d}y$.

2. 已知 $xy - \mathrm{e}^x - \mathrm{e}^y = 0$,求 $\mathrm{d}y$.

3. 求下列近似值:

(1) $\sqrt{0.97}$;   (2) $\ln 1.03$.

复习题四

第四章学习指导

（A）

1. 计算:

   (1) $\left(\sqrt{x\sqrt{x\sqrt{x}}}\right)'$;   (2) $[\ln(x+\sqrt{a+x^2})]'$;

   (3) $[(\sin x)^{x+2}]'$;   (4) $[(1-2x)^{\frac{1}{x}+1}]'$.

2. 求曲线 $f(x) = \sqrt[3]{x}$ 在点 $(1,1)$ 处的切线方程和法线方程.

3. 设 $f(x) = x|x|$,求 $f'(x)$.

4. 设 $u(x)$ 、$v(x)$ 均为可导函数, $y = \sqrt{u^2(x) + v^2(x)}$,求 $\dfrac{\mathrm{d}y}{\mathrm{d}x}$.

5. 若 $\sqrt{x^2 + y^2} = \mathrm{e}^y$,求 y'_x 和 x'_y .

6. a 、b 为何值时,函数 $f(x) = \begin{cases} ax+b, & x>1 \\ x^2, & x\leqslant 1 \end{cases}$ 在 $x=1$ 处连续且可导?

7. 求下列微分关系中的未知函数 $f(x)$ 之其一:

   (1) $(x+1)\mathrm{d}x = \mathrm{d}f(x)$;   (2) $\dfrac{\mathrm{d}x}{2x-1} = \mathrm{d}f(x)$;

   (3) $x\mathrm{e}^{x^2}\mathrm{d}x = \mathrm{d}f(x)$;   (4) $\dfrac{\mathrm{d}x}{\sqrt[3]{1-2x}} = \mathrm{d}f(x)$;

   (5) $3^{2-x}\mathrm{d}x = \mathrm{d}f(x)$;   (6) $\dfrac{1}{2\sqrt{x}}\mathrm{d}x = \mathrm{d}f(x)$.

(B)

1. 设函数 $f(x) = \begin{cases} x, & x < 0, \\ \sin x, & x \geq 0, \end{cases}$ 讨论函数 $f(x)$ 在 $x=0$ 处的连续性和可导性.

2. a 为何值时，曲线 $y = ax^2$ 与曲线 $y = \ln x$ 相切?

3. 求垂直于直线 $2x - 6y + 1 = 0$，且与曲线 $y = x^3 + 3x^2 - 5$ 相切的直线方程.

4. 证明函数 $f(x) = \begin{cases} x^3 \sin \dfrac{1}{x}, & x \neq 0, \\ 0, & x = 0 \end{cases}$ 在 $x=0$ 处连续，但导函数 $f'(x)$ 在 $x=0$ 处不可导.

5. 证明双曲线 $xy = a \, (a \neq 0)$ 上任意一点处的切线和坐标轴所构成的三角形面积等于 $2|a|$.

6. 若 $y = f(\ln x) + \ln f(x)$，求 y''.

第二次数学危机

17世纪、18世纪关于微积分发生的激烈争论,被称为第二次数学危机.从历史或逻辑的观点来看,它的发生也带有必然性.

这次危机的萌芽出现在大约公元前450年,芝诺注意到由于对无限性的理解问题而产生的矛盾,提出了关于时空的有限与无限的四个悖论,这几个悖论的意思大致描述如下:

1. "两分法":向着一个目的地运动的物体,首先必须经过路程的中点,然而要经过这点,又必须先经过路程的1/4点……如此类推以至无穷——结论是:无穷是不可穷尽的过程,运动是不可能的.

2. "阿基里斯是《荷马史诗》中的善跑英雄,却追不上乌龟":阿基里斯平均速度10 m/s,乌龟平均速度1 s,乌龟先跑1 s,然后阿基里斯追赶乌龟.阿基里斯总是首先必须到达乌龟的出发点,当他花0.1 s跑了1 m时,乌龟在这0.1 s里又往前跑了0.01 m……因而乌龟必定总是跑在前头,阿基里斯怎样也追不上乌龟.这个论点同两分法悖论一样,所不同的是不必把所需通过的路程一再平分.

3. "飞箭不动":意思是箭在运动过程中的任一瞬时间必在一确定位置上,因而是静止的,所以箭就不能处于运动状态.

4. "操场或游行队伍":A、B两件物体以等速向相反方向运动.对静止的C来看,比如说A、B都在1 h内移动了2 km,可是从A看来,B在1 h内就移动了4 km.运动是矛盾的,所以运动是不可能的.

这几个问题很显然都是违背常识和事实的,因此,问题必然出在理论上.但是,当时的数学家却一下被难住了,无法解释这些理论上的缺陷.芝诺揭示的矛盾是深刻而复杂的.前两个悖论诘难了关于时间和空间无限可分,因而运动是连续的观点,后两个悖论诘难了时间和空间不能无限可分,因而运动是间断的观点.芝诺悖论的提出可能有更深刻的背景,不一定是专门针对数学的,但是它们在数学王国中却掀起了一场轩然大波,它们说明了希腊人已经看到"无穷小"与"很小很小"的矛盾,但他们无法解决这些矛盾,其后果是,希腊几何证明中从此就排除了无穷小.

经过许多人多年的努力,终于在17世纪晚期,形成了无穷小演算——微积分这门学科.牛顿和莱布尼兹被公认为微积分的奠基者,他们的功绩主要在于:把各种有关问题的解法统一成微分法和积分法;有明确的计算步骤;微分法和积分法互为逆运算,由于运算的完整性和应用的广泛性,微积分成为当时解决问题的重要工具,同时,关于微积分基础的问题也越来越严重.关键问题就是无穷小量究竟是不是零? 无穷小及其分析是否合理? 由此而引起了数学界甚至哲学界长达一个半世纪的争论,造成了第二次数学危机.

无穷小量究竟是不是零? 两种答案都会导致矛盾,牛顿对它曾作过三种不同解释:1669年说它是一种常量;1671年又说它是一个趋于零的变量;1676年它被"两个正在消逝的量的最终比"所代替. 但是, 他始终无法解决上述矛盾, 莱布尼兹曾试图用和无穷小量成比例的有限量的差分来代替无穷小量, 但是他也没有找到从有限量过渡到无穷小量的桥梁.

英国大主教贝克莱于 1734 年写文章, 攻击流数 (导数) "是消失了的量的鬼魂……能消化得了二阶、三阶流数的人, 是不会因吞食了神学论点就呕吐的". 他说, 用忽略高阶无穷小来消除原有的误差, "是依靠双重的错误得到了虽然不科学却是正确的结果". 贝克莱虽然也抓住了当时微积分、无穷小方法中一些不清楚、不合逻辑的问题, 不过他是出自对科学的厌恶和对宗教的维护, 而不是出自对科学的追求和探索.

当时一些数学家和其他学者, 也批判过微积分的一些问题, 指出其缺乏必要的逻辑基础. 例如, 罗尔曾说: "微积分是巧妙的谬论的汇集." 在那个勇于创造时代的初期, 科学中逻辑上存在这样那样的问题, 并不是个别现象.

18 世纪的数学思想的确是不严密的、直观的, 强调形式的计算而不管基础的可靠. 特别是没有清楚的无穷小概念, 从而导致导数、微分、积分等概念不清楚; 无穷大概念不清楚; 发散级数求和的任意性等; 符号的不严格使用; 不考虑连续性就进行微分, 不考虑导数及积分的存在性以及函数可否展成幂级数等.

直到 19 世纪 20 年代, 一些数学家才比较关注微积分的严格基础. 从波尔查诺、贝尔、柯西、狄里克莱等人的工作开始, 到维尔斯特拉斯、狄德金和康托的工作结束, 中间经历了半个多世纪, 基本上解决了矛盾, 为数学分析奠定了一个严格的基础.

波尔查诺给出了连续性的正确定义. 阿贝尔指出要严格限制滥用级数展开及求和. 柯西在 1821 年的《代数分析教程》中从定义变量出发, 认识到函数不一定要有解析表达式; 他抓住极限的概念, 指出无穷小量和无穷大量都不是固定的量而是变量, 无穷小量是以零为极限的变量; 并且定义了导数和积分. 狄里克莱给出了函数的现代定义. 在这些工作的基础上, 维尔斯特拉斯消除了其中不确切的地方, 给出现在通用的极限的定义, 连续的定义, 并把导数、积分严格地建立在极限的基础上.

19 世纪 70 年代初, 维尔斯特拉斯、狄德金、康托等人独立地建立了实数理论, 而且在实数理论的基础上, 建立起极限论的基本定理, 从而使数学分析建立在实数理论的严格基础之上.

第五章

中值定理与导数应用

一种科学,只有在成功地运用数学时,才算达到真正完善的地步.[1]

——马克思

上一章引入了导数与微分的概念,并介绍了求导法则与微分法.本章将利用导数来研究函数的某些性态.首先介绍微分学中的中值定理,它是用导数研究函数某些性态的理论根据.

§5-1　中值定理

中值定理揭示了函数在某区间的整体性质与函数在该区间内某一点的导数之间的关系,因而称为中值定理.中值定理既是用微分学知识解决应用问题的理论基础,又是解决微分学自身发展的一种理论性模型,因而也称为微分基本定理.

一、罗尔中值定理

定理 1　(罗尔中值定理)

如果函数 $f(x)$ 满足下列条件:

(1) 在闭区间 $[a,b]$ 上连续;

(2) 在开区间 (a,b) 内可导;

(3) $f(a)=f(b)$.

则在 (a,b) 内至少存在一点 $\xi(a<\xi<b)$,使得 $f'(\xi)=0$.

我们先看定理的几何意义.该定理假设 $f(x)$ 在 $[a,b]$ 上连续,在 (a,b) 内可导,说明 $f(x)$ 在平面上是一条以 A、B 为端点的连续且处处有切线的曲线段.由于 $f(a)=f(b)$,故线段 AB 平行于 x 轴,定理结论为 $f'(\xi)=0$,说明在曲线段 $f(x)$ 上必有一点 C(相应于横坐标为 ξ 的点),在该点切线的斜率为 0,即曲线在该点的切线平行于 x 轴.定理告诉我们,在曲线段 ACB 上至少存在一点 C,在该点具有水平切线(见图 5-1).

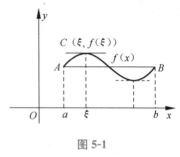

图 5-1

证　因为 $f(x)$ 在闭区间 $[a,b]$ 上连续,根据闭区间上连续函数的最大值和最小值定理,$f(x)$ 在 $[a,b]$ 上必有最大值 M 和最小值 m,现分两种可能来讨论.

---

① 法拉格:《回忆马克思恩格斯》,人民出版社,1973 年,第 7 页.

若 $M=m$,则对任一 $x\in(a,b)$,都有 $f(x)=m(=M)$,这时对任意的 $\xi\in(a,b)$,都有 $f'(\xi)=0$.

若 $M>m$,则由条件(3)知,M 和 m 中至少有一个不等于 $f(a)(=f(b))$,不妨设 $M\neq f(a)$,则在开区间 (a,b) 内至少有一点 ξ,使得 $f(\xi)=M$.下面来证明 $f'(\xi)=0$.

由条件(2)知,$f'(\xi)$ 存在.由于 $f(\xi)$ 为最大值,因此不论 Δx 为正或为负,只要 $\xi+\Delta x\in[a,b]$,就总有 $f(\xi+\Delta x)-f(\xi)\leqslant 0$.

当 $\Delta x>0$ 时,有

$$\frac{f(\xi+\Delta x)-f(\xi)}{\Delta x}\leqslant 0$$

据函数极限的保号性知

$$f'_+(\xi)=\lim_{\Delta x\to 0^+}\frac{f(\xi+\Delta x)-f(\xi)}{\Delta x}\leqslant 0$$

同样,当 $\Delta x<0$ 时,有

$$\frac{f(\xi+\Delta x)-f(\xi)}{\Delta x}\geqslant 0$$

所以 $f'_-(\xi)=\lim\limits_{\Delta x\to 0^-}\dfrac{f(\xi+\Delta x)-f(\xi)}{\Delta x}\geqslant 0$.

因为 $f'(\xi)=f'_+(\xi)=f'_-(\xi)$,故 $f'(\xi)=0$.

罗尔中值定理告诉我们,如果定理所需的条件满足,那么方程 $f'(x)=0$ 在 (a,b) 内至少有一个实根.我们把使导数 $f'(x)$ 为零的点即方程 $f'(x)=0$ 的根称为函数 $f(x)$ 的**驻点**或稳定点.

例如,函数 $f(x)=x^2-2x-3$ 在 $[-1,3]$ 上连续,在 $(-1,3)$ 内可导,且 $f(-1)=f(3)=0$,由 $f'(x)=2(x-1)$ 知,若取 $\xi=1\in(-1,3)$,则有 $f'(\xi)=0$.

但在一般情况下,罗尔中值定理只给出了结论中导函数的零点的存在性,通常这样的零点是不易具体求出的.

为了加深对定理的理解,下面再作一些说明.

首先要指出,罗尔中值定理的三个条件是十分重要的,如果有一个不满足,定理的结论就不一定成立.下面分别举三个例,并结合图像进行考察.

(1) $f(x)=\begin{cases}1, & x=0,\\ x, & 0<x\leqslant 1.\end{cases}$

函数 $f(x)$ 在 $[0,1]$ 的左端点 $x=0$ 处间断,不满足闭区间连续的条件,尽管 $f'(x)$ 在开区间 $(0,1)$ 内存在,且 $f(0)=f(1)$,但显然没有水平切线,如图 5-2 所示.

(2) $f(x)=\begin{cases}-x, & -1\leqslant x<0,\\ x, & 0\leqslant x\leqslant 1.\end{cases}$

$f(x)$ 在 $x=0$ 不可导,不满足在开区间 $(-1,1)$ 可导的条件,$f(x)$ 在 $[-1,1]$ 上是连续的,且有 $f(-1)=f(1)$.但是没有水平切线,如图 5-3 所示.

(3) $f(x)=x,x\in[0,1]$.

$f(x)$ 显然满足在 $[0,1]$ 上连续、在 $(0,1)$ 内可导的条件,但 $f(0)\neq f(1)$,显然也没有水平切线,如图 5-4 所示.

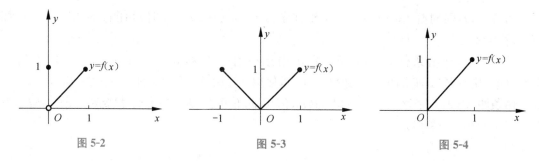

图 5-2   图 5-3   图 5-4

由此可见,当我们应用这个定理时,一定要仔细验证是否满足定理的三个条件,否则容易产生错误.

其次,须注意定理的三个条件仅是充分的,而非必要的. 即,若满足定理的三个条件,则定理的结论必定成立,如果定理的三个条件不完全满足,则定理的结论可能成立,也可能不成立.

例 1 设

$$\varphi(x) = \begin{cases} \sin x, & x \in [0, \pi), \\ 1, & x = \pi \end{cases}$$

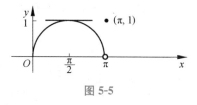

图 5-5

显然,$\varphi(x)$ 在 $[0, \pi]$ 上不连续,$\varphi(0) \neq \varphi(\pi)$,故不满足罗尔中值定理的条件,但 $\varphi(x)$ 在 $x = \dfrac{\pi}{2} \in (0, \pi)$,还是有水平切线,如图 5-5 所示.

例 2 证明方程 $x^5 - 5x + 1 = 0$ 有且仅有一个小于 1 的正实根.

证 设 $f(x) = x^5 - 5x + 1$,则 $f(x)$ 在 $[0, 1]$ 上连续且 $f(0) \cdot f(1) = -3 < 0$,由零点定理知,存在点 $x_0 \in (0, 1)$,使 $f(x_0) = 0$,即 x_0 为 $f(x) = 0$ 的小于 1 的正实根.

下面证明 x_0 是 $f(x) = 0$ 的小于 1 的唯一正实根. 用反证法,设另有 $x_1 \in (0, 1)$,$x_1 \neq x_0$,使 $f(x_1) = 0$,易见函数 $f(x)$ 在 $[x_0, x_1]$ 上连续,在 (x_0, x_1) 内可导,$f(x_0) = f(x_1) = 0$,由罗尔中值定理知,存在 $\xi \in (x_0, x_1)$,使 $f'(\xi) = 0$,但 $f'(x) = 5(x^4 - 1) < 0$,$x \in (0, 1)$ 导致矛盾! 所以 x_0 为 $f(x) = 0$ 的小于 1 的唯一正实根. 题目得证.

二、拉格朗日中值定理

罗尔中值定理中 $f(a) = f(b)$ 这个条件是相当特殊的,它使罗尔中值定理的应用受到限制. 拉格朗日在罗尔中值定理的基础上作了进一步的研究,取消了中值罗尔中值定理中这个条件的限制,得到了在微分学中具有重要地位的拉格朗日中值定理.

定理 2 (拉格朗日中值定理)

如果函数 $y = f(x)$ 满足:

(1) 在闭区间 $[a, b]$ 上连续;

(2) 在开区间 (a, b) 内可导.

则在 (a, b) 内至少存在一点 $\xi (a < \xi < b)$,使得

$$f(b) - f(a) = f'(\xi)(b - a) \tag{1}$$

即

$$f'(\xi) = \frac{f(b) - f(a)}{b - a} \tag{2}$$

先了解一下定理的几何意义. 如图 5-6 所示,$\dfrac{f(b) - f(a)}{b - a}$ 为弦 AB 的斜率,而 $f'(\xi)$ 为曲

线在点 C 处的切线的斜率,拉格朗日中值定理表明,在满足定理条件的情况下,曲线 $y=f(x)$ 上至少有一点 C,使曲线在点 C 处的切线平行于弦 AB.

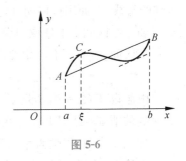

图 5-6

由图 5-6 可看出,罗尔中值定理是拉格朗日中值定理当 $f(a)=f(b)$ 时的特殊情形,这种特殊关系还可进一步联想到利用罗尔中值定理来证明拉格朗日中值定理. 定理证明的基本思路是构造一个辅助函数,使其符合罗尔中值定理的条件,然后可利用罗尔中值定理给出证明. 事实上,弦 AB 的方程为

$$y = f(a) + \frac{f(b)-f(a)}{b-a}(x-a)$$

而曲线 $y=f(x)$ 与弦 AB 在区间端点 $x=a,x=b$ 相交,故若用曲线 $y=f(x)$ 与弦 AB 的方程的差作成一个新函数,则这个新函数在端点 $x=a,x=b$ 的函数值相等.

证 构造辅助函数

$$F(x) = f(x) - \left[f(a) + \frac{f(b)-f(a)}{b-a}(x-a) \right]$$

易知 $F(x)$ 在 $[a,b]$ 上满足罗尔中值定理条件,从而在 (a,b) 内至少存在一点 ξ,使得 $F'(\xi)=0$,

即

$$f'(\xi) - \frac{f(b)-f(a)}{b-a} = 0$$

即

$$f'(\xi) = \frac{f(b)-f(a)}{b-a}$$

注: 式(1)和式(2)均称为**拉格朗日中值公式**.

式(2)的右端 $\dfrac{f(b)-f(a)}{b-a}$ 表示函数在闭区间 $[a,b]$ 上整体变化的平均变化率,左端 $f'(\xi)$ 表示开区间 (a,b) 内某点 ξ 处函数的局部变化率,于是,拉格朗日中值公式反映了可导函数在 (a,b) 内某点 ξ 处的函数的局部变化率与在 $[a,b]$ 上整体平均变化率的关系,若从力学角度看,式(2)表示某一内点处的瞬时速度等于整体上的平均速度. 因此,拉格朗日中值定理是联结局部与整体的纽带.

设 $x,x+\Delta x \in (a,b)$,在以 $x,x+\Delta x$ 为端点的区间上应用式(1),有

$$f(x+\Delta x) - f(x) = f'(x+\Delta x\theta) \cdot \Delta x \quad (0<\theta<1)$$

即

$$\Delta y = f'(x+\theta\Delta x) \cdot \Delta x \quad (0<\theta<1) \tag{3}$$

式(3)精确地表达了函数在一个区间上的增量与函数在这区间内某点处的导数之间的关系,这个公式又称为**有限增量公式**.

我们在第四章讨论微分时,曾经以微分

$$\mathrm{d}y = f'(x)\Delta x$$

作为当 $|\Delta x|$ 很小时增量 Δy 的近似值,这种近似值随 $|\Delta x|$ 的增大使其误差可能变得很大,拉格朗日中值定理给出的表达式 $\Delta y = f'(x+\theta\Delta x) \cdot \Delta x (0<\theta<1)$ 是有限增量 Δy 的精确表达式,由此也可看到拉格朗日定理的重要作用. 从拉格朗日中值定理可以导出一些有用的推论.

推论 1 如果函数 $f(x)$ 在区间 I 上的导数恒为零,那么 $f(x)$ 在区间 I 上是一个常数.

这个推论的几何意义很明确,即如果曲线的切线斜率恒为零,则此曲线必定是一条平行于

x 轴的直线. 下面用拉格朗日定理加以证明.

证　在区间 I 上任取两点 $x_1,x_2(x_1<x_2)$.

在区间 $[x_1,x_2]$ 上应用拉格朗日中值定理得

$$f(x_2)-f(x_1)=f'(\xi)(x_2-x_1)\quad(x_1<\xi<x_2)$$

由假设 $f'(\xi)=0$,于是 $f(x_1)=f(x_2)$,由 x_1,x_2 的任意性,知 $f(x)$ 在区间 I 上任意点处的函数数值都相等,即 $f(x)$ 在区间 I 上是一个常数.

推论 1 表明:**导数为零的函数就是常数函数**. 由推论 1 立即可得.

推论 2　如果函数 $f(x)$ 与 $g(x)$ 在区间 I 上恒有 $f'(x)=g'(x)$,则在区间 I 上有

$$f(x)=g(x)+C(C\text{ 为常数})$$

这个推论告诉我们,如果两个函数在区间 I 上导数处处相等,则这两个函数在区间 I 上至多相差一个常数.

例 3　对于函数 $f(x)=\ln x$,在 $[1,e]$ 上验证拉格朗日定理的正确性.

解　因为 $f(x)=\ln x$ 为初等函数,所以 $f(x)=\ln x$ 在 $[1,e]$ 上连续,又因为 $f'(x)=\dfrac{1}{x}$ 在 $(1,e)$ 内处处有意义,所以 $f(x)$ 在 $(1,e)$ 内可导,又

$$f(1)=\ln 1=0,\quad f(e)=\ln e=1,\quad f'(x)=\frac{1}{x}$$

由 $\dfrac{\ln e-\ln 1}{e-1}=\dfrac{1}{\xi}$,解得

$$\xi=e-1\in(1,e)$$

证明函数在闭区间连续开区间可导的一种简便方法

故可取 $\xi=e-1$,使 $f'(\xi)=\dfrac{f(e)-f(1)}{e-1}$ 成立.

例 4　证明 $\arcsin x+\arccos x=\dfrac{\pi}{2}(-1\leqslant x\leqslant 1)$.

证　设 $f(x)=\arcsin x+\arccos x,x\in[-1,1]$,

当 $x=-1$ 或 $x=1$ 时

$$f(x)=\arcsin x+\arccos x=\frac{\pi}{2}$$

因为 $f'(x)=\dfrac{1}{\sqrt{1-x^2}}+\left(-\dfrac{1}{\sqrt{1-x^2}}\right)=0$,

所以 $f(x)=C,x\in(-1,1)$,又因为

$$f(0)=\arcsin 0+\arccos 0=0+\frac{\pi}{2}=\frac{\pi}{2}$$

故 $C=\dfrac{\pi}{2}$,从而当 $-1\leqslant x\leqslant 1$ 时,

$$\arcsin x+\arccos x=\frac{\pi}{2}$$

读者可以自行证明另一个重要恒等式:

$$\arctan x+\text{arccot } x=\frac{\pi}{2}$$

中值定理的应用很广泛,在本章后半部分和以后章节将会进一步看到.

例 5　证明当 $x>0$ 时,$\dfrac{x}{1+x}<\ln(1+x)<x$.

证　设 $f(x)=\ln(1+x)$.

因为 $f(x)$ 为初等函数,所以 $f(x)$ 在 $[0,x]$ 上连续,又因为 $f'(x)=\dfrac{1}{1+x}$ 在 $(0,x)$ 内处处有意义,所以 $f(x)$ 在 $(0,x)$ 可导,则 $f(x)$ 在 $[0,x]$ 上满足拉格朗日中值定理条件.所以 $f(x)-f(0)=f'(\xi)(x-0)(0<\xi<x)$.

又因为 $f(0)=0,f'(x)=\dfrac{1}{1+x}$,

所以 $\ln(1+x)=\dfrac{1}{1+\xi}\cdot x(0<\xi<x)$.

因为 $0<\xi<x$,所以 $\dfrac{x}{1+x}<\dfrac{x}{1+\xi}<x$,即

$$\frac{x}{1+x}<\ln(1+x)<x$$

三、柯西中值定理

定理 3　（柯西中值定理）

如果函数 $f(x)$ 及 $g(x)$ 满足:

(1) 在闭区间 $[a,b]$ 上连续;

(2) 在开区间 (a,b) 内可导;

(3) 在 (a,b) 内每一点处,$g'(x)\neq0$.

则在 (a,b) 内至少存在一点 $\xi(a<\xi<b)$,使得

$$\frac{f(a)-f(b)}{g(a)-g(b)}=\frac{f'(\xi)}{g'(\xi)}（柯西公式）$$

先来考察柯西中值定理的几何意义,设曲线由参数方程 $\begin{cases}x=g(t),\\y=f(t),\end{cases}(a\leqslant t\leqslant b)$ 表示点 $A(g(a),f(a))$ 与 $B(g(b),f(b))$ 的连线——割线 AB 的斜率为

$$\frac{f(b)-f(a)}{g(b)-g(a)}$$

按照参数方程所确定的函数导数公式 $\dfrac{\mathrm{d}y}{\mathrm{d}x}=$

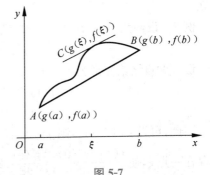

$\dfrac{f'(t)}{g'(t)}$,因此定理的结论是说在开区间 (a,b) 内至少存在一点 ξ,使曲线上相应于 $t=\xi$ 处的 C 点的切线与割线 AB 平行(见图 5-7).

图 5-7

柯西中值定理的几何意义与拉格朗日中值定理基本上相同,所不同的是曲线表达式采用了比 $y=f(x)$ 形式更为一般的参数方程.下面来证明这个定理.

证　设 $\phi(x)=f(x)-f(a)-\dfrac{f(b)-f(a)}{g(b)-g(a)}[g(x)-g(a)]$,

因为 $f(x),g(x)$ 在 $[a,b]$ 上连续, 所以 $\phi(x)$ 也在 $[a,b]$ 上连续,

因为 $f(x),g(x)$ 在 (a,b) 内可导, 即

$$\phi'(x)=f'(x)-\frac{f(b)-f(a)}{g(b)-g(a)}g'(x)$$

所以 $\phi(x)$ 在 (a,b) 内可导, 又 $\phi(a)=\phi(b)=0$,

所以 $\phi(x)$ 在 $[a,b]$ 上满足罗尔中值定理条件,

故有　　　　　　$f'(\xi)-\dfrac{f(b)-f(a)}{g(b)-g(a)}g'(\xi)=0,\xi\in(a,b)$

从而　　　　　　$\dfrac{f(b)-f(a)}{g(b)-g(a)}=\dfrac{f'(\xi)}{g'(\xi)}$

注: 在拉格朗日中值定理和柯栖中值定理及例 4、例 5 的证明中, 都采用了构造辅助函数的方法. 这是高等数学中证明数学命题的一种常用方法. 它是根据命题的特征与需要, 经过推敲与不断修正而构造出来的, 并且不是唯一的.

不难看出, 拉格朗日中值定理是柯西定理的特殊情况. 显然, 若取 $g(x)=x$, 则 $g(b)-g(a)=b-a$, $g'(x)=1$, 柯西中值定理就变成拉格朗日中值定理了. 所以柯西中值定理又称为**广义中值定理**.

例 6　对函数 $f(x)=x^3$ 及 $g(x)=x^2+1$ 在区间 $[1,2]$ 上验证柯西中值定理的正确性.

解　显然 $f(x)$ 和 $g(x)$ 在 $[1,2]$ 上连续, 在 $(1,2)$ 内可导, 及 $x\in(1,2)$ 时, $g'(x)\neq0$, 又

$$f(1)=1,\quad f(2)=8,\quad g(1)=2,\quad g(2)=5,\quad f'(x)=3x^2,\quad g'(x)=2x$$

设

$$\frac{f(2)-f(1)}{g(2)-g(1)}=\frac{3\xi^2}{2\xi}$$

从而解得 $\xi=\dfrac{14}{9}$, ξ 在 $(1,2)$ 内. 故可取 $\xi=\dfrac{14}{9}$, 使

$$\frac{f(2)-f(1)}{g(2)-g(1)}=\frac{f'(\xi)}{g'(\xi)}$$

成立.

例 7　设函数 $f(x)$ 在 $[0,1]$ 上连续, 在 $(0,1)$ 内可导, 试证明至少存在一点 $\xi\in(0,1)$, 使

$$f'(\xi)=2\xi[f(1)-f(0)]$$

证　题设结论变形为

$$\frac{f(1)-f(0)}{1-0}=\frac{f'(\xi)}{2\xi}=\frac{f'(x)}{(x^2)'}\bigg|_{x=\xi}$$

因此, 可设 $g(x)=x^2$, 则 $f(x),g(x)$ 在 $[0,1]$ 上满足柯西中值定理条件, 所以在 $(0,1)$ 内至少存在一点 ξ, 使 $\dfrac{f(1)-f(0)}{1-0}=\dfrac{f'(\xi)}{2\xi}$, 即

$$f'(\xi)=2\xi[f(1)-f(0)]$$

习题 5-1

(A)

1. 检验下列函数是否满足罗尔中值定理：

(1) $f(x)=(x-2)(x-3)$，$x\in[2,3]$；

(2) $f(x)=|x|-1$，$x\in[-1,1]$；

(3) $f(x)=1-\sqrt[3]{x^2}$，$x\in[-1,1]$；

(4) $f(x)=\dfrac{3}{2x^2+1}$，$x\in[-1,1]$；

(5) $f(x)=x-[x]$，$x\in[0,1]$；

(6) $f(x)=\begin{cases} x\sin\dfrac{1}{x}, & x\in\left(0,\dfrac{1}{\pi}\right], \\ 0, & x=0. \end{cases}$

2. 写出下列函数的拉格朗日公式，并求出满足定理的 ξ.

(1) $f(x)=x^4$，$x\in[1,2]$；

(2) $f(x)=\arctan x$，$x\in[0,1]$.

3. 证明：函数 $f(x)=(x-1)(x-2)(x-3)$ 在区间 $(1,3)$ 内至少存在一点 ξ，使 $f''(\xi)=0$.

4. 证明：如果函数 $f(x)$ 在区间 $(-\infty,\infty)$ 内满足关系式 $f'(x)=f(x)$，且 $f(0)=1$，则 $f(x)=e^x$.

5. 利用拉格朗日中值定理，证明下列不等式：

(1) $|\sin x_1-\sin x_2|\leqslant|x_1-x_2|$；

(2) $\dfrac{b-a}{b}<\ln\dfrac{b}{a}<\dfrac{b-a}{a}$ $(b>a>0)$；

(3) 当 $x>1$ 时，$e^x>ex$；

(4) 当 $x>0$ 时，$\ln\left(1+\dfrac{1}{x}\right)>\dfrac{1}{1+x}$.

6. 试证：

(1) 方程 $x^5+x-1=0$ 只有一个正根；

(2) 对任意常数 C，在 $[0,1]$ 上，方程 $x^3-3x+C=0$ 不可能有两个不同的根.

7. 函数 $f(x)=x^3-5g(x)=x^2+1$ 在区间 $[1,2]$ 上是否满足柯西定理的条件？如果满足就求出定理中的数值 ξ.

(B)

1. 设函数 $f(x)$ 在 $[a,b]$ 上连续，在 (a,b) 内有二阶导数，且有 $f(a)=f(b)=0$，$f(c)>0$ $(a<c<b)$. 试证在 (a,b) 内至少存在一点 ξ，使 $f''(\xi)<0$.

2. 设 (1) 当 $x\to a$ 时，函数 $f(x)$ 及 $g(x)$ 都趋于零；

(2) 在点 a 的某去心邻域内，$f'(x)$ 及 $g'(x)$ 都存在且 $g'(x)\neq0$；

(3) $\lim\limits_{x\to a}\dfrac{f'(x)}{g'(x)}$ 存在（或为无穷大）.

证明：$\lim\limits_{x \to a}\dfrac{f(x)}{g(x)} = \lim\limits_{x \to a}\dfrac{f'(x)}{g'(x)}$（提示：用柯西中值定理）.

§5-2 洛必达法则

如果当 $x \to a$（或 $x \to \infty$）时，两个函数 $f(x)$ 与 $g(x)$ 都趋于零或都趋于无穷大，则极限 $\lim\limits_{x \to a}\dfrac{f(x)}{g(x)}\left(\text{或}\lim\limits_{x \to \infty}\dfrac{f(x)}{g(x)}\right)$ 可能存在，也可能不存在，通常把这种极限称为**未定式**，并分别记为 $\dfrac{0}{0}$ 或 $\dfrac{\infty}{\infty}$（注：这里看作一种记号，不要看成除法）.

例如 $\lim\limits_{x \to 0}\dfrac{1-\cos x}{x^2}$，$\lim\limits_{x \to +\infty}\dfrac{x^3}{\mathrm{e}^x}$ 就是未定式.

在第二章介绍极限时，我们计算过两个无穷小量之比以及两个无穷大量之比的未定式极限. 在那里，计算未定式极限都是具体问题作具体分析，属于特定的方法，而无一般的方法可循. 本节将用导数作为工具，给出计算未定式极限的一般方法，即洛必达（L' Hospital，法，1661—1704 年）法则. 本节的几个定理给出的求极限的方法统称为**洛必达法则**. 证明均略.

一、$\dfrac{0}{0}$ 型未定式

定理 1 设

(1) 当 $x \to a$ 时，函数 $f(x)$ 及 $g(x)$ 都趋于零；

(2) 在点 a 的某去心邻域内，$f'(x)$ 及 $g'(x)$ 都存在且 $g'(x) \neq 0$；

(3) $\lim\limits_{x \to a}\dfrac{f'(x)}{g'(x)}$ 存在（或为无穷大）.

则 $\lim\limits_{x \to a}\dfrac{f(x)}{g(x)} = \lim\limits_{x \to a}\dfrac{f'(x)}{g'(x)}$.

洛必达法则

注：对于当 $x \to \infty$ 时的 $\dfrac{0}{0}$ 型未定式，只须作简单变换 $Z = \dfrac{1}{x}$ 就可以化为定理 1 的情形.

定理 1 的意义：当满足定理的条件时，$\dfrac{0}{0}$ 型未定式 $\dfrac{f(x)}{g(x)}$ 的极限可以转化为导数之比 $\dfrac{f'(x)}{g'(x)}$ 的极限，从而为求极限化难为易提供了可能的新途径.

例 1 求极限 $\lim\limits_{x \to 0}\dfrac{\sin kx}{x}(k \neq 0)$.

解 显然，所求极限为 $\dfrac{0}{0}$ 型，使用洛必达法则得

$$\lim\limits_{x \to 0}\frac{\sin kx}{x} = \lim\limits_{x \to 0}\frac{(\sin kx)'}{x'} = \lim\limits_{x \to 0}\frac{k\cos kx}{1} = k$$

例 2 求极限 $\lim\limits_{x \to 0}\dfrac{\sin x - x\cos x}{\sin^3 x}$.

解 不难验证所求极限为 $\dfrac{0}{0}$ 型，由洛必达法则得

$$\lim_{x\to 0}\frac{\sin x-x\cos x}{\sin^3 x}=\lim_{x\to 0}\frac{(\sin x-x\cos x)'}{(\sin^3 x)'}$$

$$=\lim_{x\to 0}\frac{x\sin x}{3\sin^2 x\cdot\cos x}=\frac{1}{3}\lim_{x\to 0}\frac{x}{\sin x\cos x}$$

$$=\frac{1}{3}\lim_{x\to 0}\frac{x}{\sin x}\cdot\lim_{x\to 0}\frac{1}{\cos x}=\frac{1}{3}$$

此例表明,分子分母求导后要进行简化(中间约去公因子 $\sin x$),然后取极限. 此外,如果有极限存在的乘积因子也要及时地把它分出来取极限. 这样,可以简化并正确地求出其极限.

注： 在使用法则时,如果 $\lim\limits_{x\to a}\dfrac{f'(x)}{g'(x)}$ 仍是 $\dfrac{0}{0}$ 型未定式,而 $\lim\limits_{x\to a}\dfrac{f''(x)}{g''(x)}$ 存在(或为无穷大),则继续用洛必达法则,依次类推. 即 $\lim\limits_{x\to a}\dfrac{f(x)}{g(x)}=\lim\limits_{x\to a}\dfrac{f'(x)}{g'(x)}=\lim\limits_{x\to a}\dfrac{f''(x)}{g''(x)}$.

例3 求极限 $\lim\limits_{x\to 0}\dfrac{e^x-e^{-x}-2x}{x-\sin x}$.

解 该式是 $\dfrac{0}{0}$ 型,应用洛必达法则得

$$\lim_{x\to 0}\frac{e^x-e^{-x}-2x}{x-\sin x}=\lim_{x\to 0}\frac{e^x+e^{-x}-2}{1-\cos x}$$

$$=\lim_{x\to 0}\frac{e^x-e^{-x}}{\sin x}=\lim_{x\to 0}\frac{e^x+e^{-x}}{\cos x}=2$$

本例三次应用了洛必达法则,注意每次应用前要切实检查它是否仍为未定式极限,如已经不是,若继续使用法则,则势必出现错误,如下例：

例4 求极限 $\lim\limits_{x\to 0}\dfrac{e^x-\cos x}{x\sin x}$.

解 下面这样做是错误的：

$$\lim_{x\to 0}\frac{e^x-\cos x}{x\sin x}=\lim_{x\to 0}\frac{e^x+\sin x}{\sin x+x\cos x}$$

$$=\lim_{x\to 0}\frac{e^x+\cos x}{\cos x+\cos x-x\sin x}=\frac{2}{2}=1$$

错在第二个式子已不是 $\dfrac{0}{0}$ 型,故不能继续使用洛必达法则,正确的做法是：

$$\lim_{x\to 0}\frac{e^x-\cos x}{x\sin x}=\lim_{x\to 0}\frac{e^x+\sin x}{\sin x+x\cos x}=\infty$$

例5 求极限 $\lim\limits_{x\to\infty}\dfrac{\tan\dfrac{2}{x}}{\sin\dfrac{3}{x}}$.

解 该式属于 $\dfrac{0}{0}$ 型,故用洛必达法则得

$$\lim_{x\to\infty}\frac{\tan\dfrac{2}{x}}{\sin\dfrac{3}{x}}=\lim_{x\to\infty}\frac{\sec^2\dfrac{2}{x}\cdot\left(-\dfrac{2}{x^2}\right)}{\cos\dfrac{3}{x}\cdot\left(-\dfrac{3}{x^2}\right)}$$

$$= \frac{2}{3} \lim_{x \to \infty} \frac{1}{\cos^2 \dfrac{2}{x} \cdot \cos \dfrac{3}{x}} = \frac{2}{3}$$

二、$\dfrac{\infty}{\infty}$ 型未定式

定理 2 设

(1) 当 $x \to a$ 时,函数 $f(x)$ 及 $g(x)$ 趋于 ∞;

(2) 在点 a 的某去心邻域内,$f'(x)$ 及 $g'(x)$ 都存在且 $g'(x) \neq 0$;

(3) $\lim\limits_{x \to a} \dfrac{f'(x)}{g'(x)}$ 存在(或为无穷大).

则 $\lim\limits_{x \to a} \dfrac{f(x)}{g(x)} = \lim\limits_{x \to a} \dfrac{f'(x)}{g'(x)}$.

注:对于 $x \to \infty$ 时的 $\dfrac{\infty}{\infty}$ 型未定式,只须作简单变换 $z = \dfrac{1}{x}$,就可以化为定理 2 的情形,同样可以用定理 2 的方法.

例 6 求极限 $\lim\limits_{x \to 0^+} \dfrac{\ln \tan x}{\ln x}$.

解 由于上式为 $\dfrac{\infty}{\infty}$ 型未定式,因而由洛必达法则有

$$\lim_{x \to 0^+} \frac{\ln \tan x}{\ln x} = \lim_{x \to 0^+} \frac{\dfrac{1}{\tan x} \cdot \sec^2 x}{\dfrac{1}{x}} = \lim_{x \to 0^+} \frac{x}{\sin x \cos x} = 1$$

例 7 求极限 $\lim\limits_{x \to +\infty} \dfrac{x^n}{e^x}$.

解 反复应用洛必达法则 n 次,得

$$\lim_{x \to +\infty} \frac{x^n}{e^x} = \lim_{x \to +\infty} \frac{nx^{n-1}}{e^x} = \lim_{x \to +\infty} \frac{n(n-1)x^{n-2}}{e^x}$$

$$= \cdots = \lim_{x \to +\infty} \frac{n!}{e^x} = 0$$

洛必达法则虽然是求未定式的一种有效方法,但若能与其他求极限的方法结合使用,效果会更好. 能化简时先化简,可结合使用等价无穷小替换或重要极限,使运算尽可能简捷.

例 8 求极限 $\lim\limits_{x \to 0} \dfrac{3x - \sin 3x}{(1 - \cos x)\ln(1 + 2x)}$.

解 当 $x \to 0$ 时,$1 - \cos x = 2\sin^2 \dfrac{x}{2} \sim \dfrac{1}{2}x^2$,$\ln(1 + 2x) \sim 2x$.

$$\lim_{x \to 0} \frac{3x - \sin 3x}{(1 - \cos x)\ln(1 + 2x)} = \lim_{x \to 0} \frac{3x - \sin 3x}{\dfrac{1}{2}x^2 \cdot 2x}$$

$$= \lim_{x \to 0} \frac{3 - 3\cos 3x}{3x^2} = \lim_{x \to 0} \frac{9\sin 3x}{6x} = \frac{9}{2}$$

需要注意的是洛必达法则有时会失效,其实这并不奇怪,因法则说,当 $\lim\limits_{x \to a} \dfrac{f'(x)}{g'(x)}$ 存在时,

$\lim\limits_{x \to a}\dfrac{f(x)}{g(x)}$ 才有极限,但反之,则不一定. 如下例:

例 9　求极限 $\lim\limits_{x \to 0}\dfrac{x^2 \sin \dfrac{1}{x}}{\sin x}$.

解　此极限为 $\dfrac{0}{0}$ 型未定式,但分子、分母求导后化为 $\lim\limits_{x \to 0}\dfrac{2x\sin\dfrac{1}{x}-\cos\dfrac{1}{x}}{\cos x}$,此极限不存在(振荡),因而不能使用洛必达法则,但不能由此得出结论,说原未定式极限一定不存在,事实上,原极限是存在的,可用下面方法求:

$$\lim\limits_{x \to 0}\dfrac{x^2 \sin \dfrac{1}{x}}{\sin x} = \lim\limits_{x \to 0}\dfrac{x^2 \sin \dfrac{1}{x}}{x}\ (因为\ x \to 0\ 时,\sin x \sim x)$$

$$= \lim\limits_{x \to 0} x\sin\dfrac{1}{x} = 0$$

三、其他类型的未定式

前述 $\dfrac{0}{0}$ 型和 $\dfrac{\infty}{\infty}$ 型是两种最基本的未定式,除此之外,还有 $0 \cdot \infty, \infty - \infty, 1^{\infty}, \infty^0$ 和 0^0 等类型的未定式,这些未定式都可以通过适当的变形化为 $\dfrac{0}{0}$ 型或 $\dfrac{\infty}{\infty}$ 型,然后再应用洛必达法则.

(1) 对于 $0 \cdot \infty$ 型,可将乘积化为除的形式,转化为 $\dfrac{0}{0}$ 型或 $\dfrac{\infty}{\infty}$ 型.

例 10　求极限 $\lim\limits_{x \to 0^+} x\ln x$.

解　$\lim\limits_{x \to 0^+} x\ln x = \lim\limits_{x \to 0^+}\dfrac{\ln x}{\dfrac{1}{x}} = \lim\limits_{x \to 0^+}\dfrac{\dfrac{1}{x}}{-\dfrac{1}{x^2}} = \lim\limits_{x \to 0^+}(-x) = 0.$

注：在本例中我们是将 $0 \cdot \infty$ 型化为 $\dfrac{\infty}{\infty}$ 型后再用洛必达法则计算的,但注意,若化为 $\dfrac{0}{0}$ 型,将得不出结果:

$$\lim\limits_{x \to 0^+} x\ln x = \lim\limits_{x \to 0^+}\dfrac{x}{\dfrac{1}{\ln x}} = \lim\limits_{x \to 0^+}\dfrac{1}{-\dfrac{1}{\ln^2 x} \cdot \dfrac{1}{x}}$$

$$= \lim\limits_{x \to 0^+}\dfrac{x}{-\dfrac{1}{\ln^2 x}} = \cdots$$

可见不管用多少次洛必达法则,其结果仍为 $\dfrac{0}{0}$ 型,所以究竟把 $0 \cdot \infty$ 型化为 $\dfrac{0}{0}$ 型还是 $\dfrac{\infty}{\infty}$ 型要视具体问题而定.

(2) 对于 $\infty - \infty$ 型,可通分化为 $\dfrac{0}{0}$ 型.

例 11　求极限 $\lim\limits_{x \to 1}\left(\dfrac{1}{\ln x} - \dfrac{1}{x-1}\right)$.

解 $\lim\limits_{x \to 1}\left(\dfrac{1}{\ln x}-\dfrac{1}{x-1}\right)=\lim\limits_{x \to 1}\dfrac{x-1-\ln x}{(x-1)\ln x}=\lim\limits_{x \to 1}\dfrac{1-\dfrac{1}{x}}{\ln x+\dfrac{x-1}{x}}$

$$=\lim\limits_{x \to 1}\dfrac{x-1}{x\ln x+x-1}=\lim\limits_{x \to 1}\dfrac{1}{\ln x+1+1}=\dfrac{1}{2}.$$

（3）对于 $0^{0},1^{\infty},\infty^{0}$ 型，可用恒等式 $x=\mathrm{e}^{\ln x}$（一般式 $f(x)^{g(x)}=\mathrm{e}^{\ln f(x)^{g(x)}}=\mathrm{e}^{g(x)\ln f(x)}$）化为以 e 为底的指数函数型式，利用指数函数的连续性，化为直接求指数的极限，指数的极限为 $0 \cdot \infty$ 型，再化为 $\dfrac{0}{0}$ 型或 $\dfrac{\infty}{\infty}$ 型。

例 12 求极限 $\lim\limits_{x \to 0^{+}} x^{x}$.

解 上式为 0^{0} 型.

因为 $\qquad\qquad\qquad\qquad\qquad x=\mathrm{e}^{\ln x}$

所以 $\qquad\qquad\qquad\qquad\qquad x^{x}=\mathrm{e}^{\ln x^{x}}=\mathrm{e}^{x\ln x}$

幂指函数转化成指数
函数形式的方法

而 $\qquad\qquad\lim\limits_{x \to 0^{+}} x\ln x=\lim\limits_{x \to 0^{+}}\dfrac{\ln x}{\dfrac{1}{x}}=\lim\limits_{x \to 0^{+}}\dfrac{\dfrac{1}{x}}{-\dfrac{1}{x^{2}}}=0$

所以 $\qquad\qquad\qquad\qquad\lim\limits_{x \to 0^{+}} x^{x}=\lim\limits_{x \to 0^{+}}\mathrm{e}^{x\ln x}=\mathrm{e}^{0}=1$

例 13 求极限 $\lim\limits_{x \to 0^{+}}(\cos x)^{\frac{1}{x^{2}}}$.

解 上式为 1^{∞} 型.

因为 $(\cos x)^{\frac{1}{x^{2}}}=\mathrm{e}^{\frac{1}{x^{2}}\ln \cos x}$,

而

$$\lim\limits_{x \to 0^{+}}\dfrac{1}{x^{2}}\ln \cos x=\lim\limits_{x \to 0^{+}}\dfrac{\ln \cos x}{x^{2}}=\lim\limits_{x \to 0^{+}}\dfrac{\dfrac{1}{\cos x}\cdot(-\sin x)}{2x}=-\dfrac{1}{2}$$

所以

$$\lim\limits_{x \to 0^{+}}(\cos x)^{\frac{1}{x^{2}}}=\lim\limits_{x \to 0^{+}}\mathrm{e}^{\frac{1}{x^{2}}\ln \cos x}=\mathrm{e}^{-\frac{1}{2}}$$

例 14 求极限 $\lim\limits_{x \to 0^{+}}(\cot x)^{\frac{1}{\ln x}}$.

解 上式为 ∞^{0} 型. 因为

$$(\cot x)^{\frac{1}{\ln x}}=\mathrm{e}^{\frac{1}{\ln x}\cdot\ln \cot x}$$

而

$$\lim\limits_{x \to 0^{+}}\dfrac{1}{\ln x}\ln \cot x=\lim\limits_{x \to 0^{+}}\dfrac{\ln \cot x}{\ln x}=\lim\limits_{x \to 0^{+}}\dfrac{-\tan x\csc^{2}x}{\dfrac{1}{x}}=\lim\limits_{x \to 0^{+}}\left(-\dfrac{1}{\cos x}\cdot\dfrac{x}{\sin x}\right)=-1$$

所以

$$\lim\limits_{x \to 0^{+}}(\cot x)^{\frac{1}{\ln x}}=\lim\limits_{x \to 0^{+}}\mathrm{e}^{\frac{1}{\ln x}\cdot\ln \cot x}=\mathrm{e}^{-1}$$

习题 5-2

(A)

1. 用洛必达法则求下列极限：

(1) $\lim\limits_{x\to 1}\dfrac{\ln x}{x-1}$；

(2) $\lim\limits_{x\to 0}\dfrac{1-\cos x}{x^2}$；

(3) $\lim\limits_{x\to 0}\dfrac{e^{ax}-1}{x}$；

(4) $\lim\limits_{x\to 0}\dfrac{e^x-e^{-x}}{\sin x}$；

(5) $\lim\limits_{x\to 0}\dfrac{\tan x-x}{x+\sin x}$；

(6) $\lim\limits_{x\to +\infty}\dfrac{\dfrac{\pi}{2}-\arctan x}{\dfrac{1}{x}}$；

(7) $\lim\limits_{x\to \frac{\pi}{2}}\dfrac{\ln \sin x}{(\pi-2x)^2}$；

(8) $\lim\limits_{x\to 0}\dfrac{x-\arcsin x}{\sin^3 x}$；

(9) $\lim\limits_{x\to 0}\dfrac{e^x+\sin x-1}{\ln(1+\sin x)}$；

(10) $\lim\limits_{x\to \frac{\pi}{2}}\dfrac{\tan x}{\tan 3x}$；

(11) $\lim\limits_{x\to 1}(1-x)\tan \dfrac{\pi x}{2}$；

(12) $\lim\limits_{x\to \infty}x e^{-x^2}$；

(13) $\lim\limits_{x\to 0^+}\dfrac{\ln \sin 3x}{\ln \sin x}$；

(14) $\lim\limits_{x\to 0}\left(\dfrac{1}{\sin x}-\dfrac{1}{x}\right)$；

(15) $\lim\limits_{x\to 1}\left(\dfrac{x}{x-1}-\dfrac{1}{\ln x}\right)$；

(16) $\lim\limits_{x\to +\infty}x^{\frac{1}{x}}$；

(17) $\lim\limits_{x\to 0^+}\left(\dfrac{1}{x}\right)^{\tan x}$.

2. 验证极限 $\lim\limits_{x\to \infty}\dfrac{x+\sin x}{x}$ 存在，但不能用洛必达法则求出.

(B)

1. 当 a 与 b 为何值时，$\lim\limits_{x\to 0}\left(\dfrac{\sin 3x}{x^3}+\dfrac{a}{x^2}+b\right)=0$?

2. 用洛必达法则求极限：

(1) $\lim\limits_{x\to 0}(1-\sin x)^{\frac{1}{x}}$；

(2) $\lim\limits_{x\to \infty}\left(\cos \dfrac{m}{x}\right)^x$；

(3) $\lim\limits_{x\to +\infty}(x+\sqrt{1+x^2})^{\frac{1}{x}}$.

§5-3　导数在研究函数上的应用

我们已经会用初等数学的方法研究一些函数的单调性和某些简单函数的极值以及函数的最大值和最小值. 但这些方法使用范围狭小，并且有些需借助某种特殊技巧，因而不具有一般性. 本节将以导数为工具，介绍解决上述几个问题既简单又具有一般性的方法.

一、函数的单调性

如何利用导数研究函数的单调性呢?

我们先考察图 5-8,函数 $y=f(x)$ 的图像在区间 (a,b) 内沿 x 轴的正向上升,除点 $(\xi,f(\xi))$ 的切线平行 x 轴外,曲线上其余点处的切线与 x 轴的夹角均为锐角,即曲线 $y=f(x)$ 在区间 (a,b) 内除个别点外切线的斜率为正.

再考察图 5-9,函数 $y=f(x)$ 的图像在区间 (a,b) 内沿 x 轴的正向下降,除个别点外,曲线上其余点处的切线与 x 轴的夹角均为钝角,即曲线 $y=f(x)$ 在区间 (a,b) 内除个别点外切线的斜率为负.

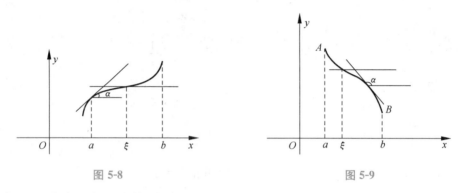

图 5-8   图 5-9

一般地,根据拉格朗日中值定理,有

定理 1 设函数 $y=f(x)$ 在 $[a,b]$ 上连续,在 (a,b) 内可导,

(1) 若在 (a,b) 内 $f'(x)>0$,则函数 $y=f(x)$ 在 $[a,b]$ 上单调增加;

(2) 若在 (a,b) 内 $f'(x)<0$,则函数 $y=f(x)$ 在 $[a,b]$ 上单调减少.

证 任取两点 $x_1,x_2\in(a,b)$,设 $x_1<x_2$,由拉格朗日中值定理知,存在 $\xi\in(x_1,x_2)$,使得
$$f(x_2)-f(x_1)=f'(\xi)(x_2-x_1)$$

(1) 若在 (a,b) 内 $f'(x)>0$,则 $f'(\xi)>0$,所以 $f(x_2)>f(x_1)$,即 $y=f(x)$ 在 $[a,b]$ 上单调增加;

(2) 若在 (a,b) 内 $f'(x)<0$,则 $f'(\xi)<0$,所以 $f(x_2)<f(x_1)$,即 $y=f(x)$ 在 $[a,b]$ 上单调减少.

注:将此定理中的闭区间换成其他各种区间(包括无穷区间)结论仍成立.

函数的单调性是一个区间上的性质,要用导数在这一区间上的符号来判定,而不能用导数在一点处的符号来判别函数在一个区间的单调性,区间内个别点导数为零并不影响函数在该区间的单调性.

例如,函数 $y=x^3$ 在其定义域 $(-\infty,+\infty)$ 内是单调增加的,但其导函数 $y'=3x^2$ 在 $x=0$ 处为零.

如果函数在其定义域的某个区间内是单调的,则该区域称为函数的**单调区间**.

例 1 讨论函数 $f(x)=x^3-6x^2+9x-2$ 的单调性.

解 $f(x)$ 的定义域为 $(-\infty,+\infty)$,
$$f'(x)=3x^2-12x+9=3(x-1)(x-3)$$
因为 $x<1$ 时 $f'(x)>0$;$x>3$ 时 $f'(x)>0$;$1<x<3$ 时,$f'(x)<0$. 所以,$f(x)$ 在 $(-\infty,1]$ 与

$[3,+\infty)$内单调增加,$f(x)$在$[1,3]$上单调减少.

本例可用初等方法研究,但不如用导数符号研究简便.

由导数的几何意义,结合定理 1 可得:

导数符号的几何意义 对于某区间上的函数 $y=f(x)$,**导数为正,曲线上升;导数为零,曲线不升不降;导数为负,曲线下降.**

例 2 确定函数 $y=\sqrt[3]{x^2}$ 的单调区间.

解 函数 y 的定义域为$(-\infty,+\infty)$,

$$y'=\frac{2}{3\sqrt[3]{x}} \quad (x\neq 0)$$

当 $x=0$ 时,函数的导数不存在.

因为当 $x<0$ 时,$y'<0$,所以函数 y 在$(-\infty,0]$上单调减少.

因为当 $x>0$ 时,$y'>0$,所以函数 y 在$[0,+\infty)$内单调增加,如图 5-10 所示.

例 3 判定函数 $y=\dfrac{x^3}{3-x^2}$ 的单调区间.

解 $y=\dfrac{x^3}{3-x^2}$ 的定义域为$(-\infty,-\sqrt{3})$,$(-\sqrt{3},\sqrt{3})$ 和

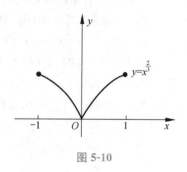

图 5-10

$(\sqrt{3},+\infty)$,这里$\pm\sqrt{3}$是函数的间断点.

$$y'=\frac{x^2(3+x)(3-x)}{(3-x^2)^2}$$

故 $x_1=3,x_2=0,x_3=-3$ 时,$y'=0$,用这三点把定义域分成区间,其讨论结果如下:

x	$(-\infty,-3)$	$(-3,-\sqrt{3})$	$(-\sqrt{3},0)$	$(0,\sqrt{3})$	$(\sqrt{3},3)$	$(3,+\infty)$
y'	$-$	$+$	$+$	$+$	$+$	$-$
y	$\searrow$	$\nearrow$	$\nearrow$	$\nearrow$	$\nearrow$	$\searrow$

所以函数在$(-\infty,-3)$,$(3,+\infty)$内单调减少;函数在$(-3,-\sqrt{3})$$(-\sqrt{3},\sqrt{3})$,$(\sqrt{3},3)$内单调增加.

由这些例子可以看到,函数 $f(x)$ 单调区间可能的分界点是使 $f'(x)=0$ 的点、$f(x)$ 的间断点和 $f'(x)$ 不存在的点.

综上所述,求函数 $y=f(x)$ 单调区间的步骤为:(1)确定 $f(x)$ 的定义域;(2)求出 $f(x)$ 单调区间所有可能的分界点(包括 $f(x)$ 的间断点,**导数等于零的点或导数不存在的点**),并用分界点将函数的定义域分为若干个子区间;(3)逐个判断函数的导数 $f'(x)$ 在各子区间的符号,从而确定出函数 $y=f(x)$ 在各子区间上的单调性,每个使得 $f'(x)$ 的符号保持不变的子区间都是函数 $y=f(x)$ 的单调区间,可用列表的方法进行讨论.

例 4 讨论函数 $f(x)=(x-1)^2(x-2)^3$ 的单调性.

解 该函数的定义域是$(-\infty,+\infty)$,

$$f'(x)=(x-1)(x-2)^2(5x-7)$$

令 $f'(x)=0$,其根为 $1,\dfrac{7}{5},2$.

它将定义域分成四个区间$(-\infty,1),\left(1,\dfrac{7}{5}\right),\left(\dfrac{7}{5},2\right),(2,+\infty)$.

列表如下：

x	$(-\infty,1)$	$\left(1,\dfrac{7}{5}\right)$	$\left(\dfrac{7}{5},2\right)$	$(2,+\infty)$
$f'(x)$	$+$	$-$	$+$	$+$
$f(x)$	↗	↘	↗	↗

即 $f(x)$ 在 $(-\infty,1)$ 与 $\left(\dfrac{7}{5},+\infty\right)$ 内单调增加，在 $\left[1,\dfrac{7}{5}\right]$ 上单调减少.

注：由例 4 可以看到，在点 $x=2$ 处，$f'(2)=0$，但 $f(x)$ 在点 $x=2$ 的两侧皆单调增加，这说明在区间内函数单调增加(或减小)，在此区间的个别点，导数也可能为零.

利用函数的单调性还可以证明一些不等式.

例 5 证明：当 $x\neq 0$ 时，有 $e^x>1+x$.

证 设 $f(x)=e^x-(x+1)$，则 $f(0)=0$，$f'(x)=e^x-1$.

因为当 $x>0$ 时，$f'(x)>0$，所以 $f(x)$ 在 $[0,+\infty)$ 内单调增加；

所以当 $x>0$ 时，$f(x)>f(0)=0$，即 $e^x>1+x$.

当 $x<0$ 时，$f'(x)<0$，所以 $f(x)$ 在 $(-\infty,0]$ 上单调减少；

所以当 $x<0$ 时，$f(x)>f(0)=0$，即 $e^x>1+x$.

综上，当 $x\neq 0$ 时，$e^x>1+x$.

二、函数的极值

我们利用定理 1 研究了函数的增减性，现在我们研究函数的极大值和极小值.

定义 1 设函数 $f(x)$ 在点 x_0 的某邻域内有定义，如果对于该邻域内的任意异于 x_0 的 x 值 $(x\neq x_0)$，都有

(1) $f(x)>f(x_0)$，则称点 x_0 为函数 $f(x)$ 的**极小值点**，称 $f(x_0)$ 为 $f(x)$ 的**极小值**；

(2) $f(x)<f(x_0)$，则称点 x_0 为函数 $f(x)$ 的**极大值点**，称 $f(x_0)$ 为 $f(x)$ 的**极大值**.

极大值点和极小值点统称为**函数的极值点**，极大值与极小值统称为**极值**. 由定义可知，极值只是函数 $f(x)$ 在点 x_0 的某一邻域内相比较而言的，它只是函数的一种局部性质. 函数的极小值(极大值)在函数的定义域内与其他点的函数值相比较，不一定是最小值(最大值)，如图 5-11 所示.

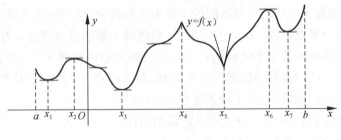

图 5-11

一个定义在 $[a,b]$ 上的函数，它在 $[a,b]$ 上可以有许多极大值和极小值，但其中的极大值并不一定都是大于每一个极小值的. 如图 5-11 所示，函数 $f(x)$ 在点 x_2,x_4,x_6 处都取得极大值，

分别为 $f(x_2),f(x_4),f(x_6)$,在点 x_1,x_3,x_5,x_7,处取得极小值,分别为 $f(x_1),f(x_3),f(x_5)$,$f(x_7)$,极大值 $f(x_2)$ 比极小值 $f(x_7)$ 要小.另从观察得知,在极值点处,函数 $f(x)$ 的导数可能为零(切线平行于 Ox 轴),也可能不存在.在几何上,极大值对应于函数曲线的峰顶,极小值对应于函数曲线的谷底.

例如函数 $y=\cos x$,在点 $x=0$ 处取得极大值 $y=\cos 0=1$,在点 $x=\pi$ 处取得极小值 $y=\cos \pi=-1$.不难发现,可导函数 $y=\cos x$ 的曲线在极值点 $x=0$ 和 $x=\pi$ 处切线平行于 x 轴.

这样,我们可得下面定理:

定理 2(极值存在的必要条件)　如果函数 $f(x)$ 在点 x_0 处取得极值,且 $f'(x_0)$ 存在,则必有 $f'(x_0)=0$.

这个定理叫作**费马定理**.

由费马定理可知导数 $f'(x_0)=0$ 是可导函数 $y=f(x)$ 在点 x_0 取得极值的必要条件,即**可导函数的极值点必定是导数 $f'(x)=0$ 的点(驻点)**.反过来,导数为零的点(驻点)**不一定是极值点**.例如函数 $y=x^3$,令 $y'=3x^2=0$,解得驻点 $x=0$,但是 $x=0$ 并不是这个函数的极值点.事实上,因为这个函数是严格单调增加的,所以 $x=0$ 就不可能是它的极值点.此外,定理只讨论了可导函数如何寻找极值点,对于不可导函数就不能用此定理.然而,有的函数在导数不存在的点处却也可能取得极值,例如 $y=|x|$,$x=0$ 为它的极小值点,但不是驻点,该函数在点 $x=0$ 不可导.

由上述分析可知,**函数的极值可能在驻点处取得,也可能在导数不存在的点取得**.驻点与不可导的点是函数的可能极值点.因此,找函数的极值点,应从导数等于零的点和导数不存在的点中去寻找.只要把这些点找出来,然后逐个加以判定.然而,如何判定这些点是否是极大值点还是极小值点呢?从图 5-11 中看出,极大值点左边是递增区间,导数为正;右边是递减区间,导数为负.在极小值点左边是递减区间,导数为负;右边是递增区间,导数为正.

由此,可得到**极值的第一判别法**.

定理 3(极值存在的一阶充分条件)　设函数 $f(x)$ 在点 x_0 的去心邻域内可导,且 $f'(x_0)=0$ 或 $f'(x_0)$ 不存在,若存在一个正数 ξ,有

$$f'(x)\begin{cases}>0(\text{或}<0),&\text{当}x\in(x_0-\xi,x_0),\\<0(\text{或}>0),&\text{当}x\in(x_0,x_0+\xi)\end{cases}$$

则函数 $f(x)$ 在点 x_0 取极大值(极小值).(见图 5-12)

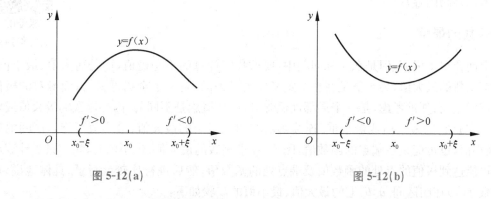

图 5-12(a)　　　　　　　　图 5-12(b)

综上所述,求函数 $f(x)$ 极值的方法如下:

(1) 确定函数 $f(x)$ 的定义域;

（2）求 $f'(x)$，令 $f'(x)=0$，求函数 $f(x)$ 在定义域内的驻点及导数不存在的点；

（3）判别 $f'(x)$ 在每个驻点及导数不存在点两侧的符号；

（4）求出极值点所对应的函数的极大值或极小值.

注：若在 x_0 左右两侧 $f'(x_0)$ 同号，则 $f(x_0)$ 不是极值.

例 6　求函数 $y=\dfrac{1}{3}x^3-4x+4$ 的极值.

解　$y'=x^2-4=(x+2)(x-2)$，

令 $(x+2)(x-2)=0$ 得 $x_1=-2,x_2=2$.

列表讨论如下：

x	$(-\infty,-2)$	-2	$(-2,2)$	2	$(2,+\infty)$
y'	$+$	0	$-$	0	$+$
y	↗	$9\dfrac{1}{3}$	↘	$-1\dfrac{1}{3}$	↗

从上表可见，$x=-2$ 为极大值点，其极大值为 $9\dfrac{1}{3}$；$x=2$ 为极小值点，其极小值为 $-1\dfrac{1}{3}$.

例 7　求函数 $y=x^{\frac{2}{3}}(x-5)$ 的极值.

解　$y'=\dfrac{5(x-2)}{3\sqrt[3]{x}}$，

当 $x=2$ 时，$y'=0$；当 $x=0$ 时，y' 不存在.

列表讨论如下：

x	$(-\infty,0)$	0	$(0,2)$	2	$(2,+\infty)$
y'	$+$	不存在	$-$	0	$+$
y	↗	0	↘	$-3\sqrt[3]{4}$	↗

显然，函数在 $x=0$ 处取极大值 $f(0)=0$；在点 $x=2$ 处取极小值 $f(2)=-3\sqrt[3]{4}$.

运用第一判别法时只需求函数的一阶导数，但需判断驻点或不可导点两侧导数的符号，有时比较麻烦. 一般情况下用**极值的第二判别法**较简单.（请大家参考二维码内容）

极值的
第二判别法

三、函数的最值

上面介绍了极值，但是在实际问题中，要求我们计算的不是极值，而是最大值、最小值. 我们知道函数的最大值、最小值是在整个定义域内考虑的，是一个全局性概念；而函数的极值只是在点的左、右邻近考虑，是一个局部性概念. 这两个概念是不同的，因此函数的极大值或极小值不一定是它的最大值或最小值. 连续函数在闭区间上的最大值、最小值可能是区间的极大值、极小值，也可能是在端点的函数值，因此，在求函数的最大值、最小值时，我们只要计算出那些可能达到极值的点处的函数值及端点处的函数值，然后进行比较就行了. 具体地说，求连续函数 $f(x)$ 在闭区间 $[a,b]$ 上的最大值、最小值的步骤如下：

（1）求出 $f'(x)=0$ 在 $[a,b]$ 上所有的根以及使 $f'(x)$ 不存在的点 $x_1,x_2,\cdots,x_n$；

（2）计算 $f(x_1),f(x_2),\cdots,f(x_n),f(a),f(b)$，并比较它们的大小，其中最大者为最大值，

最小者为最小值.

例 8　求函数 $f(x)=(x-1)^2(x-2)^3$ 在 $[0,3]$ 上的最大值和最小值.

解　求导函数

$$f'(x)=(x-1)(5x-7)(x-2)^2$$

令 $f'(x)=0$,得

$$x_1=1,\quad x_2=\frac{7}{5},\quad x_3=2$$

由于

$$f(1)=0,\quad f\left(\frac{5}{7}\right)\approx-0.035,\quad f(2)=0,\quad f(0)=-8,\quad f(3)=4$$

所以 $f(x)$ 在 $[0,3]$ 上的最大值是 4,最小值是 -8.

例 9　求 $f(x)=x^5-5x^4+5x^3+1$ 在 $[-1,2]$ 上的最大值和最小值.

解　$f'(x)=5x^2(x-1)(x-3)$.

令 $f'(x)=0$,得 $x_1=0,x_2=1,x_3=3$(舍去).

因为 $f(-1)=-10,f(0)=1,f(1)=2,f(2)=-7$.

所以 $f(1)=2$ 是最大值,$f(-1)=-10$ 是最小值.

我们知道,二次函数 $y=ax^2+bx+c$ 只有一个极值点,所以在包含极值点的任何闭区间上,$y=ax^2+bx+c$ 的极大值就是最大值,极小值就是最小值(见图 5-13).

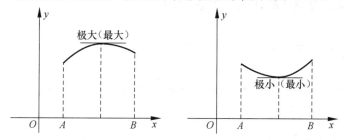

图 5-13

一般在实际问题中,如果我们从问题的实际情况可以判定可导函数 $f(x)$ 在定义域开区间内一定存在最大值(或最小值),而且 $f(x)$ 在定义域开区间内只有唯一的驻点,那么立即可以判定这个驻点的函数值就是最大值(或最小值).这一点在解决某些实际问题时很有用.

例 10　设从工厂 A 到铁路的垂直距离 $AB=40$ km,铁路上距 B 点 200 km 的地方有一原料供应站 C,现在从铁路 BC 上某一点 D 处向工厂 A 修一条公路,使从原料供应站 C 运货到工厂 A 所需总运费最省.问:D 应选在何处?(已知每吨千米铁路与公路运费之比为 3:5).

解　如图 5-14 所示.设 $BD=x$(km),则 $CD=$
$200-x$(km),$AD=\sqrt{x^2+40^2}$(km).如果每吨千米公路

运费为 a 元,则每吨千米铁路运费为 $\frac{3}{5}a$ 元,于是从 C 经

D 到 A 每运一吨货物的总运费是 $y=a\sqrt{x^2+40^2}+$

$\frac{3}{5}a(200-x)(0\leqslant x\leqslant200)$.问题是要求 x 为多少时,y 取

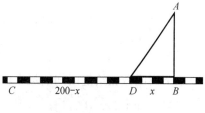

图 5-14

最小值.

$$y' = \frac{ax}{\sqrt{x^2+40^2}} - \frac{3}{5}a = \frac{a(5x-3\sqrt{x^2+40^2})}{5\sqrt{x^2+40^2}}$$

令 $y'=0$,解得驻点 $x=\pm30$,在 $[0,200]$ 上只有唯一驻点 $x=30$,又从实际问题知,总运费函数 y 在 $(0,200)$ 内一定有最小值,故 $x=30$ 时,y 取最小值.

所以 D 点取在距 B 点 30 km 处时,总运费最省.

习题 5-3

(A)

1. 确定下列函数的单调区间:

    (1) $y=x^3-3x+7$;   (2) $y=\dfrac{1}{x^2}$;   (3) $y=xe^x$;

    (4) $y=\dfrac{\sqrt{x}}{x+100}$;   (5) $y=x^2-\ln x^2$;   (6) $y=x+\sin x$.

2. 已知函数 $y=a(x^3-x)(a\neq0)$,

    (1) 当 $x>\dfrac{\sqrt{3}}{3}$ 时,y 是减函数,确定 a 值的范围;

    (2) 当 $x<-\dfrac{\sqrt{3}}{3}$ 时,y 是减函数,确定 a 值的范围;

    (3) 当 $-\dfrac{\sqrt{3}}{3}<x<\dfrac{\sqrt{3}}{3}$ 时,y 是减函数,确定 a 值的范围.

3. 证明下列不等式:

    (1) 当 $x>0$ 时,$\sin x<x$;

    (2) 当 $x>0$ 时,$x-\dfrac{x^2}{2}<\ln(1+x)<x$;

    (3) 当 $x>0$ 时,$\dfrac{5}{3}x^3-2x^2+x>0$.

4. 求下列函数的极值:

    (1) $y=x^2+2x-2$;   (2) $y=x^3-4x$;

    (3) $y=\dfrac{x^2}{x^2+3}$;   (4) $y=\sin x\cos x(0<x<\pi)$;

    (5) $y=1-\sqrt{x^2-2x+10}$;   (6) $y=1-\sqrt{6-x-x^2}$;

    (7) $y=\dfrac{\ln^2 x}{x}$;   (8) $y=xe^{-x}$.

5. 求下列函数在给定区间的最大值与最小值:

    (1) $y=x+2\sqrt{x}$,$[0,4]$;

    (2) $y=x\ln x$,$\left[\dfrac{1}{e^2},e\right]$;

(3) $y = 2\tan x - \tan^2 x$, $\left[0, \dfrac{\pi}{3}\right]$.

6. 证明:在给定周长的一切矩形中,正方形的面积最大.

7. 若直角三角形的一直角边与斜边之和为 a,求有最大面积的直角三角形和它的最大面积.

(B)

1. 确定下列函数的增减区间,并求极值:

(1) $f(x) = 2x + \dfrac{1}{x^2}$;   (2) $g(x) = \dfrac{x+1}{\sqrt{x^2+1}}$; (3) $h(x) = \dfrac{\ln x}{x^2}$.

2. 确定下列函数的单调性并求极值:

(1) $f(x) = 3x - x^3$;   (2) $f(x) = x + \dfrac{1}{x}$;   (3) $f(x) = x - \ln(1+x)$.

复习题五

(A)

第五章学习指导

1. 问答题.

(1) 罗尔中值定理和拉格朗日中值定理中的条件是定理成立的充分条件还是必要条件?

(2) 设函数 $y = f(x)$ 在开区间 (a,b) 内可导,$x_1, x_2 \in (a,b)$,在 x_1 与 x_2 之间是否至少存在一点 ξ,使得 $f(x_1) - f(x_2) = f'(\xi)(x_1 - x_2)$?

(3) 若函数 $f(x), g(x)$ 可导,且 $g'(x) \neq 0$,又 $\lim\limits_{x \to a} f(x) = 0$,$\lim\limits_{x \to a} g(x) = 0$,$\lim\limits_{x \to a} \dfrac{f(x)}{g(x)}$ 存在,是否必有 $\lim\limits_{x \to a} \dfrac{f(x)}{g(x)} = \lim\limits_{x \to a} \dfrac{f'(x)}{g'(x)}$?

(4) 函数的极大值是否一定大于极小值?

(5) 什么是函数的驻点? 函数的驻点是否一定是函数的极值点?

2. 填空题.

(1) 如果 $f(x)$ 在 $[a,b]$ 上可导,则必存在 $\xi \in (a,b)$,使得 $f'(\xi) = $ _____ .

(2) 设 $a < x < b$,$f'(x) = g'(x)$,则 $f(x)$ 与 $g(x)$ 的关系是 $f(x) = $ _____ .

3. 解答题.

(1) 求极限:

① $\lim\limits_{x \to 0} \dfrac{e^x - 1}{x e^x + e^x - 1}$;   ② $\lim\limits_{x \to 0} \dfrac{(1 - \cos x)^2}{x \tan^3 x}$;

③ $\lim\limits_{x \to +\infty} \dfrac{\ln\left(1 + \dfrac{1}{x}\right)}{\operatorname{arccot} x}$;   ④ $\lim\limits_{x \to 0} (1 + x e^x)^{\frac{1}{x}}$.

(2) 应用拉格朗日中值定理证明曲线弧 $y = x^2 + 2x - 3 (-1 \leqslant x \leqslant 2)$ 上至少有一点处的切线平行于该连续曲线弧两端点的弦,并求出曲线弧上该点的坐标.

(B)

1. 填空题.

(1) 设 $f(x)$、$g(x)$ 在 $x=0$ 处可导，$f(0)=g(0)=0$，当 $x \neq 0$ 时，$g(x) \neq 0$ 且 $g'(x) \neq 0$，$\lim\limits_{x \to 0} \dfrac{f'(x)}{g'(x)}$ 存在，则 $\lim\limits_{x \to 0} \dfrac{f(x)}{g(x)} = $ _____.

(2) 若 $\lim\limits_{x \to a} g(x) = 0$ 且 $\lim\limits_{x \to a} \dfrac{f(x)}{g(x)} = 5$，则 $\lim\limits_{x \to a} f(x) = $ _____.

2. 解答题.

(1) 求函数 $f(x) = x^n e^{-x} (x \geqslant 0, n > 0)$ 的单调增城区间.

(2) 证明下面不等式：当 $x > 0$ 时，

$$\frac{1}{x} > \arctan x - \frac{\pi}{2}$$

(3) 在位于第一象限中的椭圆弧 $\dfrac{x^2}{8} + \dfrac{y^2}{18} = 1 (x \geqslant 0, y \geqslant 0)$ 上找一点，使该点的切线与椭圆弧及两坐标轴所围成的图形的面积最小.

课外阅读

三个中国数学家的故事

一、古代数学家——祖冲之

祖冲之(公元 429－500 年)是我国南北朝时期,河北省涞源县人.他从小就阅读了许多天文、数学方面的书籍,勤奋好学,刻苦实践,成为我国古代杰出的数学家、天文学家.

祖冲之在数学上的杰出成就,是关于圆周率的计算.秦汉以前,人们以"径一周三"作为圆周率,这就是"古率".后来发现古率误差太大,圆周率应是"圆径一而周三有余",不过究竟余多少,意见不一.直到三国时期,刘徽提出了计算圆周率的科学方法——"割圆术",用圆内接正多边形的周长来逼近圆周长.刘徽计算到圆内接 96 边形,求得 π＝3.14,并指出,内接正多边形的边数越多,所求得的 π 值越精确.祖冲之在前人成就的基础上,经过刻苦钻研,反复演算,求出 π 在 3.141 592 6 与 3.141 592 7 之间,并得出了 π 分数形式的近似值,取为密率,其中取六位小数是 3.141 929,它是分子、分母在 1 000 以内最接近 π 值的分数.祖冲之究竟用什么方法得出这一结果,现在无从考察.若设想按刘徽的"割圆术"方法去求,就要计算到圆内接 16 384 边形,这需要费多少时间和付出多么巨大的劳动啊! 由此可见他在治学上的顽强毅力和聪明才智是令人钦佩的.祖冲之计算得出的密率,外国数学家获得同样结果,但已是一千多年以后的事了.

二、现代数学家——陈景润

陈景润 1933 年出生在福建省福州市的闽侯镇,现代数学家,曾任中国科学院数学研究所研究员、中国科学院学部委员,曾荣获国家自然科学奖一等奖、华罗庚数学奖等.

陈景润酷爱读书,在所有的学科中,他特别喜欢数学,只要遨游在代数、几何的题海中,他就能够忘却所有的烦恼.他非常勤学好问,总是主动向老师请教问题或借阅参考书学习.一天中午,最后一节下课了,陈景润走出教室,回家路上,他从书包里拿出一本刚从老师借来的教学书,边走边看,书上的内容像电影一样一幕幕地闪现,陈景润就像一个饥饿的人扑到面包上,大口大口地吞吃着精神食粮,他只顾专心致志地看书,不知不觉偏离了方向,朝着路边走去,只听"哎哟"一声,他撞到电线杆上.

抗日战争爆发初期,陈景润刚刚升入初中,中学里的一位数学老师使陈景润的人生发生了根本的改变,这位老师就是曾经任清华大学航空系主任的沈元老师.一天,沈元老师在数学课上给大家讲了一故事:"200 年前有个法国人发现了一个有趣的现象:6＝3＋3,8＝5＋3,10＝

5＋5,12＝5＋7,28＝5＋23,100＝11＋89.每个大于4的偶数都可以表示为两个奇数之和.因为这个结论没有得到证明,所以还是一个猜想.大数学家欧拉说过:虽然我不能证明它,但是我确信这个结论是正确的.它像一个美丽的光环,在我们不远的前方闪耀着炫目的光辉……"沈元老师最后说了一句:自然科学的皇后是数学,数学的皇冠是数论,而哥德巴赫猜想则是皇冠上的一颗明珠!陈景润瞪着眼睛,听得十分入神.从此,陈景润对这个奇妙问题产生了浓厚的兴趣.课余时间一定到图书馆,不仅读了中学辅导书,大学的数理化课程教材也如饥似渴地阅读,获得了"书呆子"的雅号.

陈景润经过不懈努力,逆境中潜心学习,忘我钻研,取得解析数论研究领域多项重大成果.1973年2月,陈景润关于(1＋2)简化证明的论文终于公开发表!论文立即在世界数学界引起轰动,专家们给予极高的评价,被公认是对哥德巴赫猜想研究的重大贡献,是筛法理论的光辉顶点,国际数学界称之为"陈氏定理",至今仍在"哥德巴赫猜想"研究中保持世界领先水平,人们亲切地称他为"数学王子".

三、爱国数学家——苏步青

苏步青1902年9月出生在浙江省平阳县的一个山村里.曾任全国政协副主席,复旦大学校长等职,中国科学院院士.中国著名的数学家、教育家,中国微分几何学派创始人,被誉为"东方国度上灿烂的数学明星""东方第一几何学家""数学之王".

苏步青小时候家境清贫,可他父母省吃俭用,拼死拼活也要供他上学.他在读初中时,对数学并不是很感兴趣,觉得数学太简单,一学就懂.可是,后来的一堂数学课影响了他一生.苏步青上初三时,他就读的浙江省六十中来了一位刚从东京留学归来的数学老师杨老师.第一堂课杨老师没有讲数学,而是讲故事.他说:"当今世界,弱肉强食,世界列强依仗船坚炮利,都想蚕食瓜分中国.中华亡国灭种的危险迫在眉睫,振兴科学,发展实业,救亡图存,在此一举.天下兴亡,匹夫有责,在座的每一位同学都有责任."他旁征博引,讲述了数学在现代科学技术发展中的巨大作用.这堂课杨老师最后一句是:"为了救亡图存,必须振兴科学,数学是科学的开路先锋,为了发展科学,必须学好数学."苏步青一生不知听过多少堂课,但这一堂课使他终生难忘.杨老师的思想深深地打动了他,给他的思想注入了新的兴奋剂.读书,不仅为了摆脱个人困境,而是要拯救中国广大的苦难民众;读书,不仅是为了个人找出路,而是为中华民族求新生.当天晚上,苏步青辗转反侧,彻夜难眠.在杨老师思想的影响下,苏步青的兴趣从文学转向了数学,并从此立下了"读书不忘救国,救国不忘读书"的座右铭.一迷上数学,不管是酷暑隆冬还是霜晨雪夜,苏步青只知道读书、思考、解题、演算,四年中演算了上万道数学习题.现在温州一中(即当时省立十中)还珍藏着苏步青一本几何练习簿,用毛笔书写,工工整整.中学毕业时,苏步青门门功课都在90分以上.17岁时,苏步青赴日留学,并以第一名的成绩考取东京高等工业学校,在那里他如饥似渴地学习.为国争光的信念驱使苏步青较早地进入了数学的研究领域,在完成学业的同时,撰写了30多篇论文,在微分几何方面取得令人瞩目的成果,并于1931年获得理学博士学位.获得博士之前,苏步青已在日本帝国大学数学系当讲师.当时日本一个大学准备聘他去任待遇更优厚的副教授时,苏步青拒绝了,毅然决定回国,回到抚育他成长的祖国任教.回到浙江大学任教授的苏步青,生活十分艰苦.面对困境,苏步青的回答是"吃苦算得了什么,我甘心情愿,因为我选择了一条正确的道路,这是一条爱国的光明之路啊!"

这就是数学家苏步青那颗爱国的赤子之心.

第六章

不定积分

微积分，或者数学分析，是人类思维的伟大成果之一. 它处于自然科学与人文科学之间的地位，是高等教育中的一种特别的有效工具. 遗憾的是，微积分的教学方法有时流于机械，不能体现出这门学科乃是一种撼人心灵的智力奋斗的结晶.

——R·柯朗

前面我们已经讨论了一元函数的微分学，这一章和下一章我们将讨论一元函数积分学. 不定积分属于积分学内容，它是现代微积分学中求解定积分的关键基础. 但在历史上，是先有了定积分的概念和理论后，才发展了不定积分的概念及理论. 定积分的理论很早就已经成熟，在严格的逻辑推理上以及与数学体系的融合上都没有问题. 问题在于实际计算定积分时，最初都是通过无穷级数求和的古典计算方式来获得定积分结果的，那是很复杂也很艰难的计算工作. 为此，牛顿曾经为几个今天看来比较简单的定积分花了几年时间来计算也毫无结果. 后来牛顿与莱布尼兹通过变化黎曼积分的定积分形式，对变上限形式的黎曼积分求导得到著名的牛顿—莱布尼兹公式，从而揭示了微分与积分之间的互逆运算关系，彻底简化了定积分计算. 这以后才逐步发展了给微分理论与定积分理论搭桥的不定积分理论. 本章将介绍不定积分的概念及各种计算方法，下一章介绍定积分.

§6-1 不定积分

一、原函数与不定积分的概念

在微分学中，可以通过对一个函数求导得到它的导函数，例如 $(\tan x)' = \dfrac{1}{\cos^2 x}$.

现在逆过来思考：已知一个函数例如 $\tan x$，对什么函数求导才能得到它呢？是否一定存在那样的函数呢？这就是不定积分理论要解决的问题.

由导数（或微分）求原来函数的运算也是一种逆向思维过程.

定义 1 若在某区间 D 上每一点 x 处都有 $F'(x) = f(x)$ 成立，则称 $F(x)$ 是 $f(x)$ 在 D 上的一个**原函数**.

在不需要严格强调条件的情况下，可以采取简便说法：若 $F'(x) = f(x)$，则 $F(x)$ 是 $f(x)$ 的一个原函数.

例 1 因为 $(\sin x)' = \cos x$，所以 $\sin x$ 是 $\cos x$ 的一个原函数；因为 $(x^2 + 1)' = 2x$，所以 $x^2 + 1$ 是 $2x$ 的一个原函数.

以上例子使我们猜想到，求一个函数的原函数，只要熟记求导公式就可以了. 这对简单的函数来说不无道理,但对较复杂的函数就难以奏效了,并且对原函数的概念还应该作深入的探讨.因此研究原函数必须解决两个重要问题:

(1) 什么条件下,一个函数存在原函数?

(2) 如果一个函数存在原函数,那么有几个? 下面就来回答这两个问题.

为什么强调"一个"原函数呢? 任何一个函数,假如它存在原函数,那么它的原函数就会有无穷多个.因为假如 $F'(x)=f(x)$,则必有 $[F(x)+C]'=f(x)$,其中,C 为任意常数.所以,只要函数存在一个原函数,它就有无穷多个原函数.

另外,可以证明同一个函数的不同原函数之间至多相差一个常数.

证　假设 $F(x)$、$G(x)$ 分别是 $f(x)$ 的两个原函数,则有

$$[F(x)-G(x)]' = F'(x) - G'(x) = f(x) - f(x) = 0$$

由拉格朗日中值定理推论可知,$F(x)-G(x)=C$,C 为任意常数.

综上所述,如果 $f(x)$ 有一个原函数 $F(x)$,则 $F(x)+C$(C 为任意常数)就是 $f(x)$ 的所有原函数.

上述分析表明,如果函数有一个原函数存在,则必有无穷多个原函数,且任意两个原函数之间相差一个常数.于是,上述结论也揭示了全体原函数的结构,即只需求出任意一个原函数,再加上任意常数,便可得全部原函数.

根据原函数的这种性质,进一步引进下面的不定积分概念:

定义 2　函数 $f(x)$ 的所有原函数,称为 $f(x)$ 的**不定积分**,记为 $\int f(x)\mathrm{d}x$.

其中,"$\int$"称为**积分号**;$f(x)$ 称为**被积函数**;$f(x)\mathrm{d}x$ 称为**被积表达式**;x 称为**积分变量**.

若 $F(x)$ 是 $f(x)$ 的一个原函数,则根据不定积分定义有

$$\int f(x)\mathrm{d}x = F(x) + C(C \text{ 为任意常数})$$

因此,要求 $f(x)$ 的不定积分,只需要求出它的一个原函数,再加上任意常数 C 就可以了.C 表示的不是一个数值,而是一类数.有限个常数与 C 之间的任意形式的有限次运算结果仍是 C.

可以证明,**连续函数在其定义区间上都存在原函数**.(这个结论将在 §7-3 中得到证明)但要**注意**:并非不连续函数就一定不存在原函数.这方面更深入的理论我们暂时不作深究.

$f(x)$ 的不定积分在几何上表示积分曲线族 $F(x)+C$.所谓的积分曲线,是指原函数 $F(x)$ 所代表的曲线.

在原函数的许多具体问题中往往先求出全体原函数,然后从中确定一个满足**初始**条件 $F(x_0)=y_0$ 的原函数,它就是积分曲线族中通过 (x_0,y_0) 的那一条积分曲线.

例 2　求通过点 $(1,2)$,其任一点处切线斜率为 $2x$ 的曲线.

解　设所求的曲线为 $y=F(x)$,由题意知,$y'=F'(x)=2x$.

因为 $(x^2)'=2x$,所以积分曲线族为 $y = \int 2x\mathrm{d}x = x^2 + C$.

又因为曲线通过点 $(1,2)$,所以有 $2=1^2+C$,解得 $C=1$.

故所求曲线为 $y=x^2+1$.

二、不定积分的性质与基本积分公式

(一) 不定积分的性质

与导数或微分的运算法则不同,不定积分没有四则运算法则. 只有如下性质:

性质 1 两个函数的代数和的积分,等于这两个函数积分的代数和,即

$$\int [f(x) \pm g(x)]\mathrm{d}x = \int f(x)\mathrm{d}x \pm \int g(x)\mathrm{d}x$$

性质 2 非零常数因子可以提到积分号外面来,即

$$\int af(x)\mathrm{d}x = a\int f(x)\mathrm{d}x,\text{其中常数 } a \neq 0$$

性质 3 $\left(\int f(x)\mathrm{d}x\right)' = f(x)$ 或 $\mathrm{d}\int f(x)\mathrm{d}x = f(x)\mathrm{d}x$.

即不定积分的导数(或微分)等于被积函数(或被积表达式).

事实上,假设 $F(x)$ 是 $f(x)$ 的一个原函数,则 $F'(x) = f(x)$,

因此 $\left(\int f(x)\mathrm{d}x\right)' = [F(x)+C]' = F'(x) = f(x)$.

性质 4 $\int F'(x)\mathrm{d}x = F(x)+C$ 或 $\int \mathrm{d}F(x) = F(x)+C$.

即函数 $F(x)$ 的导函数(或微分)的不定积分等于函数族 $F(x)+C$.

事实上,已知 $F(x)$ 是函数 $F'(x)$ 的一个原函数,

因此 $\int F'(x)\mathrm{d}x = F(x)+C$.

由性质 3 和 4 可知,在相差常数的前提下,不定积分与求导(或微分)互为逆运算.

例如:$\left(\int \sin x\mathrm{d}x\right)' = \sin x$;$\mathrm{d}\int \arccos x\mathrm{d}x = \arccos x\mathrm{d}x$;$\int \mathrm{d}(3x^2 + x) = 3x^2 + x + C$.

(二) 基本积分公式表

怎样求一个已知函数 $f(x)$ 的不定积分(即原函数族)呢? 自然想到利用不定积分的定义,首先应求一个原函数 $F(x)$,使 $F'(x)=f(x)$,而后根据定义就可写出 $f(x)$ 的不定积分. 但我们发现,求一个函数的原函数远比求一个已知函数的导数困难得多,其原因在于原函数的定义不像导数那样具有构造性,即它只告诉我们其导数刚好等于已知函数 $f(x)$,而没有指出由 $f(x)$ 求原函数的具体操作方法. 因此,我们只能先按照微分法的已知结果去逆推,正如德·摩根(De Morgan,英,1806—1871 年)所说,积分变成了"回忆"微分.

利用导数的基本公式和不定积分的定义,可以得到下面的基本积分公式:

(1) $\int 0\mathrm{d}x = C$; $\int \mathrm{d}x = x + C$; $\int a\mathrm{d}x = ax + C(a$ 为常数$)$.

(2) $\int x^a \mathrm{d}x = \dfrac{1}{a+1}x^{a+1} + C(a \neq -1)$.

(3) $\int \dfrac{1}{x}\mathrm{d}x = \ln |x| + C$.

(4) $\int a^x \mathrm{d}x = \dfrac{a^x}{\ln a} + C(a > 0,\text{且 } a \neq 1)$.

(5) $\int e^x dx = e^x + C.$

(6) $\int \sin x dx = -\cos x + C.$

(7) $\int \cos x dx = \sin x + C.$

(8) $\int \dfrac{1}{\sin^2 x} dx = \int \csc^2 x dx = -\cot x + C.$

(9) $\int \dfrac{1}{\cos^2 x} dx = \int \sec^2 x dx = \tan x + C.$

(10) $\int \sec x \tan x dx = \sec x + C.$

(11) $\int \csc x \cot x dx = -\csc x + C.$

(12) $\int \dfrac{1}{\sqrt{1-x^2}} dx = \arcsin x + C.$

(13) $\int \dfrac{1}{1+x^2} dx = \arctan x + C.$

注：(1)基本公式表中给出的基本积分公式,是求不定积分的基础,许多不定积分最终将归结为这些基本积分公式,必须熟记,在熟记了基本初等函数的导数公式的基础上去记忆这些公式也并不困难.

(2)基本积分公式同样存在类似于基本求导公式的"三元统一"原则.学习过基本求导公式的"三元统一"原则后,再理解基本积分公式的"三元统一"原则就很简单了.它们之间存在的三元对应差别在于第二元.基本求导公式的"第二元"对应的是求导变量,而基本积分公式的"第二元"对应的则是积分变量.

用"回忆微分"的方法解决不定积分问题,只适用于被积函数是基本初等函数的导数的几种简单情形,对较复杂的不定积分,直接"回忆微分"就难以奏效了.但如果我们综合利用不定积分的性质和基本积分公式,可以求得一些简单的不定积分.

例 3　求 $\int (3x^2 - \sin x + e^x) dx.$

解　$\int (3x^2 - \sin x + e^x) dx = \int 3x^2 dx - \int \sin x dx + \int e^x dx = x^3 + \cos x + e^x + C.$

例 4　求 $\int \sqrt{x}(x^2 - 5) dx.$

解　$\int \sqrt{x}(x^2 - 5) dx = \int (x^{\frac{5}{2}} - 5x^{\frac{1}{2}}) dx = \int x^{\frac{5}{2}} dx - 5\int x^{\frac{1}{2}} dx = \dfrac{2}{7}x^{\frac{7}{2}} - \dfrac{10}{3}x^{\frac{3}{2}} + C.$

例 5　求 $\int \dfrac{x^2}{1+x^2} dx.$

解　$\int \dfrac{x^2}{1+x^2} dx = \int \dfrac{1+x^2-1}{1+x^2} dx = \int (1 - \dfrac{1}{1+x^2}) dx$

$\qquad = \int dx - \int \dfrac{1}{1+x^2} dx = x - \arctan x + C.$

例 6　求 $\int \tan^2 x dx.$

解　$\displaystyle\int \tan^2 x\mathrm{d}x = \int \frac{\sin^2 x}{\cos^2 x}\mathrm{d}x = \int \frac{1-\cos^2 x}{\cos^2 x}\mathrm{d}x = \int \frac{\mathrm{d}x}{\cos^2 x} - \int \mathrm{d}x = \tan x - x + C.$

例 6 解答过程中，第三个等号后已经求出一个积分，按照积分公式，似乎应该出现一个常数 C 的. 为什么没出现呢? 这里是关于任意常数 C 的一些知识: 因为 C 代表任意常数这样的一类数而不是一个数值，所以不能按照数值计算法则来理解 C 这种非数值常数的运算关系. 假若 C_1、C_2 分别表示两个可能不相同的任意常数，则 $C_1 + C_2 = C.$ 同样道理，对于某个固定常数 a，$aC = C.$ 也就是说，无论常数之间怎样进行有限次运算，其结果仍然是常数类，没有脱离这一类数，C 依然可以代表它们. 因此，只要式子中仍然含有一个不定积分，它里面就会隐含着任意常数 C，此时即使有一部分的不定积分已经求解出来，也不必额外添加 $C.$ 在最后结果的式子中不再含有不定积分，C 才必须出现.

由上述各例可知，对一些简单的求积分问题，我们总是设法将被积函数化简为基本积分公式表中有关函数的形式，使之能利用基本积分公式求得不定积分. 这种求积分方法称为**直接积分法**. 但直接积分法可解决的问题是十分有限的，对稍为复杂的问题，就必须寻求其他的求积分方法.

与函数求导方法的思想一样，在多数情况下求不定积分也难以直接使用不定积分的定义公式和基本积分公式来进行. 例如 $\displaystyle\int \sin 7x\mathrm{d}x$，通过三角函数恒等变形的方法来把被积函数 $\sin 7x$ 化成基本积分公式里含有的各种被积函数的表达式非常困难，单单使用不定积分的性质和积分公式求积分是远远不够的. 因此，需要研究功能更强大、使用更方便的求积分方法.

$\displaystyle\int f(x)\mathrm{d}x$ 中的被积表达式 $f(x)\mathrm{d}x$ 是一个微分，它能够进行任意的微分运算变形，从而将原不定积分的形式大大改变. 例如: 假若 $f(x)$ 的一个原函数是 $F(x)$，则 $\displaystyle\int f(x)\mathrm{d}x = \int F'(x)\mathrm{d}x = \int \mathrm{d}F(x).$ 在计算不定积分时，可以暂时撇开积分号 $\displaystyle\int$ 不予考虑，先单独考虑积分号后面的积分表达式部分，完全把这部分当成微分表达式来任意进行各种微分运算. 运算变化出需要的形式后，再根据不定积分的定义或基本公式来求解. 正因为如此，求不定积分的方法才可以得到发展和完善.

今后所有求复杂不定积分的方法，只要没有特殊要求说明，也都类似于求导数的方法思路那样，不再使用不定积分定义公式来求解，而是采取某些法则或技巧把原问题分解为数个不定积分子问题，每个子问题都按照"三元统一"原则直接套用基本积分公式. 在这些法则和技巧里，下一节将要介绍的第一换元积分法占有绝对多的使用面和使用率.

习题 6-1

(A)

1. 已知某曲线上任意一点切线斜率等于 x，且曲线通过点 $(0,1)$，求该曲线方程.

2. 求下列不定积分:

(1) $\int 2^x e^x dx$;   (2) $\int \dfrac{1}{x^4} dx$;

(3) $\int \sin^2 \dfrac{x}{2} dx$;   (4) $\int \dfrac{dx}{\sin^2 x \cos^2 x}$;

(5) $\int (2^x + e^x) dx$;   (6) $\int \left(\dfrac{a}{\sqrt{1-x^2}} - \dfrac{b}{1+x^2} \right) dx$ $(ab \neq 0)$;

(7) $\int \dfrac{x^4}{1+x^2} dx$;   (8) $\int \dfrac{1+\cos^2 x}{1+\cos 2x} dx$.

(B)

1. 若 $f'(x) = F(x)$,求 $\int 2F(x)d2x$.

2. 若 C 表示任意常数,计算 $\int (\ln C + \sin C)' dx$.

3. 求下列不定积分:

(1) $\int \left(\dfrac{1-x}{x} \right)^2 dx$;   (2) $\int (2^x + 3^x)^2 dx$;

(3) $\int \cot^2 x dx$;   (4) $\int \dfrac{dx}{\sin^2 \dfrac{x}{2} \cos^2 \dfrac{x}{2}}$.

§6-2　换元积分法

我们称利用变量代换使积分化为可利用基本积分公式求出积分的方法为换元积分法. 由复合函数的求导法可以导出换元积分法. 换元积分法的实质是一种矛盾转化法,分为第一换元积分法与第二换元积分法. 第一换元积分法是绝大部分求解复杂不定积分过程的基础.

一、第一换元积分法

第一换元积分法这个名称有些隐晦,因为其关键运算过程是普通的微分运算,换元只是一个极其次要的过程,可有可无. 基于此,后来的数学工作者开始称第一换元法为凑微分法,这个名称比较准确形象.

例1 求 $\int \sin 7x dx$.

解 $\int \sin 7x dx = \dfrac{1}{7} \int \sin 7x d(7x) = -\dfrac{1}{7} \cos 7x + C$.

应注意理解基本积分公式的"三元统一"原则. 即任何一个基本积分公式中,被积函数的对应自变量与积分变量这两个"元"一致时,才能得到公式结果里该"元"的对应表达式,这样的三个"元"互相呼应,视为"三元统一".

积分公式 $\int \sin x dx = -\cos x + C$ 里,被积函数的变量是 x,积分变量也是 x,获得这样的"二元统一"后,结果中才能使用该"元" x 的相应表达式,完成"三元统一"模式. 在这个指导思想下,基本积分公式是可以有不同形式的. 例如 $\int \sin u du = -\cos u + C$,因为三个对应位置的变

量元都是 u,符合"三元统一"的原则,所以它和原本形式的基本积分公式 $\int \sin x \mathrm{d}x = -\cos x + C$ 是等价的,可以被直接使用. 再如,假设 u、v、w 中至少有一个是 x 的非常值函数,则 $\int \sin(uvw)\mathrm{d}(uvw) = -\cos(uvw) + C$ 同样满足"三元统一"的原则,也等价于原公式. 凡是这样与原基本积分公式等价的式子,都可以直接应用而不需另外加以说明. 因此,$\int \sin 7x \mathrm{d}(7x) = -\cos 7x + C$ 可以直接成立. 若没有满足"三元统一"原则要求,则公式不成立,例如 $\int \sin u \mathrm{d}x \neq -\cos u + C$. 套用基本积分公式时一定要注意将问题的相应变量与积分公式中的各自变量一一对应.

例 1 这样的求积分方法,就属于第一换元积分的方法. 其运算特征为:通过微分运算,将被积函数中显然或隐含的某因式或因子转入积分变量中,改变积分变量从而实现被积函数变量与积分变量的"二元统一"要求. 然后,因为如此统一的"二元"与基本积分公式中用一个字母表示的变量在直观上不一致,所以通过换元来理解其一致:使用一次换元,令"一个字母"=统一的"元",获得直观上与公式的一致,完成"单字母变量三元统一". 然后,再应用基本积分公式. 这里的换元过程,就是第一换元积分法之"换元"名称的来源.

第一换元积分法的公式描述:

$$\int f(x)\mathrm{d}x = \int g[\varphi(x)]\varphi'(x)\mathrm{d}x = \int g[\varphi(x)]\mathrm{d}\varphi(x) \xlongequal{\varphi(x) = u} \int g(u)\mathrm{d}u$$
$$= F(u) + C \xlongequal{u = \varphi(x)} F[\varphi(x)] + C$$

它的意思是指:如果被积函数的形式为 $g[\varphi(x)]\varphi'(x)$(或可以化为这种形式),且 $u = \varphi(x)$ 在某区间上可导,$g(u)$ 具有原函数 $F(u)$,则可以在 $\int g[\varphi(x)]\varphi'(x)\mathrm{d}x$ 的被积函数中,将 $\varphi'(x)$ 这一部分与 $\mathrm{d}x$ 凑成新的微分 $\mathrm{d}\varphi(x)$. 再作变量代换 $u = \varphi(x)$,然后对新的变量 u 计算不定积分.

其具体做法可按以下步骤进行:

(1) 变换积分形式(或称凑微分),即 $\int f(x)\mathrm{d}x = \int g[\varphi(x)]\varphi'(x)\mathrm{d}x = \int g[\varphi(x)]\mathrm{d}[\varphi(x)]$;

(2) 利用变量代换 $u = \varphi(x)$,有 $\int f(x)\mathrm{d}x = \int g(u)\mathrm{d}u$;

(3) 利用基本积分公式求出 $g(u)$ 的原函数 $F(u)$,即得 $\int g(u)\mathrm{d}u = F(u) + C$,从而 $\int f(x)\mathrm{d}x = F(u) + C$;

(4) 回到原来变量,将 $u = \varphi(x)$ 代入即得 $\int f(x)\mathrm{d}x = F[\varphi(x)] + C$.

例 2 求 $\int (ax+b)^m \mathrm{d}x, m \neq -1, a \neq 0$.

解 $\int (ax+b)^m \mathrm{d}x = \dfrac{1}{a}\int (ax+b)^m \mathrm{d}(ax+b) \xlongequal{ax+b=u} \dfrac{1}{a}\int u^m \mathrm{d}u$
$$= \dfrac{1}{a}\dfrac{u^{m+1}}{m+1} + C \xlongequal{u=ax+b} \dfrac{1}{a}\dfrac{(ax+b)^{m+1}}{m+1} + C.$$

例 3 求 $\int \dfrac{\mathrm{d}x}{a^2+x^2}$.

解　$\displaystyle\int\frac{\mathrm{d}x}{a^2+x^2}=\frac{1}{a^2}\int\frac{\mathrm{d}x}{1+\left(\dfrac{x}{a}\right)^2}=\frac{1}{a}\int\frac{\mathrm{d}\left(\dfrac{x}{a}\right)}{1+\left(\dfrac{x}{a}\right)^2}\xlongequal{\frac{x}{a}=u}\frac{1}{a}\int\frac{\mathrm{d}u}{1+u^2}$

$$=\frac{1}{a}\arctan u+C\xlongequal{u=\frac{x}{a}}\frac{1}{a}\arctan\frac{x}{a}+C.$$

例 4　求 $\displaystyle\int\tan x\mathrm{d}x$.

解　$\displaystyle\int\tan x\mathrm{d}x=\int\frac{\sin x}{\cos x}\mathrm{d}x=-\int\frac{\mathrm{d}(\cos x)}{\cos x}\xlongequal{\cos x=u}-\int\frac{\mathrm{d}u}{u}$

$$=-\ln\mid u\mid+C\xlongequal{u=\cos x}-\ln\mid\cos x\mid+C.$$

同理可得 $\displaystyle\int\cot x\mathrm{d}x=\ln\mid\sin x\mid+C$.

待方法熟练后,可以省略"设"的步骤,将所设的因式当作一个"元",可使书写简化. 如例
3、例 4 可直接写为

$$\int\frac{\mathrm{d}x}{a^2+x^2}=\frac{1}{a^2}\int\frac{\mathrm{d}x}{1+\left(\dfrac{x}{a}\right)^2}=\frac{1}{a}\int\frac{\mathrm{d}\left(\dfrac{x}{a}\right)}{1+\left(\dfrac{x}{a}\right)^2}=\frac{1}{a}\arctan\frac{x}{a}+C$$

$$\int\tan x\mathrm{d}x=\int\frac{\sin x}{\cos x}\mathrm{d}x=-\int\frac{\mathrm{d}(\cos x)}{\cos x}=-\ln\mid\cos x\mid+C$$

例 5　求 $\displaystyle\int\sin^2 x\mathrm{d}x$.

解　$\displaystyle\int\sin^2 x\mathrm{d}x=\int\frac{1-\cos 2x}{2}\mathrm{d}x$

$$=\frac{1}{2}\int\mathrm{d}x-\frac{1}{4}\int\cos 2x\mathrm{d}(2x)$$

$$=\frac{1}{2}x-\frac{1}{4}\sin 2x+C.$$

例 6　求 $\displaystyle\int\frac{\sin\sqrt{x}}{\sqrt{x}}\mathrm{d}x$.

解　$\displaystyle\int\frac{\sin\sqrt{x}}{\sqrt{x}}\mathrm{d}x=2\int\sin\sqrt{x}\mathrm{d}(\sqrt{x})=-2\cos\sqrt{x}+C.$

例 7　求 $\displaystyle\int\frac{\ln x}{x}\mathrm{d}x$.

解　$\displaystyle\int\frac{\ln x}{x}\mathrm{d}x=\int\ln x\mathrm{d}(\ln x)=\frac{1}{2}\ln^2 x+C.$

例 8　求 $\displaystyle\int\cos 3x\cos 2x\mathrm{d}x$.

解　$\displaystyle\int\cos 3x\cos 2x\mathrm{d}x=\frac{1}{2}\int[\cos(3-2)x+\cos(3+2)x]\mathrm{d}x$

$$=\frac{1}{2}\int(\cos x+\cos 5x)\mathrm{d}x$$

$$= \frac{1}{2}\int \cos x \mathrm{d}x + \frac{1}{10}\int \cos 5x \mathrm{d}(5x)$$

$$= \frac{1}{2}\sin x + \frac{1}{10}\sin 5x + C.$$

例 9　求$\int \frac{\mathrm{d}x}{x^2 - a^2}$.

解　因为$\frac{1}{x^2 - a^2} = \frac{1}{2a}\left(\frac{1}{x-a} - \frac{1}{x+a}\right)$,

所以$\int \frac{\mathrm{d}x}{x^2 - a^2} = \frac{1}{2a}\int \left(\frac{1}{x-a} - \frac{1}{x+a}\right)\mathrm{d}x$

$$= \frac{1}{2a}\left[\int \frac{\mathrm{d}(x-a)}{x-a} - \int \frac{\mathrm{d}(x+a)}{x+a}\right]$$

$$= \frac{1}{2a}(\ln|x-a| - \ln|x+a|) + C$$

$$= \frac{1}{2a}\ln\left|\frac{x-a}{x+a}\right| + C.$$

※例 10　求$\int \csc x \mathrm{d}x$.

解　$\int \csc x \mathrm{d}x = \int \frac{\mathrm{d}x}{\sin x} = \int \frac{\sin x}{\sin^2 x}\mathrm{d}x = -\int \frac{\mathrm{d}(\cos x)}{1-\cos^2 x} = -\frac{1}{2}\left(\int \frac{\mathrm{d}(\cos x)}{1-\cos x} + \int \frac{\mathrm{d}(\cos x)}{1+\cos x}\right)$

$$= \frac{1}{2}\ln\left|\frac{1-\cos x}{1+\cos x}\right| + C = \ln\left|\frac{1-\cos x}{\sin x}\right| + C$$

$$= \ln|\csc x - \cot x| + C.$$

或

$$\int \csc x \mathrm{d}x = \int \frac{\mathrm{d}x}{\sin x} = \int \frac{\mathrm{d}x}{2\sin \frac{x}{2}\cos \frac{x}{2}} = \int \frac{\mathrm{d}\left(\frac{x}{2}\right)}{\tan \frac{x}{2}\cos^2 \frac{x}{2}}$$

$$= \int \frac{\sec^2 \frac{x}{2}\mathrm{d}\left(\frac{x}{2}\right)}{\tan \frac{x}{2}} = \int \frac{\mathrm{d}\left(\tan \frac{x}{2}\right)}{\tan \frac{x}{2}} = \ln\left|\tan \frac{x}{2}\right| + C$$

因为　　　　$\tan \frac{x}{2} = \frac{\sin \frac{x}{2}}{\cos \frac{x}{2}} = \frac{2\sin^2 \frac{x}{2}}{\sin x} = \frac{1-\cos x}{\sin x} = \csc x - \cot x$

所以　　$\int \csc x \mathrm{d}x = \ln|\csc x - \cot x| + C.$

由于$\cos x = \sin\left(x + \frac{\pi}{2}\right)$,同理可得

$$\int \sec x \mathrm{d}x = \int \frac{\mathrm{d}x}{\cos x} = \int \frac{\mathrm{d}\left(x + \frac{\pi}{2}\right)}{\sin\left(x + \frac{\pi}{2}\right)}$$

几个常用不定积分
公式的推导

$$= \ln \left| \csc \left(x + \frac{\pi}{2} \right) - \cot \left(x + \frac{\pi}{2} \right) \right| + C$$

$$= \ln | \sec x + \tan x | + C$$

熟练积分需要积累常见的凑微分,对如下形式的微分变形应当熟练掌握,这样有助于遇到问题时具备敏锐的感知力:

$$\mathrm{d}x = \frac{1}{a}\mathrm{d}(ax + b), x^{n-1}\mathrm{d}x = \frac{1}{n}\mathrm{d}(x^n + b), \mathrm{e}^x\mathrm{d}x = \mathrm{d}(\mathrm{e}^x + b)$$

$$\cos x\mathrm{d}x = \mathrm{d}(\sin x), \; \sin x\mathrm{d}x = -\mathrm{d}(\cos x), \; \frac{1}{x}\mathrm{d}x = \mathrm{d}(\ln x)$$

$$\frac{1}{x^2}\mathrm{d}x = -\mathrm{d}\left(\frac{1}{x} \right), \; \frac{1}{\sqrt{x}}\mathrm{d}x = 2\mathrm{d}(\sqrt{x})$$

$$\frac{1}{\sqrt{1-x^2}}\mathrm{d}x = \mathrm{d}(\arcsin x), \; \frac{1}{1+x^2}\mathrm{d}x = \mathrm{d}(\arctan x)$$

除此之外,还有所有的基本求导公式的逆向运算,其中也包含着大量的常见凑微分. 尽管如此,仍然不可能列出所有的凑微分,而且没有必要. 不断积累经验才能更加熟练运用凑微分法.

二、第二换元积分法

第一类换元法中,用新积分变量 u 代换被积函数中的可微函数,从而使 $\int f(x)\mathrm{d}x = \int g[\varphi(x)]\varphi'(x)\mathrm{d}x$ 化成可按基本积分公式得出结果的形式 $\int g(u)\mathrm{d}u$. 我们也常会遇到与此相反的情形, $\int f(x)\mathrm{d}x$ 不易求出. 这时,引入新的积分变量 t,使 $x = \varphi(t)$($\varphi(t)$ 单调可微,且 $\varphi'(t) \neq 0$),把原积分化成容易积分的形式而得到

$$\int f(x)\mathrm{d}x \xrightarrow{x = \varphi(t)} \int f[\varphi(t)]\varphi'(t)\mathrm{d}t = F(t) + C \xrightarrow{t = \varphi^{-1}(x)} F[\varphi^{-1}(x)] + C$$

通常把这样的积分方法叫作**第二换元积分法**.

其具体做法可按如下步骤进行:

(1) 变换积分形式,即直接或间接地令 $x = \varphi(t)$ 且保证 $\varphi(t)$ 可导及 $\varphi'(t) \neq 0$,于是有

第二换元积分法
验证过程

$$\int f(x)\mathrm{d}x = \int f[\varphi(t)]\varphi'(t)\mathrm{d}t$$

(2) 求出 $f[\varphi(t)]\varphi'(t)$ 的原函数 $F(t)$ 即得

$$\int f[\varphi(t)]\varphi'(t)\mathrm{d}t = F(t) + C$$

从而 $\int f(x)\mathrm{d}x = F(t) + C$.

(3) 回到原来变量,即由 $x = \varphi(t)$ 解出 $t = \varphi^{-1}(x)$,从而得所求的积分

$$\int f(x)\mathrm{d}x = F[\varphi^{-1}(x)] + C$$

例 11 求 $\int \dfrac{\mathrm{d}x}{1 + \sqrt{x}}$.

解 对此积分,不能用凑微分法来求,为了去掉根式,容易想到令 $\sqrt{x} = t$,即 $x = t^2(t > 0)$,

于是 $\mathrm{d}x = 2t\mathrm{d}t$. 所以

$$\int \frac{\mathrm{d}x}{1+\sqrt{x}} = \int \frac{2t\mathrm{d}t}{1+t} = 2\int \frac{1+t-1}{1+t}\mathrm{d}t = 2\left(\int \mathrm{d}t - \int \frac{\mathrm{d}t}{1+t}\right)$$

$$= 2(t - \ln|1+t|) + C = 2(\sqrt{x} - \ln|1+\sqrt{x}|) + C$$

被积函数含有根式 $\sqrt[n]{ax+b}$，可令 $\sqrt[n]{ax+b} = t$，消去根式，再设法计算. 若被积函数含有 x 的不同根指数的根式，为了同时消去这些根式，可令 $\sqrt[m]{x} = t$，其中，m 是这些根指数的最小公倍数.

注：根号整体换元的方法只能在根号内仅含奇次多项式时才可使用，否则根号无法展开，也无法把换元还原回来.

例 12　求 $\displaystyle\int \frac{\mathrm{d}x}{\sqrt{x}(1+\sqrt[3]{x})}$.

解　令 $\sqrt[6]{x} = t$，即 $x = t^6 (t>0)$，则 $\sqrt{x} = t^3$，$\sqrt[3]{x} = t^2$，$\mathrm{d}x = 6t^5\mathrm{d}t$. 于是

$$\int \frac{\mathrm{d}x}{\sqrt{x}(1+\sqrt[3]{x})} = 6\int \frac{t^2\mathrm{d}t}{1+t^2} = 6\int \frac{(1+t^2)-1}{1+t^2}\mathrm{d}t$$

$$= 6\left(\int \mathrm{d}t - \int \frac{\mathrm{d}t}{1+t^2}\right) = 6(t - \arctan t) + C$$

$$= 6(\sqrt[6]{x} - \arctan \sqrt[6]{x}) + C$$

※例 13　求 $\displaystyle\int \sqrt{a^2-x^2}\,\mathrm{d}x (a>0)$.

解　求这个积分的困难在于被积函数中有根式 $\sqrt{a^2-x^2}$，根号内存在偶次项而无法采用根号整体换元的方法. 但我们可利用三角公式 $1-\sin^2 t = \cos^2 t$ 来消去根式.

可令 $x = a\sin t \left(-\frac{\pi}{2} \leqslant t \leqslant \frac{\pi}{2}\right)$，则 $\mathrm{d}x = a\cos t\mathrm{d}t$（对 t 限制角度的目的是既保证 x 的取值范围不发生变化又保证根号能够打开）.

$\sqrt{a^2-x^2} = \sqrt{a^2-a^2\sin^2 t} = a\cos t$，于是

$$\int \sqrt{a^2-x^2}\,\mathrm{d}x = \int a\cos t \cdot a\cos t\mathrm{d}t = a^2\int \cos^2 t\mathrm{d}t$$

$$= a^2\int \frac{1+\cos 2t}{2}\mathrm{d}t = \frac{a^2}{2}\left(t + \frac{1}{2}\sin 2t\right) + C$$

$$= \frac{a^2}{2}t + \frac{a^2}{2}\sin t\cos t + C$$

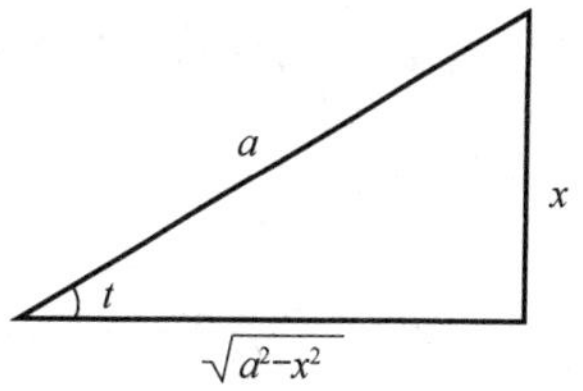

图 6-1

由于 $x = a\sin t$，因此 $\sin t = \frac{x}{a}$，则 $t = \arcsin \frac{x}{a}$，而 $\cos t = \sqrt{1-\sin^2 t} = \frac{\sqrt{a^2-x^2}}{a}$ $\left(-\frac{\pi}{2} \leqslant t \leqslant \frac{\pi}{2}\right.$，根号前取正号$\left.\right)$. 我们作一个以 t 为锐角的辅助直角三角形会看得更清楚（见图 6-1），其斜边为 a，对边为 x，邻边为 $\sqrt{a^2-x^2}$. 于是有 $\cos t = \frac{\sqrt{a^2-x^2}}{a}$，从而

$$\int \sqrt{a^2-x^2}\,\mathrm{d}x = \frac{a^2}{2}\arcsin \frac{x}{a} + \frac{x}{2}\sqrt{a^2-x^2} + C$$

采用辅助三角形的目的是换元后方便还原.

※例 14　求 $\displaystyle\int \frac{\mathrm{d}x}{\sqrt{x^2+a^2}} (a>0)$.

解　令 $x = a\tan t$，则 $dx = a\sec^2 t\, dt\left(-\dfrac{\pi}{2} < t < \dfrac{\pi}{2}\right)$，

$$\sqrt{x^2 + a^2} = \sqrt{a^2\tan^2 t + a^2} = a\sec t, \text{于是}$$

$$\int \frac{dx}{\sqrt{x^2 + a^2}} = \int \frac{a\sec^2 t}{a\sec t}dt = \int \sec t\, dt = \ln|\sec t + \tan t| + C_1$$

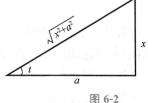

图 6-2

为了把 $\sec t$ 及 $\tan t$ 换成 x 的函数，可根据 $x = a\tan t$，即 $\tan t = \dfrac{x}{a}$，作一个以 t 为锐角的直角三角形（见图 6-2）. 从而得出 $\sec t = \dfrac{\sqrt{x^2 + a^2}}{a}$，所以

$$\int \frac{dx}{\sqrt{x^2 + a^2}} = \ln\left|\frac{x}{a} + \frac{\sqrt{x^2 + a^2}}{a}\right| + C_1$$

$$= \ln|x + \sqrt{x^2 + a^2}| + C$$

其中，$C = C_1 - \ln a$.

※例 15　求 $\displaystyle\int \frac{dx}{\sqrt{x^2 - a^2}}\ (a > 0)$.

解　令 $x = a\sec t$，则 $\left(0 \leqslant t < \dfrac{\pi}{2} \text{ 或 } \pi \leqslant t < \dfrac{3\pi}{2}\right)$

$$dx = a\sec t \cdot \tan t\, dt, \quad \sqrt{x^2 - a^2} = \sqrt{a^2\sec^2 t - a^2} = a\tan t$$

于是

$$\int \frac{dx}{\sqrt{x^2 - a^2}} = \int \frac{a\sec t \cdot \tan t}{a\tan t}dt = \int \sec t\, dt$$

$$= \ln|\sec t + \tan t| + C_1$$

根据 $\sec t = \dfrac{x}{a}$，作以 t 为锐角的直角三角形（见图 6-3）. 得 $\tan t = \dfrac{\sqrt{x^2 - a^2}}{a}$.

因此

$$\int \frac{dx}{\sqrt{x^2 - a^2}} = \ln\left|\frac{x}{a} + \frac{\sqrt{x^2 - a^2}}{a}\right| + C_1$$

$$= \ln|x + \sqrt{x^2 - a^2}| + C$$

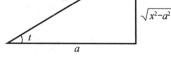

图 6-3

其中，$C = C_1 - \ln a$.

例 13、例 14、例 15 所用的代换称为**三角代换**，可小结如下：

$$\text{被积函数含有}\begin{cases} \sqrt{a^2 - x^2} \text{ 时，可令 } x = a\sin t，\text{或 } x = a\cos t（\text{注意 } t \text{ 的角度范围}）；\\ \sqrt{x^2 + a^2} \text{ 时，可令 } x = a\tan t，\text{或 } x = a\cot t（\text{注意 } t \text{ 的角度范围}）；\\ \sqrt{x^2 - a^2} \text{ 时，可令 } x = a\sec t，\text{或 } x = a\csc t（\text{注意 } t \text{ 的角度范围}）. \end{cases}$$

前面所举例题中，有些是常用积分，可作为公式使用，现一并列出，以备查用.

(14) $\displaystyle\int \tan x\, dx = -\ln|\cos x| + C$.

(15) $\displaystyle\int \cot x\, dx = \ln|\sin x| + C$.

(16) $\displaystyle\int \sec x \mathrm{d}x = \ln \mid \sec x + \tan x \mid + C.$

(17) $\displaystyle\int \csc x \mathrm{d}x = \ln \mid \csc x - \cot x \mid + C.$

(18) $\displaystyle\int \frac{\mathrm{d}x}{a^2 + x^2} = \frac{1}{a}\arctan \frac{x}{a} + C.$

(19) $\displaystyle\int \frac{\mathrm{d}x}{x^2 - a^2} = \frac{1}{2a}\ln \left| \frac{x-a}{x+a} \right| + C.$

(20) $\displaystyle\int \frac{\mathrm{d}x}{a^2 - x^2} = \frac{1}{2a}\ln \left| \frac{a+x}{a-x} \right| + C.$

(21) $\displaystyle\int \frac{\mathrm{d}x}{\sqrt{a^2 - x^2}} = \arcsin \frac{x}{a} + C.$

(22) $\displaystyle\int \sqrt{a^2 - x^2} \,\mathrm{d}x = \frac{a^2}{2}\arcsin \frac{x}{a} + \frac{x}{2}\sqrt{a^2 - x^2} + C.$

(23) $\displaystyle\int \frac{\mathrm{d}x}{\sqrt{x^2 \pm a^2}} = \ln \mid x + \sqrt{x^2 \pm a^2} \mid + C.$

现举两例说明公式的应用.

例 16　求 $\displaystyle\int \frac{\mathrm{d}x}{\sqrt{4x^2 + 9}}.$

解　$\displaystyle\int \frac{\mathrm{d}x}{\sqrt{4x^2 + 9}} = \int \frac{\mathrm{d}x}{\sqrt{(2x)^2 + 3^2}} = \frac{1}{2}\int \frac{\mathrm{d}(2x)}{\sqrt{(2x)^2 + 3^2}},$

利用式(23)得

$$\int \frac{\mathrm{d}x}{\sqrt{4x^2 + 9}} = \frac{1}{2}\ln \mid 2x + \sqrt{4x^2 + 9} \mid + C$$

例 17　求 $\displaystyle\int \frac{\mathrm{d}x}{\sqrt{1 + x - x^2}}.$

解　$\displaystyle\int \frac{\mathrm{d}x}{\sqrt{1 + x - x^2}} = \int \frac{\mathrm{d}\left(x - \frac{1}{2}\right)}{\sqrt{\left(\frac{\sqrt{5}}{2}\right)^2 - \left(x - \frac{1}{2}\right)^2}},$

利用式(21)得

$$\int \frac{\mathrm{d}x}{\sqrt{1 + x - x^2}} = \arcsin \frac{x - \frac{1}{2}}{\frac{\sqrt{5}}{2}} + C = \arcsin \frac{2x - 1}{\sqrt{5}} + C$$

习题 6-2

(A)

求下列不定积分：

(1) $\displaystyle\int (2x + 5)^7 \mathrm{d}x;$

(2) $\displaystyle\int x^2 \sqrt{1 - x^3} \,\mathrm{d}x;$

(3) $\displaystyle\int \frac{x\mathrm{d}x}{\sqrt{1-x^2}}$;

(4) $\displaystyle\int \frac{\mathrm{d}x}{x\ln x}$;

(5) $\displaystyle\int \frac{\cos\sqrt{x}}{\sqrt{x}}\mathrm{d}x$;

(6) $\displaystyle\int \mathrm{e}^{\sin x}\cos x\mathrm{d}x$;

(7) $\displaystyle\int \frac{\mathrm{d}x}{\sqrt{1-x^2}\,(\arcsin x)^2}$;

(8) $\displaystyle\int \cos^2 x\mathrm{d}x$;

(9) $\displaystyle\int \sqrt{\mathrm{e}^x}\mathrm{d}x$;

(10) $\displaystyle\int \frac{1+\ln x}{x\ln x}\mathrm{d}x$.

(B)

求下列不定积分:

(1) $\displaystyle\int \mathrm{e}^{\cos 2\theta}\sin 2\theta\mathrm{d}\theta$;

(2) $\displaystyle\int \frac{\mathrm{d}x}{\sqrt{2+2x+x^2}}$;

※(3) $\displaystyle\int \frac{\sqrt{x^2-a^2}}{x}\mathrm{d}x\,(x>0)$;

※(4) $\displaystyle\int \frac{\mathrm{d}x}{x^2\sqrt{x^2+1}}$;

(5) $\displaystyle\int \frac{\mathrm{d}x}{1+\mathrm{e}^x}$;

(6) $\displaystyle\int \frac{\mathrm{d}x}{x\ln x\cdot\ln\ln x}$;

(7) $\displaystyle\int \sec^4 x\mathrm{d}x$;

(8) $\displaystyle\int \frac{\sqrt{x}}{\sqrt{x}-\sqrt[4]{x}}\mathrm{d}x$.

§6-3 分部积分法

现在我们来讲另一种非常重要的积分法,即分部积分法. 它由"乘积"的导数法则推导而来.

设 u,v 都是 x 的函数,且有连续的导数,利用已知的等式
$$(uv)' = u'v + uv'$$
对两边积分,得
$$\int (uv)'\mathrm{d}x = \int u'v\mathrm{d}x + \int uv'\mathrm{d}x$$
$$uv = \int u'v\mathrm{d}x + \int uv'\mathrm{d}x$$
移项,得
$$\int uv'\mathrm{d}x = uv - \int u'v\mathrm{d}x$$
最后这个等式就称为**分部积分公式**.

为应用和记忆方便,常把分部积分公式改写成
$$\int u\mathrm{d}v = uv - \int v\mathrm{d}u$$
利用这个公式时,首先应当将被积函数化成两个函数的乘积,使其中之一易于求积.

实际计算时常按下面过程进行：

$$\int uv'\,\mathrm{d}x = \int u\,\mathrm{d}v = uv - \int v\,\mathrm{d}u = uv - \int vu'\,\mathrm{d}x$$

如果求 $\int u\,\mathrm{d}v$ 有困难，而求 $\int v\,\mathrm{d}u$ 比较容易，就可以利用分部积分公式求积分.

例 1　求 $\int x\mathrm{e}^x\,\mathrm{d}x$.

解　令 $u=x,\mathrm{d}v=\mathrm{e}^x\,\mathrm{d}x$，则 $\mathrm{d}u=\mathrm{d}x,v=\mathrm{e}^x$.

于是
$$\begin{aligned}
\int x\mathrm{e}^x\,\mathrm{d}x &= \int x\mathrm{d}(\mathrm{e}^x)\\
&= x\mathrm{e}^x - \int \mathrm{e}^x\,\mathrm{d}x\\
&= x\mathrm{e}^x - \mathrm{e}^x + C\\
&= \mathrm{e}^x(x-1)+C
\end{aligned}$$

例 2　求 $\int x\cos x\,\mathrm{d}x$.

解　令 $u=x,\mathrm{d}v=\cos x\,\mathrm{d}x$，则 $\mathrm{d}u=\mathrm{d}x,v=\sin x$.
于是
$$\begin{aligned}
\int x\cos x\,\mathrm{d}x &= \int x\mathrm{d}(\sin x)\\
&= x\sin x - \int \sin x\,\mathrm{d}x\\
&= x\sin x + \cos x + C
\end{aligned}$$

注：此例若选 $u=\cos x,\mathrm{d}v=x\mathrm{d}x$，则 $\mathrm{d}u=-\sin x\mathrm{d}x,v=\dfrac{1}{2}x^2$.

$$\int x\cos x\,\mathrm{d}x = \int \cos x\mathrm{d}\left(\frac{1}{2}x^2\right) = \frac{1}{2}x^2\cos x + \int \frac{1}{2}x^2\sin x\,\mathrm{d}x$$

此时不定积分 $\int \dfrac{1}{2}x^2\sin x\,\mathrm{d}x$ 比 $\int x\cos x\,\mathrm{d}x$ 更难求. 由此可见，正确选择 u 和 $\mathrm{d}v$ 是应用分部积分法的关键.

选择 u 和 $\mathrm{d}v$ 一般要考虑两点：

(1) 由 $\mathrm{d}v$ 容易求得 v；

(2) $\int v\,\mathrm{d}u$ 要比 $\int u\,\mathrm{d}v$ 容易积分.

通常我们可按"**反对幂三指**"的顺序（即反三角函数、对数函数、幂函数、三角函数、指数函数的顺序），排在前面的那类函数选作 u，排在后面的与 $\mathrm{d}x$ 一起为 $\mathrm{d}v$.

分部积分法

例 3　求 $\int x^2\ln x\,\mathrm{d}x$.

解　设 $u=\ln x,\mathrm{d}v=x^2\,\mathrm{d}x$，则 $\mathrm{d}u=\dfrac{1}{x}\mathrm{d}x,v=\dfrac{1}{3}x^3$.

于是
$$\int x^2 \ln x \mathrm{d}x = \int \ln x \mathrm{d}\left(\frac{1}{3}x^3\right)$$
$$= \frac{1}{3}x^3\ln x - \int \frac{1}{3}x^3 \cdot \frac{1}{x}\mathrm{d}x$$
$$= \frac{1}{3}x^3\ln x - \frac{1}{3}\int x^2\mathrm{d}x$$
$$= \frac{1}{3}x^3\ln x - \frac{1}{9}x^3 + C$$

例 4 求 $\int x^2 \sin x \mathrm{d}x$.

解 设 $u = x^2, \mathrm{d}v = \sin x\mathrm{d}x$, 则 $\mathrm{d}u = 2x\mathrm{d}x, v = -\cos x$.
于是
$$\int x^2\sin x\mathrm{d}x = \int x^2\mathrm{d}(-\cos x)$$
$$= -x^2\cos x - \int 2x(-\cos x)\mathrm{d}x$$
$$= -x^2\cos x + 2\int x\cos x\mathrm{d}x$$

而
$$\int x\cos x\mathrm{d}x = x\sin x + \cos x + C$$

故
$$\int x^2\sin x\mathrm{d}x = -x^2\cos x + 2x\sin x + 2\cos x + C$$

该例实际上用了两次分部积分公式. 对某些不定积分, 有的需要使用两次或两次以上的分部积分公式, 需要注意的是, 此时应选择同类型的函数作为 u.

对被积函数为一个函数的情形, 有时也可用分部积分法, 此时令该函数为 $u, \mathrm{d}v = \mathrm{d}x$ 即可.

例 5 求 $\int \arccos x\mathrm{d}x$.

解 设 $u = \arccos x, \mathrm{d}v = \mathrm{d}x$, 则 $\mathrm{d}u = -\frac{1}{\sqrt{1-x^2}}\mathrm{d}x, v = x$.

于是
$$\int \arccos x\mathrm{d}x = x\arccos x + \int \frac{x}{\sqrt{1-x^2}}\mathrm{d}x$$
$$= x\arccos x - \frac{1}{2}\int (1-x^2)^{-\frac{1}{2}}\mathrm{d}(1-x^2)$$
$$= x\arccos x - \frac{1}{2} \cdot \frac{(1-x^2)^{-\frac{1}{2}+1}}{-\frac{1}{2}+1} + C$$
$$= x\arccos x - \sqrt{1-x^2} + C$$

在使用分部积分公式熟练后, 不必写出 u、v, 直接套用公式求解即可.

例 6 求 $\int x\arctan x\mathrm{d}x$.

解法一 设 $u = \arctan x, \mathrm{d}v = x\mathrm{d}x$, 则 $\mathrm{d}u = \frac{1}{1+x^2}\mathrm{d}x, v = \frac{1}{2}x^2$.

于是　$\displaystyle\int x\arctan x\mathrm{d}x=\int\arctan x\mathrm{d}\left(\frac{1}{2}x^2\right)$

$$=\frac{1}{2}x^2\arctan x-\int\frac{1}{2}x^2\cdot\frac{1}{1+x^2}\mathrm{d}x$$

$$=\frac{1}{2}x^2\arctan x-\frac{1}{2}\int\frac{x^2+1-1}{1+x^2}\mathrm{d}x$$

$$=\frac{1}{2}x^2\arctan x-\frac{1}{2}\int\left(1-\frac{1}{1+x^2}\right)\mathrm{d}x$$

$$=\frac{1}{2}x^2\arctan x-\frac{1}{2}(x-\arctan x)+C$$

$$=\frac{1}{2}(x^2+1)\arctan x-\frac{1}{2}x+C$$

解法二　$\displaystyle\int x\arctan x\mathrm{d}x=\int\arctan x\cdot x\mathrm{d}x$

$$=\int\arctan x\mathrm{d}\left(\frac{1}{2}x^2\right)$$

$$=\frac{1}{2}x^2\arctan x-\int\frac{1}{2}x^2\mathrm{d}(\arctan x)$$

$$=\frac{1}{2}x^2\arctan x-\frac{1}{2}\int x^2\cdot\frac{1}{1+x^2}\mathrm{d}x$$

余下同解法一.

下面,我们来看较复杂的例子.

例 7　求 $\displaystyle I=\int\mathrm{e}^x\cos x\mathrm{d}x$.

解　$\displaystyle I=\int\mathrm{e}^x\cos x\mathrm{d}x=\int\cos x\mathrm{d}(\mathrm{e}^x)$

$$=\mathrm{e}^x\cos x-\int\mathrm{e}^x\mathrm{d}(\cos x)$$

$$=\mathrm{e}^x\cos x+\int\mathrm{e}^x\sin x\mathrm{d}x$$

$$=\mathrm{e}^x\cos x+\int\sin x\mathrm{d}(\mathrm{e}^x)$$

$$=\mathrm{e}^x\cos x+\mathrm{e}^x\sin x-\int\mathrm{e}^x\mathrm{d}(\sin x)$$

$$=\mathrm{e}^x\cos x+\mathrm{e}^x\sin x-\int\mathrm{e}^x\cos x\mathrm{d}x$$

$$=\mathrm{e}^x(\cos x+\sin x)-I$$

即　　　　　　　　　　$I=\mathrm{e}^x(\cos x+\sin x)-I$

移项得　　　　　　　　$2I=\mathrm{e}^x(\cos x+\sin x)+C$

所以　　　　　　　　　$I=\frac{1}{2}\mathrm{e}^x(\cos x+\sin x)+C$

用同样的方法可求得

$$\int\mathrm{e}^x\sin x\mathrm{d}x=\frac{1}{2}\mathrm{e}^x(\sin x-\cos x)+C$$

例 8　求 $\displaystyle\int\frac{1}{x^3}\sin\frac{1}{x}\mathrm{d}x$.

解　$\displaystyle\int \frac{1}{x^3}\sin\frac{1}{x}dx = -\int \frac{1}{x}\sin\frac{1}{x}d\left(\frac{1}{x}\right)\xlongequal{\frac{1}{x}=y} -\int y\sin y\,dy$

$\displaystyle = \int y\,d(\cos y)$

$\displaystyle = y\cos y - \int \cos y\,dy$

$\displaystyle = y\cos y - \sin y + C \xlongequal{y=\frac{1}{x}} \frac{1}{x}\cos\frac{1}{x} - \sin\frac{1}{x} + C$

该例先用了换元法再用分部积分法.

本章介绍了求不定积分的几种基本方法. 从前面的例子可以看出,求积分比较灵活、复杂,在实际应用中,可查积分表以便减少计算麻烦. 但要注意的是,**初等函数的原函数不一定都是初等函数**,因此不一定都能用初等函数表示,此时我们说"积不出来". 例如下面这些积分都是"积不出来"的:

$$\int e^{-x^2}dx, \qquad \int \frac{\sin x}{x}dx, \qquad \int \frac{dx}{\ln x}, \qquad \int \frac{e^x}{x}dx$$

习题 6-3

(A)

求下列不定积分:

(1) $\displaystyle\int \ln x\,dx$;　　　　　　　　(2) $\displaystyle\int x\ln x\,dx$;

(3) $\displaystyle\int x\ln^2 x\,dx$;　　　　　　　(4) $\displaystyle\int xe^{-x}dx$;

(5) $\displaystyle\int \arcsin x\,dx$;　　　　　　(6) $\displaystyle\int x\operatorname{arccot} x\,dx$.

(B)

求下列不定积分:

(1) $\displaystyle\int x^n\ln x\,dx$;　　　　　　　(2) $\displaystyle\int x^2\arccos x\,dx$;

(3) $\displaystyle\int x\sec^2 x\,dx$;　　　　　　(4) $\displaystyle\int e^{2x}\cos 3x\,dx$;

(5) $\displaystyle\int \sin(\ln x)\,dx$.

※ §6-4　有理函数的不定积分

一、代数的预备知识

为了有效地解决有理函数积分计算时遇到的分式变形问题,这里专门介绍一种有理分式的拆分.这种拆分的目的完全针对有理函数积分的计算.我们给该种分式拆分方法起个名称,叫做**求部分分式**.

求部分分式的步骤如下:

(1) 若分式为假分式,则先用分式除法得到真分式部分.

(2) 若真分式的分母在实数范围内尚可进行因式分解,则进行分解,一直进行列分母的因式中只剩下质因式的幂为止.所谓质因式,是指实数范围内不可能再分解因式的多项式.由代数的虚根成双定理可知,质因式只有一次因式和二次质因式,没有二次以上的质因式.

(3) 若真分式的分母已经符合步骤(2),则其应当具备如下形式:$\dfrac{f(x)}{(x+a)^k(x^2+px+q)^r}$.

用待定系数法将其强行设定为如下部分分式的和形式:$\dfrac{a_1}{x+a}+\dfrac{a_2}{(x+a)^2}+\cdots+\dfrac{a_k}{(x+a)^k}+$

$\dfrac{p_1x+q_1}{x^2+px+q}+\dfrac{p_2x+q_2}{(x^2+px+q)^2}+\cdots+\dfrac{p_rx+q_r}{(x^2+px+q)^r}$,然后求解出待定系数 $a_1,a_2,\cdots,ak$ 及 p_1,$p_2,\cdots,p_r$ 和 $q_1,q_2,\cdots,q_r$ 即可.

例1 化分式 $\dfrac{5x^2-4x+16}{(x^2-x+1)^2(x-3)}$ 为部分分式.

解 设 $\dfrac{5x^2-4x+16}{(x^2-x+1)^2(x-3)}=\dfrac{ax+b}{x^2-x+1}+\dfrac{cx+d}{(x^2-x+1)^2}+\dfrac{m}{x-3}$,

通分后去分母,得

$$5x^2-4x+16=(ax+b)(x^2-x+1)(x-3)+$$
$$(cx+d)(x-3)+m(x^2-x+1)^2 \tag{1}$$

令式(1)中 $x=3$,得 $m=1$,代入式(1),再把 $(x^2-x+1)^2$ 移到等式左边,整理得 $-x^4+2x^3+2x^2-2x+15=(ax+b)(x^2-x+1)(x-3)+(cx+d)(x-3)$, $\tag{2}$

式(2)两边同除以 $x-3$,得

$$-x^3-x^3-x^3-5=(ax+b)(x^2-x+1)+(cx+d) \tag{3}$$

式(3)两边同除以 (x^2-x+1),得

$$-x-2-\dfrac{2x+3}{x^2-x+1}=(ax+b)+\dfrac{cx+d}{x^2-x+1} \tag{4}$$

比较式(4)两边同次幂系数,得

$$a=-1,\quad b=-2,\quad c=-2,\quad d=-3$$

所以

$$\dfrac{5x^2-4x+16}{(x^2-x+1)^2(x-3)}=-\dfrac{x+2}{x^2-x+1}-\dfrac{2x+3}{(x^2-x+1)^2}+\dfrac{1}{x-3}$$

综合以上,归纳出以下结论:

(1) 如果分母中含有 $x-a$,并且只含有一个,那么对应的部分分式是 $\dfrac{A}{x-a}$,这里的 A 是常数.

(2) 如果分母中含有因式 $x-a$,且含有 $k(k>1)$ 个,那么对应的部分分式是 k 个分式之和:

$$\dfrac{A_1}{x-a}+\dfrac{A_2}{(x-a)^2}+\cdots+\dfrac{A_k}{(x-a)^k}(A_1,A_2\cdots,A_k \text{ 都是常数})$$

(3) 如果分母中含有质因式 $(x^2+px+q)(p^2-4q<0)$,并且含有一个,那么对应的部分分式是 $\dfrac{Ax+B}{x^2+px+q}$,这里的 A,B 都是常数.

(4) 如果分母中含有质因式 $x^2+px+q(p^2-4q<0)$,并且含有 $k(k>1)$ 个,那么对应的部分分式是 k 个部分分式之和:

$$\frac{A_1x+B_1}{x^2+px+q}+\frac{A_2x+B_2}{(x^2+px+q)^2}+\cdots+\frac{A_kx+B_k}{(x^2+px+q)^k}$$

这里的 $A_1,B_1,A_2,B_2,\cdots,A_k,B_k$ 都是常数.

以上是求部分分式最稳定最安全的方法,但不一定最简便.只要能够化成标准的部分分式形式,针对不同问题也是完全可以采用其他更好方法来解题的.

二、有理函数的不定积分

有理函数是指两个多项式的商所表示的函数,例如:

$$R(x)=\frac{a_nx^n+a_{n-1}x^{n-1}+\cdots+a_1x+a_0}{b_mx^m+b_{m-1}x^{m-1}+\cdots+b_1x+b_0}$$

有理函数的积分并非新的积分方法,它只是用前面学习的求不定积分的方法来求解有理函数的积分罢了.

假分式可以化为多项式与既约真分式之和,而既约真分式又可化为若干个简单分式之和(实数范围内).因此,每一个有理函数的积分都可化为多项式的积分与简单分式的积分之和.

例 2　求 $\displaystyle\int\frac{2\mathrm{d}x}{x^2+x+1}$.

解　被积函数是一个真分式,而 x^2+x+1 在实数范围内不能再分解因式,对于这类积分,可先将分母配方.

$$\int\frac{2\mathrm{d}x}{x^2+x+1}=2\int\frac{\mathrm{d}x}{\left(x+\dfrac{1}{2}\right)^2+\dfrac{3}{4}}=2\int\frac{\mathrm{d}\left(x+\dfrac{1}{2}\right)}{\left(x+\dfrac{1}{2}\right)^2+\left(\dfrac{\sqrt{3}}{2}\right)^2}$$

$$=2\cdot\frac{2}{\sqrt{3}}\arctan\frac{x+\dfrac{1}{2}}{\dfrac{\sqrt{3}}{2}}+C=\frac{4}{\sqrt{3}}\arctan\frac{2x+1}{\sqrt{3}}+C$$

例 3　$\displaystyle\int\frac{2x+3}{x^2+3x-10}\mathrm{d}x$.

解　先将有理函数化为部分分式,得

$$\frac{2x+3}{x^2+3x-10}=\frac{x+5+x-2}{(x-2)(x+5)}=\frac{1}{x-2}+\frac{1}{x+5}$$

所以 $\displaystyle\int\frac{2x+3}{x^2+3x-10}\mathrm{d}x=\int\left(\frac{1}{x-2}+\frac{1}{x+5}\right)\mathrm{d}x=\ln|x-2|+\ln|x+5|+C$

$$=\ln|(x-2)(x+5)|+C=\ln|x^2+3x-10|+C$$

例 4　求 $\displaystyle\int\frac{x^3+x^2+2}{(x^2+2)^2}\mathrm{d}x$.

解　先利用求部分分式的方法,将被积分的有理函数化为部分分式,得到

$$\frac{x^3+x^2+2}{(x^2+2)^2}=\frac{x+1}{x^2+2}-\frac{2x}{(x^2+2)^2}$$

所以 $\displaystyle\int\frac{x^3+x^2+2}{(x^2+2)^2}\mathrm{d}x=\int\frac{x+1}{x^2+2}\mathrm{d}x-\int\frac{2x}{(x^2+2)^2}\mathrm{d}x$

$$=\frac{1}{2}\int\frac{\mathrm{d}(x^2+2)}{x^2+2}+\int\frac{\mathrm{d}x}{x^2+2}-\int\frac{\mathrm{d}(x^2+2)}{(x^2+2)^2}$$

$$=\frac{1}{2}\ln(x^2+2)+\frac{1}{\sqrt{2}}\arctan\frac{x}{\sqrt{2}}+\frac{1}{x^2+2}+C$$

有理函数的积分还有较多的内容这里没有提到,有兴趣的读者可自行查阅相关教材或资料.

习题 6-4

(A)

1. 把下列分式化为部分分式:

(1) $\dfrac{x+3}{(x^2-x)^2}$;

(2) $\dfrac{x+2}{(x+1)^2(x^2+x+2)}$.

2. 求下列不定积分

(1) $\displaystyle\int\frac{\mathrm{d}x}{4-x^2}$;

(2) $\displaystyle\int\frac{2\mathrm{d}x}{x^2-4x+4}$;

(3) $\displaystyle\int\frac{\mathrm{d}x}{x^2+x-6}$;

(4) $\displaystyle\int\frac{\mathrm{d}x}{(x+a)(x-b)}$;

(5) $\displaystyle\int\frac{2x-1}{x^2-5x+6}\mathrm{d}x$.

(B)

求下列不定积分:

(1) $\displaystyle\int\frac{3x}{x^3-1}\mathrm{d}x$;

(2) $\displaystyle\int\frac{4x-2}{x^3-x^2-2x}\mathrm{d}x$.

复习题六

(A)

第六章学习指导

1. 某曲线过原点且在曲线上每点 (x,y) 处切线斜率都等于 x^3 ,求此曲线方程.

2. 若 $F'(x)=\dfrac{1}{\sqrt{1-x^2}}$,且 $F(1)=\dfrac{\pi}{2}$,求 $F(x)$.

3. 求下列不定积分:

(1) $\displaystyle\int x\cos x^2\mathrm{d}x$;

(2) $\displaystyle\int\cos(\ln x)\mathrm{d}x$;

(3) $\displaystyle\int\mathrm{e}^{\sqrt{2x+1}}\mathrm{d}x$;

(4) $\displaystyle\int\frac{1}{x^2}\cos\frac{1}{x}\mathrm{d}x$;

(5) $\displaystyle\int \frac{\mathrm{d}x}{\mathrm{e}^x + \mathrm{e}^{-x}}$;   (6) $\displaystyle\int t\sin(2t + 3)\mathrm{d}t$.

(B)

1. 求 $\mathrm{d}\displaystyle\int \mathrm{d}\int \sin \mathrm{e}^x \mathrm{d}x$.

2. 设 $f'(\sin^2 x) = \cos^2 x$，求 $f(x)$.

3. 已知 $\sin x > \cos x$，计算 $\displaystyle\int \sqrt{1 - \sin 2x}\,\mathrm{d}x$.

4. 求下列不定积分：

(1) $\displaystyle\int \mathrm{e}^x \cos^2 x\mathrm{d}x$;   (2) $\displaystyle\int \frac{\mathrm{d}x}{\mathrm{e}^x(1 + \mathrm{e}^{2x})}$;

(3) $\displaystyle\int \frac{\arctan \dfrac{x}{2}}{4 + x^2}\mathrm{d}x$;   (4) $\displaystyle\int \frac{\sin x\cos x}{\cos^3 2x}\mathrm{d}x$;

* (5) $\displaystyle\int \frac{\sqrt{2 - x^2}}{x^2}\mathrm{d}x$;   (6) $\displaystyle\int \frac{\mathrm{e}^{2x}}{\sqrt{1 + \mathrm{e}^x}}\mathrm{d}x$;

(7) $\displaystyle\int x\tan^2 x\mathrm{d}x$;   * (8) $\displaystyle\int \frac{\mathrm{d}x}{\sqrt{(1 + x^2)^3}}$.

 **课外阅读**

清代数学史上的杰出代表——李善兰

李善兰(1811—1882 年),原名李心兰,浙江海宁人,是中国清代著名的数学家、天文学家、力学家和植物学家.

李善兰自幼就读于私塾,受到了良好的家庭教育.他天资聪颖,勤奋好学,所读之诗书,过目即能成诵.9 岁时,李善兰接触《九章算术》,从此迷上了数学.14 岁时,李善兰靠自学读懂了欧几里得《几何原本》前六卷,李善兰在《九章算术》的基础上,又吸取了《几何原本》的新思想,这使他的数学造诣日趋精深.几年后,李善兰作为州县的生员,到省府杭州参加乡试,买回了李冶的《测圆海镜》和戴震的《勾股割圆记》这两本经典传统数学著作.李善兰仔细研读这两本书,使他的数学水平有了更大的提高.

李善兰与英国传教士、汉学家伟烈亚力共同翻译的第一部西方经典著作是欧几里得的《几何原本》后 9 卷.同时,他又同汉学家艾约瑟共同翻译了介绍西方力学理论的《重学》20卷.与伟烈亚力共同翻译了介绍近代西方天文学理论的《谈天》18 卷,介绍西方微积分理论的《代微积拾级》18 卷,介绍了西方符号代数理论的《代数学》13 卷,与韦廉臣共同翻译了介绍西方植物学理论的《植物学》8 卷.这些涉及解析几何、微积分、天文学、植物学的著作都是在1857—1859 年由上海墨海书馆出版发行的.值得一提的是,李善兰还与伟烈亚力、傅兰雅共同翻译过牛顿的经典之作《自然哲学的数学原理》,翻译名为《奈端数理》,可惜该著作没有译完,故而未能出版发行.

李善兰的翻译工作是有独创性的,他创造了许多数学名词和术语,如"代数""函数""方程式""微分""积分"等,一直沿用至今.

李善兰在学术方面的研究成果主要见于其所著的《则古昔斋算学》.1867 年,他在南京出版《则古昔斋算学》,汇集了二十多年来在数学、天文学和弹道学等方面的著作,有《方圆阐幽》《垛积比类》《麟德术解》《椭圆正术解》《火器真诀》《级数回求》和《天算或问》等 13 种 24 卷,共约 15 万字.他的数学著作,除《则古昔斋算学》外,还有《考数根法》《粟布演草》《测圆海镜解》《九容图表》等.在他的这些著作中以《垛积比类》中"李善兰恒等式"和《考数根法》中对费马定理的证明这两项成就最为卓著.其在数学研究方面的成就,主要有尖锥术、垛积术和素数论三个方面.

继梅文鼎之后,李善兰成为清代数学史上的又一杰出代表.他一生翻译西方科技书籍甚多,将近代科学最主要的几门知识从天文学到植物细胞学的最新成果介绍传入中国,对促进近代科学的发展作出卓越贡献.

第七章

定 积 分

数学除了有助于敏锐地了解真理和发展真理以外,它还有造型的功能,即它能使人们的思维综合为一种科学系统.

——格拉斯曼

定积分是积分学的另一个基本概念,它和不定积分是两个完全不同的概念.在现实生活和科研活动中,定积分有着广泛的应用.例如,要计算一个由曲线围成的图形的面积,要计算一个质点在外力作用下移动所做的功,要计算一个密度不均匀的物体的质量等.本章将从实际问题出发,引出定积分的概念,然后介绍定积分的性质与计算方法,最后介绍定积分的有关应用.

§7-1 定积分的概念

定积分的概念

一、引例

我们先从分析和解决两个典型问题入手,来看定积分是怎样从现实原型抽象出来的.

例 1 曲边梯形的面积.

由三条直线(其中两条直线互相平行且与第三条直线垂直)与一条曲线所围成的封闭图形,称为曲边梯形,其中曲线弧称为曲边(见图 7-1(a)、图 7-1(b)).

如果曲边梯形的形状很不规则,要求它的面积,怎么办?在初等数学里,圆面积是用一系列边数无限增加的内接正多边形面积来定义的.现在仍用类似的方法来定义曲边梯形的面积.(见图 7-2).

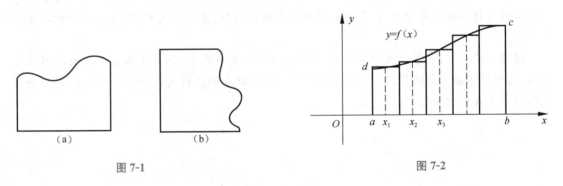

图 7-1

图 7-2

将这个曲边梯形分成多个窄小块,每一块都近似地看作一个窄小矩形,那么这些窄小矩形的面积之和就是所求的曲边梯形面积的近似值. 显然, 分割得越细, 近似程度就越高. 为了得到面积的精确值, 就必须将窄小矩形的底边长度无限趋近于零, 这就要利用极限这一数学工具了. 因此, 计算曲边梯形的面积, 就是计算一个和式的极限.

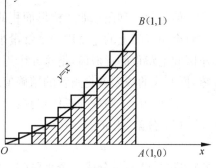

图 7-3

现在我们来计算由直线 $y=0$, $x=0$, $x=1$ 和曲线 $y=x^2$ 所围成的曲边形 OAB 的面积(见图 7-3).

用下列各点

$$0, \frac{1}{n}, \frac{2}{n}, \cdots, \frac{n-1}{n}, 1$$

把区间 $[0,1]$ 分成 n 个相等的小段, 我们现在先求出位于曲线 $y=x^2$ 下方的 n 个窄小矩形的面积之和,

$$S_n = 0 \cdot \frac{1}{n} + \left(\frac{1}{n}\right)^2 \cdot \frac{1}{n} + \left(\frac{2}{n}\right)^2 \cdot \frac{1}{n} + \cdots + \left(\frac{n-1}{n}\right)^2 \cdot \frac{1}{n}$$
$$= \frac{1}{n^3}[1^2 + 2^2 + \cdots + (n-1)^2]$$

利用公式 $1^2 + 2^2 + \cdots + n^2 = \frac{1}{6}n(n+1)(2n+1)$ 可得

$$S_n = \frac{1}{n^3} \cdot \frac{1}{6}(n-1)n(2n-1) = \frac{(n-1)(2n-1)}{6n^2}$$

这就是曲边形 OAB 面积的近似值, 它比实际面积要小, 要想得到精确值, 取极限

$$\lim_{n \to \infty} S_n = \frac{1}{3}$$

它就是曲边形 OAB 的面积, 古希腊数学家阿基米德就利用这种方法求得它的面积.

我们再来求位于曲线 $y=x^2$ 上方的 n 个窄小矩形的面积的和:

$$S_n' = \left(\frac{1}{n}\right)^2 \cdot \frac{1}{n} + \left(\frac{2}{n}\right)^2 \cdot \frac{1}{n} + \cdots + \left(\frac{n-1}{n}\right)^2 \cdot \frac{1}{n} + 1^2 \cdot \frac{1}{n}$$
$$= \frac{1}{n^3}[1^2 + 2^2 + \cdots + (n-1)^2 + n^2]$$
$$= \frac{(n+1)(2n+1)}{6n^2}$$

这也是曲边形 OAB 面积的近似值, 它比实际面积要大, 取极限

$$\lim_{n \to \infty} S_n' = \frac{1}{3}$$

它就是曲边形 OAB 的面积.

上面两种近似方法中, 相应的窄小矩形的高的数值不相同, 但和式的极限值一样, 为什么? 这体现了我们的愿望: 由于曲边梯形的面积是唯一确定的, 故利用各种近似方法所得到的和式的极限值应该相等.

求曲边梯形面积的这种思想方法概括说来就是"分割、近似代替、求和、取极限".

例 2 变速直线运动的路程.

设某个物体做直线运动, 已知速度 $V = V(t)$ 是时间 t 的连续函数, $t \in [a, b]$, 且 $V(t) > 0$. 求物体在这段时间内所走的路程 S.

由于物体做变速直线运动,因此不能利用匀速直线运动公式:

$$路程 = 速度 \times 时间$$

但是我们利用求曲边梯形面积的思想方法,把时间区间$[a,b]$分成n个小区间,再把物体在每个小区间上的速度用一个常量来近似代替,这样就可以利用匀速直线运动公式求得每个小区间上路程的近似值,把这n个近似值相加得到一个和式,再令所有小区间的长度都趋向于零,则和式的极限就是路程的精确值.

下面给出求路程的具体步骤:

(1) **分割**. 用$n-1$个分点

$$a = t_0 < t_1 < t_2 < \cdots < t_{i-1} < t_i < \cdots < t_{n-1} < t_n = b$$

把时间区间$[a,b]$分成n个小区间

$$[t_0,t_1],[t_1,t_2],\cdots,[t_{i-1},t_i],\cdots,[t_{n-1},t_n]$$

第i个小区间的长度记作

$$\Delta t_i = t_i - t_{i-1} \quad (i = 1,2,\cdots,n)$$

(2) **近似代替**. 在第i个小区间$[t_{i-1},t_i]$上取任一点ξ_i,将物体在$[t_{i-1},t_i]$上的变速运动近似地看成以$V(\xi_i)$做匀速运动,于是可得物体在$[t_{i-1},t_i]$上所走的路程ΔS_i的近似值,即

$$\Delta S_i \approx V(\xi_i) \cdot \Delta t_i \quad (i = 1,2,\cdots,n)$$

(3) **求和**. 把这n个小区间内路程的近似值相加,得到整个区间上的路程S的近似值,即

$$S = \Delta S_1 + \Delta S_2 + \cdots + \Delta S_n = \sum_{i=1}^{n} \Delta S_i \approx \sum_{i=1}^{n} V(\xi_i) \cdot \Delta t_i$$

(4) **取极限**. 当这些小区间的长度的最大值$\lambda = \max\{\Delta t_1, \Delta t_2, \cdots, \Delta t_n\}$趋向于零时,分点个数一定是无限增大,这时和式$\sum_{i=1}^{n} V(\xi_i) \cdot \Delta t_i$的极限就是物体所走过的路程,即

$$S = \lim_{\lambda \to 0} \sum_{i=1}^{n} V(\xi_i) \cdot \Delta t_i$$

可见,做变速直线运动的物体所走过的路程与曲边梯形的面积一样,都归结为求一个和式的极限(见图 7-4).

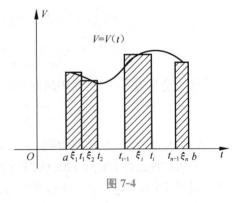

图 7-4

二、定积分的定义

上面两个实例中,所计算的量虽然有不同的实际意义,但解决问题的思想方法与步骤却是相同的,且最终都归结为求一个和式的极限. 我们从这些求和式的极限的具体问题中抽象出它们的共同特性,进行专门的研究,从而引进了定积分的概念.

定义 设$f(x)$是定义在$[a,b]$上的函数,在区间$[a,b]$上插入$n-1$个分点

$$a = x_0 < x_1 < x_2 < \cdots < x_{i-1} < x_i < \cdots < x_{n-1} < x_n = b$$

把区间$[a,b]$分成n个小区间

$$[x_0,x_1],[x_1,x_2],\cdots,[x_{i-1},x_i],\cdots,[x_{n-1},x_n]$$

各个小区间的长度依次为

$$\Delta x_1 = x_1 - x_0, \Delta x_2 = x_2 - x_1, \cdots, \Delta x_i = x_i - x_{i-1}, \cdots, \Delta x_n = x_n - x_{n-1}$$

在每个小区间 $[x_{i-1}, x_i]$ 上任取一点 $\xi_i(x_{i-1} \leqslant \xi_i \leqslant x_i)$,作函数值 $f(\xi_i)$ 与小区间长度 Δx_i 的乘积 $f(\xi_i)\Delta x_i(i=1,2,\cdots,n)$,并作和式(称为**积分和式**)

$$\sum_{i=1}^{n} f(\xi_i)\Delta x_i$$

令 $\lambda = \max\{\Delta x_1, \Delta x_2, \cdots, \Delta x_n\}$,如果当 $\lambda \to 0$ 时,和式的极限

$$\lim_{\lambda \to 0} \sum_{i=1}^{n} f(\xi_i)\Delta x_i$$

存在,且此极限值与对区间 $[a,b]$ 的分法以及对点 ξ_i 的取法无关,则称这个极限值为函数 $f(x)$ 在 $[a,b]$ 上的**定积分**(简称积分),记作 $\int_a^b f(x)\mathrm{d}x$,即

$$\int_a^b f(x)\mathrm{d}x = \lim_{\lambda \to 0} \sum_{i=1}^{n} f(\xi_i)\Delta x_i$$

其中,$f(x)$ 称为**被积函数**;$f(x)\mathrm{d}x$ 称为**被积表达式**;x 称为**积分变量**;a 称为**积分下限**;b 称为**积分上限**;$[a,b]$ 称为**积分区间**.

可见**定积分是特殊和式的极限**.

如果 $f(x)$ 在 $[a,b]$ 上的定积分存在,我们就说 $f(x)$ 在 $[a,b]$ 上**可积**,否则说 $f(x)$ 在 $[a,b]$ 上**不可积**.

定积分 $\int_a^b f(x)\mathrm{d}x$ 是一个确定的数值,它只与被积函数 $f(x)$ 和积分区间 $[a,b]$ 有关,而与积分变量用什么字母表示无关,即

$$\int_a^b f(x)\mathrm{d}x = \int_a^b f(t)\mathrm{d}t = \int_a^b f(u)\mathrm{d}u$$

※三、可积条件

在定积分理论中,需考虑两个基本问题:可积函数应满足什么条件? 满足什么条件的函数可积? 下面的一组定理回答了这两个问题.

定理 1(可积的必要条件) 设 $f(x)$ 在 $[a,b]$ 上可积,则 $f(x)$ 在 $[a,b]$ 上一定有界,即存在常数 $M>0$,使得 $|f(x)| \leqslant M$ 对任意 $x \in [a,b]$ 成立.

证 用反证法. 设 $f(x)$ 在 $[a,b]$ 上无界,则一定存在某个小区间 $[x_{i-1}, x_i] \subset [a,b]$,使 $f(x)$ 在 $[x_{i-1}, x_i]$ 上无界,从而可在该小区间上取一点 ξ_i,使 $|f(\xi_i)\Delta x_i|$ 大于任意预先给定的数,从而和式 $\sum_{i=1}^{n} f(\xi_i)\Delta x_i$ 就不可能有有限的极限,这与 $f(x)$ 在 $[a,b]$ 上可积相矛盾. 即证.

注:这里利用了与无穷大相关的运算性质:

$$a \times \infty = \infty (a \neq 0 \text{ 是常数})$$

$$\infty \times \infty = \infty$$

$$(+\infty) + a = +\infty, (+\infty) + (+\infty) = +\infty$$

$$(-\infty) + a = -\infty, (-\infty) + (-\infty) = -\infty$$

$$(+\infty) + (-\infty) \text{ 无意义}, \infty - \infty \text{ 无意义}$$

定理 1 指出,**任何可积函数一定是有界的**,即**可积则有界**.与它等价的逆否命题是:**无界函数一定不可积**.自然应该知道,有界函数不一定可积.

定理 2(可积的充要条件) 设 $f(x)$ 在 $[a,b]$ 上有界,在 $[a,b]$ 中插入分点
$$a = x_0 < x_1 < \cdots < x_{n-1} < x_n = b$$
把 $[a,b]$ 分成 n 个小区间:$[x_0,x_1],\cdots,[x_{i-1},x_i],\cdots,[x_{n-1},x_n]$,记
$$M_i = \sup\{f(x) \mid x \in [x_{i-1},x_i]\}$$
$$m_i = \inf\{f(x) \mid x \in [x_{i-1},x_i]\}$$
$$w_i = M_i - m_i$$
$$\Delta x_i = x_i - x_{i-1},\lambda = \max\{\Delta x_1,\cdots,\Delta x_i,\cdots,\Delta x_n\} \quad (i = 1,2,\cdots,n)$$
则 $f(x)$ 在 $[a,b]$ 上可积的**充要条件**是
$$\lim_{\lambda \to 0} \sum_{i=1}^n w_i \Delta x_i = 0$$

注:M_i 表示 $f(x)$ 在 $[x_{i-1},x_i]$ 上的上确界,意思是:

① 对任意的 $x \in [x_{i-1},x_i]$,都有 $f(x) \leqslant M_i$;

② 对任意的 $\varepsilon > 0$,可在 $[x_{i-1},x_i]$ 上找到一点 x_0,使 $f(x_0) + \varepsilon > M_i$.

m_i 表示 $f(x)$ 在 $[x_{i-1},x_i]$ 上的下确界,意思是:

① 对任意的 $x \in [x_{i-1},x_i]$,都有 $f(x) \geqslant m_i$;

② 对任意的 $\varepsilon > 0$,可在 $[x_{i-1},x_i]$ 上找到一点 x_0',使 $f(x_0') < m_i + \varepsilon$.

证 先证充分性.

由 $\lim\limits_{\lambda \to 0} \sum\limits_{i=1}^n w_i \Delta x_i = 0$ 可得 $\lim\limits_{\lambda \to 0} \sum\limits_{i=1}^n M_i \Delta x_i = \lim\limits_{\lambda \to 0} \sum\limits_{i=1}^n m_i \Delta x_i = I$,对任意的 $\xi_i \in [x_{i-1},x_i]$,有
$$m_i \leqslant f(\xi_i) \leqslant M_i$$

所以有
$$\sum_{i=1}^n m_i \Delta x_i \leqslant \sum_{i=1}^n f(\xi_i) \Delta x_i \leqslant \sum_{i=1}^n M_i \Delta x_i$$

因此有 $\lim\limits_{\lambda \to 0} \sum\limits_{i=1}^n f(\xi_i) \Delta x_i = I$,即 $\int_a^b f(x)\mathrm{d}x$ 存在.即证.

再证必要性.

设 $f(x)$ 在 $[a,b]$ 上可积,即 $\int_a^b f(x)\mathrm{d}x = I$,那么对任意的 $\varepsilon > 0$,存在 $\delta > 0$,对任意的 $\xi_i \in [x_{i-1},x_i]$,只要 $\lambda < \delta$,就有 $\left| \sum\limits_{i=1}^n f(\xi_i) \Delta x_i - I \right| < \dfrac{\varepsilon}{2}$.

由 M_i 和 m_i 的定义可知存在 $\eta_i \in [x_{i-1},x_i]$ 和 $\theta_i \in [x_{i-1},x_i]$,使得
$$0 \leqslant M_i - f(\eta_i) < \frac{\varepsilon}{2(b-a)}$$
$$0 \leqslant f(\theta_i) - m_i < \frac{\varepsilon}{2(b-a)}$$

所以
$$\left| \sum_{i=1}^n M_i \Delta x_i - \sum_{i=1}^n f(\eta_i) \Delta x_i \right| = \sum_{i=1}^n [M_i - f(\eta_i)] \Delta x_i <$$
$$\frac{\varepsilon}{2(b-a)}(b-a) = \frac{\varepsilon}{2}$$

$$\left| \sum_{i=1}^{n} f(\theta_i) \Delta x_i - \sum_{i=1}^{n} m_i \Delta x_i \right| = \sum_{i=1}^{n} [f(\theta_i) - m_i] \Delta x_i <$$

$$\frac{\varepsilon}{2(b-a)}(b-a) = \frac{\varepsilon}{2}$$

$$\left| \sum_{i=1}^{n} f(\eta_i) \Delta x_i - \sum_{i=1}^{n} f(\theta_i) \Delta x_i \right| = \left| \sum_{i=1}^{n} f(\eta_i) \Delta x_i - I + I - \sum_{i=1}^{n} f(\theta_i) \Delta x_i \right| \leqslant$$

$$\left| \sum_{i=1}^{n} f(\eta_i) \Delta x_i - I \right| + \left| I - \sum_{i=1}^{n} f(\theta_i) \Delta x_i \right| <$$

$$\frac{\varepsilon}{2} + \frac{\varepsilon}{2} = \varepsilon$$

故 $$\left| \sum_{i=1}^{n} (M_i - m_i) \Delta x_i \right| = \left| \sum_{i=1}^{n} M_i \Delta x_i - \sum_{i=1}^{n} m_i \Delta x_i \right| =$$

$$\left| \sum_{i=1}^{n} M_i \Delta x_i - \sum_{i=1}^{n} f(\eta_i) \Delta x_i + \sum_{i=1}^{n} f(\eta_i) \Delta x_i - \sum_{i=1}^{n} f(\theta_i) \Delta x_i + \sum_{i=1}^{n} f(\theta_i) \Delta x_i - \sum_{i=1}^{n} m_i \Delta x_i \right| \leqslant$$

$$\left| \sum_{i=1}^{n} M_i \Delta x_i - \sum_{i=1}^{n} f(\eta_i) \Delta x_i \right| + \left| \sum_{i=1}^{n} f(\eta_i) \Delta x_i - \sum_{i=1}^{n} f(\theta_i) \Delta x_i \right| +$$

$$\left| \sum_{i=1}^{n} f(\theta_i) \Delta x_i - \sum_{i=1}^{n} m_i \Delta x_i \right| <$$

$\frac{\varepsilon}{2} + \varepsilon + \frac{\varepsilon}{2} = 2\varepsilon$(这里利用了无穷小的性质:有限个无穷小的和仍然是一个无穷小.)

即 $\left| \sum_{i=1}^{n} w_i \Delta x_i \right| < 2\varepsilon.$

由 ε 的任意性知 $\lim\limits_{\lambda \to 0} \sum\limits_{i=1}^{n} w_i \Delta x_i = 0$,证毕.

根据定理 1 和定理 2,我们可以判断哪些有界函数是可积的. 下面两个定理给出的是可积的充分条件.

定理 3 若 $f(x)$ 在 $[a,b]$ 上连续,则 $f(x)$ 在 $[a,b]$ 上可积.

定理 4 若 $f(x)$ 在 $[a,b]$ 上只有有限个第一类间断点,则 $f(x)$ 在 $[a,b]$ 上可积.

定理 3 的证明思路是:因为 $f(x)$ 在 $[a,b]$ 上连续,所以 $w_i \to 0 (\Delta x_i \to 0)$,令 $w = \max\{w_1, w_2, \cdots, w_n\}$. 那么,当 $\lambda \to 0$ 时有 $w \to 0$,从而

$$\lim_{\lambda \to 0} \left| \sum_{i=1}^{n} w_i \Delta x_i \right| \leqslant \lim_{\lambda \to 0} \sum_{i=1}^{n} w \Delta x_i = \lim_{\lambda \to 0} w \sum_{i=1}^{n} \Delta x_i = \lim_{\lambda \to 0} w (b-a) = 0$$

定理 4 的证明思路是:把含第一类间断点的小区间放到一起,余下的连续小区间放到一起,再证第一个和式的极限为零,有兴趣的同学可参阅相关的数学分析内容.

例 3 据定积分定义,证明

$$\int_a^b C \mathrm{d}x = C(b-a) \quad (C 为常数)$$

证 在 $[a, b]$ 中插入 $n-1$ 个点,将 $[a, b]$ 分成 n 个小区间,因为被积函数

$$f(x) = c, x \in [a, b]$$

所以

$$\int_a^b C \mathrm{d}x = \lim_{\lambda \to 0} \sum_{i=1}^{n} f(\xi_i) \Delta x_i, (\lambda = \max\{\Delta x_1, \Delta x_2, \cdots, \Delta x_n\})$$

$$= \lim_{\lambda \to 0} \sum_{i=1}^{n} C \Delta x_i = \lim_{\lambda \to 0} C \sum_{i=1}^{n} \Delta x_i = C(b-a)$$

例4 根据定积分定义,求 $\int_0^2 x\mathrm{d}x$.

解 由于 $f(x)=x$ 在$[0,2]$上连续,所以 $f(x)=x$ 在$[0,2]$上可积,为了简化计算,可将区间$[0,2]$平均分成 n 等份,即

$$\left[0,\frac{2}{n}\right],\left[0,\frac{4}{n}\right],\cdots,\left[\frac{2(i-1)}{n},\frac{2i}{n}\right],\cdots,\left[\frac{2(n-1)}{n},2\right]$$

则每个小区间的长度都是 $\frac{2}{n}$,即 $\lambda=\frac{2}{n}$.

在第 i 个小区间 $\left[\frac{2(i-1)}{n},\frac{2i}{n}\right]$ 上取 $\xi_i=\frac{2i}{n}$,则 $f(\xi_i)=\frac{2i}{n}$.

于是

$$\sum_{i=1}^n f(\xi_i)\cdot\Delta x_i=\sum_{i=1}^n\frac{2i}{n}\cdot\frac{2}{n}=\frac{4}{n^2}(1+2+\cdots+n)$$
$$=\frac{2n(n+1)}{n^2}=\frac{2(n+1)}{n}$$

所以 $$\int_0^2 x\mathrm{d}x=\lim_{n\to\infty}\frac{2(n+1)}{n}=2$$

注:用定义计算定积分,将积分区间采取等距离的划分法较为方便.

四、定积分的几何意义

由前面的讨论可知,当 $f(x)\geqslant 0$ 时,$\int_a^b f(x)\mathrm{d}x$ 在几何上表示由曲线 $y=f(x)$ 与直线 $x=a,x=b,y=0$ 所围成的曲边梯形的面积(注意 $a<b$);当 $f(x)\leqslant 0$ 时,$-f(x)\geqslant 0$,这时由曲线 $y=f(x)$ 与直线 $x=a,x=b,y=0$ 所围成的曲边梯形面积为

$$A=\lim_{\lambda\to 0}\sum_{i=1}^n\left[-f(\xi_i)\right]\Delta x_i=-\lim_{\lambda\to 0}\sum_{i=1}^n f(\xi_i)\Delta x_i=-\int_a^b f(x)\mathrm{d}x$$

因此当 $f(x)\leqslant 0$ 时,

$$\int_a^b f(x)\mathrm{d}x=-A$$

也就是说,当 $f(x)\leqslant 0$ 时,$\int_a^b f(x)\mathrm{d}x$ 在几何上表示曲边梯形面积的相反数(见图 7-5).

当 $f(x)$ 在$[a,b]$上有时取正值,有时取负值时(见图 7-6),

则有 $$\int_a^b f(x)\mathrm{d}x=A_1-A_2+A_3$$

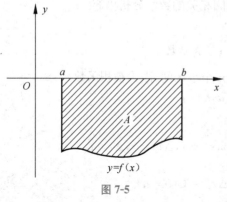

图 7-5

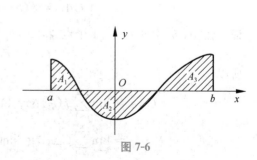

图 7-6

因此,对一般函数 $f(x)$ 而言,$\int_a^b f(x)\mathrm{d}x$ 在几何上表示由曲线 $y=f(x)$ 与直线 $x=a,x=b,y=0$ 所围成的曲边梯形各部分面积的代数和.

习题 7-1

(A)

1. 判断下列命题的真假:
   (1) 不定积分和定积分都简称积分,因此它们没有本质上的区别,实际上是同一个概念. (　　)
   (2) 在定积分的定义中,可以把 $\lim\limits_{\lambda \to 0}\sum\limits_{i=1}^{n} f(\xi_i)\Delta x_i$ 改变为 $\lim\limits_{n \to \infty}\sum\limits_{i=1}^{n} f(\xi_i)\Delta x_i$. (　　)

2. 利用定积分的几何意义,求下列各式的值:
   (1) $\int_{-1}^{2} 3\mathrm{d}x$;　　　　　　　(2) $\int_{-a}^{a} \sqrt{a^2-x^2}\,\mathrm{d}x$ $(a>0)$;
   (3) $\int_{-2}^{4} x\mathrm{d}x$;　　　　　　　(4) $\int_{-\frac{\pi}{2}}^{\frac{\pi}{2}} \sin x\mathrm{d}x$.

3. 填空:
   (1) 由曲线 $y=\mathrm{e}^x$ 与直线 $x=-1,x=2$ 及 x 轴所围成的曲边梯形面积,用定积分表示为＿＿＿＿＿＿;
   (2) 由曲线 $y=x^2(x \geqslant 0)$ 与直线 $y=1,y=3$ 及 y 轴所围成的曲边梯形面积,用定积分表示为＿＿＿＿＿＿.

(B)

1. 利用定积分定义求证:
   (1) $\int_a^b x\mathrm{d}x = \dfrac{1}{2}(b^2-a^2)$ $(a<b)$;　　　(2) $\int_0^1 \mathrm{e}^x\mathrm{d}x = \mathrm{e}-1$

2. 利用定积分的几何意义,求下列积分:
   (1) $\int_0^1 2x\mathrm{d}x$;　　　　　　　　　　(2) $\int_{-a}^{a} \sin x\mathrm{d}x$.

§7-2　定积分的性质

这一节,我们将讨论定积分的一些性质,它们对于积分计算是很有用的.

一、定积分的性质

性质 1　交换积分的上下限,所得的积分值与原积分值互为相反数,即
$$\int_b^a f(x)\mathrm{d}x = -\int_a^b f(x)\mathrm{d}x$$

特别地,有
$$\int_a^a f(x)\mathrm{d}x = 0$$

性质 2　若 $f(x)$ 在 $[a,b]$ 上可积,k 为一实数,则 $kf(x)$ 在 $[a,b]$ 上也可积,

性质 2 的证明

且有
$$\int_a^b k f(x) \mathrm{d}x = k \int_a^b f(x) \mathrm{d}x$$

性质 3　若 $f(x), g(x)$ 在 $[a,b]$ 上可积,则 $f(x) \pm g(x)$ 在 $[a,b]$ 上也可积,得

$$\int_a^b [f(x) \pm g(x)] \mathrm{d}x = \int_a^b f(x) \mathrm{d}x \pm \int_a^b g(x) \mathrm{d}x$$

性质 3 的证明

注:性质 2、性质 3 可推广到有限个函数的情形,即如果 $f_1(x), f_2(x), \cdots,$ $f_n(x)$ 都在 $[a,b]$ 上可积,$k_1, k_2, \cdots, k_n$ 是实数,那么有

$$\int_a^b [k_1 f_1(x) + k_2 f_2(x) + \cdots + k_n f_n(x)] \mathrm{d}x$$
$$= k_1 \int_a^b f_1(x) \mathrm{d}x + k_2 \int_a^b f_2(x) \mathrm{d}x + \cdots + k_n \int_a^b f_n(x) \mathrm{d}x$$

性质 4　设 $f(x)$ 在所讨论的区间上都是可积的,对于任意的三个数 a, b, c,总有
$$\int_a^b f(x) \mathrm{d}x = \int_a^c f(x) \mathrm{d}x + \int_c^b f(x) \mathrm{d}x$$

下面利用定积分的几何意义对该性质加以说明. 在图 7-7(a)中,$a<c<b$,这时
$$\int_a^b f(x) \mathrm{d}x = A_1 + A_2 = \int_a^c f(x) \mathrm{d}x + \int_c^b f(x) \mathrm{d}x$$

在图 7-7(b)中,$a<b<c$,这时
$$\int_a^b f(x) \mathrm{d}x = \int_a^c f(x) \mathrm{d}x - A_2 = \int_a^c f(x) \mathrm{d}x - \int_b^c f(x) \mathrm{d}x = \int_a^c f(x) \mathrm{d}x + \int_c^b f(x) \mathrm{d}x$$

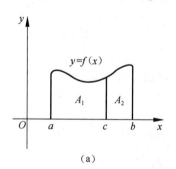　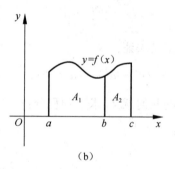

(a)　　　　　　　　　　(b)

图 7-7

对于 a, b, c 其他的相对位置情况,类似地也可以得出等式仍然成立.

性质 5(保序性)　设 $f(x), g(x)$ 在 $[a,b]$ 上可积,且有 $f(x) \leqslant g(x)$,则有
$$\int_a^b f(x) \mathrm{d}x \leqslant \int_a^b g(x) \mathrm{d}x$$

证　因为
$$\int_a^b g(x) \mathrm{d}x - \int_a^b f(x) \mathrm{d}x = \int_a^b [g(x) - f(x)] \mathrm{d}x$$
$$= \lim_{\lambda \to 0} \sum_{i=1}^n [g(\xi_i) - f(\xi_i)] \Delta x_i$$

又 $g(x) \geqslant f(x), x \in [a,b]$，故 $\lim\limits_{\lambda \to 0} \sum\limits_{i=1}^{n} [g(\xi_i) - f(\xi_i)] \Delta x_i \geqslant 0$，即证.

推论 1（保号性）　若 $f(x) \geqslant 0$ 对 $x \in [a,b]$ 成立，则有

$$\int_a^b f(x) \mathrm{d}x \geqslant 0$$

推论 2（有界性）　若在 $[a,b]$ 上有 $m \leqslant f(x) \leqslant M, m, M$ 是两个实数，则有

$$m(b-a) \leqslant \int_a^b f(x) \mathrm{d}x \leqslant M(b-a)$$

推论 3（定积分的绝对值不等式）　若 $f(x)$ 在 $[a,b]$ 上可积，则有

$$\left| \int_a^b f(x) \mathrm{d}x \right| \leqslant \int_a^b |f(x)| \mathrm{d}x$$

推论 1 和推论 2 由读者自证，下面给出推论 3 的证明.

证　因为

$$-|f(x)| \leqslant f(x) \leqslant |f(x)|$$

所以

$$-\int_a^b |f(x)| \mathrm{d}x \leqslant \int_a^b f(x) \mathrm{d}x \leqslant \int_a^b |f(x)| \mathrm{d}x$$

故

$$\left| \int_a^b f(x) \mathrm{d}x \right| \leqslant \int_a^b |f(x)| \mathrm{d}x$$

二、定积分的中值定理

定理　如果函数 $f(x)$ 在闭区间 $[a,b]$ 上连续，则在 $[a,b]$ 上至少存在一点 ξ，使得

$$\int_a^b f(x) \mathrm{d}x = f(\xi)(b-a) \quad (a \leqslant \xi \leqslant b)$$

证　设 $f(x)$ 在 $[a,b]$ 上的最大值和最小值分别为 M, m，则对任意的 $x \in [a,b]$，都有

$$m \leqslant f(x) \leqslant M$$

利用上面的推论 2，有

$$m(b-a) \leqslant \int_a^b f(x) \mathrm{d}x \leqslant M(b-a)$$

因此在 m, M 之间存在数值 μ，使

$$\int_a^b f(x) \mathrm{d}x = \mu(b-a)$$

由于 $f(x)$ 在 $[a,b]$ 上的连续性，根据介值定理可知在 $[a,b]$ 上必存在一点 ξ，使 $f(\xi) = \mu$，因此

$$\int_a^b f(x) \mathrm{d}x = f(\xi)(b-a) \quad (a \leqslant \xi \leqslant b)$$

当 $f(x) \geqslant 0 (a \leqslant x \leqslant b)$ 时，积分中值定理的几何解释为：由曲线 $y = f(x)$，直线 $x = a, x = b$ 和 $y = 0$ 所围成的曲边梯形的面积，等于以区间 $[a,b]$ 为底，以该区间上某一点 ξ 的函数值 $f(\xi)$ 为高的矩形的面积（见图 7-8）.

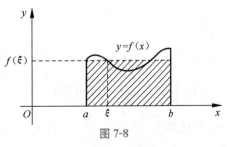

图 7-8

例 1 已知 $\int_0^1 4x^3 \mathrm{d}x = 1, \int_0^2 4x^3 \mathrm{d}x = 16,$ 求 $\int_1^2 4x^3 \mathrm{d}x$.

解

$$\int_1^2 4x^3 \mathrm{d}x = \int_0^2 4x^3 \mathrm{d}x - \int_0^1 4x^3 \mathrm{d}x$$
$$= 16 - 1 = 15$$

例 2 求证：$15 < \int_2^5 (x^2 + 1) \mathrm{d}x < 78$.

证 因为当 $x \in [2, 5]$ 时，有

$$5 \leqslant x^2 + 1 \leqslant 26$$

所以

$$5(5 - 2) \leqslant \int_2^5 (x^2 + 1) \mathrm{d}x \leqslant 26(5 - 2)$$

即

$$15 \leqslant \int_2^5 (x^2 + 1) \mathrm{d}x \leqslant 78$$

又 $f(x) = x^2 + 1$ 在 $[2, 5]$ 上是单调递增的，所以 $\int_2^5 (x^2 + 1) \mathrm{d}x$ 所表示的曲边梯形面积应位于 15 与 78 之间，不能取等号，从而

$$15 < \int_2^5 (x^2 + 1) \mathrm{d}x < 78$$

例 3 证明 $\lim\limits_{n \to \infty} \left(\int_{\frac{\pi}{4}}^{\frac{\pi}{2}} \cos x \mathrm{d}x \right)^n = 0$.

证 根据积分中值定理可知，在 $\left[\dfrac{\pi}{4}, \dfrac{\pi}{2} \right]$ 上必存在一点 ξ，使

$$\int_{\frac{\pi}{4}}^{\frac{\pi}{2}} \cos x \mathrm{d}x = \frac{\pi}{4} \cos \xi, \quad \xi \in \left[\frac{\pi}{4}, \frac{\pi}{2} \right]$$

设 $q = \dfrac{\pi}{4} \cos \xi$，则 $0 < q < \dfrac{\sqrt{2}}{8} \pi < 1$，所以

$$\lim_{n \to \infty} \left(\int_{\frac{\pi}{4}}^{\frac{\pi}{2}} \cos x \mathrm{d}x \right)^n = \lim_{n \to \infty} q^n = 0$$

习题 7-2

(A)

1. $\int_1^1 \dfrac{\sin x}{x} \mathrm{d}x = $ _____.

2. 已知 $\int_0^2 f(x) \mathrm{d}x = A, \int_0^2 g(x) \mathrm{d}x = B$，求下列各式的值：

(1) $\int_0^2 [2f(x) - 3g(x)] \mathrm{d}x$;   (2) $\int_0^2 [3f(x) + 5g(x)] \mathrm{d}x$.

3. 若已知 $\int_{-1}^0 x^2 \mathrm{d}x = \dfrac{1}{3}, \int_{-1}^0 x \mathrm{d}x = -\dfrac{1}{2}$，那么

(1) $\int_{-1}^{0} (2x^2 - 3x)\mathrm{d}x = $ _____;　　(2) $\int_{0}^{-1} (3x^2 + x)\mathrm{d}x = $ _____.

4. 比较下列各组积分的大小:

(1) $\int_{0}^{1} x\mathrm{d}x$ 与 $\int_{0}^{1} x^2\mathrm{d}x$;　　(2) $\int_{0}^{\frac{\pi}{2}} x\mathrm{d}x$ 与 $\int_{0}^{\frac{\pi}{2}} \sin x\mathrm{d}x$;

(3) $\int_{0}^{1} \mathrm{e}^x\mathrm{d}x$ 与 $\int_{0}^{1} \ln(1+x)\mathrm{d}x$.

5. 利用 $\int_{0}^{2} 1\mathrm{d}x = 2, \int_{0}^{2} x\mathrm{d}x = 2$,验证下面的等式是否成立:

$$\int_{a}^{b} f(x) \cdot g(x)\mathrm{d}x = \left[\int_{a}^{b} f(x)\mathrm{d}x\right] \cdot \left[\int_{a}^{b} g(x)\mathrm{d}x\right]$$

(B)

1. 利用积分中值定理证明:

(1) $\lim\limits_{n\to\infty} \left(\int_{0}^{\frac{1}{2}} \dfrac{x}{1+x}\mathrm{d}x\right)^n = 0$;　　(2) $\lim\limits_{n\to\infty} \left(\int_{0}^{\frac{\pi}{4}} \sin x\mathrm{d}x\right)^n = 0$.

2. 设 $f(x)$ 在 $[a,b]$ 上连续,若 $\int_{a}^{b} [f(x)]^2\mathrm{d}x = 0$,求证: $f(x)$ 在 $[a,b]$ 上恒为零.

§7-3　微积分学基本定理

积分学中要解决两个问题:第一个问题是原函数的求法问题,我们在第六章中已经对它作了讨论;第二个问题便是定积分的计算问题. 如果我们根据定积分的定义来直接计算积分和的极限,那不是一件很容易的事,如果被积函数比较复杂,计算的困难就会更大. 因此寻求计算定积分的有效方法便成为积分学发展的关键. 这一节在研究连续函数的定积分与原函数的关系的基础上,将得到计算定积分的简便而有效的工具,即牛顿—莱布尼兹公式.

一、积分上限函数及其导数

设函数 $f(x)$ 在 $[a,b]$ 上连续, $x \in [a,b]$,则 $f(t)$ 在区间 $[a,x]$ 上也连续,因此定积分
$$\int_{a}^{x} f(t)\mathrm{d}t$$

一定存在,当 x 为 $[a,b]$ 上任意给定一个值时,定积分 $\int_{a}^{x} f(t)\mathrm{d}t$ 都有唯一确定的值与它相对应,因此 $\int_{a}^{x} f(t)\mathrm{d}t$ 是 x 的函数,称之为**积分上限函数**,记作 $\Phi(x)$,即

$$\Phi(x) = \int_{a}^{x} f(t)\mathrm{d}t, \quad x \in [a,b]$$

注意到 $\Phi(x)$ 的自变量 x 出现在积分上限的位置,且在区间 $[a,b]$ 上任意取值,这是它的名称的来历,而积分变量 t 的取值范围是 $[a,x]$. 根据定积分的几何意义,在图 7-9 中, $\Phi(x)$ 表示阴影部分的面积. 下面研究函数

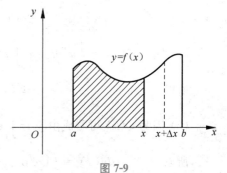

图 7-9

$\Phi(x)$ 的导数.

定理 1 若函数 $f(x)$ 在 $[a,b]$ 上连续,则积分上限函数

$$\Phi(x) = \int_a^x f(t)\mathrm{d}t, \quad x \in [a,b]$$

在 $[a,b]$ 上可导,且 $\Phi'(x) = f(x)$. 即函数 $\Phi(x)$ 是被积函数 $f(x)$ 在 $[a,b]$ 上的一个原函数,并且 $\Phi(x)$ 在 $[a,b]$ 上连续.

证 利用导数的定义来求 $\Phi'(x)$.

取 $|\Delta x|$ 充分小,使 $x + \Delta x \in [a,b]$,则 $\Phi(x)$ 的增量为

$$\begin{aligned}
\Delta\Phi(x) &= \Phi(x + \Delta x) - \Phi(x) \\
&= \int_a^{x+\Delta x} f(t)\mathrm{d}t - \int_a^x f(t)\mathrm{d}t \\
&= \int_a^x f(t)\mathrm{d}t + \int_x^{x+\Delta x} f(t)\mathrm{d}t - \int_a^x f(t)\mathrm{d}t \\
&= \int_x^{x+\Delta x} f(t)\mathrm{d}t
\end{aligned}$$

由 $f(x)$ 的连续性,利用积分中值定理可得

$$\int_x^{x+\Delta x} f(t)\mathrm{d}t = f(\xi) \cdot [(x + \Delta x) - x] = f(\xi) \cdot \Delta x \quad (\xi \text{ 位于 } x \text{ 和 } x + \Delta x \text{ 之间})$$

令 $\Delta x \to 0$,则 $\xi \to x, f(\xi) \to f(x)$,所以

$$\Phi'(x) = \lim_{\Delta x \to 0} = \frac{\Delta\Phi(x)}{\Delta x} = \lim_{\Delta x \to 0} \frac{f(\xi)\Delta x}{\Delta x} = \lim_{\Delta x \to 0} f(\xi) = f(x)$$

这就证明了 $\Phi(x)$ 可导且

$$\Phi'(x) = f(x)$$

定理 1 是在被积函数连续的条件下获证的,因而也证明了"连续函数必存在原函数"的命题,并以积分形式给出了 $f(x)$ 的一个原函数,因此这个定理也叫作**原函数存在定理**.

例 1 求导数 $\Phi'(x)$:

(1) $\Phi(x) = \int_1^x \sin t\mathrm{d}t$;　　　　　(2) $\Phi(x) = \int_x^a t^3\mathrm{d}t$;

(3) $\Phi(x) = \int_1^{\cos x} \mathrm{e}^t\mathrm{d}t$.

解 (1) 利用公式 $\left(\int_a^x f(t)\mathrm{d}t\right)'_x = f(x)$ 得

$$\Phi'(x) = \left(\int_1^x \sin t\mathrm{d}t\right)'_x = \sin x$$

(2) 因为 $\Phi(x) = \int_x^a t^3\mathrm{d}t = -\int_a^x t^3\mathrm{d}t$,

所以　　　　　　　　　　$\Phi'(x) = \left(-\int_a^x t^3\mathrm{d}t\right)'_x = -x^3$

(3) 因为 $\Phi(x)$ 可看成由 $y = \int_1^u \mathrm{e}^t\mathrm{d}t$ 和 $u = \cos x$ 复合而成的复合函数,

所以　　　　$\Phi'(x) = \left(\int_1^u \mathrm{e}^t\mathrm{d}t\right)'_u \cdot u'_x = \mathrm{e}^u \cdot (-\sin x) = -\sin x \cdot \mathrm{e}^{\cos x}$

例 2　求 $\lim\limits_{x \to 0} \dfrac{\displaystyle\int_{\cos x}^{1} e^{-t^2}\,dt}{x^2}$

解　$\lim\limits_{x \to 0} \dfrac{\displaystyle\int_{\cos x}^{1} e^{-t^2}\,dt}{x^2} = \lim\limits_{x \to 0} \dfrac{\left(\displaystyle\int_{\cos x}^{1} e^{-t^2}\,dt\right)'}{(x^2)'} = \lim\limits_{x \to 0} \dfrac{\left(-\displaystyle\int_{1}^{\cos x} e^{-t^2}\,dt\right)'}{(x^2)'} = \lim\limits_{x \to 0} \dfrac{-e^{-\cos^2 x} \cdot (\cos x)'}{2x}$

$= \lim\limits_{x \to 0} \dfrac{\sin x \cdot e^{-\cos^2 x}}{2x} = \lim\limits_{x \to 0} \dfrac{\sin x}{x} \cdot \lim\limits_{x \to 0} \dfrac{e^{-\cos^2 x}}{2} = \dfrac{1}{2e}$

二、牛顿—莱布尼兹公式

定理 1 揭示了微分(或导数)与定积分这两个不相干的概念之间的内在联系,因而又称为**微积分基本定理**. 它同时把定积分与被积函数的原函数互相联系了起来,为寻找定积分的简便计算方法指示了光明大道.

定理 2　设 $f(x)$ 在 $[a, b]$ 上连续,$F(x)$ 是 $f(x)$ 的一个原函数,即 $F'(x) = f(x)$,则有

$$\int_a^b F'(x)\,dx = \int_a^b f(x)\,dx = F(b) - F(a)$$

证　由定理 1 可知,$\varPhi(x) = \displaystyle\int_a^x f(t)\,dt$ 是 $f(x)$ 的一个原函数,又 $F'(x) = f(x)$,由于同一函数的任何两个原函数只能相差一个常数,因此

$$F(x) = \varPhi(x) + C$$

即

$$F(x) = \int_a^x f(t)\,dt + C$$

其中,C 是一个待定的常数. 由于

$$\varPhi(a) = \int_a^a f(t)\,dt = 0$$

因此

$$F(a) = \varPhi(a) + C = C$$

即得

$$F(x) = \varPhi(x) + F(a)$$

也就是

$$\int_a^x f(t)\,dt = \varPhi(x) = F(x) - F(a)$$

从而

$$\int_a^b f(t)\,dt = \varPhi(b) = F(b) - F(a)$$

即

$$\int_a^b f(t)\,dt = F(b) - F(a) \quad 或 \int_a^b f(x)\,dx = F(b) - F(a)$$

为了方便起见,也可以写成:

$$\int_a^b f(x)\,dx = F(b) - F(a) = F(x)\ \big|_a^b \quad 或 \quad \int_a^b F'(x)\,dx = F(x)\ \big|_a^b$$

这个公式称为**牛顿—莱布尼兹公式**,也叫作**微积分基本公式**. 历史上,英国和德国为谁最先发现这个公式引发过两国人民激烈的争论,最终认定是牛顿和莱布尼兹各自独立发现的,成为数学史上的一件趣事.

由牛顿—莱布尼兹公式可知,求连续函数 $f(x)$ 在 $[a, b]$ 上的定积分,只需要找到 $f(x)$ 的任意一个原函数 $F(x)$,并计算出差 $F(b) - F(a)$ 即可.

由于 $f(x)$ 的原函数 $F(x)$ 一般可由求不定积分的方法求得,因此牛顿—莱布尼兹公式巧妙地把定积分的计算问题与不定积分联系起来,转化为求被积函数的一个原函数在上、下限之差的问题.

例 3　计算 $\displaystyle\int_0^1 x^2\,dx$.

解 因为

$$\left(\frac{1}{3}x^3\right)'=x^2$$

所以

$$\int_0^1 x^2 \mathrm{d}x = \frac{1}{3}x^3 \Big|_0^1 = \frac{1}{3}(1^3 - 0^3) = \frac{1}{3}$$

例 4 求 $\displaystyle\int_a^b \cos x \mathrm{d}x$

解 因为

$$(\sin x)' = \cos x$$

所以

$$\int_a^b \cos x \mathrm{d}x = \sin x \big|_a^b = \sin b - \sin a$$

例 5 求 $\displaystyle\int_0^3 |2-x| \,\mathrm{d}x.$

解 因为

$$|2-x| = \begin{cases} 2-x, & 0 \leqslant x \leqslant 2, \\ x-2, & 2 < x \leqslant 3 \end{cases}$$

所以

$$\begin{aligned}
\int_0^3 |2-x| \,\mathrm{d}x &= \int_0^2 (2-x)\mathrm{d}x + \int_2^3 (x-2)\mathrm{d}x \\
&= \left[2x - \frac{1}{2}x^2\right]_0^2 + \left[\frac{1}{2}x^2 - 2x\right]_2^3 \\
&= \left[\left(2\times 2 - \frac{1}{2}\times 2^2\right) - \left(2\times 0 - \frac{1}{2}\times 0^2\right)\right] + \\
&\quad \left[\left(\frac{1}{2}\times 3^2 - 2\times 3\right) - \left(\frac{1}{2}\times 2^2 - 2\times 2\right)\right] \\
&= \frac{5}{2}
\end{aligned}$$

例 6 求 $\displaystyle\int_0^{\frac{\pi}{2}} \sin t\cos t\mathrm{d}t.$

解

$$\int_0^{\frac{\pi}{2}} \sin t\cos t\mathrm{d}t = \int_0^{\frac{\pi}{2}} \sin t\mathrm{d}\sin t$$

$$= \frac{1}{2}\sin^2 t \Big|_0^{\frac{\pi}{2}} = \frac{1}{2}$$

习题 7-3

(A)

1. 求下列各函数的导数：

(1) $F(x) = \displaystyle\int_0^x te^t \mathrm{d}t;$ 　　　　　　　(2) $F(x) = \displaystyle\int_1^x \ln t \mathrm{d}t;$

(3) $\varPhi(x) = \displaystyle\int_x^1 \frac{1}{1+t^2}\mathrm{d}t$;　　　　　　　(4) $\varPhi(x) = \displaystyle\int_x^{x^2} \mathrm{e}^t \mathrm{d}t$.

2. 设 $F(x) = \displaystyle\int_0^x (1-t^2)\sin t\,\mathrm{d}t$，求 $F'(x)$，$F'(1)$.

3. 求 $\displaystyle\lim_{x \to 0} \frac{\displaystyle\int_x^0 (\mathrm{e}^t + \mathrm{e}^{-t} - 2)\mathrm{d}t}{1 - \cos x}$.

4. 求下列定积分：

(1) $\displaystyle\int_0^2 (x^3 - 2x + 1)\mathrm{d}x$;　　　　　　(2) $\displaystyle\int_0^2 (\mathrm{e}^t - t)\mathrm{d}t$;

(3) $\displaystyle\int_0^\pi (3\cos x - \sin x)\mathrm{d}x$;　　　　(4) $\displaystyle\int_0^{2\pi} |\cos x|\,\mathrm{d}x$;

(5) $\displaystyle\int_0^1 \frac{1}{1+x^2}\mathrm{d}x$;　　　　　　　(6) $\displaystyle\int_0^{\frac{\pi}{4}} \tan^2\theta\,\mathrm{d}\theta$;

(7) $\displaystyle\int_1^2 \frac{1}{1+x}\mathrm{d}x$;　　　　　　　(8) $\displaystyle\int_{-\frac{1}{2}}^{\frac{1}{2}} \frac{1}{\sqrt{1-t^2}}\mathrm{d}t$.

(B)

1. 设 $f(x) = \begin{cases} x^2 + 1, & x \leqslant 1, \\ x + 1, & x > 1, \end{cases}$ 求 $\displaystyle\int_0^4 f(x)\mathrm{d}x$.

2. 试利用公式 $\left(\displaystyle\int_a^x f(t)\mathrm{d}t \right)'_x = f(x)$ 及复合函数求导法则，证明

$$\left(\int_x^{x^2} f(t)\mathrm{d}t \right)'_x = 2x \cdot f(x^2) - f(x)$$

§7-4　定积分的换元积分法与分部积分法

　　牛顿—莱布尼兹公式告诉我们，求定积分的问题一般可归结为求原函数问题，从而可以把求不定积分的方法移植到定积分计算中来. 从上一节的例子中，我们看到，若被积函数的原函数可直接用不定积分的第一换元法和基本公式求出，则可直接应用牛顿—莱布尼兹公式求解. 当然，用第二换元法与分部积分法求出定积分中被积函数的原函数之后，再用牛顿—莱布尼兹公式求解该定积分无疑也是正确的. 但由于定积分概念的特殊性，我们对后两种积分再作下述讨论.

一、定积分的换元积分法

　　定理 1　设 $f(x)$ 在 $[a,b]$ 上连续，令 $x = \varphi(t)$，且满足：

(1) $\varphi(\alpha) = a$，$\varphi(\beta) = b$;

(2) 当 t 从 α 变化到 β 时，$\varphi(t)$ 单调地从 a 变化到 b;

(3) $\varphi'(t)$ 在 $[\alpha,\beta]$（或 $[\beta,\alpha]$）上连续.

则有

$$\int_a^b f(x)\mathrm{d}x = \int_\alpha^\beta f[\varphi(t)]\varphi'(t)\mathrm{d}t$$

定理 1 表明，用换元积分法计算定积分时，与不定积分的第二换元法相比，可省略代回原

定积分换元
积分法验证过程

积分变量的麻烦,但要注意,换元一定要同时改变积分的上下限.

例 1　求积分 $\int_0^8 \dfrac{\mathrm{d}x}{1+\sqrt[3]{x}}$.

解　令 $x=t^3$,则 $\mathrm{d}x=3t^2\mathrm{d}t$.

当 $x=0$ 时,$t=0$.

当 $x=8$ 时,$t=2$.

所以
$$\int_0^8 \frac{\mathrm{d}x}{1+\sqrt[3]{x}} = \int_0^2 \frac{3t^2}{1+t}\mathrm{d}t = 3\int_0^2 \Big(t-1+\frac{1}{t+1}\Big)\mathrm{d}t$$
$$= 3\Big[\frac{t^2}{2}-t+\ln(1+t)\Big]\Big|_0^2$$
$$= 3\ln 3$$

例 2　计算 $\int_0^4 \dfrac{x+2}{\sqrt{1+2x}}\mathrm{d}x$.

解　令 $\sqrt{1+2x}=t$,则 $x=\dfrac{t^2-1}{2}$,$t\geqslant 0$,$\mathrm{d}x=t\mathrm{d}t$;

当 $x=0$ 时 $t=1$;当 $x=4$ 时 $t=3$,则
$$原式 = \int_1^3 \frac{\frac{t^2-1}{2}+2}{t} \cdot t\mathrm{d}t$$
$$= \frac{1}{2}\int_1^3 (t^2+3)\mathrm{d}t$$
$$= \frac{1}{2}\Big[\frac{t^3}{3}+3t\Big]_1^3 = \frac{22}{3}$$

想一想　在函数 $x=\dfrac{t^2-1}{2}$ 中,可以令 $t\leqslant 0$ 吗?

例 3　求 $\int_0^1 t\mathrm{e}^{\frac{t^2}{2}}\mathrm{d}t$.

解法一　令 $x=\dfrac{t^2}{2}$,则 $\mathrm{d}x=t\mathrm{d}t$;

当 $t=0$ 时 $x=0$;当 $t=1$ 时 $x=\dfrac{1}{2}$,易见 $t=\sqrt{2x}$ 在 $x\in\Big[0,\dfrac{1}{2}\Big]$ 时是单调的,因此
$$\int_0^1 t\mathrm{e}^{\frac{t^2}{2}}\mathrm{d}t = \int_0^{\frac{1}{2}} \mathrm{e}^x\mathrm{d}x = \mathrm{e}^x \Big|_0^{\frac{1}{2}} = \sqrt{\mathrm{e}}-1$$

解法二
$$\int_0^1 t\mathrm{e}^{\frac{t^2}{2}}\mathrm{d}t = \int_0^1 \mathrm{e}^{\frac{t^2}{2}}\mathrm{d}\Big(\frac{t^2}{2}\Big)$$
$$= \mathrm{e}^{\frac{t^2}{2}} \Big|_0^1 = \sqrt{\mathrm{e}}-1$$

从上面 3 个例题可知,在求定积分引进新变量时,必须把相应的积分上、下限进行更换,即**"换元必换限"**;但如果用第一换元积分法(凑微分法)求定积分,可以不用"换元必换限",因为并没有引进新变量,所以不需要更换积分的上、下限.

例 4　设 $f(x)$ 是 $(-\infty,+\infty)$ 内以 T 为周期的连续函数,求证:
$$\int_a^{T+a} f(x)\mathrm{d}x = \int_0^T f(x)\mathrm{d}x$$

证　因为 $\int_a^{T+a} f(x)\mathrm{d}x = \int_a^0 f(x)\mathrm{d}x + \int_0^T f(x)\mathrm{d}x + \int_T^{T+a} f(x)\mathrm{d}x$.

设 $x=t+T$,则

$$\int_T^{T+a} f(x)\mathrm{d}x = \int_0^a f(t+T)\mathrm{d}t = \int_0^a f(t)\mathrm{d}t = \int_0^a f(x)\mathrm{d}x$$

故

$$\int_a^{T+a} f(x)\mathrm{d}x = \int_a^0 f(x)\mathrm{d}x + \int_0^T f(x)\mathrm{d}x + \int_0^a f(x)\mathrm{d}x$$

$$= \int_a^0 f(x)\mathrm{d}x + \int_0^T f(x)\mathrm{d}x - \int_a^0 f(x)\mathrm{d}x$$

$$= \int_0^T f(x)\mathrm{d}x$$

请读者以 $y=\sin x$ 为例,结合定积分的几何意义,验证该等式的正确性.

例 5 设 $f(x)$ 是 $[-a,a]$ 上的连续函数,求证:

(1) 若 $f(x)$ 是偶函数,则

$$\int_{-a}^a f(x)\mathrm{d}x = 2\int_0^a f(x)\mathrm{d}x$$

(2) 若 $f(x)$ 是奇函数,则

$$\int_{-a}^a f(x)\mathrm{d}x = 0$$

证 (1) 因为 $f(-x) = f(x)$,$\int_{-a}^a f(x)\mathrm{d}x = \int_{-a}^0 f(x)\mathrm{d}x + \int_0^a f(x)\mathrm{d}x$.

令 $x=-t$,则

$$\int_{-a}^0 f(x)\mathrm{d}x = \int_a^0 f(-t)\mathrm{d}(-t)$$

$$= \int_a^0 -f(-t)\mathrm{d}t = -\int_a^0 f(t)\mathrm{d}t$$

$$= \int_0^a f(t)\mathrm{d}t = \int_0^a f(x)\mathrm{d}x$$

故

$$\int_{-a}^a f(x)\mathrm{d}x = 2\int_0^a f(x)\mathrm{d}x$$

命题(2)由读者自行证明,并说出它们的几何意义.

注: 这两个结果很重要,利用它们常可简化定积分计算.

例 6 求不定积分:

(1) $\int_{-1}^1 \mathrm{e}^{|x|} \mathrm{d}x$; (2) $\int_{-\frac{\pi}{2}}^{\frac{\pi}{2}} \frac{\sin 2x}{\sqrt{1-\cos^2 x}}\mathrm{d}x$.

解 (1) 因为 $f(x) = \mathrm{e}^{|x|}$,有 $f(-x) = f(x)$,

所以 $\int_{-1}^1 \mathrm{e}^{|x|} \mathrm{d}x = 2\int_0^1 \mathrm{e}^x \mathrm{d}x = 2[\mathrm{e}^x]_0^1 = 2(\mathrm{e}-1)$;

(2) 因为 $f(x) = \dfrac{\sin 2x}{\sqrt{1-\cos^2 x}}$,有 $f(-x) = -f(x)$,

所以 $\int_{-\frac{\pi}{2}}^{\frac{\pi}{2}} \dfrac{\sin 2x}{\sqrt{1-\cos^2 x}} = 0$.

例 7 求证:$\int_0^{\frac{\pi}{2}} \cos^n x \mathrm{d}x = \int_0^{\frac{\pi}{2}} \sin^n x \mathrm{d}x$.

证 设 $x = \dfrac{\pi}{2} - t$,则 $\mathrm{d}x = -\mathrm{d}t$;当 $x=0$ 时 $t=\dfrac{\pi}{2}$;当 $x=\dfrac{\pi}{2}$ 时 $t=0$,则有

$$\int_0^{\frac{\pi}{2}} \cos^n x \, \mathrm{d}x = \int_{\frac{\pi}{2}}^0 \cos^n \left(\frac{\pi}{2} - t \right) \cdot (-\mathrm{d}t)$$

$$= -\int_{\frac{\pi}{2}}^0 \sin^n t \, \mathrm{d}t = \int_0^{\frac{\pi}{2}} \sin^n t \, \mathrm{d}t$$

$$= \int_0^{\frac{\pi}{2}} \sin^n x \, \mathrm{d}x$$

二、定积分的分部积分法

定理 2 设 $u = u(x)$ 与 $v = v(x)$ 在 $[a, b]$ 上都有连续的导数,则

$$\int_a^b u(x) v'(x) \mathrm{d}x = u(x) v(x) \mid_a^b - \int_a^b v(x) u'(x) \mathrm{d}x$$

或简写为

$$\int_a^b u v' \mathrm{d}x = u v \mid_a^b - \int_a^b v u' \mathrm{d}x$$

证 因为 $(uv)' = u'v + uv'$,

对上式两端分别在 $[a, b]$ 上求关于积分变量 x 的定积分,得

$$\int_a^b (uv)' \mathrm{d}x = \int_a^b u' v \mathrm{d}x + \int_a^b u v' \mathrm{d}x$$

所以

$$\int_a^b u v' \mathrm{d}x = u v \mid_a^b - \int_a^b u' v \mathrm{d}x$$

例 8 求 $\int_0^{\frac{\pi}{2}} x \cos x \, \mathrm{d}x$.

解 设 $u = x, v' = \cos x$;则 $u' = 1, v = \sin x$,
故

$$原式 = \int_0^{\frac{\pi}{2}} x \cdot (\sin x)' \mathrm{d}x$$

$$= x \sin x \mid_0^{\frac{\pi}{2}} - \int_0^{\frac{\pi}{2}} (x)' \cdot \sin x \mathrm{d}x$$

$$= \frac{\pi}{2} + [\cos x]_0^{\frac{\pi}{2}} = \frac{\pi}{2} - 1$$

想一想 如果设 $u = \cos x, v' = x$,后果会怎样?

例 9 求 $\int_0^{e-1} \ln(1 + x) \mathrm{d}x$.

解

$$\int_0^{e-1} \ln(1 + x) \mathrm{d}x = \int_0^{e-1} (x)' \cdot \ln(1 + x) \mathrm{d}x$$

$$= x \ln(1 + x) \mid_0^{e-1} - \int_0^{e-1} \frac{x}{1 + x} \mathrm{d}x$$

$$= (e - 1) \ln e - \int_0^{e-1} \left(1 - \frac{1}{1 + x} \right) \mathrm{d}x$$

$$= (e - 1) - [x - \ln |1 + x|]_0^{e-1} = 1$$

例 10 求 $\int_0^2 e^{\sqrt{x}} \mathrm{d}x$.

解　令 $\sqrt{x}=t$，则 $x=t^2(t\geq 0)$，$\mathrm{d}x=2t\mathrm{d}t$.

当 $x=0$ 时 $t=0$；当 $x=2$ 时 $t=\sqrt{2}$，则有

$$\int_0^2 \mathrm{e}^{\sqrt{x}}\mathrm{d}x = 2\int_0^{\sqrt{2}} t\mathrm{e}^t\mathrm{d}t = 2\int_0^{\sqrt{2}} t\cdot(\mathrm{e}^t)'\mathrm{d}t$$

$$= 2t\mathrm{e}^t\big|_0^{\sqrt{2}} - 2\int_0^{\sqrt{2}}\mathrm{e}^t\mathrm{d}t$$

$$= 2\sqrt{2}\,\mathrm{e}^{\sqrt{2}} - \left[2\mathrm{e}^t\right]_0^{\sqrt{2}}$$

$$= 2\sqrt{2}\,\mathrm{e}^{\sqrt{2}} - 2\mathrm{e}^{\sqrt{2}} + 2$$

说明：此题方法为先换元后分部积分.

习题 7-4

(A)

1. 计算下列定积分：

(1) $\displaystyle\int_0^1 \frac{\mathrm{e}^x}{1+\mathrm{e}^x}\mathrm{d}x$；　　　　　(2) $\displaystyle\int_0^{\frac{\pi}{2}} \cos^4 x\sin x\mathrm{d}x$；　　　　(3) $\displaystyle\int_1^4 \frac{1}{1+\sqrt{x}}\mathrm{d}x$；

(4) $\displaystyle\int_0^{\ln 2} \sqrt{\mathrm{e}^x-1}\,\mathrm{d}x$；　　　(5) $\displaystyle\int_0^a x^2\sqrt{a^2-x^2}\,\mathrm{d}x$　$(a>0)$；

(6) $\displaystyle\int_{-1}^1 \frac{x\mathrm{d}x}{\sqrt{5-4x}}$；　　　　　(7) $\displaystyle\int_{\mathrm{e}}^{\mathrm{e}^3} \frac{1}{x\ln x}\mathrm{d}x$；　　　　　(8) $\displaystyle\int_0^1 \frac{1}{\mathrm{e}^x+\mathrm{e}^{-x}}\mathrm{d}x$.

2. 求下列定积分的值：

(1) $\displaystyle\int_1^{\mathrm{e}^2} x\ln x\mathrm{d}x$；　　　　　(2) $\displaystyle\int_0^1 x\mathrm{e}^{-x}\mathrm{d}x$；　　　　　(3) $\displaystyle\int_0^{\frac{\pi}{2}} x\sin x\mathrm{d}x$；

(4) $\displaystyle\int_0^1 x\arctan x\mathrm{d}x$；　　(5) $\displaystyle\int_0^{\frac{\sqrt{2}}{2}} \arcsin x\mathrm{d}x$；　　(6) $\displaystyle\int_0^{\frac{\pi}{2}} \mathrm{e}^t\cos t\mathrm{d}t$；

(7) $\displaystyle\int_{-3}^3 \frac{\mathrm{e}^{|x|}\sin x}{1+x^2}\mathrm{d}x$；　　(8) $\displaystyle\int_{-1}^1 (\mathrm{e}^{|x|}-x^2\sin x)\mathrm{d}x$.

(B)

用换元法证明：

(1) 设 $f(x)$ 在 $[0,1]$ 上连续，则有 $\displaystyle\int_0^{\pi} xf(\sin x)\mathrm{d}x = \frac{\pi}{2}\int_0^{\pi} f(\sin x)\mathrm{d}x$；

(2) $\displaystyle\int_0^1 x^m(1-x)^n\mathrm{d}x = \int_0^1 x^n(1-x)^m\mathrm{d}x$　$(m,n\in\mathbf{N}^+)$.

§7-5　定积分在几何上的应用举例

本节先介绍"微元法"，然后通过几个例子介绍定积分在几何上的一些应用，其目的不仅在于

建立计算一个量的公式,更重要的还在于介绍运用微元法将一个量表达成为定积分的分析方法.

一、微元法

在定积分的应用中,常常用到一种很重要的方法,也就是所谓的"微元法".

为了说明"微元法",先来回顾从曲边梯形面积求解引出定积分概念表达式的生成过程:

设 $f(x)$ 在区间 $[a,b]$ 上连续且 $f(x) \geqslant 0$,在求解以曲线 $y = f(x)$ 为曲边、区间 $[a,b]$ 为底的曲边梯形的面积 A 时,经过分割、近似代替、求和以及取极限等四个步骤,最终得到

$$A = \lim_{\lambda \to 0} \sum_{i=1}^{n} f(\xi_i) \cdot \Delta x_i = \int_a^b f(x) \mathrm{d}x$$

其中第 i 个窄曲边梯形的面积为:$\Delta A_i \approx f(\xi_i) \cdot \Delta x_i$ $(x_{i-1} \leqslant \xi_i \leqslant x_i)$.

在实用上,为简便起见,省略下标 i,用 ΔA 表示任一小区间 $[x, x+\mathrm{d}x]$ 上的窄曲边梯形的面积,这样

$$A \approx \sum \Delta A$$

那么在小区间 $[x, x+\mathrm{d}x]$ 上,取左端点 x 为 ξ,以点 x 处的函数值 $f(x)$ 为高、$\mathrm{d}x$ 为宽的窄小矩形的面积 $f(x)\mathrm{d}x$ 就是 ΔA 的近似值(如图 7-10 阴影部分所示),即

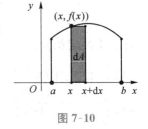

图 7-10

$$\Delta A \approx f(x) \cdot \mathrm{d}x$$

上式右端 $f(x)\mathrm{d}x$ 称为"面积元素",简称"面元",记为 $\mathrm{d}A = f(x) \cdot \mathrm{d}x$. 于是

$$A \approx \sum f(x)\mathrm{d}x$$

因此

$$A = \lim \sum f(x)\mathrm{d}x = \int_a^b f(x)\mathrm{d}x$$

实际上,还有许多实际问题,总可按"分割,近似代替,求和,取极限"四个步骤把所求量表达成定积分. 通常,在求解某一个量 Q 时,类似于以上通过提取其某一微小的部分量 ΔQ 为代表来进行分析求解的方法,就简化称为"**微元法**"(或叫"元素法"). 具体而言,就是把 ΔQ 近似表示为 $f(x)\mathrm{d}x$ 的形式后,取 $f(x)\mathrm{d}x$ 作为"**微元**"(或"元素")$\mathrm{d}Q$,再将所求量 Q 表达成定积分的方法. 上述过程中的"面积元素"(也称"面元")以及后面所提到的"体积元素"(也称"体元")都是"微元法"在实际应用中相应的具体"微元".

一般地,如果某一实际问题中的所求量 Q 符合下列条件:

(1) Q 是与一个变量 x 的变化区间 $[a,b]$ 有关的量.

(2) Q 对于区间 $[a,b]$ 具有可加性,就是说,如果把区间 $[a,b]$ 分成许多小区间,则 Q 相应分成许多部分量,而 Q 等于所有部分量之和.

(3) 在任一小区间上,部分量 ΔQ_i 的近似值可表示为 $f(x_i)\Delta x_i$.

那么就可考虑用"微元法"来表达所求量 Q. 采用"**微元法**"的一般步骤是:

(1) **确定积分变量和积分区间**. 根据实际问题选定一个积分变量,例如以 x 为积分变量,再根据其变化范围确定积分区间 $[a,b]$.

(2) **取"微元"**. 根据所求解问题的具体情况,在$[a,b]$任取一点 x,给以微小的增量 dx,得一个任意的小区间$[x,x+dx]$,把相应于这个小区间的部分量 ΔQ 近似表示为一个连续函数在 x 处的值 $f(x)$ 与 dx 的乘积[①],即 $\Delta Q \approx f(x)dx$,则取"微元"为

$$dQ = f(x)dx$$

(3) **求定积分**. 将上式两端从 a 到 b 求定积分,就得到所求量 Q 的积分表达式

$$Q = \int_a^b dQ = \int_a^b f(x)dx$$

以上过程可以看成对根据定积分定义解决实际问题的一种简化、标准化.

"微元法"常用于分析和解决一些几何、物理和经济中的问题. 这里仅以几何中平面图形面积和旋转体体积的求解为例展开讨论. 其他问题求解的分析方法相同.

二、平面图形的面积

下面就用"微元法"来分析求解平面图形面积的问题.

1. 由连续曲线 $y=f(x)$ 与直线 $x=a, x=b, y=0$ 所围成的平面图形的面积.

如图 7-11 所示,以 x 为积分变量,积分范围为$[a,b]$. 在$[a,b]$任取一点 x,当给以微小的增量 dx 时,所增加的面积为 $ydx=f(x)dx$,即取"面元":

$$dA=f(x)dx(当 f(x)\geqslant 0 时),或 dA=-f(x)dx(当 f(x)\leqslant 0 时)$$

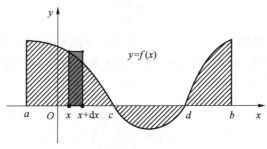

图 7-11

则　若在$[a,b]$上 $f(x)\geqslant 0$,所求的面积为 $A = \int_a^b f(x)dx$;

若在$[a,b]$上 $f(x)\leqslant 0$,所求的面积为 $A = -\int_a^b f(x)dx$.

综上可得,此种情形下(见图 7-11),所求面积的一般形式为

$$A = \int_a^b |y|dx = \int_a^b |f(x)|dx = \int_a^c f(x)dx - \int_c^d f(x)dx + \int_d^b f(x)dx$$

2. 由连续曲线 $y=f(x), y=g(x)$ 与直线 $x=a, x=b$ 所围成的平面图形的面积.

(1) 若 $f(x)\geqslant g(x)\geqslant 0$(见图 7-12),此时,以 x 为积分变量,"面元"可取

$$dA=\Delta y \cdot dx=[f(x)-g(x)]dx$$

---

① 这里 ΔQ 与 $f(x)dx$ 相差一个比 dx 高阶的无穷小.

于是所求的面积为

$$A = \int_a^b \mathrm{d}A = \int_a^b \Delta y \mathrm{d}x = \int_a^b [f(x) - g(x)] \mathrm{d}x$$

同理,有

(2) 若 $g(x) \leqslant f(x) \leqslant 0$ (见图 7-13),则所求的面积为

$$A = \int_a^b \mathrm{d}A = \int_a^b |\Delta y| \mathrm{d}x = \int_a^b |f(x) - g(x)| \mathrm{d}x = \int_a^b [f(x) - g(x)] \mathrm{d}x$$

(3) 若 $g(x) \leqslant 0 \leqslant f(x)$ (见图 7-14),则所求的面积为

$$A = \int_a^b \mathrm{d}A = \int_a^b |\Delta y| \mathrm{d}x = \int_a^b |f(x) - g(x)| \mathrm{d}x = \int_a^b [f(x) - g(x)] \mathrm{d}x$$

综合上面的讨论可知,在此种情形下,所求的面积一般可表示为

$$A = \int_a^b |f(x) - g(x)| \mathrm{d}x$$

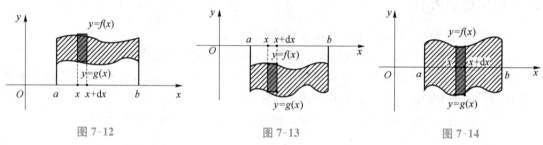

图 7-12   图 7-13   图 7-14

3. 由曲线 $x = \varphi(y)$ 与直线 $y = a, y = b, x = 0$ 所围成的平面图形的面积.

如图 7-15 所示,这和第 1 种情形类似,只不过将积分变量由 x 换成 y,以 y 为积分变量,故所求的面积为

$$A = \int_a^b |x| \cdot \mathrm{d}y = \int_a^b |\varphi(y)| \mathrm{d}y$$

4. 由曲线 $x = \varphi(y), x = \psi(y)$ 与直线 $y = a, y = b$ 所围成的平面图形的面积.

如图 7-16 所示,这和第 2 种情形类似,只不过将积分变量由 x 换成 y,以 y 为积分变量,"面元"可取 $\mathrm{d}A = |\Delta x| \cdot \mathrm{d}y = |\varphi(y) - \psi(y)| \mathrm{d}y$.

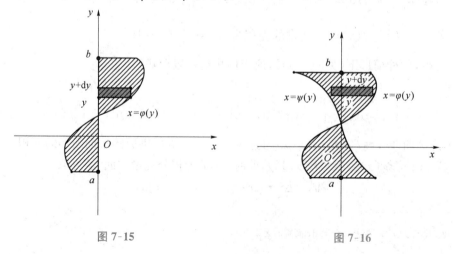

图 7-15   图 7-16

故所求的面积为 $A = \int_a^b |\Delta x| \, \mathrm{d}y = \int_a^b |\varphi(y) - \psi(y)| \, \mathrm{d}y$.

例 1 求椭圆 $\dfrac{x^2}{a^2} + \dfrac{y^2}{b^2} = 1$ 的面积.

解 作出示意图(见图 7-17);由 $\dfrac{x^2}{a^2} + \dfrac{y^2}{b^2} = 1$,得 $y = \pm\dfrac{b}{a}\sqrt{a^2 - x^2}$;

以 x 为积分变量,取面元 $\mathrm{d}A = |y| \cdot \mathrm{d}x = \dfrac{b}{a}\sqrt{a^2 - x^2}\,\mathrm{d}x$.

由椭圆的对称性,知所求的面积为 $A = 4\int_0^a \dfrac{b}{a}\sqrt{a^2 - x^2}\,\mathrm{d}x$.

令 $x = a\sin t$,代入上式得

$$A = \frac{4b}{a}\int_0^{\frac{\pi}{2}} a^2\cos^2 t\,\mathrm{d}t = 2ab\int_0^{\frac{\pi}{2}}(1 + \cos 2t)\,\mathrm{d}t$$

$$= 2ab\left[t + \frac{1}{2}\sin 2t\right]_0^{\frac{\pi}{2}} = \pi ab$$

例 2 求由曲线 $y = \sin x$ 和直线 $x = 0$,$x = 2\pi$,$y = 0$ 所围成的平面图形的面积(见图 7-18).

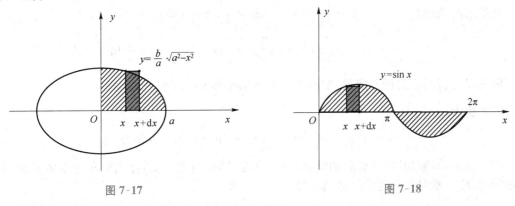

图 7-17　　　　　　　　　　　　　图 7-18

解 以 x 为积分变量,取面元 $\mathrm{d}A = |y| \cdot \mathrm{d}x = |\sin x|\,\mathrm{d}x$.
所求面积为

$$A = \int_0^{2\pi} |\sin x|\,\mathrm{d}x$$

$$= \int_0^{\pi} \sin x\,\mathrm{d}x - \int_\pi^{2\pi} \sin x\,\mathrm{d}x$$

$$= \left[-\cos x\right]_0^{\pi} + \left[\cos x\right]_\pi^{2\pi} = 4$$

例 3 求抛物线 $y = x^2$ 和直线 $y = x + 2$ 所围成的图形的面积.

解 由方程组 $\begin{cases} y = x^2, \\ y = x + 2 \end{cases}$ 解得交点坐标为

$\begin{cases} x_1 = -1, \\ y_1 = 1, \end{cases}$ 和 $\begin{cases} x_2 = 2, \\ y_2 = 4. \end{cases}$

如图 7-19 所示,以 x 为积分变量,

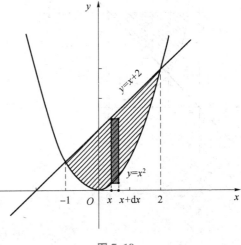

图 7-19

取面元 $$dA=|\Delta y| \cdot dx=[(x+2)-x^2]dx$$
故所求面积为

$$A=\int_{-1}^{2}[(x+2)-x^2]dx=\left[\frac{x^2}{2}+2x-\frac{x^3}{3}\right]_{-1}^{2}=\frac{9}{2}$$

例 4 求曲线 $xy=1$ 和直线 $y=x,y=3$ 所围成的图形的面积.

解 作出示意图,并求出相应的交点坐标:

$$由\begin{cases}xy=1,\\ y=3,\end{cases} \quad 得\begin{cases}x=\dfrac{1}{3},\\ y=3.\end{cases}$$

$$由\begin{cases}xy=1,\\ y=x,\end{cases} \quad 得\begin{cases}x_1=1,\\ y_1=1,\end{cases}和\begin{cases}x_2=-1,\\ y_2=-1.\end{cases}$$

$$由\begin{cases}y=3,\\ y=x,\end{cases} \quad 得\begin{cases}x=3,\\ y=3.\end{cases}$$

解法一 若以 x 为积分变量,如图 7-20(a)所示,取面元 $dA=|\Delta y| \cdot dx$.

当 $x\in[0,1]$ 时,$dA=\left(3-\dfrac{1}{x}\right)dx$;当 $x\in[1,3]$ 时,$dA=(3-x)dx$.

故所求的面积为
$$A=\int_{\frac{1}{3}}^{1}\left(3-\frac{1}{x}\right)dx+\int_{1}^{3}(3-x)dx$$
$$=\left[3x-\ln x\right]_{\frac{1}{3}}^{1}+\left[3x-\frac{x^2}{2}\right]_{1}^{3}=4-\ln 3$$

解法二 若以 y 为积分变量,如图 7-20(b)所示,取面元 $dA=|\Delta x| \cdot dy=\left(y-\dfrac{1}{y}\right)dy$. 则
所求的面积为

$$A=\int_{1}^{3}\left(y-\frac{1}{y}\right)dy=\left[\frac{y^2}{2}-\ln y\right]_{1}^{3}=4-\ln 3$$

两种思路,答案相同,而解题的难易差别,读者易知. 由此可见,在用定积分求解平面图形
的面积时,应注意对积分变量的适当选择.

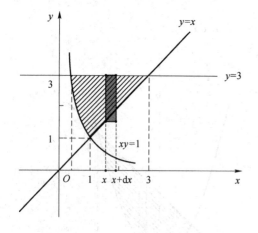

(a)

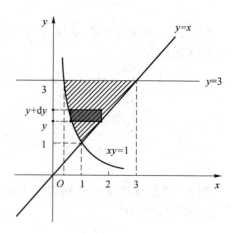

(b)

图 7-20

※三、旋转体体积

我们由曲边梯形的面积,导出了定积分的定义,从而利用定积分的有关思想方法解决了求平面图形面积的问题.同样,我们可以利用定积分求空间立体图形的体积.由定积分的定义,

$$\int_a^b f(x)\mathrm{d}x = \lim_{\lambda \to 0}\sum_{i=1}^n f(\xi_i)\Delta x_i$$

若积分元素 $f(\xi_i)\Delta x_i$ 对应于被积表达式 $f(x)\mathrm{d}x$,积分和 $\sum_{i=1}^n f(\xi_i)\Delta x_i$ 的极限对应于 $f(x)\mathrm{d}x$ 从 a 到 b 的定积分,则定积分的定义可简化为两步:

第一步,求出 $f(x)\mathrm{d}x$(相当于写出 $f(\xi_i)\Delta x_i$);

第二步,求定积分 $\int_a^b f(x)\mathrm{d}x$(相当于求 $\sum_{i=1}^n f(\xi_i)\Delta x_i$ 的极限).

下面就用这种思路求旋转体体积.

平面图形绕平面上的一条轴旋转一周就得到一个**旋转体**.

设立体是由连续曲线 $y=f(x)$ 与直线 $x=a,x=b$ 及 x 轴围成的曲边梯形绕 x 轴旋转一周而得的一个旋转体,如图 7-21所示,求其体积.

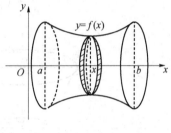

图 7-21

我们在 x 轴(旋转轴)上过点 x 作垂直于 x 轴的平面,得到与旋转体相截的截面,所得的截面是一个圆,圆心是截面与旋转轴的交点,圆半径等于 $|f(x)|$.截面的面积为

$$S(x) = \pi y^2 = \pi f^2(x)$$

按此方法,在区间 $[a,b]$ 内"截取"若干节,就得到若干块"小薄片".

参考定积分定义的推导过程知,位于 $[x_i,x_{i+1}]$ 上的"小薄片"的体积近似值为

$$\Delta V_i \approx \pi [f(\xi_i)]^2 \cdot \Delta x_i, \xi_i \in [x_i, x_{i+1}]$$

因此旋转体的体积近似值为

$$V_x \approx \sum_{i=1}^n \pi [f(\xi_i)]^2 \cdot \Delta x_i$$

由定积分定义得**旋转体的体积**为

$$V_x = \int_a^b \pi [f(x)]^2 \mathrm{d}x$$

在此问题中,变量为 x,变量的变化区间为 $[a,b]$.即 $x \in [a,b]$,当 $x \to x+\mathrm{d}x$ 时,($x+\mathrm{d}x \in [a,b]$).

得到微小薄片的体积为:$\mathrm{d}v_x = \pi [f(x)]^2 \mathrm{d}x$,

再对其求积分,得

$$V_x = \int_a^b \pi [f(x)]^2 \mathrm{d}x$$

实际上,这是采用"微元法"求体积问题,其中"体积元素"(简称"体元")$\mathrm{d}v_x = \pi [f(x)]^2 \mathrm{d}x$ 即为所取的"微元".

同理,若立体是由连续曲线 $x=\varphi(y)$ 与直线 $y=a,y=b(a<b)$ 及 y 轴所围成的曲边梯形

绕 y 轴旋转一周而得的一个旋转体,如图 7-22 所示,则其**体积为**

$$V_y = \int_a^b \pi [\varphi(x)]^2 \, \mathrm{d}y$$

例 5   求底面半径为 r,高为 h 的圆锥体的体积.

如图 7-23 所示,圆锥可看成由直角三角形 OAB 绕 OB(即 x 轴)旋转一周所得的旋转体,直线 OA 方程为

$$y = \frac{r}{h} x$$

解   在 OB 上取一点 x,就有以 $\frac{r}{h} x$ 为半径的圆,当 $x \to x + \mathrm{d}x$ 时,可看成高为 $\mathrm{d}x$ 的圆柱体,得到"体元"为

$$\mathrm{d}v_x = \pi \left(\frac{r}{h} x \right)^2 \mathrm{d}x$$

所以所求圆锥体的体积为

$$V_x = \int_0^h \pi \left(\frac{r}{h} x \right)^2 \mathrm{d}x = \frac{\pi r^2}{h^2} \int_0^h x^2 \, \mathrm{d}x = \frac{\pi r^2 x^3}{3h^2} \Big|_0^h = \frac{\pi r^2 h}{3}$$

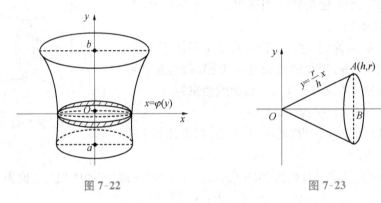

图 7-22   图 7-23

例 6   求由椭圆 $\dfrac{x^2}{a^2} + \dfrac{y^2}{b^2} = 1$ 分别绕 x 轴与 y 轴旋转一周而得的旋转体的体积.

解   (1)求由椭圆绕 x 轴旋转一周而得的旋转体的体积 V_x.

如图 7-24 所示,由 $\dfrac{x^2}{a^2} + \dfrac{y^2}{b^2} = 1$ 可得

$$y^2 = b^2 - \frac{b^2}{a^2} x^2$$

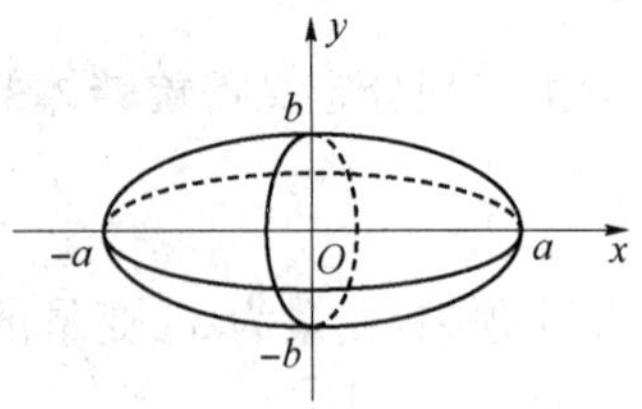

当 $x \to x + \mathrm{d}x$ 时,得到"体元"为

$$\mathrm{d}v_x = \pi y^2 \mathrm{d}x = \pi \left(b^2 - \frac{b^2}{a^2} x^2 \right) \mathrm{d}x$$

图 7-24

上半椭圆绕 x 轴旋转与下半椭圆绕 x 轴旋转而得的结果相同,故绕 x 轴旋转的旋转体体积为

$$V_x = \int_{-a}^a \pi y^2 \mathrm{d}x = \int_{-a}^a \pi \left(b^2 - \frac{b^2}{a^2} x^2 \right) \mathrm{d}x = 2 \int_0^a \pi \left(b^2 - \frac{b^2}{a^2} x^2 \right) \mathrm{d}x$$

$$= 2\pi \left[b^2 x - \frac{b^3}{3a^2} x^3 \right]_0^a = \frac{4\pi ab^2}{3}$$

（2）同理得椭圆绕 y 轴旋转一周而得的旋转体的体积为

$$V_y = \int_{-b}^{b} \pi x^2 \mathrm{d}y = \int_{-b}^{b} \pi \left(a^2 - \frac{a^2}{b^2} y^2 \right) \mathrm{d}y = 2 \int_0^b \pi \left(a^2 - \frac{a^2}{b^2} y^2 \right) \mathrm{d}y$$

$$= 2\pi \left[a^2 y - \frac{a^3}{3b^2} y^3 \right]_0^b = \frac{4\pi a^2 b}{3}$$

特例：若 $a=b=R$，那么该旋转体就是一个球体，由此可得球的体积公式

$$V = \frac{4}{3} \pi r^2$$

思考：同一个椭圆分别绕 x 轴和 y 轴旋转一周所得的旋转体的体积相等吗？

例 7 求由圆 $x^2 + (y-b)^2 = a^2 (0 < a < b)$ 绕 x 轴旋转一周所得的旋转体的体积.

解 如图 7-25 所示，

上半圆绕 x 轴旋转与下半圆绕 x 轴旋转所得的旋转
体不同，故所求的旋转体的体积为

$$V_x = \int_{-a}^{a} \pi \left(b + \sqrt{a^2 - x^2} \right)^2 \mathrm{d}x -$$

$$\int_{-a}^{a} \pi \left(b - \sqrt{a^2 - x^2} \right)^2 \mathrm{d}x$$

$$= 4b\pi \int_{-a}^{a} \sqrt{a^2 - x^2} \,\mathrm{d}x$$

$$= 8\pi b \int_0^a \sqrt{a^2 - x^2} \,\mathrm{d}x$$

$$= 8\pi b \cdot \frac{\pi a^2}{4}$$

$$= 2\pi^2 a^2 b$$

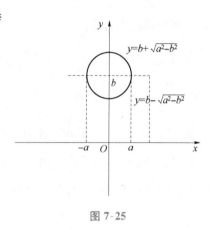

图 7-25

想一想 该旋转体与日常生活中的哪些物体的形状相似？

习题 7-5

（A）

求由下列各曲线所围成的图形的面积：

(1) $y = x^3, y = x$；

(2) $y = \cos x, x = 0, x = 2\pi, y = 0$；

(3) $y = \ln x, y = \ln 2, y = \ln 8, x = 0$；

(4) $y = x^3, y = x^2$；

(5) $y = x^2 - 2x + 3, y = x + 3$.

（B）

※求下列曲线所围成的图形绕指定轴旋转所得的旋转体的体积.

1. $xy = 1, x = 1, x = 3, y = 0$，绕 x 轴；

2. $y = x^2, y = 2, y = 4,$ 绕 y 轴;

3. $y = x^3, x = 2, y = 0,$ 绕 x 轴;

4. $y = \sin x, y = \cos x, x = 0, x = \dfrac{\pi}{2},$ 绕 x 轴.

复习题七

第七章学习指导

(A)

1. 下列等式中正确的是（　　）.

   A. $\dfrac{\mathrm{d}}{\mathrm{d}x}\displaystyle\int_a^b f(x)\mathrm{d}x = f(x)$ B. $\dfrac{\mathrm{d}}{\mathrm{d}x}\displaystyle\int f(x)\mathrm{d}x = 0$

   C. $\dfrac{\mathrm{d}}{\mathrm{d}x}\displaystyle\int_x^b f(t)\mathrm{d}t = f(x)$ D. $\dfrac{\mathrm{d}}{\mathrm{d}x}\displaystyle\int_b^x f(t)\mathrm{d}t = f(x)$

2. 下列计算正确的是（　　）.

   A. $\displaystyle\int_{-1}^1 \dfrac{1}{x^2}\mathrm{d}x = -\dfrac{1}{x}\Big|_{-1}^1 = -2$ B. $\displaystyle\int_{-\frac{\pi}{2}}^{\frac{\pi}{2}}\sin x\mathrm{d}x = 2\displaystyle\int_0^{\frac{\pi}{2}}\sin x\mathrm{d}x = 2$

   C. $\displaystyle\int_{-\frac{\pi}{2}}^{\frac{\pi}{2}} x\sin x\mathrm{d}x = 0$ D. $\displaystyle\int_{-1}^1\sqrt{1-x^2}\,\mathrm{d}x = 2\displaystyle\int_0^1\sqrt{1-x^2}\,\mathrm{d}x = \dfrac{\pi}{2}$

3. 设 $f(x) = 2\displaystyle\int_0^x (t-1)\mathrm{d}t$, 则 $f(x)$ 有（　　）.

   A. 极小值 1   B. 极小值 -1 C. 极大值 1   D. 极大值 -1

4. 若 $\displaystyle\int_0^1 (3x^2 + k)\mathrm{d}x = 2$, 则 $k = ($ $)$.

   A. 0   B. -1 C. $\dfrac{1}{2}$ D. 1

5. 求下列定积分:

   (1) $\displaystyle\int_{\frac{\pi}{3}}^{\pi}\sin\left(x + \dfrac{\pi}{3}\right)\mathrm{d}x$;   (2) $\displaystyle\int_1^0 \dfrac{1}{\sqrt{4-x^2}}\mathrm{d}x$;

   (3) $\displaystyle\int_0^1 x^2(x^3-1)^4\mathrm{d}x$;   (4) $\displaystyle\int_{-1}^0 \mathrm{e}^x\sqrt{1-\mathrm{e}^x}\,\mathrm{d}x$;

   (5) $\displaystyle\int_0^1 \dfrac{x\mathrm{d}x}{1+x^4}$;   (6) $\displaystyle\int_{-1}^3 x\,|\,x\,|\,\mathrm{d}x$.

6. 计算下列定积分:

   (1) $\displaystyle\int_1^{\mathrm{e}} x\ln x\mathrm{d}x$;   (2) $\displaystyle\int_0^{\frac{1}{2}} x\arcsin x\mathrm{d}x$;

   (3) $\displaystyle\int_0^{\frac{\pi}{2}} x^2\sin x\mathrm{d}x$;   (4) $\displaystyle\int_0^{\ln 2} x^2\mathrm{e}^{-x}\mathrm{d}x$.

7. 求由下列曲线围成的平面图形的面积:

   (1) $y = 2x^2, y = x^2$ 和 $x = 1$;

   (2) $y = \sqrt{25-x^2}, x = -3, x = 4$ 和 $y = 0$.

(B)

※1. 若规定 $\displaystyle\int_a^{+\infty} f(x)\mathrm{d}x = \lim_{b\to+\infty}\int_a^b f(x)\mathrm{d}x$，试利用它求积分 $\displaystyle\int_0^{+\infty} \frac{\mathrm{d}x}{x^2+2x+2}$.

※2. 由曲线 $xy=1$ 与直线 $y=2,x=3$ 围成一个平面图形，求：

　　(1) 该平面图形的面积；

　　(2) 该平面图形绕 x 轴旋转所成的旋转体的体积.

※3. 求曲线 $y=\mathrm{e},y=\sin x,x=0$ 与 $x=\pi$ 所围成的平面图形绕 x 轴旋转一周所成的旋转体的体积.

※4. 试用微元法求平面上一条光滑曲线 $y=f(x)$ 在区间 $[a,b]$ 上的弧长 L.

 **课外阅读**

积分学发展简史

从历史上看,积分学思想萌芽比微分学思想萌芽早得多,它是由中外众多数学家经历了 2 500 多年的时间,呕心沥血,穷思竭虑所谱写而成的一曲不朽的乐章.

2 000 多年前,古希腊人由于生产生活的需要,面临如何求圆的面积的问题.大约在公元前 5 世纪,古希腊的智者安提丰和布赖森分别提出用圆的内接正多边形及外切正多边形的面积作为圆面积的近似值,并通过将正多边形的边数加倍的方法以接近圆的面积,这种思想后来由欧多克斯(Eudoxus,公元前 408—前 355 年)作了重大改进,被称为"穷竭法".阿基米德进一步将穷竭法发扬光大,利用它求出了抛物线弓形的面积,并得到了球和球冠的表面积及球和球缺的体积.

中国魏晋时期的著名数学家刘徽(225—295 年)提出了求圆的面积的"割圆术",与希腊的"穷竭法"类似.

公元五、六世纪南北朝时期,著名科学家祖冲之的儿子祖暅提出了求几何体积的思想——"祖暅原理":幂势既同,则积不容异.意思是讲:两个等高的几何体,如果用垂直于高的平面去任意截它们,所得的截面积恒相等,则体积相等.祖暅由此得到计算球体积的公式.

到了 17 世纪,德国天文学家开普勒在 1615 年出版了《葡萄酒桶的新立体几何》,介绍了他独创的利用无穷小元素求面积和体积的新方法.例如求圆的面积时,把圆分成无穷多个小扇形,再用小等腰三角形来代替小扇形,由于扇形被分割得无穷小,这种代替是合理的,因此圆面积为

$$S = \frac{1}{2}R \cdot l_1 + \frac{1}{2}R \cdot l_2 + \cdots$$
$$= \frac{1}{2}R \cdot (l_1 + l_2 + \cdots)$$
$$= \frac{1}{2}R \cdot 2\pi R = \pi R^2$$

1635 年,意大利科学家伽利略的学生卡瓦列里在研究了开普勒的求积方法后,发表了《不可分量几何学》,在文中阐述了"卡瓦列里原理":如果两个平面图形位于两条平行线之间,并且平行于这两条平行线的任意直线与这两个平面图形相交,所截得的两线段长度相等,则这两个平面图形的面积相等;如果两个立体位于两个平行平面之间,并且平行于这两个平面的任何平面与这两个立体相交,所得到的截面积相等,则这两个立体的体积相等.

这比"祖暅原理"晚了 1 100 多年.

1637 年,法国数学家费马在手稿《求最大值和最小值的方法》中,讲到了求曲线切线和函数的极值的方法,遗憾的是没有发现微分学与积分学的联系,有意思的是,费马出生于一个商人家庭,大学学的专业是法律,毕业后的职业是律师,还长期任区议会的议员,因此被称为"业余数学家之王".

英国数学家巴罗(Barrow,1630—1677 年)是剑桥大学的第 1 任"卢卡斯数学教授",他最有意义的贡献有二:一是把"求切线"和"求积"作为互逆问题联系起来;二是发现了学生牛顿的杰出才华并于 1669 年主动让贤——把"卢卡斯教授"职位让给年仅 27 岁的牛顿(Newton,1642—1727 年).

大科学家牛顿的童年并不幸运,父亲是个农民,并且在他出生前就过世了,更令人担忧的是,牛顿是个早产儿,听说刚生下来时用一个一升的杯子就能装下,3 岁时母亲迫于贫困改嫁给一位牧师,留下牛顿由祖父抚养,8 年后牧师病故,母亲带着一个弟弟两个妹妹回来,他才重新和母亲一起生活,因此牛顿从小沉默寡言,性格倔强.少年时代的牛顿成绩并不出众,但他热爱自然,喜欢读书,善于沉思,30 岁时头发变白,但一直到晚年都身体健康.

1665 年 1 月,牛顿建立了"正流数术",讨论了微分方法;

1665 年 5 月,建立了"反流数术",讨论了积分方法;

1687 年,写成《自然哲学的数学原理》,利用微积分建立了经典力学体系;

牛顿对数学的主要贡献是"微积分基本定理":

$$\int_a^b f'(x)\mathrm{d}x = f(x)\Big|_a^b = f(b) - f(a)$$

这个公式建立了微分学与积分学之间的联系,但牛顿主要是从物理的角度来考虑,例如他称导数为"流数",把变量称为"流量",用字母 x,y,z 表示,把"流量"随时间的变化率"流数"用 $\dot{x},\dot{y},\dot{z}$ 表示.

1727 年,85 岁高龄的牛顿病逝后,英国政府为他举行了国葬.法国文学家伏尔泰对此说过一句话:"我曾见到一位数学教授,只是由于贡献非凡,死后葬仪之显赫犹如一位贤君."

德国科学家莱布尼兹(Leibniz,1646—1716 年)相对来说幸运得多:父亲是莱比锡大学道德哲学教授,母亲给他奠定了拉丁文和希腊文的坚实基础.1661 年,15 岁的莱布尼兹考入莱比锡大学学习法律,由于对欧几里得几何学感兴趣,1663 年跟从数学家哈德·维格尔学习数学;1665 年从阿尔特道夫大学博士毕业,并被聘为法学教授;1671 年作为大使来到法国巴黎,开始深入研究数学;1673 年,访问英国伦敦,与英国许多科学家见了面,获得了一本巴罗的《几何讲义》,还知道牛顿的一些工作.

1684 年,他在《教师学报》上发表《一种求极大极小和切线的新方法,它也适用于分式和无理量,以及这种新方法的奇妙类型的计算》,虽然标题长而古怪,仅仅 6 页纸,内容欠丰富,论证不明晰,但这是最早的微分学文献.

1686 年,发表《深奥的几何与不可分量及无限的分析》,这是第一次公布微积分基本定理的论文,与牛顿不同,莱布尼兹侧重于几何,他初步论述了求积问题与求切线(导数)问题的互逆关系,求积分的变量代换法,分部积分法等.今天我们常用的符号如"$\mathrm{d}x$""$\dfrac{\mathrm{d}y}{\mathrm{d}x}$""$\int$"等都是他创造的.

莱布尼兹多才多艺:他在研究高等代数解线性方程组的问题时,首次引入行列式的概念;他创立了符号逻辑学的基本概念;1673 年发明了计算机;1696 年从鲍威特那里得到一本中国的《易经》,从"八卦图"中领悟出最简单的计数制系统——"二进制系统"等.

尽管古希腊学者在 2 000 多年前就提出了无穷小的概念,但对无穷小的理解一直是比较含糊的,其实无穷小是一个特殊的以 0 为极限的变量.第一个给出了极限的严格定义的是法国数学家柯西(A. Cauchy, 1789—1857 年),由此出发,柯西用极限定义了连续性、导数和定积分,第一次明确提出用分割区间作和式的极限来定义积分.

德国数学家黎曼(B. Riemann, 1826—1866 年)在 1854 年的论文《关于一个函数展开成三角级数的可能性》中,给出了定积分的一般形式的定义以及函数可积的充要条件,因此我们教材上所说的定积分,被称为黎曼积分.

黎曼积分要求积分区间是有限区间,且被积函数是有界函数,对被积函数的连续性有严格的要求:函数的所有不连续点可用长度总和为任意小的区间所包围,即可积函数几乎是"基本上连续"的函数,黎曼积分还遇到极限与积分交换次序的问题,例如:

设$\{\gamma_n\}$是$[0,1]$上全体有理数列,作函数列

$$f_n(x)=\begin{cases}1, & x=\gamma_1,\gamma_2,\cdots,\gamma_n, \\ 0, & \text{其他}\end{cases} \quad (n=1,2,\cdots)$$

虽然有$|f_1(x)|\leqslant 1, |f_2(x)|\leqslant 1, \cdots, |f_n(x)|\leqslant 1$,且

$$\lim_{n\to\infty}f_n(x)=f(x)=\begin{cases}1, & x\text{ 为有理数}, \\ 0, & x\text{ 为无理数}\end{cases}$$

易得

$$\int_0^1 f_1(x)\mathrm{d}x=\int_0^1 f_2(x)\mathrm{d}x=\cdots=\int_0^1 f_n(x)\mathrm{d}x=0$$

所以

$$\lim_{n\to\infty}\int_0^1 f_n(x)\mathrm{d}x=0$$

但$\int_0^1 f(x)\mathrm{d}x$是不可积的,因为在每个小区间上都取ξ_i为有理数时,和式的极限为 1;当在每个小区间上都取ξ_i为无理数时,和式的极限为 0,因此有

$$\lim_{n\to\infty}\int_0^1 f_n(x)\mathrm{d}x\neq\int_0^1\left[\lim_{n\to\infty}f_n(x)\right]\mathrm{d}x$$

为了解决这些问题,数学家们引进了新的概念和处理方法,于是便有了广义积分和勒贝格(H. L. Lebesgue, 1875—1941 年)积分.

下面先说一说广义积分,它包括无穷限的广义积分和无界函数的广义积分两大类. 无穷限的广义积分是指积分区间是无穷区间时的积分,它的一般形式是

$$\int_a^{+\infty}f(x)\mathrm{d}x, \quad \int_{-\infty}^b f(x)\mathrm{d}x, \quad \int_{-\infty}^{+\infty}f(x)\mathrm{d}x$$

我们规定:

$$\int_a^{+\infty}f(x)\mathrm{d}x=\lim_{A\to+\infty}\int_a^A f(x)\mathrm{d}x$$

$$\int_{-\infty}^b f(x)\mathrm{d}x=\lim_{B\to-\infty}\int_B^b f(x)\mathrm{d}x$$

$$\int_{-\infty}^{+\infty}f(x)\mathrm{d}x=\int_a^{+\infty}f(x)\mathrm{d}x+\int_{-\infty}^a f(x)\mathrm{d}x$$

$$=\lim_{A\to+\infty}\int_a^A f(x)\mathrm{d}x+\lim_{B\to-\infty}\int_B^a f(x)\mathrm{d}x$$

因此,这三类广义积分的可积性都由相应的黎曼积分的极限的存在性所决定.

形如 $\displaystyle\int_a^b \frac{\mathrm{d}x}{(x-a)^2}$ 和 $\displaystyle\int_0^1 \frac{\mathrm{d}x}{\sqrt{1-x^2}}$ 的积分称为无界函数的广义积分. 由于当 $x\to a$ 时, $\dfrac{1}{(x-a)^2}\to\infty$;当 $x\to 1$ 时, $\dfrac{1}{\sqrt{1-x^2}}\to\infty$,因此这两个广义积分也不能直接求出来. 设 $\eta>0$,因为

$$\lim_{\eta\to 0^+}\int_{a+\eta}^b \frac{\mathrm{d}x}{(x-a)^2} = \lim_{\eta\to 0^+}\left[-\frac{1}{x-a}\right]_{a+\eta}^b$$

$$= \lim_{\eta\to 0^+}\left[-\frac{1}{b-a}+\frac{1}{\eta}\right]=+\infty$$

$$\lim_{\eta\to 0^+}\int_0^{1-\eta} \frac{\mathrm{d}x}{\sqrt{1-x^2}} = \lim_{\eta\to 0^+}[\arcsin x]_0^{1-\eta}$$

$$= \lim_{\eta\to 0^+}\arcsin(1-\eta) = \frac{\pi}{2}$$

所以 $\displaystyle\int_a^b \frac{\mathrm{d}x}{(x-a)^2}$ 不可积,而 $\displaystyle\int_0^1 \frac{\mathrm{d}x}{\sqrt{1-x^2}} = \frac{\pi}{2}$.

从上面的叙述可见,广义积分可看成是广义的黎曼积分. 下面我们来看函数

$$f(x) = \begin{cases} 1, & x\text{ 是无理数}, \\ 0, & x\text{ 是有理数} \end{cases}$$

在 $[0,1]$ 上的积分,因为 $f(x)$ 在 $[0,1]$ 上每一点都不连续,所以它的黎曼积分不存在. 为了解决这些连续性受到破坏的函数的积分问题,勒贝格从实数理论出发,以测度论作为基础,建立了新的积分理论——勒贝格积分,使问题得到了肯定的答案. 他认为,在 $[0,1]$ 上的有理数的测度为零,相对应的无理数的测度为 1,所以 $f(x)$ 在 $[0,1]$ 上的勒贝格积分值为 1. 在现代的数学文献中,说到函数的可积性时通常是指勒贝格积分的可积性. 当函数 $f(x)$ 是连续函数时,勒贝格积分和黎曼积分的区别就消失了. 但是勒贝格积分也不能解决所有的积分问题,例如物理学中的电磁脉冲现象:在极短促的时间内将电磁波能量全部释放出来,用数学的语言来说, $f(x)$ 在 $x=a$ 时为无穷大,而当 $x\neq a$ 时 $f(x)=0$,对这样的函数而言,它的积分问题需要引进新的数学概念和处理方法,这也体现了数学的与时俱进.

说到中国近代积分学的发展,首推清朝数学家李善兰(1811—1882 年),他出生于浙江海宁峡石镇,9 岁时读《九章算术》,从此对数学产生兴趣,因为八股文章做得不好,参加科举考试中的乡试落第. 1840 年鸦片战争后,他萌发了科学救国的思想. 他在《重学》序中曾说:"呜呼! 今欧罗巴各国日益强盛,为中国之边患;推源其故,制器精也,推源制器之精,算学明也."

李善兰在西方微积分未传入的情况下,独立用尖锥术发现了幂函数的积分公式. 1852 年,李善兰与在上海主持墨海书馆出版事务的英国学者伟列亚力(A. Wylie,1815—1867 年)相识,于 1859 年合作翻译出版《代微积拾级》,这是中国的第一部微积分译作,他使用的微分、积分、函数、级数、曲率等名词沿用至今. 但他在使用西方数学符号时,却严守"祖宗家法",不够开放,采用中国传统算学符号甚至硬造符号,例如:

⊥:表示"+"; ⊤:表示"—"

彳:表示微分号"d"; 禾:表示积分号"∫"

这就把数学表达式变成难于理解的天书,如:

$$天彳天 \perp 地彳地 = 卯地彳天 \quad (x\mathrm{d}x + y\mathrm{d}y = my\mathrm{d}x)$$

$$禾天^{寅}彳天 = \frac{寅\perp\equiv}{\equiv}天^{寅\perp-} \quad \left(\int x^n\mathrm{d}x = \frac{1}{n+1}x^{n+1}\right)$$

李善兰于 1868 年应召到北京,在同文馆任数学教师,官至三品,但他淡于名利,潜心数学的教学和研究,在他去世之后,中国传统数学再也没有出现有价值的工作.

1862 年,日本的中牟田仓之助(1837—1916 年)来华访问,带回李善兰等翻译的《代数学》《代微积拾级》等书,这是日本和算家当时能读到的最好的微积分书籍,但日本人没有沿用他创造的这套数学符号系统,1873 年日本文部省规定"算术以洋法为主",全部采用西方的数学符号教学,而中国直到辛亥革命(1911 年)之后,才终于采用国际通用的数学符号.

微分和积分相互影响,已经成为现代分析学的基础,由一棵独立的大树发展成一片生机勃勃的森林:实分析、复分析、泛函分析、变分法、微分几何、几何分析、傅里叶分析、小波分析、微分方程等. 中国人虽然在发现微积分的赛跑中落后,但凭着聪明和勤奋,在现代数学的天空中,中国星的光芒辉煌灿烂,现在有影响的国际学术刊物上,每一期都必定有中国的数学家(包括海内外华人)名字出现,陈省身、华罗庚、丘成桐、陶哲轩等众多数学家们为中华民族在现代数学上赢得了应有的声誉,未来任重道远!

第八章

微积分与数学作文

数学是一种别具匠心的艺术.

——哈尔莫斯

将数学作文与微积分思想方法相结合,开展数学作文训练,对学习、掌握微积分思想方法及其渗透的数学文化有很大帮助. 以此为基础开展民族数学文化的调研与写作,能更好地学习鉴赏、传承民族数学文化,加深对中华民族文化的认同感和自豪感,有利于提升我们的综合素质.

§8-1 数学思想的作文训练

一、数学作文

我们的数学作文训练,最初从"数学思想方法的领会"开始. 早在 2000 年,在中央民族大学出版社出版的《相思湖文龙》丛书中的预科分册《数学作文实验》一书中,我国著名数学教育家张奠宙教授的序言充分肯定了数学作文教学模式:"做数学题是天经地义,写语文作文也是普遍共识,怎么能把二者扯在一起? 其实,如从数学文化的角度来观察,这就是自然而然的结果了""数学作文开启了学生自由思考的空间".

数学作文是在数学教学活动中借助写作形式进行综合训练的一种教学模式. 数学作文要求紧密地结合数学的学科性,它的内容主要包括:对数学知识、数学思想方法、数学策略的领悟、理解、应用和推广;对数学现象和数学价值的认识与陈述;探索、研究数学问题,并公布自己进行数学探究的结果与存在的问题;欣赏数学的美与理;反思自身的数学学习思维过程等. 就文体而言,数学作文可以写成很多形式:记叙式的、说明式的、抒情式的、思辨式的,或者是小论文、微型课题研究、数学社会调查报告等,如果感兴趣,甚至可以写成小说、故事、童话、猜想、诗歌、口诀、对联,以及其他奇趣文体.

数学作文提供了一座沟通文科的桥梁,使数学教与学的活动能够获得文理双修的效果. 通过数学作文训练,学生学到的数学不再是一些由符号组成的枯燥的思维代码,而是有情有趣有血有肉的鲜活的知识体系.

二、数学思想与数学方法

数学思想是人们对数学规律的理性认识,是对数学知识与方法的本质特征的高度抽象概括,它是从某些具体数学认识过程中被提炼和概括的,在后继的认识活动中被反复证实其正确性,带有相对稳定的特征,具有指导思想和普遍适用的重要意义. 微积分思想就是预科阶段要学习的重点内容.

　　数学方法是以数学为工具进行科学研究的方法,即用数学的语言表达事物的状态、关系和过程,数学地提出问题、研究问题和解决问题所采用的各种手段或途径.

　　数学思想与数学方法相辅相成,统称为数学思想方法.数学思想具有概括性和普遍性,直接支配着数学的实践活动.数学方法是数学思想具体化的反映,具有操作性和具体性.数学思想比数学方法更深刻、更抽象地反映数学对象间的内在关系,是数学方法的进一步的概括和升华,因而是内隐的,而数学方法是外显的.简言之,数学思想是灵魂,数学方法是行为,数学思想对数学方法起指导作用.

三、数学思想方法作文辅导

(一) 明确写作目的,树立必胜信心

　　数学思想方法作文是围绕学习过程中接触的数学思想方法撰写的体会文章,对于教材中的各种数学思想方法,能叙述正确、清楚;在举例论证、解答数学问题的时候,还能揭示问题中所蕴含的数学思想方法及其价值.自觉运用数学思想方法去探索、解决其他学科中涉及的相关问题.这种作文基本上属于数学领域的论说文,但又不是严格意义上的数学论文.它要讲清的是前人早已发现的数学思想方法,因而其意义在于以数学思想方法为中心的基础训练,在于提高习作者的数学素质和综合素质.

　　数学作为预科阶段的一门主干学科,无论文科同学还是理科、医科同学,都必须学好.但是,多数同学的数学基础比较薄弱,尤其是数学思想方法不明确,不成体系,这就需要大力加强这方面的培养与训练.数学思想方法作文正是一种切合预科教学实际需要的训练方法.通过这项训练,可以避免传统的高中数学补习和大学数学预习中难免的"炒旧饭"现象,从而让我们在由高中向大学过渡的这段特殊的学习期间,收到应有的成效.让文科的同学在发展写作能力的同时,理科素养得到培养;让理科、医科的同学在培养数学素质的同时,文化素养和写作能力也得到提高.

　　数学思想方法作文是一种新颖的作业方式,比平常的数学作业要求高,难度较大.一些同学本来数学基础就薄弱,对数学思想方法的理解和认识也比较模糊,直接用数学语言表达自己的数学思维有很大问题.一些同学虽然对数学思想方法有一些初步的认识,但尚未构成体系,难以深刻理解、灵活运用.即使少数同学数学基础较好,已经能够理解和运用相关数学思想方法,然而也只是习惯于使用数学语言的表达形式,规定用作文的形式则未必能够顺畅表达.因此,面对这种作业方式,出现一些畏难情绪是可以理解的.

　　但是,自古道:"学海无涯苦作舟".由牙牙学语、踉跄学步,到启蒙认字、考试升级,这期间的母语外语、文理百科,哪一门知识、哪一种技能不是经过艰苦的学习和训练得来的?既然已经成为高等学府的预备生,为了适应并顺利通过大学的学习,我们不能对自身的不足视而不见.必须从自身的薄弱环节入手,增强我们的数学思想方法内存,锻炼我们对数学的领会和表达能力,提高我们的文化水平,由此优化我们的素质结构.况且,同学们都是经十年寒窗苦读过来的,虽然不一定写过数学作文,但必然写过不少作文,有的还光荣地获得过不同级别的作文奖.数学作文与普通作文虽然有所不同,但写作规律是一致的.十年寒窗的其他内容的作文训练,已帮我们打下了掌握作文一般规律的基础;同样,长期的数学学习,也为我们打下了

必要的数学知识基础. 在这两大基础的平台上，我们进行数学思想方法作文训练，只要把数学思想的脉络厘清，再结合作文训练的一般方法，勇于实践，大胆创新，就可以实现文理兼修的目的. 因此，我们应该树立信心，克服困难，充分利用大学的有利条件，努力锻炼自身的学习毅力，培养勇于探索的精神和实事求是的科学态度. 只要同学们肯钻研，勤思考，积极调动各种智力因素和非智力因素，一定能够很好地完成任务，写出优秀的数学思想方法作文.

(二) 联系学习实际，注重平时积累

数学思想方法作文的写作，要注意从平时开始积累.

首先，课堂和教材是我们的主阵地. 同学们在课堂中，要特别注重老师如何分析知识的来龙去脉，从而了解知识的发生、发展过程；注重分析具体的数学知识中所渗透的数学思想方法，体会解题的策略是如何根据概念、公式、定理中蕴含的数学思想方法推理出来的. 只要同学们在课堂上抓住这些关键，课后熟读教材，继续认真反思、探究这些问题，结合实例自己分析，独立思考，完成老师布置的常规作业，就可以掌握其中的数学思想方法了.

同时，还要尽可能在课堂与教材之外扩展信息渠道，广泛搜集资料，不仅可以从过去的中学数学课本里寻找材料，还可以从现在读着的其他学科的课本里寻找材料；不仅可以阅读有关数学的学习经验和解题经验，也可以阅读有关数学思想方法、数学学习方面的辅导材料；不仅可以阅读关于数学文化或者数学教育的研究文献，也可以阅读有关数学的趣题、游戏、谜语、故事等娱乐小品. 从搜集资料的方向来看，除了学校图书馆藏书之外，还可以查阅各种学报和数学教学期刊. 查阅期刊不仅是到现刊阅览室，因为更多的资料在过刊库. 一般人读刊物追求新的，往往忽略过期的刊物. 其实，各种刊物都有自己的传统和主题范围，因此我们查阅资料时也要有自己的主题和范围. 资料的价值并非取决于它的载体的新旧，而取决于主题和范围是否对路，只要找对了路子，就可以获得很有价值的或者很丰富的资料. 除了在图书馆借阅或查阅各种书刊之外，也可以到书店购买，向老师或者大学部的同学借阅等. 此外，一个不容忽视的渠道是通过各种教育网站，运用计算机的检索功能来搜集. 现在，相当一部分同学喜欢上网，知道网上信息十分丰富. 只要我们以预科数学思想方法为中心，课堂、教材、课后三结合，立体式展开，自然就会发现更多的可积累的作文材料.

在广泛查阅资料的过程中，同学们要特别注重作文材料的积累. 积累资料的方式，除了购买、复制之外主要是作读书学习笔记. 读书学习笔记可以有多种形式，比较常见的有以下三种：精彩片段摘录、文献内容概要、心得体会记录. 摘录的片段可以是一些论断，也可以是一些例子. 论断可以是大师的名言，也可以是某些不算出名的人的某种独特的体会. 例子可以是一道趣题，也可以是一个故事. 内容概要可以写成提纲笔记，也可以画成思维导图，还可以缩写成精练的微篇. 提纲笔记是经过分析综合，把文献内容的要点提纲挈领地分条列出来，简明扼要. "思维导图"则是把提纲用略图的方式勾画出来，更是一目了然. 缩写的微篇自然比原文简要，但比提纲详细，更有利于对文献全貌的把握. 与摘录和概述比起来，心得体会或许更能代表数学学习在自己心中留下的痕迹. 这种痕迹可以是书中随笔批注的一两句话，甚至一两个标点符号(前提是该书的所有权属于自己)，当然也可以是在卡片上写的一个片段，可以是在专用笔记簿或者数学作业本上写的随笔. 这种体会笔记无论长短，记的都是学习中体会较深的思想火花. 及时用自己的笔触把这些思想火花保存下来，对锻炼我们的数学语言表达能力、综合概括能力，加深对所学内容的记忆和理解，从而对后来正式撰写数学

思想方法作文,都有着十分重要的意义. 只要我们坚持在广泛阅读的基础上勤于思考、勤于记录,真正做到"不动笔墨不看书",并且坚持不懈、持之以恒,我们就能做到不仅学会了知识,而且能从知识的获得中培养能力,优化思维,提高数学素质和综合素质. 如此积累到一定的程度,再把自己对所学内容形成的系统认识整理成为数学思想方法作文,就会水到渠成,接近我们的预定目标.

(三) 谋篇胸有成竹,行文顺理成章

平时的阅读思考积累,是为最后的写作奠定基础. 真正意义上的写作阶段,必须遵循谋篇布局、草拟修饰等规律,做到胸有成竹、顺理成章.

选定一个适当的题目是关键. 为此我们有必要了解预科数学体系中常用的、基本的数学思想方法. 这些数学思想方法就像一张网络中的结点,根据这些网点的提示,我们可以大致明确预科数学思想方法作文的选题范围. 当然,在具体选题的时候,要从自己的实际出发,哪些数学问题是自己学得比较好的,哪些是比较有兴趣的,哪些是有较深体会的,应以这些长处作为首选的对象. 如果我们把写数学思想方法作文比作建造房屋,确定选题比作选择施工场地,那么构思就是决定布局和规程的设计图纸. 构思的好坏,直接影响作文质量. 构思好,作文就合情合理、引人入胜,构思不好,作文就可能情理不通、索然无味. 而对于初学撰写数学思想方法作文的同学来说,构思的主要问题是如何打开思路.

我们可以选取一种数学思想方法谈自己的学习体会,谈这种数学思想方法的功能和作用,甚至联系语文、化学、物理等学科的学习. 如数形结合思想,可以结合不同知识点来谈谈解题的策略,还可以谈谈这种数学思想方法的美学意义,也可以探讨这种数学思想方法在化学、物理学习中的运用,或者分析这种数学思想方法对培养能力、优化思维品质的作用,或者把这种思想方法作为一种科学素养来讨论,阐述它对我们今后的学习和工作有哪些重要性等.

我们也可以选取其中的两种数学思想方法,谈它们的相互联系、相互影响,对解决数学问题所起的作用等. 由数学思想方法的学习和运用,还可以联系到数学哲学、数学文化,联系到数学的研究对象、内容、价值、数学的真善美观念,联系数学在生活、社会、其他科学等方面的运用的实例. 总之,只要开动脑筋,我们就会有所创新和开拓. 我们完全可以在数学常识、数学趣闻,以及一切观察到的数学现象之间启动数学思维,展开数学联想,从而,像神龙游海那样,展开数学作文的思路.

一旦我们的思路打开,就可以根据题意构思撰写提纲. 提纲在筛选材料、突出结构、进一步明确思路方面有很大作用. 如果说谋篇布局的构思是建筑工程的设计图纸,那么撰写提纲就是根据图纸掘地奠基. 建筑物质量如何,基础是否坚实至关重要. 建造高楼需要深挖浮泥,直至本土老底,而后用钢筋水泥浇注石基,使之固若金汤. 如果在这个环节偷工减料,必定种下"豆腐渣工程"的祸根. 撰写提纲同样不可掉以轻心. 必须"搜尽奇峰打草稿",将所有资料根据题意构思进行清理,而后挑选最合适者,安排在最合适的位置. 这个挑选和"第 8 章 微积分与数学作文"安排的过程,就是提纲的反复修改琢磨过程. 修改琢磨出来的提纲,就像挖地筑成的屋基,哪里是柱、哪里是墙、哪里是门、哪里是窗、哪里是楼梯、哪里是厅堂,什么地方挖多深、什么地方挖多宽、什么地方放多少多粗的钢筋、放多少千克多少标号的水泥……都必须落到实处. 只有这样,才能保障数学思想方法作文中心突出,结构合理,

层次清楚，论述周密；或者有理有据，翔实具体；或者有情有趣，生动活泼．否则，写出来的作文就会因为思路不具体、不明确而显得条理不清晰，布局不和谐，或者头重脚轻，或者尾大不掉，或者挺着个"将军肚"，或者扭着个"蜜蜂腰"．

有了精细翔实的提纲，加上收集、整理资料的功夫扎实，所作的摘录、提要、心得、体会等均已根据提纲筛选排列，就像堆放整齐的砖石水泥、钢材木料，有的甚至早已制作成为板、条、管、线，直接安上就行．正式行文就会随着起承转合的思路，启得好，承得上，转得出，合得拢，"下笔如有神"了．一旦进入了这种状态，就应当奋笔疾书、一气呵成．

当我们笔遂心愿完成了起承转合的基本任务，就像房屋封顶，往往会有一种大功告成的感觉．然而，刚刚建成的房屋砖石框架还需要进行装修，草草拟就的初稿，必须多次反复修改．古人早有"文章不厌千遍改"的说法．我们没有条件改上千遍，那么，改它三遍、五遍也是应该的．我们写的是数学思想方法作文，修改时首先需要注意的是文中所述的数学思想方法是否准确．如果数学思想方法都搞错了，那么这篇数学思想方法作文就不合格．如果对所写的数学思想方法表述得不明确、不生动、不具体，让人读了似懂非懂，就算勉强了解，印象也不深，这也不是好的数学作文．只有超越了前面两种状况，既能准确地把握所写数学思想方法的理论体系，又能把抽象的数学思想方法描述得具体翔实，把深奥的数学思想方法解释得浅显易懂，把枯燥的数学思想方法演绎得有趣动人，才算是优秀的数学思想方法作文．因此修改数学思想方法作文既需要大处着眼，又需要小处着手．既需要注意数学思想方法作文整体的结构，又需要注意数学思想方法作文词句的搭配．通篇结构讲究匀称连贯、顺理成章，既要力戒文脉不通、文理不顺，又要纠正详略失当、避免杂乱无章．遣词造句讲究准确朴素、简洁流畅，既要克服模糊含混、艰涩拗口，又要清除错字别字、修改病句残句．这些都不是一下就可以完成的，需要投入足够的时间和精力，需要在反复审视的基础上，下一番精雕细刻、字斟句酌的功夫．有道是："只要功夫深，铁棒磨成针．"只要大家明确了目的，树立了信心，做好了准备，下足了功夫，通过深思熟虑下笔行文，而后又精益求精修改润色，最后得出的数学思想方法作文，定不只是以往未曾写过的一种新作文，而且将会是我们大家都为之自豪的好作文．我们的数学思维系统、数学素质系统，乃至整个综合素质系统都将得到不同程度的优化，我们这一年预科数学学习就获得了不同寻常的成功．

§8-2　微积分思想作文举例

为了更好地学习并掌握微积分学中常用的思想方法，结合预科的有关内容，本节着重介绍三种数学思想：极限思想、恒等变换思想、化归思想．

一、极限思想作文

(一) 极限思想

所谓极限思想，是指用极限概念分析问题和解决问题的一种数学思想．极限概念的本质，是用联系变动的观点，把所考查的对象看作某对象在无限变化过程中变化的结果．它是微积分学的一种重要数学思想．

极限思想贯穿微积分学的始终，通过这些内容的学习，同学们对极限思想一定会有很多自已的理解和认识. 如极限概念的实际背景、形成过程、概念的本质属性、在解题中的运用, 以及它在其他学科中如何解决实际问题等, 都可以归纳总结; 也可以由此及彼, 展开联想与想象, 实虚结合, 谈谈自己学习极限思想方法的过程和情感体验, 并用数学作文表达出来.

(二)习作举例之一

极限思想与数学能力的提高

极限概念源于希腊的穷竭法, 它最初产生于求曲边形面积以及求曲线在某一点处的切线斜率这两个基本问题. 我国古代数学家刘徽(公元 3 世纪)利用圆的内接正多边形来推算圆面积的方法——割圆术, 就是运用了极限思想. 刘徽说: "割之弥细, 所失弥少, 割之又割, 以至于不可割, 则与圆周合体而无所失矣." 他的这段话对极限思想进行了生动的描述. 我们再来看看法国著名数学家柯西给极限下的定义: "若代表某变量的一串数值无限地趋向于某一个固定数值, 则该固定值称为这一串数值的极限." 后来, 维尔斯拉斯把柯西这一对极限的定性描述改成定量描述, 即"$\varepsilon - \delta$"语言, 其实质是一种"邻域"观点.

极限概念是微积分最基本的概念, 微积分的其他基本概念都用极限概念来表达; 极限方法是微积分的最基本的方法, 微分法与积分法都借助于极限方法来描述. 比如我们预科教材中所涉及的"微积分", 其内容都是围绕"极限"这一核心内容来展开的.

从极限的本质思想出发给数列极限和函数极限下精确定义, 进一步研究与数列理论相应的级数理论. 利用极限

$$\lim_{x \to x_0} f(x) \ \text{与} \ f(x_0)$$

的关系确定函数连续与否, 在本章中我们还规定极限值为零的变量是无穷小量. 无穷小量引出了极限方法, 因为极限方法的实质就是对无穷小量的分析. 第二章, 利用极限去解决几何学中的切线问题及力学中的速度问题, 引出导数概念. 导数研究的是一种变化率, 它的前提条件是当 $\Delta x \to 0$ 时, $\dfrac{\Delta y}{\Delta x}$ 的极限是否存在.

由此可见, 导数问题还是极限问题. 微分, 可以说是导数的进一步扩展, 它把函数的改变量与导数的内在联系结合起来. 导数考察的是函数在点 x_0 的变化率, 而函数在点 x_0 的微分是 Δy 的线性主部, 函数可微与可导是等价的. 但是不管怎样, 它们都涉及一种重要的方法——极限方法. 第三章, 进一步深化导数思想, 使之得到广泛的应用. 微分定义及表达式虽然给出了函数改变量与导数的内在联系, 但仅是在一点邻近的局部性质, 且是近似的. 若要揭示在一个区间上函数与导数的内在联系, 还得依靠微分学的中值定理来解决. 中值定理是微分学中一个很重要的定理, 其证明方法也是要求我们掌握的, 极限思想给这个证明带来不少便利, 特别是左右极限概念的作用更大. 本章还包括了关于无穷小量的运算, 其实是极限的运算——不定式的极限, 最有效的解题方法是运用洛必达法则. 第四章, 不定积分, 实质上是微分的逆运算. 第五章定积分, 重点是定积分的概念及运算. 其中, 定积分的概念实质上是一个特殊类型的和式的极限. 定积分的计算关键是通过牛顿—莱布尼兹公式建立不定积分与定积分的关系.

由此可见, 从函数的连续性、级数、导数、微分、定积分等概念中可以发现, 它们都是借助于

极限才得以抽象化、严密化. 这不仅体现在我们的预科教材中,在我们以后将要学到的多元函数的偏导数、重积分等概念中,甚至整个高等数学的内容,极限自始至终都贯穿其中.

通过对它的学习与运用,我们可以从中感觉到:我们的思想已经从客观变量中的常量进入了变量,从有限跨到了无限,也就是说我们的能力不断得到提高,从初等数学过渡到了高等数学. 极限思想深化了我们对客观世界的认识,它使我们明白:研究物质运动,仅仅知道有关函数在变化过程中单个的取值如何,往往是不够的. 我们还得弄清楚,函数变化时总的变化趋势,以及是否隐含某种"相对稳定"的性质等问题. 更具体地说,极限思想在应用于其他方面的知识时,一般都有这么一个前提条件:当 $x \to x_0$(或 ∞) 时,函数的极限是否存在? 若该极限不存在又会是怎么样的呢? 我们每次都带着这种思维去考虑问题,这就加强了我们思考问题的周密性与全面性. 同时,在检验极限是否存在时,我们的运算能力也得到了提高. 除此之外,通过对极限的学习与运用,我们还认识到极限本身是高等数学中的一个核心内容,同时它又是解决其他问题所运用的工具,这使我们对数学的认识提高到一个更高的层次,对我们今后从事高等数学的学习和工作都有很大的帮助.

极限思想是微积分的基础,是高等数学中的基本推理工具,它在数学分析发展的历史长河中,扮演着十分重要的角色. 我们可以毫不夸张地说,没有极限思想就没有高等数学的严密结构,我们应该掌握好极限这一重要概念及其思想.

习作举例之二

浅谈高等数学问题中求极限的若干种方法

现行高等数学的课程主线,可归纳为:函数极限 → 连续 → 微积分应用 → 常微积分方程 → 无穷级数. 除了第一部分作为最简单的基础内容外,其余教学内容的核心思想就是围绕极限这一概念展开的. 极限的方法是人们从有限中认识无限,从近似中认识精确,从量变中认识质变的一种数学方法. 同时极限也是微积分最基本、最重要的概念,是研究微积分学的重要工具. 极限思想也是研究高等数学的重要思想. 因此,掌握极限的思想与方法是非常重要的,它是学好微积分学的前提条件. 以下是关于求极限的七种方法,这些方法有助于高等数学中微积分的学习.

(一) 用定义求极限

极限直观性定义:设函数 $f(x)$ 在点 x_0 附近有定义,如果在 $x \to x_0$ 的过程中,对应的 $f(x)$ 无限趋近于确定的数值 A,那么就说 A 是函数 $f(x)$ 当 $x \to x_0$ 时的极限. 记为 $\lim\limits_{x \to x_0} f(x) = A$.

对于一些简单的、能够从图像上直接看出的极限,即可用极限直观性定义快速求出.

例如:当 $x \to 1$ 时,$f(x) = 3x - 1$ 无限接近于 2,则 $\lim\limits_{x \to 1}(3x - 1) = 2$.

(二) 用极限四则运算法则求极限

如果 $\lim f(x) = A$,$\lim g(x) = B$,

(1) $\lim[f(x) \pm g(x)] = \lim f(x) \pm \lim g(x) = A \pm B$;

(2) $\lim[f(x)g(x)] = \lim f(x) \lim g(x) = AB$;

(3) 若有 $B \neq 0$,则 $\lim \dfrac{f(x)}{g(x)} = \dfrac{\lim f(x)}{\lim g(x)} = \dfrac{A}{B}$.

注：以上运算法则成立的前提是 $\lim f(x)$ 和 $\lim g(x)$ 存在.

极限的四则运算法则主要应用于求一些简单的和、差、积、商的极限. 在实际求极限过程中,还可具体运用直接代入法、消去零因子法、同除法等进行化简计算.

例如：(1) 求 $\lim\limits_{x \to 2}(3x^2 - 2x + 3)$;

解　$\lim\limits_{x \to 2}(3x^2 - 2x + 3) = \lim\limits_{x \to 2}3x^2 - \lim\limits_{x \to 2}2x + 3 = 11$（代入法）.

(2) $\lim\limits_{x \to \infty}\dfrac{3x^2 - x + 2}{4x^3 - x + 1}$.

解　当 $x \to \infty$ 时,分子、分母都趋于无穷大,故分子、分母可同除以 x^3 然后取极限,得

$$\lim\limits_{x \to \infty}\frac{3x^2 - x + 2}{4x^3 - x + 1} = \lim\limits_{x \to \infty}\frac{\dfrac{3}{x} - \dfrac{1}{x^2} + \dfrac{2}{x^3}}{4 - \dfrac{1}{x^2} + \dfrac{1}{x^3}} = \frac{0 - 0 + 0}{4 - 0 - 0} = 0 \text{（同除法）}$$

在计算函数极限时,单单运用极限的四则运算法则还不能够达到求结果的目的,需要在这个基础上运用其他的方法来辅助计算. 如：换元法、取倒数法、取对数法等. 下面一一举例说明：

(1) 换元法：求 $\lim\limits_{x \to 1}\dfrac{\sqrt[n]{x} - 1}{x - 1}$.

解　令 $u = \sqrt[n]{x}$,则当 $x \to 1$ 时,有 $u \to 1$,且 $x = u^n$,

$$x - 1 = u^n - 1 = (u - 1)(u^{n-1} + u^{n-2} + \cdots + u + 1)$$

所以
$$\lim\limits_{x \to 1}\frac{\sqrt[n]{x} - 1}{x - 1} = \lim\limits_{u \to 1}\frac{u - 1}{u^n - 1}$$

$$= \lim\limits_{u \to 1}\frac{u - 1}{(u - 1)(u^{n-1} + u^{n-2} + \cdots + u + 1)}$$

$$= \lim\limits_{u \to 1}\frac{1}{u^{n-1} + u^{n-2} + \cdots + u + 1} = \frac{1}{n}$$

(2) 取倒数法：求 $\lim\limits_{x \to \infty}\dfrac{x^3}{4x + 1}$.

解　我们先求 $\lim\limits_{x \to \infty}\dfrac{4x + 1}{x^3} = \lim\limits_{x \to \infty}\left(\dfrac{4}{x^2} + \dfrac{1}{x^3}\right) = 0$,

根据无穷大与无穷小的关系,所以 $\lim\limits_{x \to \infty}\dfrac{x^3}{4x + 1} = \infty$.

(3) 取对数法（适用于幂指函数求极限）：求 $\lim\limits_{x \to 0}x^{2x}$.

解

$$\lim\limits_{x \to 0}x^{2x} = \lim\limits_{x \to 0}e^{\ln x^{2x}} = e^{\lim\limits_{x \to 0}2x\ln x} = e^{\lim\limits_{x \to 0}\frac{\ln x}{\frac{1}{2x}}} = e^{\lim\limits_{x \to 0}\frac{\frac{1}{x}}{\frac{-1}{(2x)^2} \cdot 2}} = e^{\lim\limits_{x \to 0}(-2x)} = e^0 = 1$$

（三）用等价无穷小的性质求极限

定理 1　设 $f(x)$、$g(x)$ 为同一变化过程中的无穷小,且 $f(x) \sim f_1(x)$, $g(x) \sim g_1(x)$, $\lim\dfrac{f_1(x)}{g_1(x)}$ 存在,则 $\lim\dfrac{f(x)}{g(x)} = \lim\dfrac{f_1(x)}{g_1(x)}$.

利用无穷小的等价替换来计算极限是一种非常有效且简便的方法. 它可使有些极限的计算变得简单. 以下是无穷小等价的一些常用公式：

当 $x \to 0$ 时，$\sin x \sim x$，$\arcsin x \sim x$，$\tan x \sim x$，$\mathrm{e}^x - 1 \sim x$，$a^x - 1 \sim x \ln a$，

$$1 - \cos x \sim \frac{1}{2}x^2, \ \ln(1+x) \sim x, \ \sqrt[n]{1+x} - 1 \sim \frac{x}{n}.$$

例如：求 $\lim\limits_{x \to 0} \dfrac{\tan x}{\sqrt[3]{1+x} - 1}$.

解　当 $x \to 0$ 时，$\tan x \sim x$，$\sqrt[3]{1+x} - 1 \sim \dfrac{x}{3}$.

$$\lim_{x \to 0} \frac{\tan x}{\sqrt[3]{1+x} - 1} = \lim_{x \to 0} \frac{x}{\dfrac{x}{3}} = 3$$

值得一提的是，在无穷小量的乘、除运算时可使用等价替换，在无穷小量的加、减运算时尽量不要使用，否则可能会得到错误的答案.

例如：求 $\lim\limits_{x \to 0} \dfrac{\tan x - \sin x}{2x^3}$.

错解　当 $x \to 0$ 时，$\tan x \sim x$，$\sin x \sim x$，

$$\lim_{x \to 0} \frac{\tan x - \sin x}{2x^3} = \lim_{x \to 0} \frac{x - x}{2x^3} = 0$$

正解　$\lim\limits_{x \to 0} \dfrac{\tan x - \sin x}{2x^3} = \lim\limits_{x \to 0} \dfrac{\tan x(1 - \cos x)}{2x^3} = \lim\limits_{x \to 0} \dfrac{x \times \dfrac{x^2}{2}}{2x^3} = \dfrac{1}{4}$

同理，无穷小与有界量的乘积是无穷小，经常用到. 例如：

(1) $\lim\limits_{x \to 0} x \sin \dfrac{1}{x} = 0$;　　　　　　　(2) $\lim\limits_{x \to \infty} \dfrac{\sin x}{x} = 0$.

(四) 用两个重要极限求极限.

第一个重要极限：$\lim\limits_{x \to 0} \dfrac{\sin x}{x} = 1 \left(\text{或} \lim\limits_{x \to 0} \dfrac{x}{\sin x} = 1 \right)$.

此重要极限的应用要求较高，必须同时满足：

(1) 分子、分母为无穷小，即极限为 0;

(2) 分子正弦的角必须与分母一样.

第二重要极限：$\lim\limits_{x \to \infty} \left(1 + \dfrac{1}{x} \right)^x = \mathrm{e}$（或 $\lim\limits_{x \to 0} (1+x)^{\frac{1}{x}} = \mathrm{e}$）.

此重要极限的应用要求较高，须同时满足：

(1) 幂底数带有"1";

(2) 幂底数是"+"号;

(3) "+"号后面是无穷小量;

(4) 幂指数和幂底数"+"号后面的项要互为倒数.

例如：(1) 求 $\lim\limits_{x \to 0} \dfrac{\sin 3x}{x}$.

解　$\lim\limits_{x \to 0} \dfrac{\sin 3x}{x} = 3 \lim\limits_{x \to 0} \dfrac{\sin 3x}{3x} = 3$.

(2) 求 $\lim\limits_{x \to \infty} \left(1 + \dfrac{1}{x} \right)^{3x}$.

解 $\lim\limits_{x\to\infty}\left(1+\dfrac{1}{x}\right)^{3x}=\lim\limits_{x\to\infty}\left[\left(1+\dfrac{1}{x}\right)^{x}\right]^{3}=\mathrm{e}^{3}.$

(五) 用洛必达法则求极限

定理 2 (1) 当 $x\to a$ 时,函数 $f(x)$ 及 $F(x)$ 都趋于零(或无穷大);

(2) 在点 a 的某去心领域内,$f'(x)$ 及 $F'(x)$ 都存在且 $F'(x)\neq 0$;

(3) $\lim\limits_{x\to a}\dfrac{f'(x)}{F'(x)}$ 存在(或为无穷大),则

$$\lim\limits_{x\to a}\frac{f(x)}{F(x)}=\lim\limits_{x\to a}\frac{f'(x)}{F'(x)}$$

例如:求 $\lim\limits_{x\to 0}\dfrac{3-3\cos x}{x^2}.$

解

$$\lim\limits_{x\to 0}\frac{3-3\cos x}{x^2}=\lim\limits_{x\to 0}\frac{(3-3\cos x)'}{(x^2)'}=\lim\limits_{x\to 0}\frac{3\sin x}{2x}=\lim\limits_{x\to 0}\frac{(3\sin x)'}{(2x)'}=\lim\limits_{x\to 0}\frac{3\cos x}{2}=\frac{3}{2}$$

洛必达法则虽然是求未定式极限的一种有效方法,但若能与其他求极限的方法结合使用,效果更好. 如结合使用等价无穷小替换或重要极限.

例如:求 $\lim\limits_{x\to 0}\dfrac{\mathrm{e}^x+\sin x-1}{\ln(1+\sin x)}.$

解 当 $x\to 0$ 时,$\mathrm{e}^x-1\sim x$,$\sin x\sim x$,$\ln(1+\sin x)\sim\sin x$,

所以

$$\lim\limits_{x\to 0}\frac{\mathrm{e}^x+\sin x-1}{\ln(1+\sin x)}=\lim\limits_{x\to 0}\frac{\mathrm{e}^x-1}{\ln(1+\sin x)}+\lim\limits_{x\to 0}\frac{\sin x}{\ln(1+\sin x)}$$

$$=\lim\limits_{x\to 0}\frac{x}{\sin x}+\lim\limits_{x\to 0}\frac{x}{\sin x}=2$$

但运用洛必达法则求极限的函数必须是未定式 $\left(\dfrac{0}{0}\text{ 型或}\dfrac{\infty}{\infty}\text{ 型}\right)$,否则不能用洛必达法则求解.

同时,形如 $0\cdot\infty$ 型、$\infty-\infty$ 型、0 型、1^∞ 型、∞^0 型均可转化为 $\dfrac{0}{0}$ 型或 $\dfrac{\infty}{\infty}$ 型使用洛必达法则求解.

(六) 用微分中值定理求极限

拉格朗日中值定理:如果函数 $y=f(x)$ 满足:

(1) 在闭区间 $[a,b]$ 上连续;

(2) 在开区间 (a,b) 内可导.

则在 (a,b) 内至少存在一点 $\xi(a<\xi<b)$,使得

$$f(b)-f(a)=f'(\xi)(b-a)$$

即

$$f'(\xi)=\frac{f(b)-f(a)}{b-a}$$

例如:求 $\lim\limits_{x\to 0}\dfrac{1}{x}\left[\tan\left(\dfrac{\pi}{4}+3x\right)-\tan\left(\dfrac{\pi}{4}+x\right)\right].$

解　设 $f(t)=\tan t$，$f(t)$ 在 $\dfrac{\pi}{4}+x$ 与 $\dfrac{\pi}{4}+3x$ 所构成的区间上应用拉格朗日中值定理，有

$$\lim_{x\to 0}\frac{1}{x}\left[\tan\left(\frac{\pi}{4}+3x\right)-\tan\left(\frac{\pi}{4}+x\right)\right]$$

$$=\lim_{x\to 0}\left[\left(\frac{\pi}{4}+3x\right)-\left(\frac{\pi}{4}+x\right)\right]\cdot(\tan t)'|_{t=\xi}\left(\xi\text{介于}\frac{\pi}{4}+x\text{与}\frac{\pi}{4}+3x\text{之间}\right)$$

$$=\lim_{x\to 0}2\sec^2\xi=2$$

(七) 用导数定义求极限

定义　设函数 $y=f(x)$ 在点 x_0 的某个邻域内有定义，如果极限 $\lim\limits_{\Delta x\to 0}\dfrac{\Delta y}{\Delta x}=$

$\lim\limits_{x\to x_0}\dfrac{f(x)-f(x_0)}{x-x_0}$ 存在，则称 $f(x)$ 在点 x_0 处可导，称该极限为函数 $f(x)$ 在点 x_0 处的导数，

记为 $f'(x_0)=\lim\limits_{\Delta x\to 0}\dfrac{\Delta y}{\Delta x}=\lim\limits_{\Delta x\to 0}\dfrac{f(x_0+\Delta x)-f(x_0)}{\Delta x}$ 或 $f'(x_0)=\lim\limits_{x\to x_0}\dfrac{f(x)-f(x_0)}{x-x_0}$．否则称

$f(x)$ 在点 x_0 处不可导．

例如：已知函数 $f(x)$ 在点 $x=2$ 处可导，且 $f'(2)=1,f(2)=5$，求 $\lim\limits_{x\to 2}\dfrac{f(x)}{x}$．

解　因为 $f'(2)=\lim\limits_{x\to 2}\dfrac{f(x)-f(2)}{x-2}=\lim\limits_{x\to 2}\dfrac{f(x)-5}{x-2}=1$，

所以 $\lim\limits_{x\to 2}[f(x)-5]=0$，即 $\lim\limits_{x\to 2}f(x)=5$ ，则

$$\lim_{x\to 2}\frac{f(x)}{x}=\frac{\lim\limits_{x\to 2}f(x)}{\lim\limits_{x\to 2}x}=\frac{5}{2}$$

总结：以上介绍了我们在学习中求极限常用到的七种方法，但求极限的方法还有很多，而大多数的题目也是要结合多种方法进行求解，由于文章限制，在此就不将所有方法逐一举例了，有兴趣的同学可以一一探讨归纳．

在微积分求极限中，要具体问题具体分析，认真审题，灵活多变地运用各种解题技巧，才能很好地处理极限的求解问题．

二、恒等变换思想作文

(一) 恒等变换思想

通过运算，把一个数学式子换成另一个与它恒等的数学式子，叫作恒等变换．恒等变换思想就是运用恒等变换的思路去解决数学问题的一种数学思想．

对于解析式，恒等变换思想通常有两种表现方式：(1)组合变换，就是利用恒等变换，把几个解析式变换为一个解析式；(2)分解变换，就是利用恒等变换，把一个解析式分解为几个解析式(和或者积)．

待定系数法、配方法、裂项法、因式分解、部分分式、变量代换的精神实质和理论根据都是恒等变换思想的体现．

(二) 习作举例之一

浅谈恒等变换思想在微积分中的作用

所谓恒等变换,就是把一个式子变换成另一个与它恒等的式子. 例如, 从 $a^2+2ab+b^2$ 变为 $(a+b)^2$,或者反过来,由 $(a+b)^2$ 变为 $a^2+2ab+b^2$,都是恒等变换. 值得注意的是所谓的 "恒等"即无论在什么情况下等式都成立. 如 $x+2=10$ 就不能称为恒等式,因为只有当 $x=8$ 时等式才能成立.

当我们在解题中遇到一些不能直接入手很难的题目时,我们不妨运用恒等变换思想,或许可以轻而易举地解决. 如:

求 $\lim\limits_{x\to 0}\dfrac{\tan x}{x}$.

解 原式 $= \lim\limits_{x\to 0}\dfrac{\sin x}{x\cos x} = \lim\limits_{x\to 0}\dfrac{\sin x}{x} \cdot \dfrac{1}{\cos x}$(恒等变换)

$= \lim\limits_{x\to 0}\dfrac{\sin x}{x} \cdot \lim\limits_{x\to 0}\dfrac{1}{\cos x} = 1.$

有时候,为了套用某种模式或引用某个固定的结论,我们也常把一些较难的题目通过恒等变换,化为与模式相同或相似的问题,以方便计算.

例如:求 $\lim\limits_{x\to\infty}\left(1+\dfrac{m}{x}\right)^x (m\neq 0)$.

解 原式 $= \lim\limits_{x\to\infty}\left[\left(1+\dfrac{m}{x}\right)^{\frac{x}{m}}\right]^m$(恒等变换)

$= \lim\limits_{y\to\infty}\left[\left(1+\dfrac{1}{y}\right)^{y}\right]^m \left(\text{令 } y=\dfrac{x}{m}\right)$

$= \mathrm{e}^m.$

上题是用了恒等变换的思想,把 $\lim\limits_{x\to\infty}\left(1+\dfrac{m}{x}\right)^x$ 化为形如 $\lim\limits_{y\to\infty}\left(1+\dfrac{1}{y}\right)^y$ 的模式,以求得解,灵活方便.

下面再用这一思想方法来解一个较为复杂的题目.

求 $\lim\limits_{x\to 0}\left(\dfrac{1+x\cdot 2^x}{1+x\cdot 3^x}\right)^{\frac{1}{x^2}}$.

解 原式 $= \lim\limits_{x\to 0}\dfrac{\left[(1+x\cdot 2^x)^{\frac{1}{x\cdot 2^x}}\right]^{\frac{x\cdot 2^x}{x^2}}}{\left[(1+x\cdot 3^x)^{\frac{1}{x\cdot 3^x}}\right]^{\frac{x\cdot 3^x}{x^2}}}$(恒等变换)

$= \lim\limits_{x\to 0}\mathrm{e}^{\frac{2^x-3^x}{x}} = \lim\limits_{x\to 0}\mathrm{e}^{\left(\frac{2^x-1}{x}-\frac{3^x-1}{x}\right)}$(恒等变换)

$= \mathrm{e}^{\lim\limits_{x\to 0}\frac{2^x-1}{x}-\lim\limits_{x\to 0}\frac{3^x-1}{x}} = \mathrm{e}^{\ln 2-\ln 3} = \dfrac{2}{3}.$

由此可见,用恒等变换的思想方法可以提高解题速度,特别是在解比较复杂的题目时更显得灵活. 这种数学思想运用广泛,几乎贯穿整个预科数学教材.

在用洛必达法则求函数极限时,有很多题目必须通过恒等变形后才符合运算法则的条件.

例如：求极限 $\lim\limits_{x\to 0} x\ln x (x > 0)$.

分析：因为当 $x\to 0$ 时，$\ln x \to \infty$，所以这是 $0\cdot\infty$ 型不定式，不符合洛必达定理的条件（必须是 $\dfrac{0}{0}$ 型或 $\dfrac{\infty}{\infty}$ 型），故必须进行恒等变换.

解　$\lim\limits_{x\to 0} x\ln x = \lim\limits_{x\to 0} \dfrac{\ln x}{\dfrac{1}{x}}$（恒等变换）

$$= \lim\limits_{x\to 0} \dfrac{\dfrac{1}{x}}{-\dfrac{1}{x^2}}\text{（洛必达发则）}$$

$$= \lim\limits_{x\to 0}(-x) = 0.$$

恒等变换思想在求不定积分方面更能大显身手，如：计算 $\displaystyle\int \dfrac{x^4+1}{x^2+1}\mathrm{d}x$，因为不能直接用不定积分基本公式，故我们必须对被积函数 $\dfrac{x^4+1}{x^2+1}$ 进行恒等变换.

解　$\displaystyle\int \dfrac{x^4+1}{x^2+1}\mathrm{d}x = \int \dfrac{x^4-1+2}{x^2+1}\mathrm{d}x = \int \left[(x^2-1)+\dfrac{2}{x^2+1}\right]\mathrm{d}x$

$$= \dfrac{1}{3}x^3 - x + 2\arctan x + C.$$

在上例的解题过程中，如果没有运用恒等变换思想，我们是无法下手的.

综上所述，恒等变换思想在数学解题中占有举足轻重的地位，它广泛地运用于数学解题之中，认真学习和灵活地运用这种数学思想对培养我们的数学思维能力很有帮助.

解数学题时，常会遇到一些很繁杂的题目，通过恒等变形后，把之变为一种可以一目了然的形式，这也是我们变形的最终目的和解题时所希望的. 想方设法地把繁杂的题目转化为简单容易的题目，这一过程离不开数学思维. 数学思维能力的高低直接影响着解题的关键. 那么怎样才能提高自己的数学思维能力呢？当然，影响思维能力的因素是多方面的，就从掌握和运用恒等变换思想对培养思维能力做起吧.

我们一贯的解题原则是：难化易，复杂化简单. 我们知道所谓"化"即转化，最普遍及最常用的方法就是恒等变换. 因为是"恒等"变换，所以无论怎样变换，它仍等于原式，直到变换到可以解出答案为止. 熟练地掌握恒等变换思想，灵活地运用各种公式模式，以达到解题的效果，这是思维能力的体现. 比如看到一道题，我们立刻能想到将它变成某种模式，然后再运用公式，立即确定好变换的方向. 这是一个快速思维过程，只有熟练地掌握基础知识以及变换的方法，才能有如此"一眼定乾坤"的思维能力. 由此可见，学习和运用恒等变换对于培养我们的数学思维能力很有帮助. 我们要认真学好这样一种数学思维方法，以适应千变万化的数学题型.

习作举例之二

浅谈变量代换思想

在高等数学的学习过程中,我们常常会感觉到一些公式、等式的变化很难理解,一些习题的数学表达式也比较繁杂,在解题时往往感到难以下笔. 这时,我们除了要掌握必要的数学思维方法和解题技巧外,还可以试着使用变量代换法去求解,变量代换法是众多数学方法中比较易于掌握而又行之有效的一种解题方法.

所谓变量代换法,是指某些变量的表达式用另一些新的变量来代换,从而使原有的问题化难为易的一种方法. 变量代换法不仅是一种重要的解题技巧,也是一种重要的数学思维方式. 其主要目的是通过代换使问题化繁为简,将不易解决的问题转化为容易解决的问题.

由于变量代换法具有灵活性和多样性的特点,因此这种方法在计算极限、导数、积分等中用得很多,几乎贯穿了高等数学的全部内容.

(一) 在极限中的应用

在求函数极限的问题中,经常用到两个重要极限,即 $\lim\limits_{x \to 0} \dfrac{\sin x}{x} = 1$ 和 $\lim\limits_{x \to \infty} \left(1 + \dfrac{1}{x}\right)^x = \mathrm{e}$.

很多函数都可通过变量代换转换成以上两个重要极限的形式,从而求出极限值.

例 1 计算 $\lim\limits_{x \to 0} \dfrac{\sin 5x}{3x}$.

解 令 $5x = u$,当 $x \to 0$ 时 $u \to 0$,因此有

$$\lim_{x \to 0} \frac{\sin 5x}{3x} = \lim_{u \to 0} \frac{\sin u}{\frac{3}{5}u} = \frac{5}{3} \lim_{u \to 0} \frac{\sin u}{u} = \frac{5}{3}$$

例 2 计算 $\lim\limits_{x \to \infty} \left(1 - \dfrac{1}{x}\right)^{2x}$.

解 令 $x = -u$,当 $x \to \infty$ 时 $u \to \infty$,于是有

$$\lim_{x \to \infty} \left(1 - \frac{1}{x}\right)^{2x} = \lim_{u \to \infty} \left(1 + \frac{1}{u}\right)^{-2u} = \lim_{u \to \infty} \left[\left(1 + \frac{1}{u}\right)^u\right]^{-2} = \mathrm{e}^{-2}$$

有时候,对于某些无理根式,可以利用变量代换将其转换成有理式的形式,再求出它的极限.

例 3 计算 $\lim\limits_{x \to 0} \dfrac{\sqrt{1+x}-1}{x}$.

解 令 $\sqrt{1+x} - 1 = u$,则 $x = u^2 + 2u$,当 $x \to 0$ 时 $u \to 0$,于是有

$$\lim_{x \to 0} \frac{\sqrt{1+x}-1}{x} = \lim_{u \to 0} \frac{u}{u^2 + 2u} = \lim_{u \to 0} \frac{1}{u+2} = \frac{1}{2}$$

(二) 在导数中的应用

(1) 设 $u = \varphi(x)$ 在点 x 可导,$y = f(u)$ 在对应点 u 可导,则复合函数 $y = f[\varphi(x)]$ 在点 x 可导,且有

$$\frac{\mathrm{d}y}{\mathrm{d}x} = \frac{\mathrm{d}y}{\mathrm{d}u} \cdot \frac{\mathrm{d}u}{\mathrm{d}x} = f'(u)\varphi'(x)$$

例 4　求 $y = \arctan \dfrac{1}{x}$ 的导数.

解　令 $u = \dfrac{1}{x}$，则 $y = \arctan \dfrac{1}{x}$ 可看成由 $\arctan u$ 与 $u = \dfrac{1}{x}$ 复合而成，

而 $(\arctan u)'_u = \dfrac{1}{1+u^2}, u'_x = \left(\dfrac{1}{x}\right)' = -\dfrac{1}{x^2}$.

于是有　　　$y' = \dfrac{1}{1+u^2} \cdot \left(-\dfrac{1}{x^2}\right) = \dfrac{1}{1+\left(\dfrac{1}{x}\right)^2} \cdot \left(-\dfrac{1}{x^2}\right) = -\dfrac{1}{1+x^2}$

（2）变量代换法在隐函数求导中的应用.

例 5　设方程 $x - y + \dfrac{1}{2}\sin y = 0$ 所确定的函数为 $y = y(x)$，求 $\dfrac{\mathrm{d}y}{\mathrm{d}x}$.

解　将方程两端同时对 x 求导，得到

$$\left(x - y + \frac{1}{2}\sin y\right)'_x = (0)'_x$$

有　　　$$1 - \frac{\mathrm{d}y}{\mathrm{d}x} + \frac{1}{2}\cos y \cdot \frac{\mathrm{d}y}{\mathrm{d}x} = 0$$

由此得　　　$$\frac{\mathrm{d}y}{\mathrm{d}x} = \frac{2}{2 - \cos y}$$

由此可见，用变量代换法可以提高解题速度，简化解题过程，看起来简单易懂. 变量代换法除了应用在求极限、导数之外，还可应用于积分学中，称为换元积分法.

（三）在积分中的应用

（1）第一类换元法.

例 6　计算不定积分 $\displaystyle\int \sin x \cos x \mathrm{d}x$.

解　$\displaystyle\int \sin x \cos x \mathrm{d}x = \int \sin x \mathrm{d}\sin x$，令 $u = \sin x$，　则有

$$原式 = \int u \mathrm{d}u = \frac{1}{2}u^2 + c = \frac{1}{2}\sin^2 x + C$$

（2）三角代换法.

例 7　求 $\displaystyle\int \sqrt{a^2 - x^2}\,\mathrm{d}x\,(a > 0)$.

解　令 $x = a\sin u, u \in \left[-\dfrac{\pi}{2}, \dfrac{\pi}{2}\right]$，则有 $u = \arcsin \dfrac{x}{a}, \mathrm{d}x = a\cos u \mathrm{d}u$.

$$原式 = \int \sqrt{a^2 - a^2\sin^2 u} \cdot a\cos u \mathrm{d}u = \frac{a^2}{2}(u + \sin u \cos u) + C$$

$$= \frac{a^2}{2}\arcsin \frac{x}{a} + \frac{x}{2}\sqrt{a^2 - x^2} + C$$

通过以上众多例子的求解我们可以看出，变量代换法在高等数学的解题中应用得非常广泛，几乎贯穿了高等数学. 它作为一种基本的解题技巧，对于解决问题有很重要的意义. 在高等数学中很多看似复杂的困难的问题，通过变量代换进行求解，就使问题简洁而易求. 当然，使用变量代换法去解决数学问题时，所用变量代换常常不是唯一的，因此要注意选择.

总之,学会理解、掌握变量代换思想的特点和技巧,就可以提高我们的解题能力.

三、化归思想作文

(一) 化归思想

"化归"是转化和归结的简称. 这种思想提供的通用方法是:将一个待解决的问题通过某种转化手段,使之归结为另一个相对较易解决的问题或规范化的问题,即模式化的、已能解决的问题,既然转化后的问题已可解决,那么原问题也就解决了. 其主要特点是它的灵活性和多样性. 如复杂问题化归为简单问题、抽象问题化归为具体问题、从特殊对象中归结出一般规律、高次数的问题化归为低次数的问题来解决等. 化归思想不仅是公式与定理的推证及数学解决问题的基本原则和方法,而且是重要的数学解题策略,并体现在所有的数学内容中. 因而化归思想也是数学思想方法的核心,那么其他的数学思想方法则可以看成化归的手段或策略.

在预科阶段的微积分解题中,常见的化归思想有:计算函数的极限,借助两个重要极限、洛必达法则、函数的连续性、变量代换等方式转化从而求出极限;求某曲线在一点处的切线问题化归为求在该点处的函数的导数来解决;在不定积分的计算中,通过凑微分法、代数恒等变形、三角恒等变形、换元、分部积分法等将被积函数转化为可以运用基本积分公式来解决函数,进而解决定积分的运算问题;由微积分基本定理把计算定积分的问题转化为计算不定积分的问题;求某些平面图形面积、立体图形体积的问题化归为定积分问题来解决等.

(二) 习作举例之一

化 归 思 想

化归思想就是运用某种方法和手段,把有待解决的较为生疏或较为复杂的问题转化为所熟悉的规范性问题来解决的思想方法. 化归思想是数学中最基本的思想方法,在数学问题解决中应用十分广泛.

人们在研究和运用数学的长期实践中,获得了大量的成果,也积累了丰富的经验,许多问题的解决已经形成了固定的方法模式和约定俗成的步骤. 人们把这种有既定解决方法和程序的问题叫作规范问题. 而把一个生疏或复杂的问题转化为规范问题的过程称为问题的规范化,或称为化归.

例如对于一元二次方程,人们已经掌握了求根公式和韦达定理等理论,因此求解一元二次方程的问题是规范问题,而把分式方程、无理方程等通过换元等方法转化为一元二次方程的过程,就是问题的规范化,其中,换元法是实现规范化的手段,具有转化归结的作用,可以称之为化归的方法.

使用化归思想的基本原则是化难为易、化繁为简、化未知为已知.

唯物辩证法指出,发展变化的不同事物间存在着种种联系,各种矛盾无不在一定的条件下互相转化. 化归思想正是人们对这种联系和转化的一种能动的反映,从哲学的高度来看,化归思想着眼于提示矛盾,实现转化,在迁移转换中达到问题的规范化. 因此,化归思想实质上是转化矛盾思想,它的运动—转化—解决矛盾的基本思想具有深刻的辩证性质.

　　在化归思想中,实现化归的方法是多种多样的,按照应用范围的广度来划分,可以分为三类:

　　(1) 多维化归方法.这是指跨越多种数学分支,广泛适用于数学各学科的化归方法.

　　例如,换元法、恒等变换、反证、构造等,它们既适用于代数、几何、三角等数学分支,又适用于高等数学.

　　(2) 二维化归方法.它是指能沟通两个不同数学分支学科的化归方法,是两个分支学科之间的转化. 例如,解析法、三角代换法等.

　　(3) 单维化归方法.这是只适合于某一学科的化归方法,是本学科系统内部的转化.

　　例如,判别式法、代入法等.

　　通过学习,我们不难发现,化归思想在预科教材中经常用到. 多项式的恒等变换、待定系数法、不定积分、定积分的换元法和分部积分法等,都渗透着化归的思想.

　　例如:计算 $\int (2x+3)^5 \mathrm{d}x$.

　　显然这个题目不能直接利用不定积分基本公式表来计算. 教材首先通过转化实现问题的规范化,即 $\frac{1}{2}\int (2x+3)^5 \mathrm{d}(2x+3) \xrightarrow{2x+3=u} \frac{1}{2}\int u^5 \mathrm{d}u$.

　　到了这一步,就可以利用不定积分基本公式表计算了.

　　诸如此类的许多题目,都可以把它归纳为

$$\int f(ax+b)\mathrm{d}x = \frac{1}{a}\int f(ax+b)\mathrm{d}(ax+b) \xrightarrow{\text{令} ax+b=u} \frac{1}{a}\int f(u)\mathrm{d}u$$

这一类问题来进行计算;进一步归纳,可得出更一般的公式

$$\int f[\varphi(x)]\mathrm{d}[\varphi(x)] \xrightarrow{\text{令} \varphi(x)=u} \int f(u)\mathrm{d}u \text{ (其中 } u=\varphi(x) \text{ 有连续导数)}$$

　　再如教材中的定积分,是在"以直代曲"思想和极限思想的基础上,利用化归思想定义出来的. 然而,利用定积分的定义计算曲边围成的平面图形的面积时,要经历四个步骤:分割、近似代替、求和、取极限,计算过程非常复杂. 运用化归思想,就可以把复杂的问题简单化. 这种具体的化归方法,是通过引进积分上限函数,寻找这个函数与被积函数的内在联系,将定积分的计算转化为求被积函数的原函数在积分上、下限的函数值之差,即牛顿—莱布尼兹公式:

$$\int_a^b f(x)\mathrm{d}x = F(b) - F(a)$$

　　这样,就可以把定积分的计算化为不定积分的计算来解决.

　　如果我们在平常解题时仔细领会教材的化归思想,并掌握多种化归的方法,将其灵活运用于相关问题的解决过程,这对于提高我们的思维能力、分析问题和解决问题的能力是很有成效的.

习作举例之二

浅谈转化思想在微积分中的重要作用

　　在数学思想方法中存在着各种辩证思想,"转化"就是其中一种最重要、最基本的辩证思

想. 所谓转化思想,即把一些难以解决或陌生的问题,通过某种手段转化为容易解决的或我们熟悉的问题来解决.

转化思想方法的特点是实现问题的规范化、模式化,以便应用已知的理论、方法和技巧达到解决问题的目的. 其解题思路为将问题转化为规范问题,已知的理论、方法和技巧,然后将其解答,再还原为原问题的解答.

在预科阶段微积分学习的过程中,转化的思想在解决问题上的应用数不胜数. 不论是开始的求极限、连续函数闭区间性质的应用、导数的应用,还是后阶段的求不定积分的问题中,转化思想都起着举足轻重的作用. 所以说在微积分的学习过程中,甚至是数学的学习过程中转化思想都是不可或缺的.

转化思想在求极限问题中处处存在. 在求极限的问题中,在根式的替换、分子和分母有理化、同除法、两个重要极限、无穷小量的等价替换的方法中,都体现了转化的思想. 下面介绍一些具体例子的应用.

例 1 $\lim\limits_{x \to \infty} \dfrac{2x^3 - x^2 + 1}{x^3 - x + 1}$.

分析 当 $x \to \infty$ 时,分子、分母趋于无穷大,又因为

$$\lim\limits_{x \to \infty} \frac{a}{x^n} = 0, \lim\limits_{x \to \infty} \frac{1}{x^n} = 0, \left(\lim\limits_{x \to \infty} \frac{1}{x}\right)^n = 0$$

所以,先用 x^3 去除分母及分子,然后取极限求解.

解 $\lim\limits_{x \to \infty} \dfrac{2x^3 - x^2 + 1}{x^3 - x + 1} = \lim\limits_{x \to \infty} \dfrac{2 - \dfrac{1}{x} + \dfrac{1}{x^3}}{1 - \dfrac{1}{x^2} + \dfrac{1}{x^3}} = \dfrac{2 - 0 - 0}{1 - 0 - 0} = 2.$

例 2 $\lim\limits_{x \to \infty} \dfrac{\sqrt[3]{x^2} \sin 2x}{x + 1}$.

分析 当 $x \to \infty$ 时,$\dfrac{\sqrt[3]{x^2}}{x+1}$ 为 $\dfrac{\infty}{\infty}$ 型未定式,而 $\sin 2x$ 在 $x \to \infty$ 时极限不存在,但是有界函数,故考虑利用无穷小量的性质求解.

解 $\lim\limits_{x \to \infty} \dfrac{\sqrt[3]{x^2}}{x+1} = \lim\limits_{x \to \infty} \dfrac{\sqrt[3]{\dfrac{1}{x}}}{1 + \dfrac{1}{x}} = 0$,故原式 $= \lim\limits_{x \to \infty} \dfrac{\sqrt[3]{x^2}}{x+1} \cdot \sin 2x = 0.$

例 3 $\lim\limits_{x \to \infty} \left(\dfrac{2 - x}{3 - x}\right)^x$.

分析 该题是 1^{∞} 型未定式,应利用第二个重要极限求解,通常需要将底数分离出 1,并将函数向 $\lim\limits_{\diamond \to 0} (1 + \diamond)^{\frac{1}{\diamond}}$ 或 $\lim\limits_{\diamond \to \infty} \left(1 + \dfrac{1}{\diamond}\right)^{\diamond}$ 的形式转化,其中常用到指数的运算法则.

解 $\lim\limits_{x \to \infty} \left(\dfrac{2 - x}{3 - x}\right)^x = \lim\limits_{x \to \infty} \left(\dfrac{x - 2}{x - 3}\right)^x = \lim\limits_{x \to \infty} \left[\dfrac{1 - \dfrac{2}{x}}{1 - \dfrac{3}{x}}\right]^x = \lim\limits_{x \to \infty} \dfrac{\left(1 - \dfrac{2}{x}\right)^x}{\left(1 - \dfrac{3}{x}\right)^x} = \dfrac{e^{-2}}{e^{-3}} = e.$

由以上例子可看出,转化思想在求极限问题中的重要作用. 然而转化思想在闭区间连续函数的性质、导数应用的问题上,也有其独特的作用. 在涉及根的存在性、证明恒等式、不等

式、求最值等问题上都涉及了转化思想. 下面以例子来说明.

例 4 设 $f(x)$ 在 $[0,1]$ 上连续, 且 $f(0) = f(1)$, 证明: 一定存在 $x_0 \in \left[0, \frac{1}{2}\right]$, 使得

$$f(x_0) = f\left(x_0 + \frac{1}{2}\right)$$

分析 命题等价于 $f(x) - f\left(x + \frac{1}{2}\right) = 0$ 在 $\left[0, \frac{1}{2}\right]$ 上有零点. 将其转化为零点问题.

证 构造辅助函数

$$F(x) = f(x) - f\left(x + \frac{1}{2}\right)$$

则 $F(x)$ 在 $\left[0, \frac{1}{2}\right]$ 上连续, 并且

$$F(0) = f(0) - f\left(\frac{1}{2}\right), F\left(\frac{1}{2}\right) = f\left(\frac{1}{2}\right) - f(1) = -F(0)$$

若 $F(0) = 0$, 则 $x_0 = 0 \in \left[0, \frac{1}{2}\right]$, 使得 $f(x_0) = f\left(x_0 + \frac{1}{2}\right)$ 成立.

若 $F(0) \neq 0$, 则 $F(0)F\left(\frac{1}{2}\right) = -[F(0)]^2 < 0$.

由闭区间上连续函数的零点定理知道, 一定存在 $x_0 \in \left(0, \frac{1}{2}\right)$, 使得

$$F(x_0) = 0$$

即

$$f(x_0) = f\left(x_0 + \frac{1}{2}\right)$$

综上所述, 一定存在 $x_0 \in \left[0, \frac{1}{2}\right]$, 使得 $f(x_0) = f\left(x_0 + \frac{1}{2}\right)$.

例 5 证明 $\arcsin x + \arccos x = \frac{\pi}{2}(-1 \leqslant x \leqslant 1)$.

分析 要证明 $\arcsin x + \arccos x = \frac{\pi}{2}(-1 \leqslant x \leqslant 1)$, 只要证 $\arcsin x + \arccos x$ 是一个常数, 该常数为 $\frac{\pi}{2}$.

证 设 $f(x) = \arcsin x + \arccos x, x \in [-1, 1]$.

当 $x = -1$ 或 $x = 1$ 时, $f(x) = \arcsin x + \arccos x = \frac{\pi}{2}$, 得证.

当 $x \in (-1, 1)$ 时, $f'(x) = (\arcsin x)' + (\arccos x)' = 0$, 所以 $f(x) = C$.

又因为 $f(0) = \arcsin 0 + \arccos 0 = 0 + \frac{\pi}{2} = \frac{\pi}{2}$, 故 $C = \frac{\pi}{2}$,

从而当 $-1 \leqslant x \leqslant 1$ 时, $\arcsin x + \arccos x = \frac{\pi}{2}$.

由以上两例可知, 转化思想在闭区间连续函数的应用和中值定理的应用中, 都是先把问题转化为符合定理的形式, 或把等式问题转化为求导问题, 从而大大地减小了解题的难度, 实现快速解题, 使我们的解题思路更加多样性, 解决问题的路子更多.

转化思想不仅在解决以上提到的问题中起着重要的作用, 同时在求不定积分中也发挥巨

大作用. 在求不定积分中,除了少数可以直接积分外,其他大多数的积分都要运用到换元积分法和分部积分法,而这两种方法正好体现了转化的思想. 第一换元积分法,通过凑积分的方法把式子转化为常用的基本积分公式. 第二换元积分法通过引入新的积分变量 t,令 $x = \varphi(t)$,把原积分化成容易积分的形式:

$$\int f(x)\mathrm{d}x \xrightarrow{x = \varphi(t)} \int f[\varphi(t)]\varphi'(t)\mathrm{d}t = F(t) + C \xrightarrow{t = \varphi^{-1}(x)} F[\varphi^{-1}(x)] + C.$$

从而计算出所求积分.

分部积分法是通过公式:$\int uv'\mathrm{d}x = uv - \int u'v\mathrm{d}x$,即 $\int u\mathrm{d}v = uv - \int v\mathrm{d}u$,将难求的 $\int u\mathrm{d}v$ 转化为容易求的 $\int v\mathrm{d}u$,再运用公式即可求出. 下面以具体例子来说明.

例 6　计算 $\int \dfrac{\cos(\ln x)}{x}\mathrm{d}x$.

分析　设法把被积表达式 $\int f[\varphi(t)]\varphi'(t)\mathrm{d}t$ 凑成 $\int f[\varphi(t)]\mathrm{d}\varphi(t)$.

解　$\int \dfrac{\cos(\ln x)}{x}\mathrm{d}x = \int \cos(\ln x) \cdot (\ln x)'\mathrm{d}x = \int \cos(\ln x)\mathrm{d}(\ln x) = \sin(\ln x) + C.$

例 7　计算 $\int \dfrac{1}{\sqrt{1 + \mathrm{e}^x}}\mathrm{d}x$.

分析　变换 $\sqrt{1 + \mathrm{e}^x} = t$,就可使被积表达式不含根式,再由不定积分的性质和积分表便可求出该不定积分.

解　令 $\sqrt{1 + \mathrm{e}^x} = t$,则 $1 + \mathrm{e}^x = t^2$,$\mathrm{d}x = \dfrac{2t}{t^2 - 1}\mathrm{d}t$,于是

$$\int \frac{1}{\sqrt{1 + \mathrm{e}^x}}\mathrm{d}x = \int \frac{2t}{t(t^2 - 1)}\mathrm{d}t = 2\int \frac{1}{(t - 1)(t + 1)}\mathrm{d}t = \int \left(\frac{1}{t - 1} - \frac{1}{t + 1}\right)\mathrm{d}t$$

$$= \ln|t - 1| - \ln|t + 1| + C = \ln\left|\frac{t - 1}{t + 1}\right| + C = \ln\frac{\sqrt{1 + \mathrm{e}^x} - 1}{\sqrt{1 + \mathrm{e}^x} + 1} + C$$

例 8　计算 $\int x\mathrm{e}^{-x}\mathrm{d}x$.

分析　解题的关键在于 u 和 $\mathrm{d}v$ 的选择.

解　令 $u = x$,$\mathrm{d}v = \mathrm{e}^{-x}\mathrm{d}x$,则 $\mathrm{d}u = \mathrm{d}x$,$v = -\mathrm{e}^{-x}$,

于是 $\int x\mathrm{e}^{-x}\mathrm{d}x = -x\mathrm{e}^{-x} + \int \mathrm{e}^{-x}\mathrm{d}x = -x\mathrm{e}^{-x} - \mathrm{e}^{-x} + C.$

综上所述,在解决一些比较难的证明题或求不定积分、求极限中,我们可以通过构造辅助函数,运用已学的公式、公理、定理,或通分、有理化等手段达到化难为易、化繁为简的目的,从而解决问题.

学习数学的目的,不仅要掌握数学的知识和技能,同时也要运用所学到的思想来塑造自身的品德、性格. 在日常生活中,我们也可以借鉴数学的转化思想,把问题简单化,使自己具有更强的逻辑思维和创新思维,形成良好的认识结构,从而有利于优化我们的思维品质,使我们做起事情来事半功倍.

§8-3　数学作文的自由拓展

2012 年,数学思想方法作文进一步拓宽为数学作文,由此引入建导方法[①],"建设性地引导学生积极参与"成为数学作文教学的一种特殊教学理念和微观操作技术,大大增强了数学作文教学的互动性和趣味性. 例如,通过做"莫比乌斯带"的游戏,让学生体会"数学奇巧环扣环,作文美妙难又难;奇巧美妙一扭通,数学作文都好玩"的意境.

结合语文作文的写作方法,研究数学作文构思要领,通过思维导图图示,以主题为中心,向外发散思维,从多维度、多层次展开,如可分别从数学题材、文章结构、文章体裁、写作技法四个方面进行构思,数学题材可以从以下多个维度进行选取:数学概念、数学思想方法、数学公式、数学学习、数学美、生活中的数学知识、数学应用或跨学科的数学应用等;每个维度又可分为不同的层次,如数学概念可分为概念的实际背景、形成过程、本质属性、名称符号、实际运用等层次,再如数学学习可分为学习心得、体会、反思、教训等层次. 文章结构大致分为开头、主干、过渡、结尾,写法可以是焦点辐射、直线延伸、山回路转、螺旋扩展等. 文章体裁也是多样的,可以是记叙文、说明文、议论文,或者是数学学习总结、数学日记、童话故事、诗歌、相声小品、趣题等. 写作技法有描写、叙述、说明、抒情、议论,或者比喻、双关、夸张、拟人等.

数学作文写作的策略:一是"设定目标—树立理念—学习思维导图和建导理念—阅读理解—小组讨论—写作—反馈交流与演展—总结体会";二是"确定数学作文主题—思考与交流—谋篇布局(思维导图)—写作". 实现的途径也是多种多样的:

一是数学思想方法作文. 精心设计并以建导理念积极参与,独立思考,从而撰写以预科数学思想方法为题材的命题或非命题数学作文,领会应用各种数学思想方法. 思考如何理解数学思想方法并将之用准确的数学语言来表达,分析和论述数学思想方法的功能和作用,还要运用和发挥语文的写作技法,注重文理的有机结合.

二是以数学文化欣赏联通语文作文. 数学文化和语文都是人类文化的重要组成部分. 数学是一门工具学科,任何学科的发展都离不开数学. 在这个意义上,语文也是一门工具学科,任何学科的发展也离不开语文. 因此,数学需要语文的帮助,语文也需要数学的扶持,就像著名画家埃塞尔描绘的一双不可思议的手,那双手一左一右,互相描绘. 把数学和语文这两门工具学科看成这两只手,借此艺术作品比喻为:"左手"是作文,"右手"是数学,不仅可以左手画右手,也可以右手画左手. 掌握了左手如何画右手,数学学习不仅富有情趣,还会使原来印象中死板的符号和枯燥的公式,变得瑰丽多姿、生动活泼,构成一个精彩纷呈、趣味盎然的全新天地.

三是把数学美学、数学哲学、数学语言符号等与人文科学相结合,开展学习、研究、小组讨论,形成"两两互动、层层协作、推优展示、激励创新"的机制,使用思维导图构思作文,最后完成数学作文创作.

四是借鉴"习—研—演—练,情—趣—励—合"建导模式,形成具有民族预科特色的"数学作文自驭舟". 该自驭舟基于多媒体教育技术和网络环境,充分利用数学实验室设备和网上数学教学资源,扩大数学视野,开展混合式学习.

---

① 有效的建导是指通过创造他人积极参与、形成和谐氛围,从而达成预期成果的过程.

　　课外积极参加数学作文竞赛、数学实践教学、探究性课题、数学社会调查、专题讲座等活动.

　　数学作文经过二十多年的拓展,已成为多形态的训练体系.其中的自由作文,是指教师不出具体的题目,而由学生自己拟题、选材、定体的数学作文训练方式.

习作举例之一

究其本,以明其身

埃舍尔的数学艺术

——学习微积分的一则感悟

　　在很早以前,就从政治课本里学到了所谓本质的定义——事物本身所固有的根本属性,以及它一系列晦涩难懂的意义,可真正地明白、掌握事物本质的重要,却是在深入地学习研究微积分之后.在学习微积分伊始,觉得它是个抽象复杂的知识系统,对所学内容似懂非懂,觉得杂乱无章、毫无条理可言.在经过一段时间的学习后深刻体会到,在学习微积分时,掌握每个知识的本质,从本质入手,有助于我们更好地学习微积分.

　　(1)在学习时,掌握本质,有助于理解基本概念.

　　关于导数,导数概念在微分学中具有重要地位,通过对它的深入分析和运用,可以理解和发展更多的微分学理论知识.要想深入分析导数,就必须了解导数的本质,函数在某点处导数的本质是该点函数平均变化率的极限,即

$$f'(a) = \lim_{\Delta x \to 0} \frac{\Delta y}{\Delta x}$$

　　当我们了解导数的本质,便可理解其定义式

$$f'(a) = \lim_{x \to a} \frac{f(x) - f(a)}{x - a}$$

　　同时,还能由此变形出其他形式

$$f'(a) = \lim_{\Delta x \to 0} \frac{\Delta y}{\Delta x} = \lim_{h \to 0} \frac{f(a+h) - f(a)}{h}$$

　　这样一来,方便我们厘清知识脉络,充分认识到导数的概念及其相关知识.同时,掌握了导数的本质,有利于我们接下来对微分概念的理解,以及厘清导数与微分的联系与区别.

　　(2)在学习时,掌握本质,有利于知识点的记忆.

　　在这一点上,体现得最淋漓尽致的便是两个重要极限,第一个重要极限

$$\lim_{x \to 0} \frac{\sin x}{x} = 1$$

　　在做题时,常常会记错"$x \to 0$"这一条件,然而,当我们掌握了它的本质是 $\frac{0}{0}$ 型,便不会弄混了,因为只有当 $x \to 0$ 时,$\frac{\sin x}{x}$ 才能是 $\frac{0}{0}$.

　　第二个重要极限的记忆更是令很多同学头疼,然而同样的,只要掌握了它的本质是 1^∞ 型,一切问题便可迎刃而解.在记忆时,不论

$$\lim\left(1+\frac{1}{\diamond}\right)^{\diamond}=e(\diamond\to\infty) \qquad ①$$

或
$$\lim(1+\diamond)^{\frac{1}{\diamond}}=e(\diamond\to 0) \qquad ②$$

都是形如 $(1+无穷小量)^{\frac{1}{无穷小量}}$ 的 1^{∞} 型极限,如式①中,要确定 $\diamond\to?$,只要明确式①的本质是 $(1+无穷小量)^{无穷大量}$,即可得知 $\frac{1}{\diamond}\to 0$,则 $\diamond\to\infty$;同理,式②中,要确定 $\diamond\to?$,只要明确式②的本质是 $(1+无穷小量)^{无穷大量}$,即可得知 $\diamond\to 0$,则 $\frac{1}{\diamond}\to\infty$. 所以,无论它的形式怎样变化,只要牢记本质,便可轻松记忆,这就是我们常说的"七十二变,本相难变".

(3)在学习时,掌握本质,有助于活用解题技巧.

这里我们用求函数极限的常用方法之一"消去零因子法"来举例说明.

例 1 $\lim\limits_{x\to 2}\dfrac{x^2-x-2}{x^3-3x^2+3x-2}.$

解 原式 $=\lim\limits_{x\to 2}\dfrac{(x-2)(x+1)}{(x-2)(x^2-x+1)}=\lim\limits_{x\to 2}\dfrac{x+1}{x^2-x+1}=1.$

该题中,当 $x\to 2$ 时,函数极限为 $\frac{0}{0}$ 型未定式,因式分解消去零因子 $(x-2)$,从中我们可以看到,消去零因子法的本质是将 $\frac{0}{0}$ 型未定式极限化为可以直接运用函数极限的商运算法则,从而求出极限,所以"消去零因子法"便可在其他同类型的题型中灵活应用.

例 2 $\lim\limits_{x\to -1}\left(\dfrac{2x-1}{x+1}+\dfrac{x-2}{x^2+x}\right).$

解 原式 $=\lim\limits_{x\to -1}\dfrac{(2x-1)x+(x-2)}{x(x+1)}=\lim\limits_{x\to -1}\dfrac{2(x-1)(x+1)}{x(x+1)}=\lim\limits_{x\to -1}\dfrac{2(x-1)}{x}=4.$

题目中,当 $x\to -1$ 时,函数极限是 $\infty+\infty$ 型未定式,用通分法,将其转化为 $\frac{0}{0}$ 型未定式,可设法找到并消去零因子 $(x+1)$,此题里,题目看似复杂,只要我们掌握了消去零因子法的本质,稍稍通分变形,便可运用消去零因子法来解题.

类似的还有"同除法",当我们掌握了它的本质是消去无穷因子,做起题,便可灵活运用此法.

从上述可以看到,掌握一类解题技巧的本质,便可灵活运用它,无论题目如何百变都能轻松解答.

理解和认识本质,不仅有助于微积分的学习,也对其他学科适用. 例如英语,单词的记忆是学习英语的根本,同时也是学习英语的一个难题,然而从本质入手,加强对单词词根的记忆和归纳,将有助于我们记忆单词,比如词根 scribe 是"写"的意,由此延伸出的单词很多. Describe—描写,scribble—乱写;再如 sec 是"割"的意思,由此词根延伸出的有 dissection—分割,section—部分、横切面,这里对单词词根的重视,便是掌握本质的体现.

关于掌握本质的意义,它还渗透于生活中的点点滴滴. 小的方面来说,在日常生活的识人辨物中,对人和物的评价,更重要的是掌握他们的本质、本性,而不能仅评表象. 如英国戏剧作家莎士比亚所说:"闪光的东西并不都是金子,动听的语言并不都是好话." 还有中国古语所说的那样:"金玉其外,败絮其中." 这些都是告诉我们,只有掌握本质,才能看清事物,才能避免上当受骗. 从大的方面来说,人类在现实生活中会遇到各种各样的事物及问题,当人们在不能够认识这些事物或问题的本质时,这些问题或事物就必然要为他带来迷惑和困顿,乃至是痛苦和恐惧. 如,当人们在认识到生活的本质是创造和奉献时,他就不会为自己个人的得失而烦恼,更不会感到生活的无奈和无聊了,因为创造和奉献的动力就已能够让他觉得人生无处不充满活力和干劲,因此,人在认识事物本质和理解事物意义时,他就能够活得不惑,轻松自然面对一切,使人生过得有意义.

习作举例之二

微积分中的数学美

如果说数学是自然科学的皇冠,那么微积分就是皇冠上一颗璀璨夺目的明珠,从极限思想的产生,到微积分理论的最终创立,无不体现出社会发展的需求与人们追求真理、积极探索的精神. 而微积分也具有数学理论中那些美的因素. 学习微积分,如同饮醇珍美酒,越品越醇,越学越醉,使人因此陶醉在数学美思想中,感知着数学美的存在,进而激发人学习数学的热情,启迪人的思维活动,提高人的审美观及文化素养. 下面就从微积分中的统一美、对称美、简洁美、奇异美四个方面来解析.

(一) 统一美——万流奔腾同入海

极限思想早在古代就开始萌芽,三国时期的刘微在《割圆术》中提出"割之弥细,所失弥小,割之又割,以至于不可割,则与圆周合体无异矣."而古希腊哲学家芝诺提出的"阿基里斯悖论和飞矢不动的悖论"中也蕴含着古朴的极限思想与微分思想,早在公元前3世纪,古希腊的阿基米德就采用类似于近代积分学思想去解决抛物弓形面积、旋转双曲体的体积等问题了;到了17世纪下半叶,牛顿与莱布尼兹相继从不同的角度完成了微积分的创立工作,这其中虽然有误会与争吵,但两人的工作,使微分思想与积分思想统一在微积分的基本定理中

$$\int_a^b f(x)\mathrm{d}x = F(b) - F(a) \qquad (牛顿 — 莱布尼兹公式)$$

两者的相互转化并不是某人的规定,而是它们之间存在着必然的共同性、联系性和一致性,使它们达到一种整体和谐的美感,这种美就是统一美. 微分学中的罗尔中值定理、拉格朗日中值定理、柯西中值定理之间的关系是层层包含,与李白诗中"欲穷千里目,更上一层楼"的意境有相通之处,而洛必达法则将求极限与微分学知识联系起来,形成一类统一的求极限的方法,又会使人产生"山复水重疑无路,柳暗花明又一村"的感觉.

例如
$$\lim_{x \to \infty} \frac{\mathrm{e}^{ax}}{x^{10}} = ? \quad (a > 0)$$

对于这个问题,我们无法使用普通求极限的方法去求解,这时就联想到另一种求极限的方法——洛必达法则,以统一美思想为标准,在洛必达法则统一的形式下解题.

观察极限,当 $x \to \infty$ 时,题型属于"$\frac{\infty}{\infty}$"型未定式,则运用洛必达法则

$$\lim_{x \to \infty} \frac{\mathrm{e}^{ax}}{x^{10}} = \lim_{x \to \infty} \frac{a\mathrm{e}^{ax}}{10x^9} = \lim_{x \to \infty} \frac{a^2 \mathrm{e}^{ax}}{90x^8} = \cdots = \lim_{x \to \infty} \frac{a^{10} \mathrm{e}^{ax}}{10!} = \infty$$

由此可见,微积分中的统一美体现在多种层次的知识中,都表现为高度的协调,将问题在

统一的思想下转化、解决.

(二) 对称美——"境转心行心转境"

李政道曾说"艺术与科学,都是对称与不对称的组合". 对称美的身影无处不在,它体现于我国首都北京的城市设计中,也体现在马来西亚的双子塔上,出现于俄国作曲家穆索尔斯基的名曲《牛车》中,也蕴含在埃舍尔的《骑士图》里;而微积分的对称美就直接出现在函数的左极限、右极限与函数的左导数、右导数这些概念中,关于函数的左极限、右极限是这样定义的:当函数 $f(x)$ 的自变量 x 从 x_0 左(右)侧无限趋近 x_0 时,如果 $f(x)$ 的值无限趋近于常数 A,就称 A 为 $x \to x_0^-(x \to x_0^+)$ 时,函数 $f(x)$ 的左(右)极限.

而函数在点 x_0 有极限并等于 A 的充要条件是 $\lim\limits_{x \to x_0^-} f(x) = A = \lim\limits_{x \to x_0^+} f(x)$,这不仅从形式上,更是从含义上渗透出浓厚的对称美思想;我们更可以广泛应用"对称美"思想,发展其精髓. 例如下面一道有关"对称美"的经典例题.

求 $\int \dfrac{\sin x}{\sin x + \cos x} \mathrm{d}x$.

观察被积函数,发现这样一个有趣的现象:

$$\frac{\sin x}{\sin x + \cos x} + \frac{\cos x}{\sin x + \cos x} = 1$$

因此不妨令　　　　$s_1 = \int \dfrac{\sin x}{\sin x + \cos x} \mathrm{d}x, s_2 = \int \dfrac{\cos x}{\sin x + \cos x} \mathrm{d}x$

则　　　　$s_1 + s_2 = \int \dfrac{\sin x}{\sin x + \cos x} \mathrm{d}x + \int \dfrac{\cos x}{\sin x + \cos x} \mathrm{d}x = x + C_1$ 　　　①

$$s_1 - s_2 = \int \frac{\sin x}{\sin x + \cos x} \mathrm{d}x - \int \frac{\cos x}{\sin x + \cos x} \mathrm{d}x$$

$$= -\int \frac{\mathrm{d}(\sin x + \cos x)}{\sin x + \cos x} = -\ln|\sin x + \cos x| + C_2 \qquad ②$$

①+②得

$$2s_1 = x - \ln|\sin x + \cos x| + C_1 + C_2$$

故　　　　$s_1 = \int \dfrac{\sin x}{\sin x + \cos x} \mathrm{d}x = \dfrac{1}{2}(x - \ln|\sin x + \cos x|) + C$

由此,充分认识并运用"对称美"思想,将会是我们提升自身数学素质的重要一步.

(三) 简洁美——"一语究及尽真理"

达·芬奇的名言:"终极的复杂即为简洁." 简洁美作为数学形态美的基本内容,通常被用于考量思维方法之优劣. 对于许多微积分中的问题,表面看似复杂,但本质上往往存在简单的一面,这时就需要我们运用简洁美的观点去观察、去解决,捅破在中间的那层窗户纸,就会看到另一个神奇的世界. 例如,微积分中关于数列极限的定义,如用文字来表达就显得十分烦琐,若用逻辑符号整合而成的"$\varepsilon - N$"语言就十分简洁明了. 如

$$\forall \varepsilon > 0, \exists N > 0, 当 n > N 时, 恒有 |a_n - A| < \varepsilon, 则 \lim\limits_{n \to \infty} a_n = A.$$

寥寥数语,道破"天机";当然我们可以化复杂为简单,于解题中应用简洁美思想.

下面结合一道例题来解析:

求 $\int \dfrac{x^4 - 1}{x(x^4 - 5)(x^5 - 5x + 1)} \mathrm{d}x$.

首先进行观察,发现分母的因式之间隐含着联系,即

$$x^5 - 5x + 1 - x(x^4 - 5) = 1$$

"1"的作用不可小觑,在数学运算中,用"1"进行加、减、乘、除,都是最为简便的,对于这道题目,我们可在被积函数的分子上乘以"1"而不改变其大小,再考虑利用约分、分项等方法去寻求一个简单的解答.

$$
\begin{aligned}
原式 &= \int \frac{1 \cdot (x^4 - 1)}{x(x^4 - 5)(x^5 - 5x + 1)} dx = \int \frac{(x^5 - 5x + 1 - x^5 + 5x)(x^4 - 1)}{(x^5 - 5x)(x^5 - 5x + 1)} dx \\
&= \int \frac{(x^5 - 5x)(x^4 - 1) - (x^5 - 5x + 1)(x^4 - 1)}{(x^5 - 5x)(x^5 - 5x + 1)} dx \\
&= \int \frac{x^4 - 1}{x^5 - 5x + 1} dx - \int \frac{x^4 - 1}{x^5 - 5x} dx \\
&= \frac{1}{5} \int \frac{d(x^5 - 5x + 1)}{x^5 - 5x + 1} - \frac{1}{5} \int \frac{d(x^5 - 5x)}{x^5 - 5x} \\
&= \frac{1}{5} \ln|x^5 - 5x + 1| - \frac{1}{5} \ln|x^5 - 5x| + C \\
&= \frac{1}{5} \ln \left| \frac{x^5 - 5x + 1}{x^5 - 5x} \right| + C
\end{aligned}
$$

以上只是茫茫题海中一例,对分部积分法中 u、v 的选择,对平面图形面积计算时积分变量的选择,都存在着简单与复杂的辩证关系,通常我们会在碰上复杂问题时又将其复杂化,却没想过可能存在的简单关系及其应用方法,最后在复杂的问题面前束手无策,这在很大程度上是没能深刻理解简洁美的思想方法.

(四) 奇异美——"一枝红杏出墙来"

对称美与奇异美正如王朔笔下的那一半海水与那一半火焰,二者具有截然不同的美的属性. 奇异美属于那种惊世骇俗,与众不同的美,如同柯南道尔笔下的福尔摩斯,鹤立鸡群,桀骜不驯. 奇异美作为一种不寻常的美,体现在微积分中的函数的间断与连续等内容上,但又不仅限于这一小部分知识,往往贯穿于整个微积分的学习过程中,例如,设 $f(x) = 3x^2 + g(x) - \int_0^1 f(x) dx, g(x) = 4x - f(x) + 2 \int_0^1 g(x) dx$,求 $f(x), g(x)$.

这道题的奇妙之处在于将函数知识与定积分知识有机结合,给人一股耳目一新之感,乍一看 无从下手,实则可以分而治之,各个击破,这正是奇异美思想的精华所在.

不妨设 $K_1 = \int_0^1 f(x) dx, K_2 = \int_0^1 g(x) dx$,则

$$
\begin{cases}
\int_0^1 f(x) dx = \int_0^1 [3x^2 + g(x) - K_1] dx \\
\int_0^1 g(x) dx = \int_0^1 [4x - f(x) + 2K_2] dx
\end{cases}
$$

所以 $\begin{cases} K_1 = 1 + K_2 - K_1, \\ K_2 = 2 - K_1 + 2K_2. \end{cases}$ 解得 $K_1 = -1, K_2 = -3$.

代入原式 $\begin{cases} f(x) = 3x^2 + g(x) - K_1, \\ g(x) = 4x - f(x) + 2K_2 \end{cases}$

解得 $\begin{cases} f(x) = \dfrac{3}{2}x^2 + 2x - \dfrac{5}{2}, \\ g(x) = 2x - \dfrac{3}{2}x^2 - \dfrac{7}{2}. \end{cases}$

一般来说,只要抓住奇异美思想的实质,解决类似问题就不在话下了.

著名的雕塑家罗丹曾说:"生活中不是缺少美,而是缺少发现美的眼睛."对于微积分也是如此,从总体上说,对称美、奇异美、简洁美的最高层次是统一美,简洁美是对称美、奇异美的共通之处,对称美、奇异美互不可缺.因此,今后我们在学习微积分时,如果能从微积分中的四个数学美思想出发,将对我们掌握数学知识,培养数学能力,增强数学修养大有裨益.

习作举例之三

深入数学,潜达境界

数学是一门特殊的学科,它具有抽象性、逻辑严密性、广泛应用性、精确性、模式性、实用性等特点.这一切是每一个学过数学的人都能感觉到的.然而,数学的高远境界才是我们追求数学独特美的境界.

课堂上,感受数学的奇妙与美丽,是我们最大的享受.若要感受,我带你到因式分解的境界中去.

别急着马上进入最佳境界,我先给你介绍因式分解这个数学术语.因式分解的过程又叫作分解因式.因式分解是恒等变形的一种形式,因此它具备了恒等变形的那种"形变而值不变"的特点,这犹如优美散文那种"形散而神不散"的独特韵味.

你喜欢散文的意境美吗?你感受过散文的艺术魅力吗?告诉你,因式分解的魅力境界也不亚于此.我初学因式分解是在初中的时候,那时所要分解的因式结构简单且思维模式性强,更重要的是所要分解的因式有一个特点,那就是多项式的各项都有一个共同的因式,即公因式.分解这种因式只要把公因式提出来即可.这种方法叫作提取公因式法.这种解法的简单朴实,将我带入因式分解的最初境界.也就是从那时起,我感受到了因式分解最初的朦胧境界之美.数学的模式性往往集中在数学公式上,因式分解当然也不乏数学的模式美,那就是因式分解的第二种解法——公式法.分解任何一个二次三项式 $ax^2 + bx + c$,只要用一元二次方程的求根公式即可,这是学生们最乐意接受的一种数学方法,因为这种方法技巧简洁、明快,特别美!怎么样,你到达过因式分解的这种境界吗?

更精彩的还在后头呢!因式分解的第三层境界是十字相乘法,这种因式分解的方法会带你去领略十字交叉的对称美,让你在享受数学的对称美的同时轻松获得因式分解结果的成就感.因式分解的这种境界足以让你尝到甜头了吧,那就让我们继续探究……

以上三种境界一般只适用于三项或少于三项的多项式的因式分解,但这并不意味着含有更多项数的多项式就无法因式分解.伴随着因式分解的这种困惑,我们来到了因式分解的另一境界.在这种境界里,心急是没有用的.我们必须学会观察和发现这种多项式中的规律性,然后才能进入角色去感受因式分解的那种神秘境界.就好像驾着小船在溪谷中游玩一样,我们是不能心急的.只有慢慢飘渡,才能欣赏到谷中的神秘景色.

　　这到底是一种什么境界呢？就是因式分解的分组分解法以及添补项分组分解法.利用因式分解的这一方法,我们应该先观察因式有何规律,是适合用分组分解法还是先添补再分组,否则是很难保证万无一失的,只能落下后遗症了.所以说,你在探寻因式分解的神秘境界时,还是保持警惕为妙.虽然如此,但这点困难是无法令我们驻足的,数学的境界美永远领着我们前进."深入数学,潜达境界"是我们的口号,也是我们的目标,更高的境界在等着我们.因式分解的另一境界——待定系数法更值得我们去尝试.综合因式分解的各种方法,待定系数法是具有普遍意义的.这种方法可以用于任意一种多项式的因式分解,只要根据多项式的具体特点假设一个含有待定系数的等式,再利用多项式恒等的定理,列出方程组,求出方程组的解,也就求得了待定的系数,即可求得多项式的因式分解.用待定系数法进行因式分解,代表了数学方法中的一种特定的美,这是数学中的更高级别的境界.

　　与我一同感受了因式分解的这些层层深入的境界,你的遐思肯定被因式分解占据了吧?看你一双期待的眼神,我忍不住要带你去享受我所知道的因式分解的另一种独特境界.说它独特,是因为它往往用于高次多项式的因式分解,且是在复数集 C 中的分解.这种方法是先列出所要分解的多项式的可能的一次因式,然后再用综合除法判断,求出符合的因式即可,与其他的因式分解的方法相比,这种方法更具有广泛性,让我们在更高的数学境界中展翅翱翔……

　　朋友们,别忘了我们的口号——深入数学,潜达境界,在享受前人开创的境界的同时,我们更需要开创数学的更高境界.

§8-4　数学作文与民族文化

斐波那契
兔子问题

　　数学作文的自由拓展,必然要广泛涉及数学文化.数学是研究现实世界的量的关系与空间形式的科学,是一种会不断进化的文化.从文化视域审视数学,为我们开启了数学文化这扇新的大门,突显了数学具有的文化价值,从更多的视角认识数学与文化,改变了数学在人们心目中的冰冷形象,将整数维的数学观变革为分数维的数学观,形成了丰富多彩的数学观.例如,关于"数学是什么"的问题,就有数学的符号说、哲学说、科学说、逻辑说、结构说、模型说、工具说、集合说、活动说、直觉说、精神说、审美说、艺术说、万物皆数说等;以及数学文化的哲学观、社会观、美学观、创新观和方法论等,数学文化还有宽泛的外延,如数学与生活、文学、艺术、音乐、爱情、经济、教育、高科技、人的发展和社会的可持续发展等.民族文化是某一民族在长期共同生产生活实践中产生和创造出来的能够体现本民族特点的物质和精神财富总和.通过数学作文推进民族文化的数学审美体验,能使我们各族学子深切感受到中华民族数学文化的魅力,从而增强对中华民族和中华文化的认同感和自豪感.

一、民族与数学文化

　　民族是在一定的历史发展阶段形成的稳定的人们共同体.一般来说,在历史渊源、生产方式、语言、文化、风俗习惯以及心理认同等方面具有共同的特征.这个概念可以用在中华民族的一体层面,又可以用在 56 个民族的多元层面.有民族的地方就会有民族文化,而文化一旦转化成为民族特征,就能够长期稳定地体现民族的统一性和继承性.

　　在漫长的历史长河中,我国各民族都创造了各具特色、绚丽多彩的民族文化.各民族文化相互影响、相互交融,不断丰富和发展着中华文化的内涵,增强了中华文化的生命力和创造力,提高了中华文化的认同感和向心力.少数民族文化是中华文化不可或缺的重要组成部分.上下五千年,中华文化经历无数磨难仍绵延不绝、生生不息,充分证明了自身顽强的生命力.中华民族以其对人类文明的非凡贡献,充分证明了中华文化非凡的创造力.

习近平总书记指出:"弘扬和保护各民族传统文化,不是原封不动,更不是连同糟粕全盘保留,而是要去粗取精、推陈出新,努力实现创造性转化和创新性发展."习近平总书记的重要论述,精辟阐明了民族文化保护与传承、创新与发展的辩证关系,我们要努力通过"双创",在增强对中华文化认同的基础上,推进少数民族文化的创造性转化和创新性发展,在挖掘保护中丰富内涵,在创新发展中彰显价值,就可以带来各民族文化的繁荣.在传承各民族优秀文化基因的同时,要着力推动各民族互学互鉴、交融创新,增强各民族文化的时代性、包容性和共同性.

中华民族就像一个大家庭,内部的 56 个民族都是大家庭中的成员.相关民族在生产生活实践中产生和创造出来的能够体现本民族特点的数学行为、数学观念和数学态度等,是在社会文化群落里存在的数学活动的结晶,属于民族文化中的特殊组成部分.民族数学文化随着各民族的产生和发展,在历史的长河中由于相互影响而不断吸纳相关民族的有益文化因素,使各民族的数学文化在传承中得以创新发展,成为多样一致的中华民族数学文化.广西有 12 个世居民族,就像构成钟表的 12 个数字,一个也不能少:壮族、仡佬族、仫佬族、汉族、苗族、水族、毛南族、彝族、回族、京族、瑶族、侗族.在我们的日常生活中,在各族同胞的服饰、建筑、绘画、手工艺品,甚至共有家园的自然景观里,中华民族的数学文化无处不在、魅力无穷.

二、民族数学文化作文举例

广西民族大学预科教育学院每年集中培养广西 11 个世居少数民族学子近三千人,在第二个学期开设数学文化课程,作业就是开展民族数学文化调研、写作、演示和分享.通过民族数学文化调研活动与实践,从数学的视角学习鉴赏、传承中华民族的数学文化,对比分析这些丰富多彩的民族数学文化的相互影响,让不同民族数学文化通过交流而相互借鉴,从而加深各民族的交往、交流、交融.

习作举例之一

壮族工艺品中的数学文化

我国是一个统一的多民族国家,少数民族文化中蕴藏着丰富的数学文化,它们主要体现在建筑、服饰、民族工艺品、民歌、民族舞蹈等方面.不同的民族因其独特的地理环境和不同的发展环境而具有不同的数学文化特征.壮族历史悠久,作为我国人口数量最多的少数民族,在数千年的历史发展进程中,壮族人民创造出了独具特色的文化,其民族舞蹈、民歌、民间传说、神话等艺术都具有丰富的民族特色,而且影响很大.壮族数学文化是壮族文化的组成部分,在壮族人民的工艺品中也能得到具体的表现.本文通过对铜鼓以及壮锦的研究,发现壮族工艺品中所蕴含的数学元素,体现了壮族工艺品以及壮族文化中的数学之美.

(一) 壮族铜鼓中的数学元素

铜鼓是我国南方具有代表性的民族文物,铜鼓文化是我国宝贵的民族文化遗产.最近开始,广西许多城市都在举办铜鼓艺术节,铜鼓文化正备受广大人民群众青睐;与此同时,许多绘画、雕塑、建筑中蕴含的元素也是从铜鼓中汲取的,这些都表现出了铜鼓艺术的吸引力.古代铜鼓的装饰艺术包括平面饰纹和立体装饰这两个部分,内容丰富,结构精巧,风格独特而多变.其中,平面饰纹有的施以写实画像,有的施以几何花纹,有些花纹则是由写实画像演变而成的抽象图案.

几何纹样饰以点、线以及圆形、方形、三角形等为基本要素,按照美的法则构成图案.铜鼓上的几何纹样,有的充当主体纹饰,表现一定的主体思想;有的组成几何纹带,作为边饰,起到陪衬烘托、美化主体的作用;有的遍布铜鼓全身,给人以繁缛瑰丽的美感.铜鼓上的画像主要包括自然物体、动物形象、人体动作等现实生活的描绘.立体装饰则以青蛙塑像最为常见,另外还有其他动物或各种物体的塑像.

从外观上可以看出,铜鼓的纹路(见图 8-1)由很多个同心圆组成,其中含有多个圆环,这表明铜鼓与数学中的"圆"息息相关.每个圆环都是由不同的纹饰经过走势转换、轴对称、平移转换等构图方式而产生的.

图 8-1

1. 冷水冲型铜鼓及其装饰

冷水冲型铜鼓主要的纹饰如图 8-2 所示.冷水冲型铜鼓的太阳纹主要形状如图 8-2 所示,太阳纹是先民对太阳的形象刻画,图中的太阳与光芒融为一体,无分界线,光芒大体为十二道,为中心对称图形即轴对称图形,芒间夹有垂叶纹.眼纹通过对眼睛的变形,使图案蕴含着几何元素,菱形中还包含着菱形(见图 8-3),中心还有三个同心圆,圆与菱形通过共点缩小,形成一个形象的、具有对称性的眼纹;细方格纹所蕴含的数学元素主要是点,由菱形组成的一个个点,通过对方形的变换,转换成菱形,然后经共点平移构成二方连续图案,或斜式平移构成四方连续图案.

图 8-2

图 8-3

2. 北流型铜鼓及其装饰

广西北流县(今为北流市)出土的铜鼓是最典型的代表,形状厚重庞大,是北流型铜鼓的代表,最大的北流型铜鼓鼓面直径达 1 m 开外,小的也超过 50 cm,普遍 70 cm 左右.北流型铜鼓鼓面向外延伸,比鼓胸大,部分鼓面会向下曲折形成"垂檐".鼓胸稍稍凸,半径最大的地方略微向下,从侧面看略显斜直.反弧形也是北流型铜鼓的鼓腰的特征之一,鼓腰和鼓胸之间有一条凹槽作为分界线,还有两对耳环,主要流行于西汉至唐代,主要在桂东南和粤西南地区可以看到踪迹,以广西北流、信宜附近为中心.

铜鼓上的云纹、雷纹,是北流型铜鼓的主体纹饰,云纹是指螺旋式的单线旋出图案,再经共线平移,得到的极具动感的云纹图案;雷纹是由一个菱形经小菱形的镶嵌,经倾斜的平移得到的四方连续图案.(见图8-4、图8-5)

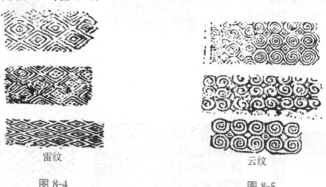

雷纹

图 8-4

云纹

图 8-5

北流型铜鼓的太阳纹如图8-6所示,光芒普遍为8道,《中国壮族》的笔者曾对《古铜鼓图录》的一面西汉北流型铜鼓鼓面拓片进行测量,发现中间的太阳纹,其中心点正好是鼓面的圆心,8个光芒中的任何两芒之间均为45°角,即8个光芒把鼓面均等分成了8等分.这是壮族铜鼓与数学相互融合的最好体现,也显示出了壮族先祖对割圆术的精湛掌握.

北流型

图 8-6

3. 灵山型铜鼓及其装饰

灵山型铜鼓是以广西灵山县出土的铜鼓作为代表的一类铜鼓,发展于东汉末年到晚唐时期,在两广地区流行.灵山型铜鼓与北流型铜鼓形比较接近,鼓面比鼓胸大,鼓胸较平、较直,鼓面的纹饰很精细,主要为云纹、雷纹、连线纹和鸟形纹等纹饰.鼓面没有立体蛙饰,但三脚蟾蜍六只鼓背也有花纹以装饰,这是灵山型铜鼓的主要特征.(见图8-7)

纹饰如图8-8所示,席纹是由四条竖直平行线段、四条水平平行线段,经水平等距平移、竖直等距平移得到四方连续图案;连线纹中含有椭圆、线段等数学元素,椭圆中包含有若干平行线段,椭圆经竖直与水平的共线平移,横竖交替的空隙再用同心圆做填补,使整个图案丰满联动.

壮族的铜鼓主要分为北流型、冷水冲型、灵山型等类型,从这些铜鼓中蕴含的数学元素可以看出壮族祖先已经对几何图案有了部分认识,这些铜鼓含有许多优美的纹饰,这些纹饰又包含了几何纹饰、写实花纹等,几何花纹中运用了点、线、圆形、方形等应用全等变换等数学原理构成了优美的图案.

(二)壮锦中的数学元素

《广西通志》载"壮锦,各州县出.壮人爱彩,凡衣裙中披之属莫不取无色绒,杂以织布为花鸟状.远观颇工巧炫丽,近视则粗,壮人贵之."壮锦是用丝绒和棉线交织而成的,以棉线或麻线作经,以彩

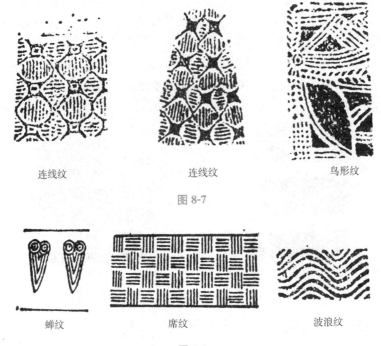

连线纹   连线纹   鸟形纹

图 8-7

蝉纹   席纹   波浪纹

图 8-8

色丝绒作纬,经线为原色,纬线用五彩丝绒织入起花,正面和背面纹样对称,结构严谨,式样多变.结构上以几何纹和自然纹连接结合,主要有四方连续纹、二方连续纹和平纹;纹饰主要有万字纹、回纹、水波纹,图案有梅花、蝴蝶、花篮等.壮锦质感厚重柔软,宜作被面、围裙、台布、壁挂、背包、背带等.

如图 8-9 所示,这幅壮锦蕴含的几何元素有点、平行线、菱形、矩形等.如图 8-9 所示,壮锦图案主要的几何元素为正方形、矩形,在图两旁的正方形由一个个小正方形与 S 形图案组合而成,再经共线平移构成二方连续图案,中央的菱形图案是由菊花纹抽象变换而形成的图案,再与四个角的正方形组合而成,较为中间的锯齿状曲线,是由许多三角形与矩形组合而成的,有疏有密,并与曲线两边的正方形相契合,更具美感.

图 8-9

如图 8-10 所示,这幅壮锦上的图案,就是二方连续纹.以方形回纹作为底纹,方形回纹不断地向外延伸,营造出空间流动感.最中间的每个菱形向内由相似变换得到一个小菱形,镶嵌在里面,构成镶嵌菱形纹样,并以两个镶嵌菱形纹样为组合,通过上下共点平移,得到二方连续图案.在两旁的类似"3"字的回纹,是以中间的菱形为轴,通过轴反射变换得到的.用小点排列起来,形成锯齿状,向两方延伸.

图 8-11 所示的这幅壮锦图案体现了点、线、面的关系,通过线段形成井字纹,并以小点在"井"字周围点缀,通过共点平移,形成红绿相间,富有层次感的图案.以菊花纹连接而成的矩形曲线也是通过共点平移,形成有扩张之势的矩形曲线.中央通过线段构成的"+""一"以及"3"、小菱形,组合成散而不松的图案,整体上从中间到两旁由疏到密,更具美感.

图 8-10

图 8-11

如这两幅壮锦图案所示,这些精致的壮锦图案,是由绣工们利用几何原理,线与线加以一定的角度,编织构成的.图 8-11 中,图案由正六边形与平行四边形组合而成,其中正六边形是用多条织线以 60°斜线交织而成的,平行四边形是用多条织线以一定的角度交织而成的.

图 8-12 含有的几何元素主要有正方形、小长方形、三角形,正方形与长方形是用 90°的织线交织而成的,三角形是用 45°的织线相错交织而成的.这两幅图可看成由多种几何图形组合而成.

(三)结语

壮族是个具有优秀文化的民族,通过对将壮族文化融入壮族工艺品中的铜鼓以及壮锦所涉及的数学元素进行梳理和展示,我们看到了壮族工艺品中所蕴含的数学文化,铜鼓中的几何纹样、写实图案等运用了形象思维与抽象思维,通过许多的数学原理进行构造,形成了富有数学韵味的装饰.壮锦也通

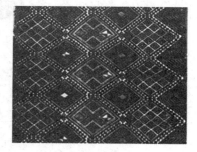
图 8-12

过运用点、线、面、几何图形等,构成整齐优美的图案,许多图案的构成会应用轴对称、共线平移、等距平移、全等变换等数学原理.这些都证明了壮族先民早已经把数学思想融入壮族工艺品中,这些工艺品完美地向我们展现出了其蕴含的数学之美!

本文参考文献

[1]　张维忠,陆吉健.基于认知水平分析的民族数学导学模式—基于壮族数学文化的讨论[J].中学数学月刊,2015,(12):1.

[2]　古代八大铜鼓类型.[DB/OL]. http://www.amgx.org/news-3453.html. 2013-8-17/2017-4-20.

习作举例之二

侗族建筑中蕴含的数学美

（一）侗族鼓楼

（1）侗族建筑的典型代表——鼓楼（见图 8-13）.

鼓楼是侗族建筑的典型代表，它吸收各民族优秀文化的同时，又具有鲜明的侗族建筑特色. 通过对鼓楼外观及其内部结构的探究，发现其中渗透着丰富的数学知识，这是人类的文明成果. 作为具有丰富文化象征意义的鼓楼建筑，几乎涵盖了侗族文化的全部，是侗族文化的象征. 鼓楼在侗族人民的生活中起着重要的作用，是侗族聚居地的明显特征. 它既是侗家集会议事的地方，又是人们祭拜、休息和接待宾客的重要场所；既是寨老处理纠纷、明断是非的公堂，又是进行娱乐活动的场地. 鼓楼雄伟壮观，占地面积百余平方米，高数十米不等. 如此高大的建筑，其整体以杉木为柱，枋凿、衔接、横穿斜套、纵横交错、上下吻合. 采用杠杆原理，层层支撑而上，其结构严谨牢固，却不用一钉一铆，形态多姿多样，设计科学合理.

图 8-13

（2）侗族鼓楼中的数学知识.

鼓楼主体结构对称和谐，其平面图通常是正方形，正六边形和正八边形. 鼓楼建筑师在鼓楼的兼职过程中，经常用到等差数列知识去计算相关的问题使做工达到分毫不差的程度.

图 8-14 共有 4 个侧面，每个侧面的装饰图案自上而下，从左到右按一定的规律排列，图中每 3 个直角扇形为一组，每相邻的两个侧面的两组共由 5 个直角扇形构成，有 18,21,24,27,30 个直角扇形，而 4 个侧面的每一层的直角扇形依次是 68,80,92,104,116 个，4 个侧面总共需要 460 个直角扇形. 对如此繁杂的数据，鼓楼建筑师能在施工前准确无误地计算出来，是运用了等差数列及其求和公式实现的，尽管他们因没有文字而无法表达其计算公式. 对称在鼓楼中有着完美的展现，相似与对称让鼓楼拥有了整齐与和谐的旋律. 美的建筑一般都有黄金分配比例，鼓楼也不例外，其中内部结构的主承柱，檐柱，瓜柱分柱枋的分点也都十分接近黄金分割点.

例如，从江县增冲鼓楼高 25 m，内有四根主承柱，高 15 m，该鼓楼由楼体，楼颈和楼冠三部分构成. 从远处眺望似人体一般形状，以楼颈为分点，其楼体高（即为主承柱高度）15 m 与楼高 25 m 之比是 0.60，十分接近黄金分割比例. 这恰似咽喉，像人体结构中的一个黄金分割点一样，鼓楼楼颈是其黄金分割点. 图 8-15 所示为从江县鼓楼平面图，A 和 D 为檐柱，B 和 C 为主承柱，其中 $AB=CD=265$ cm，$BC=410$ cm，由此 $BC：AC≈0.6074$，$BC：BD=0.6074$，

即点 B(或点 C),接近线段 AC(或线段 BD)的黄金分割点.黄金分割比例的应用,不仅仅是鼓楼造型美的需要,它还蕴含着丰富的力学原理.面对着这些百年以上的鼓楼,我们发现这些人类早期文明的数学文化以鼓楼为载体,通过侗族建筑师心口传承至今.

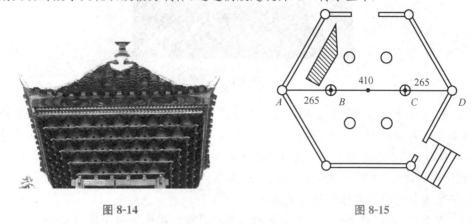

图 8-14　　　　　　　　　　　　　　　　　图 8-15

(二) 侗族风雨桥

(1) 侗族建筑"三宝"之一——风雨桥.

风雨桥是侗族建筑"三宝"之一,是侗族人民引以为豪的又一民族建筑物(见图 8-16).它集桥、廊亭、阁、栏于一体,桥墩厚实、凝重,桥面质朴、简约,廊、亭、栏、阁雅致而飘逸,相辅相成,既有灵动变化之势,又有协调一致、珠联璧合之美.整体造型美观而端庄,优美灵巧的民族建筑风格在建筑史上别具一格.风雨桥除了在外观上别具一格外,在建筑技术上也不同凡响,工艺之精湛,可谓巧夺天工.风雨桥桥墩外壳用青石砌成,内用料石填充,墩形通常为六棱柱橄榄形,上下游均为锐角,以减少洪水的冲击力.桥面结构为密布式悬臂梁支撑,逐层向上承托,从而减小桥面梁的跨度和大桥的挠度.为了减少桥梁的跨度,聪明的侗族工匠利用力学原理和杠杆原理,在石墩上采用层层向外悬挂挑密布梁,每层悬出 18 m 左右,大大增加了桥面梁的抗弯强度.楼亭一般设在桥墩之上的位置,在桥台上修廊,亭廊相接,受力合理,传力直接,起到平衡重力、加固桥身的作用.力学原理的巧妙运用,使桥体看起来轻巧秀丽而又沉稳坚固,充分显示了侗族人民的聪明才智和精湛技艺.风雨桥不仅蕴藏着侗族人民的建筑智慧,还包含他们对文化艺术更高的要求.桥壁上或雕琢或画有蝙蝠、麒麟、凤凰、雄狮、腾龙以及民间事迹,民族传说等一系列图案,形象生动,古色古香,栩栩如生.传说风雨桥不仅是为人们的交通提供便利,为行人休息提供场所,而且还有镇邪和保财的寓意.所以当地的居民都很爱惜它.对侗族独特的风雨桥的数学元素的研究,是对侗族人民数学文化的发掘,是对原生态民族资源文化的开发,这不仅有助于中国传统数学的开发,而且还为地方数学课程提供资源.风雨桥中蕴含着许多数学知识,有对称、平行、垂直等几何变换和正八边形、直四面体、正六边形等几何图形,以及解析几何、数列、三角函数等数学知识.

(2) 侗族风雨桥中的数学知识.

风雨桥是木质长廊亭阁混合式结构,亭阁按冠的不同可以分为四面屋檐式和八面鼓楼式,但是亭阁均为 3 或 5 层,外形多为偶数面且多为 4 面或 8 面.这些结构奇偶交错并非偶然,而是来自侗族人民对数字的阐述.他们认为奇数代表阳性,偶数代表阴性.在风雨桥建造中数字的使用上奇偶搭配,取阴阳合一、阴阳平衡之意,这意味着天地、阴阳、男女的组合,象征子孙兴

图 8-16

旺,吉祥如意.在桥上镶嵌不同数量的花纹会有不同的美观效果.于是他们大多根据桥的规模装饰不同数量和种类的纹饰图案,既有 3、4、5 排列,也有 6、7、8 排列,甚至更多,但在数量上很注重排列和对称.花纹自下而上分别是 4,5,6 个和 6,7,8 个,成等差数列.在正面也有 16,17,18 个排列的形状,犹如埃及倒形的金字塔状,极其漂亮.

风雨桥中解析几何和立体几何的运用:

通过观察发现,风雨桥桥冠外形的正射影与悬链线和内摆线十分接近,如图 8-17 所示.

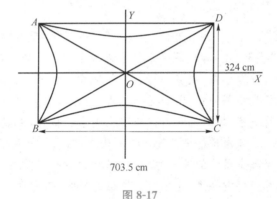

图 8-17

在图 8-22 中,AD 悬链线方程为 $y=1.345\,9\mathrm{e}^{-0.74}(\mathrm{e}^x+\mathrm{e}^{-x})$,同时可以用弧长公式 $S=2\int_0^a\sqrt{1+y^2}\,\mathrm{d}x$(其中 $2a=703.5$)算出 AD 弧长.研究还发现,楼冠外形的正射影则十分接近内摆线方程 $X=7r\cos x+r\cos 7x,y=7r\sin x-r\sin 7x$,这与侗族鼓楼楼冠的结构十分相似.看来侗族人们也喜欢将自己经典风格应用到不同的建筑上去.通过观察和测量还发现,桥上还有许多实心的多面体结构.工匠们先划定一个正方体,然后将正方体的 8 个顶角各去掉大小一致的直四面体,便得到一个规则的多面体结构.如图 8-18、图 8-19 所示.

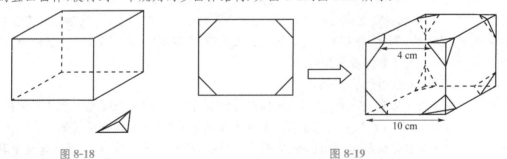

图 8-18   图 8-19

正方形的体积 $V=1\,000$ cm³，直四面体体积 $V=1/3\times(1/2\times3\times3)\times3=9/2$（cm³），侧多面体体积 $V=$ 正方体体积 $-8\times$ 直面体体积 $=1\,000$ cm³ $-9/2$ cm³ $\times8=964$ cm³. 首先可以近距离认识正方形和多边形，直四面体；其次还可以认识直四面体结合及其相关体积和表面积计算. 风雨桥中也包含着许许多多的初等的几何知识，如平行、垂直、对称等. 它们让风雨桥展现出了和谐美与整齐美，使风雨桥变得更加宏伟美丽.

（三）结语

每个民族都有各自的民族文化，因此也会有相应的民族数学文化. 数学文化无处不在，它影响着人们生活的方方面面，侗族建筑中所蕴含的数学文化靠的是心传口授，没有文字记载，它们的科研价值、文化价值及审美价值有待进一步研究，以上仅从鼓楼和风雨桥的构造探讨相关的数学知识. 侗族的鼓楼和风雨桥，在建筑文化史上占有不可估量的地位，是人类建筑长廊里的瑰宝. 它们同时也是一个巨大的民族文化符号，其中隐含了多层的文化沉淀，是人类文化宝库中的璀璨明珠.

习作举例之三

桂林龙胜龙脊梯田的数学调研报告

梯田——山坡上的土地，大多被修成一阶一阶的，像楼梯一样，这就叫梯田（见图 8-20、图 8-21）.

图 8-20

图 8-21

修梯田是为了使庄稼长得更好. 因为落在山上的雨水，沿着山坡很快向下流动，所以山上的泥土沙石也会被流水冲走，这样坡田上肥沃的表层土壤就会慢慢流失，植物在贫瘠的土地上自然是长不好的. 如果不修梯田，即使下雨，雨水也会顺着山坡流下去. 坡田里不能很好地蓄水，土壤非常干燥，庄稼也不能很好地生长. 梯田能有效地防止水土流失，因为泥沙每经过一级梯田都有浸淀，因此最后流到底层的水基本上已经很少有泥沙了. 龙脊开山造田的祖先们当初没有想到，他们用血汗和生命开出来的龙脊梯田，竟变成了如此妩媚的曲线. 在漫长的岁月中，人们在大自然中求生存的坚强意志，在认识自然和建设家园中所表现的智慧和力量，在这里被充分地体现出来. 许多看到了龙脊梯田的游客都有一种说不出的自由和轻松，感受到的是大自然的和谐美和简单美.

然而，有谁在欣赏大自然的美感之时，会想到我们所学的数学也有着同样的美呢？

或许有人会说，数学是一门学习的学科，怎么能和大自然艺术相提并论呢？这只是认为数学枯燥乏味的人的看法,他只是看到了数学的严谨性,而没有体会出数学的内在美. 其实,数学也是一门艺术,也有它独特的美. 美国数学家、控制论的创始人维纳则说:数学实质上是艺术的一种. 数学本来就是用来解决实际问题的,所以运用数学思维去思考和研究像梯田这样的自然模型,我们也可以收获到意想不到的东西!

(一) 调查目的

寻找龙脊梯田的特点和结构性质,了解地方民族特色,并结合数学美,让人们对数学有更深的认识.

(二) 调查对象和方法

通过网上咨询和查阅资料,询问比较了解梯田的同学,并结合各地梯田的特点来了解我们广西桂林旅游胜地龙脊梯田.

(三) 调查内容

1) 龙脊梯田的特点

(1) 龙脊梯田历史悠久.

龙脊梯田始建于元朝,完工于清初,距今已有 650 多年历史,是广西 20 个一级景点之一,数百年来,历尽沧桑. 居住在这里的壮族、瑶族人民,祖祖辈辈,筑埂开田,向高山要粮. 从水流湍急的溪谷到云雾缭绕的峰峦,从森林边缘到悬崖峭壁,凡是能开垦的地方,都开凿了梯田. 这样,经历了几百年、多少代人的努力,使龙脊梯田日臻完美,形成了从山脚一直盘绕到山顶,"小山如螺、大山成塔"的壮丽景观.

(2) 规模大.

由于梯田是依山而建、因地制宜的,因此这些梯田大者不过一亩,小者仅能插下两三行禾苗. 但是,我们广西桂林的龙脊梯田,是中国最美梯田之首,景区面积达 66 km^2,梯田分布在海拔 300~1 100 m,坡度大多在 26°~35°,最大坡度达 50°.

(3) 线条优美.

从高处向下看,梯田的优美曲线一条条,一根根,却几乎是等高平行的,动人心魄. 且其规模磅礴壮观,气势恢宏. 从网上搜索的图片来看,梯田如链如带,从山脚盘绕到山顶,层层叠叠,高低错落. 与其他有名的梯田相比,它最大的特点就是"线条整齐",即使是著名的元阳梯田和哈尼梯田都比不上它的整齐有序. 显示出无限的和谐感!

(4) 四季景色怡人.

春天,水田里灌满了准备插秧的水,大山之上水的波纹晶莹闪亮,辛勤的农民们弯腰劳作;夏天,错落的绿浪如丝绸般涌动,远处眺望着田间似条完美的弧线绕着山间;秋天,如黄金熔岩在山体上流动、堆叠、闪烁;冬天,清晰壮丽的轮廓展现在眼前.

(5) 原始保留.

龙脊梯田之所以让人赞叹,不止是因为它的美,还有当地人民祖祖辈辈艰苦开拓,并坚持至今的强大精神力量,给后人留下了宝贵而庞大的财产! 如今很多梯田修建都依靠现代的机械工具完成,省时省力,所以现代人是很难想象当初祖先们是如何一耕一铲建起这座梯田的!一切都保持着原始的气息. 这也是龙脊梯田与其他大部分梯田不同的地方!

2) 龙脊梯田的结构性质

正如前面提到的龙脊梯田坡度大多在 26°~35°,最大坡度达 50°. 通过调查,我们发现龙脊梯田在缓坡地段的断面高几乎在 1.5~2.5 m. 所谓断面,就是相邻的上下两块梯田有高度差的连接面. 但为什么要这样的高度呢? 为什么不将断面挖得深一点来增加种田的面积呢? 这就需要用稳定性来解释: 不妨把梯田想象成斜面为阶梯状(见图 8-22).

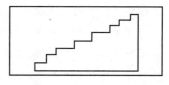

图 8-22

如果断面过高, 那么该断面所承受的上一层的土壤压力过大, 若加上下大雨等天气, 断面就很容易发生滑坡(见图 8-23).

另外, 我们还发现梯田的断面并不是垂直田面的, 而是与田面呈 60°～80°夹角的斜面. 这样的结构也是考虑到梯田的稳定性, 运用了三角形的稳定性原理: 水平线、垂直线以及梯田断面(斜面)形成的三角形, 而且根据坡面的角度不同, 斜面的角度也跟着变化. 断面越陡, 断面与田面的夹角越小(见图 8-24). 这样就有利于梯田的持久稳定, 也正因为如此, 龙脊梯田才能完整地从元代保留至今, 因此我们不得不承认先人的勤劳和智慧. 而从现代已有的技术经验来看, 我们了解到, 土坎的材料、坡度、高度、施工技术、利用方式等是影响梯田土坎稳定性的主要因素. 研究表明, 黏粒含量少的土壤不宜作土坎. 梯田土坎设计高度宜为 2 m 左右, 边坡采用 66°～80°即可达到稳定安全坡角. 而龙脊梯田的土质正是黏粒比较高的黏土, 道路与灌溉系统规划合理, 梯田总体坡度不高, 可以说是一块种田的圣地!

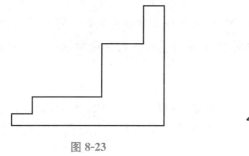

图 8-23

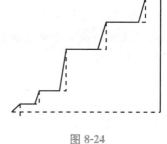

图 8-24

3) 梯田美与数学美

每当看到美丽的龙脊梯田, 又有谁能够联想到我们学过的数学呢? 或者说正在学数学的时候又有谁会想到美丽的梯田呢?

我们都知道龙脊梯田的艺术性主要表现在它行云流水的线条叠加的美感上, 简简单单的线条经过整齐有序的重重组合, 这就是简单性与和谐性的完美结合! 而对数学来说, 其艺术性也表现在简单性与和谐性这方面.

首先, 数学具有奇异性(也称突变性)之美. 突变是一种突发性变化, 是事物从一种质态向另一种质态的飞跃. 变之突然, 出人意料, 因而能给人以新颖奇特之感. 在数学世界中, 突变现象是很多的. 诸如连续曲线的中断、数的极值点、曲线的尖点等, 都给人以突变之感. 法国数学家托姆创立的突变论, 就是研究自然界和社会某些突变现象的一门数学学科. 他运用拓扑学、奇点理论和结构稳定性等数学工具, 研究自然界和社会一些事物的性态、结构突然变化的规律, 所给出的拓扑模型既形象又精确, 给人一种特有的美感. 龙脊梯田看起来由很多线条构成, 但并非直线, 而是弯曲的, 数学上称为曲线. 各种曲线的交接, 才能表现出艺术性的美感, 正如世界上几乎没有一件艺术品是只由直线构成的.

试想, 若 800 m 高的梯田全被规划成了长方形, 岂不是呆板无趣! 另外, 田埂弯曲的程度都不同, 忽而平缓, 忽而来个急转弯, 用数学来解释, 就是斜率忽大忽小. 这正是对应了数学中的突变性美感！在垂直方向上，梯田每一层的高度都不一样，就像高低不一的阶梯，假如在梯田上由上往下走，每走一步，你一定不会预料到下一步究竟有多高. 一下需要轻松一踩就到，一下子又要半蹲才能踩到下一阶，这也一样体现了突变性. 如此，梯田中的美感也就在不知不觉中与数学的美学不谋而合！弗兰西斯·培根曾说："没有一个极美的东西不是在常规中有着某种奇异."这句话的意思是：奇异存在于美的事物之中，奇异是相对于我们所熟悉的事物而言的.

其次，数学具有和谐美. 美就应该是和谐的. 和谐性也是数学美的特征之一. 和谐即雅致的、严谨或形式结构的无矛盾性. 没有哪门学科能比数学更为清晰地阐明自然界的和谐性. 的确，梯田上每条田埂所形成的线条虽多种多样、无一雷同，但却是井然有序，不像迷宫那样很难走得出来. 在这里，人们世世代代耕田，田地又养活世世代代人，人与自然和谐相处着，一切都是显得那么和谐. 和谐性和突变性作为数学美的两个基本特征，是对数学美的两个侧面的摹写和反映，它们既相互区别，又相互依存、相互补充，数学对象就是在二者的对立统一中显现出美的光辉的.

此外，还有简单性，简单、明快才能给人以和谐之感，繁杂晦涩就谈不上和谐一致. 因此，简单性既是和谐性的一种表现，又是和谐性的基础. 爱因斯坦说过："美，本质上终究是简单性."他还认为，只有借助数学，才能达到简单性的美学准则. 朴素、简单，是其外在形式. 只有既朴实清秀，又底蕴深厚，才称得上至美. 的确，龙脊梯田的结构是极为简单的，仅由线条构成，而线条与线条之间又能协调有序地组合在一起，最后仅由大的规模来实现宏伟的艺术感. 这是多么完美的结合啊！

4. 调查总结

梯田是一幅世代的勤劳的农民绘就的艺术画，带着秀美流畅的线条，如诗如画般的意境，与数学相结合，整齐合理地规划并建设，体现出无限的和谐美！它是民族文化的结晶，人类的无价瑰宝.

习　题

1. 谈谈你对数学的认识.
2. 结合预科数学，选择下列某种思想写一篇数学作文，自拟题目，文体不限.
   (1) 数形结合思想；
   (2) 极限思想；
   (3) 导数思想；
   (4) 化归思想；
   (5) 恒等变换思想；
   (6) 变量代换思想.
3. 结合微积分课程的学习，自拟题目，写一篇自由数学作文.
4. 谈谈你对民族数学文化的认识.
5. 写一篇关于民族数学文化的报告，题目自拟.

 **课外阅读**

数学思想方法与语文修辞手法的联系

常用数学思想方法与语文修辞手法之间有着千丝万缕的联系.换元与比喻相通,通分约分与夸张相通,数形结合与借代的转化原理相通,辗转相除法、综合除法与层递也相通……

(一) 换元与比喻

换元法是常用的数学方法之一,换元法又叫变量替换或辅助元法.通常是把代数式 $\varphi(x)$ 令为新变量 y,而后通过映射 φ 作代换,得到便于求解的新问题,解出新问题以后,再由逆映射 $\varphi^{-1}: x = \varphi^{-1}(y)$ 回代求得原问题的解.这种方法的关键是构造或选取化繁为简、化难为易的映射 φ,它可以起到"媒介"或传递作用.这种方法能把未知和已知联系起来,把隐含的条件显示出来,把繁难的计算或推证简化,从而达到化难为易、化繁为简、化未知为已知的目的.

比喻是人们普遍会使用的语言策略.根据 A、B 两种不同类事物的相似点,用 B 事物来比 A 事物,这种修辞格叫比喻.比喻作为一种语言表达策略,它的基本表达效果是形象、生动、传神.细细推究起来,人们一般认为比喻还具有可以把未知的事物变成已知,把深奥的道理说得浅显,把抽象的事物说得具体,把平淡的事物说得生动等表达效应.

比喻和换元法有着异曲同工之妙.二者都基于同一种思想方法:转化思想.

1. 比喻与换元的使用方法

首先,我们来看它们的使用方式.

换元法是用一个量来代换另外一个量,如这样一道例题:

解方程:$\dfrac{x^2+3x+1}{4x^2+6x-1} - 3 \times \dfrac{4x^2+6x-1}{x^2+3x+1} - 2 = 0.$

这是一个较繁的分式方程,但设 $\dfrac{x^2+3x+1}{4x^2+6x-1} = y$,则原方程可简化为:$y - \dfrac{3}{y} - 2 = 0$,进一步转化为一元二次方程:$y^2 - 2y - 3 = 0$,解得 $y_1 = -1$,$y_2 = 3$.

因此,当 $\dfrac{x^2+3x+1}{4x^2+6x-1} = -1$ 时,得 $x_1 = 0$,$x_2 = -\dfrac{9}{5}$;当 $\dfrac{x^2+3x+1}{4x^2+6x-1} = 3$ 时,得

$$x_{3,4} = \frac{-15 \pm \sqrt{401}}{22}$$

经检验,x_1、x_2、x_3、x_4 均为原方程的根.

解决这道题的关键是运用转化思想,把方程中的 $\dfrac{x^2+3x+1}{4x^2+6x-1}$ 代换为一个引进的新变量 "y",从而将分式方程化为一元二次方程,实现化难为易,促使问题得到顺利解决.

比喻也是基于转化思想,"根据 A、B 两种不同类事物的相似点,用 B 事物来比 A 事物",它的主体一般包括本体(被比喻的事物)和喻体(比喻的事物),如:

"读大师们的名著,有如顺风行船,轻松畅快."

"读大师们的名著"的感受,用三言两语是难以说清的,作者巧妙地用"顺风行船"这一生活

中常见的具体事物来打比方,化难为易,使读者一下领会到这种感受."轻松畅快"则是"顺风行船"和"读大师们的名著"这两种不同类事物的相似点.其中,"读大师们的名著"是该句的本体,"顺风行船"则是喻体.

在这里,"用 B 事物来比 A 事物"和"用一个量来代换另外一个量"所使用的方法是同样的. $\dfrac{x^2+3x+1}{4x^2+6x-1}$ 就相当于比喻中的本体,而 y 就相当于比喻中的喻体.

2. 换元和比喻的目的和效应

我们不妨分析用换元法来解题的例子:

已知: $a\sqrt{1-b^2}+b\sqrt{1-a^2}=1$,求 a^2+b^2 的值.

解

设 $\begin{cases} b=\sin\alpha,-\dfrac{\pi}{2}\leqslant\alpha\leqslant\dfrac{\pi}{2}, \\ a=\sin\beta,-\dfrac{\pi}{2}\leqslant\beta\leqslant\dfrac{\pi}{2}, \end{cases}$ 代入已知等式 $a\sqrt{1-b^2}+b\sqrt{1-a^2}=1$,得

$$\sin\beta\sqrt{1-\sin^2\alpha}+\sin\alpha\sqrt{1-\sin^2\beta}=1\Rightarrow\sin\beta\cos\alpha+\sin\alpha\cos\beta=1\Rightarrow\sin(\alpha+\beta)=1$$

因为 $-\pi\leqslant\alpha+\beta\leqslant\pi$,所以 $\alpha+\beta=\dfrac{\pi}{2}$,则 $\alpha=\dfrac{\pi}{2}-\beta$,得

$$a^2+b^2=\sin^2\beta+\sin^2\alpha=1$$

说明:根据题设的已知等式,我们很难寻找到所要求的 a^2+b^2,但通过换元 $\begin{cases} b=\sin\alpha,-\dfrac{\pi}{2}\leqslant\alpha\leqslant\dfrac{\pi}{2} \\ a=\sin\beta,-\dfrac{\pi}{2}\leqslant\beta\leqslant\dfrac{\pi}{2}, \end{cases}$ 将已知条件等式转化为三角函数的问题,利用三角函数的公式,可使

已知条件等式得以明朗化,即 $\sin(\alpha+\beta)=1$,则 $\alpha=\dfrac{\pi}{2}-\beta$;同时,快速将所求的量 a^2+b^2 转化

为以下的运算过程: $\sin^2\alpha+\sin^2\beta=\sin^2\beta+\sin^2\left(\dfrac{\pi}{2}-\beta\right)=\sin^2\beta+\cos^2\beta=1$,得出结果: $a^2+b^2=1$.

(1) 比喻有化未知为已知的效应,如林耀德的《树》中有:

"坚实的树瘿,纠结盘缠,把成长的苦难紧紧压缩在一起,像老人手背上脆危而清晰的静脉肿瘤块,这正是木本植物与岁月天地顽抗后所残余下来的证明吧."

什么叫"树瘿"? 它是怎么样的东西? 可能很多人都无法想象出来,但是作家通过"坚实的树瘿,纠结盘缠,把成长的苦难紧紧压缩在一起,像老人手背上脆危而清晰的静脉肿瘤块"这样的描写,就可以让接受者想象出"树瘿"大致是什么样子了,因为喻体所描写的"老人手背上脆危而清晰的静脉肿瘤块"是人所常见的.这样一比,不仅生动形象地再现了"树瘿"的情状,也将未知的事物顷刻间化为已知事物而被接受者所知了.

通过对比不难发现,换元法中"把某个量设为另一个与之相等的量,化未知为已知",从而"达成根据题设条件得出所求量的目的",和比喻"化未知为已知的效应"是一致的.

(2) 比喻还具有将深奥的道理说得浅显的效应,如王禄松的《那雪夜中的炭火》中有:

"对于一个在苦难中的人说一句有帮助性的话,常常像火车轨上的转折点——倾覆与顺利,仅差之毫厘."这是一个将深奥的道理说得浅显的比喻.原意是一个很少有人能看透的人生

道理,也是不易表述清楚的深奥道理.可通过比喻,以"火车路轨上的转折点的毫厘之差可能造成火车倾覆与顺利两种根本不同的后果"来说明"对于一个在苦难中的人说一句有帮助性的话可以改变其人生命运的重要性",不仅将深奥的道理说得形象,而且浅显易于明白.这便是比喻可以将深奥的道理说得浅显的表达效应.

比喻"将深奥的道理说得浅显的表达效应",与数学中的换元法"把繁难的计算或推证简化,从而达到化难为易、化繁为简的目的"也是殊途同归的.

(3)比喻又有化抽象为具象的效应,如艾雯的《渔港书简》中有:

"昨夜我在海潮声中睡去,今朝又从海潮声中觉醒.海不曾做梦,但一个无梦的酣睡,在一个被失眠苦恼了数月的人,不啻是干裂的土地上一番甘霖."

被失眠苦恼了数月的人突然有一个无梦的酣睡,那种情形是什么样子,本是一个十分抽象而难以述说的生理和心理体验,可是经作家以"不啻是干裂的土地上一番甘霖"为喻体这么一比,原本抽象的生理和心理体验顿时变得那样的具体、可感而知,让接受者也深受感染,体验到一种从未体味过的生理和心理快慰.比喻的这种化抽象为具象的独特效应不又正和数学中的换元法"把隐含条件显示出来""使图形问题的各条件的利用变分散为集中、变隐蔽为清晰"的效果有着奇妙的相同之处吗? 例如:

定长为 $L(L \geqslant 1)$ 的线段 AB,其两端在抛物线 $y = x^2$ 上移动,求此动线段 AB 中点 M 离 x 轴的最短距离.

解　设 $A(x_1, y_1), B(x_2, y_2)$,则 $x_M = \dfrac{x_1 + x_2}{2}, y_M = \dfrac{y_1 + y_2}{2}.$

但面对 x_1、x_2、y_1、y_2 这样离散的参量,很难直接将问题进展下去,考察线段 AB 的运动中 AB 与 x 轴正向的夹角随之变化这一因素,因此设 AB 与 x 轴正向的夹角 α 为参量作代换,有

$$x_2 - x_1 = L\cos\alpha \tag{1}$$

$$y_2 - y_1 = L\sin\alpha \tag{2}$$

由于 $y_1 = x_1^2, y_2 = x_2^2$,因此式(2)÷式(1)得

$$x_1 + x_2 = \tan\alpha \tag{3}$$

式(3)+式(1)有 $x_2 = \dfrac{1}{2}(\tan\alpha + L\cos\alpha)$,式(3)-式(1)有 $x_1 = \dfrac{1}{2}(\tan\alpha - L\cos\alpha)$,所以

$$y_M = \frac{y_1 + y_2}{2} = \frac{x_1^2 + x_2^2}{2} = \frac{\left[\dfrac{1}{2}(\tan\alpha - L\cos\alpha)\right]^2 + \left[\dfrac{1}{2}(\tan\alpha + L\cos\alpha)\right]^2}{2}$$

$$= \frac{\tan^2\alpha + L^2\cos^2\alpha}{4} = \frac{\sec^2\alpha - 1 + L^2\cos^2}{4} = \frac{\dfrac{1}{\cos^2\alpha} + L^2\cos^2\alpha - 1}{4}$$

$$\geqslant \frac{\sqrt[2]{\dfrac{1}{\cos^2\alpha}L^2\cos^2\alpha} - 1}{4} = \frac{2L - 1}{4}$$

动线段 AB 中点 M 离 x 轴的最短距离为 $\dfrac{2L - 1}{4}$.

通过对换元法和比喻修辞法的使用手法、目的和效应的对比,我们不难看出,它们竟还有着这么多的相通之处.

(二) 通分约分与夸张

在异分母分式的加、减运算中,通常需要应用分式的基本性质,可以在不改变分式的值的条件下,扩大或缩小各个分母,对分式做一系列的变形.这就是分式运算中的通分和约分.

分式的通分就是把几个异分母的分式分别化成与原来的分式相等的同分母的分式.要把两个或者几个异分母的分式通分,先求出这几个分式的分母的最小公倍式作为公分母,再用公分母除以原来的各分母所得的商分别去乘原来的分式,从而把异分母分式分别化成和原来分式相等的同分母分式,然后再根据分式的运算性质进行计算.我们来看分式的通分:

$$\frac{2}{x^2-6x+8}+\frac{1}{x^2+x-6}+\frac{x-3}{x^2-x-12}$$

$$=\frac{2}{(x-2)(x-4)}+\frac{1}{(x-2)(x+3)}+\frac{x-3}{(x-4)(x+3)}$$

$$=\frac{2x+6}{(x-2)(x-4)(x+3)}+\frac{x-4}{(x-2)(x+3)(x-4)}+\frac{x^2-5x+6}{(x-2)(x+3)(x-4)}$$

$$=\frac{x^2-2x+12}{(x-2)(x-4)(x+3)}$$

说明:题中三个分式的公分母是$(x-2)(x+3)(x-4)$,当这三个分式的分母分别乘以$(x+3)$、$(x-4)$和$(x-2)$之后,这三个异分母的分式就化为同分母的分式,这样就可以计算出这三个分式的代数和.

另外,夸张是为了突出或强调某一事物,根据其特征,故意言过其实,以增强表达效果.在语文里面,夸张是一种修辞格.从表达的内容看,夸张分扩大类夸张和缩小类夸张.扩大类夸张即将事物尽量向多、长、高、大、快、强、密等方面夸大.例如:"白发三千丈,缘愁似个长.不知明镜里,何处得秋霜."用"三千丈"来夸张白发的长,充分凸显了李白才高而不为世用、空有凌云壮志而不得一展抱负的无以言表的愁苦之情,令人读了为之深深感动,情不自禁地为其抱不平.

夸张的目的在于突出本质,无论夸大还是缩小,表达意思的本质不变.这一点,和分数的基本性质"分式的分子和分母同时乘以或者除以相同的整式(零除外),分式的值不变"所体现的数学原理极其相似.如以上对分式所作的变形,和语言修辞中的故意将事实"夸大"其实是同一策略.

跟扩大类夸张相对,缩小类夸张就是故意把事物往少、短、低、小、慢、弱、疏等方面说.如:"满院子里鸦雀无声,连一根针掉在地下,都听得见响!"

分式的约分是根据分式的基本性质,把一个分式的分子和分母分别除以它们的公因式,化成与原分式相等的分式的运算.分式约分的主要步骤是,把分式的分子与分母分解因式,然后约去分子和分母的公因式.例如:

$$\frac{ax^2-4ay^2}{bx+2by}=\frac{a(x+2y)(x-2y)}{b(x+2y)}=\frac{a(x-2y)}{b}（\text{分子、分母的公因式是 }x+2y）$$

$$\frac{x^2-3x+2}{x^2-4}=\frac{(x-1)(x-2)}{(x+2)(x-2)}=\frac{x-1}{x+2}$$

题中分式的分子、分母"分解因式,然后约去分子、分母的公因式"其实和缩小类夸张故意将事物或事实"缩小"是相似的.

因此在分式的通分和约分中,对分式所作的变形,其实就是扩大式夸张和缩小式夸张在数学中的一种体现,而最终"分式的值不变"就正如夸张修辞格必须要有客观实际做基础.如果有现实基础的夸张,故意扩大或缩小客观事物,常常可以收到生动深刻地揭示事物的本质,强烈地表达作者的思想感情的效果.数学中分式的通分、约分的本质特征就在于抓住了分式的基本性质,根据解决问题的需要,对分式作一系列变形,从而达到目的.在这一点上它们也是相通的.

(三) 数形结合与借代

数学中的数形结合方法跟借代有密切的关系.所谓数形结合,就是把要研究的问题的数量关系与空间形式有机地结合起来,根据所解问题的特征,将数的问题转化为形的问题或把形的问题转化为数的问题来研究,达到既直观又深刻的目的.一般地,对于一个代数问题,如果用纯代数方法难以解决,常将代数问题转化为图形的性质去讨论,使思路和方法从图形中直观地显示出来,"数"中思"形",如图表法、图解法.对于一个几何问题,如果用纯几何的方法难以解决,就可把图形的问题转化为数量关系来研究,将几何问题代数化,以数助形,从而使问题获解,通常是通过建立恰当的坐标系(或坐标平面),将反映此几何问题的点的坐标所满足的代数关系找到,借助代数的精确运算进行解答,"形"中觅"数",把复杂问题简单化,获取简便易行的成功方案,如解析法、三角法、复数法、向量法等.总之,数与形能相互转化,相互表述.

我们不妨先来看一个数形结合的典型例题:求方程 $\lg x = \sin x$ 的实根的个数,这是一道代数题.首先考虑自变量 x 的取值范围,由对数函数的定义得 $x > 0$,又因为 $\sin x \leqslant 1$,所以 $\lg x \leqslant 1$,故 $0 < x \leqslant 10$.然后,转化为形的问题:在同一坐标平面内画出函数 $y = \lg x$ 与 $y = \sin x$ 的图像,如图 8-25 所示:

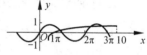

图 8-25　函数图像

从图像可直观地看出两曲线有三个交点.所以,本题答案是"方程 $\lg x = \sin x$ 有 3 个实根".

此题中,如果用纯代数方法去求解这个代数方程,从而得到实根的个数是非常困难的,但由于题目不要求计算出实根,只讨论实根的个数,因此在同一坐标平面内,画出能反映此问题的几何性质的函数 $\lg x$ 和 $\sin x$ 的图像来,观察图形就很容易得到该方程的实根个数是 3.

不直接说出所要表达的人或事物的本名,而是借用与它密切相关的人或事物的名称来代替,这种修辞方法叫借代,被代替的叫"本体",代替的叫"借体","本体"不出现,用"借体"来代替.例:

"红眼睛原知道他家里有一个老娘,可是没有料到她竟会那么穷."

例中作者没有把要说的人物牢牢阿义(本体)直接说出来,而是借用阿义的一个身体特征——"红眼睛"(代体)来代替他.像这样,恰当地运用借代可以突出事物的本质特征,增强语言的形象性,而且可以使文笔简洁精炼,语言富于变化和幽默感.

数形结合和修辞中的借代异曲同工.首先,借代(是借用与它密切相关的人或事物的名称来代替)的方法与数形结合(是借助图形的直观性分析解答代数问题或是借助代数的精确运算解答几何问题)的方法不正是"不谋而合"吗?

其次,就主体而言,借代中的"本体"和"借体"其实指的都是同一事物或人,"借体"也就是"本体";而数形结合中的"数"和"形"之所以能够结合转化,其根本原因就在于"数"和"形"所表达的都是事物的同一属性,而这种性质具有两种不同的表达形式,它们的关系其实就相当于借代的"本体"和"借体"的关系.如果在解题时借助图形来分析解答代数问题,那么"数"此时就相当于"本体","形"就相当于"借体";反之,如果借助代数来解答几何问题,那么它们的角色就互换了,此时"数"就相当于"借体","形"就相当于"本体"."本体"和"借体","数"和"形"都是密切相关的,它们相互对应,且能相互转化.

再次,就它们的效果进行比较."恰当地运用借代可以突出事物的本质特征",而数形结合利用"数"中思"形"和"形"中觅"数"则能迅速地抓住解题的关键,厘清思路,达到快速、准确解题的目的;恰当地运用借代可以"增强语言的形象性",可以"使文笔简洁精炼",而数形结合解题中,图形的运用同样使代数题更形象、更直观、更简单明了,甚至有的代数题通过图形的运用使人一目了然,问题也就迎刃而解;而且数形结合通过将反映问题的数量关系和空间图形有机地结合起来考察,实现了"抽象概念与具体形象的联系和转化",借代其实也是实现了"借体"与"本体"的联系和转化,而"借体"实质上就是个"抽象概念","本体"就是"具体形象",如例中的"红眼睛"与"阿义".

除数形结合外,数学中还有一些其他的概念和方法和借代也是相通的.比如,分数和小数之间的转换,如:$1/2=0.5$;$1/5=0.2$ 等;代数中引入变元,借用字母来表达变化着的量,正如借代中"借体"和"本体"之间的替代关系.更广泛地说,数学中的符号化思想,就是用符号(包括字母、数字、图形与图表以及各种特定的符号)来表示量与量之间的各种关系,实质上也就是一种"借代".

(四) 辗转综合与层递

在代数学中,辗转相除法是求两个非零多项式 $f(x)$、$g(x)$ 的最高公因式的一种方法,具体的操作方法是:

用 $f(x)$ 除以 $g(x)$,得商式 $q_1(x)$、余式 $r_1(x)$,若 $r_1(x)\neq0$;

用 $g(x)$ 除以 $r_1(x)$,得商式 $q_2(x)$、余式 $r_2(x)$,若 $r_2(x)\neq0$;

用 $r_1(x)$ 除以 $r_2(x)$,得商式 $q_3(x)$、$r_3(x)$,若 $r_3(x)\neq0$;

用 $r_2(x)$ 除以 $r_3(x)$,得商式 $q_4(x)$、$r_4(x)$,若 $r_4(x)\neq0$;….

继续重复做除法运算,每一次的除法运算中所得的余式次数逐次降低一次,直至某一个余式 $r_k(x)$ 是零,则 $r_{k-1}(x)$ 就是所求的最高公因式;或者 $r_k(x)$ 是不为零的常数,则 $f(x)$ 和 $g(x)$ 是互质的.以上方法归纳起来就是用逐次递推的方法,直至求出两个非零多项式的最高公因式.

例如:求 $f(x)=x^4-3x^3+5x^2-8x+5$ 和 $g(x)=x^2-3x+2$ 的最高公因式.

解　用 $f(x)$ 除以 $g(x)$,得商式 $q_1(x)=x+3$、余式 $r_1(x)=x-1$,显然 $r_1(x)\neq0$,再次用 $g(x)$ 除以 $r_1(x)$,得商式 $q_2(x)=x-2$,余式 $r_2(x)=0$,所以,$r_1(x)=x-1$ 是 $f(x)$ 和 $g(x)$ 的最高公因式.

这种"层层递推的方法",解题思路条理清楚,易于掌握.

综合除法也是代数学中的一种基本方法.它是多项式除法的一种简便运算.

设一元 n 次多项式

$$f(x)=a_nx^n+a_{n-1}x^{n-1}+\cdots+a_1x+a_0(a_n\neq0)$$

除以一次多项式 $g(x)=x-a$,所得的商式 $q(x)=b_{n-1}x^{n-1}+b_{n-2}x^{n-2}+\cdots+b_1x+$

$b_0(b_{n-1}\neq 0)$ 和余数 r,满足关系式 $f(x)=q(x)(x-a)+r$,运用下面的竖式表就可以简便地求出商式 $q(x)$ 中待定的各次项系数 $b_i(i=1,2,3,\cdots,n-1)$ 和余数 r:

$$
\begin{array}{ccccc}
a & a_{n-1} & \cdots & a_1 & a_0 \\
+ & ab_{n-1} & \cdots & ab_1 & ab_0 \\ \hline
a_n & a_{n-1}+ab_{n-1} & \cdots & a_1+ab_1 & a_0+ab_0 \\
\downarrow & \downarrow & & \downarrow & \downarrow \\
b_{n-1} & b_{n-2} & \cdots & b_0 & r
\end{array}\ \Big| a
$$

所以,$b_{n-1}=a_n$;

　　$b_{n-2}=a_{n-1}+ab_{n-1}$;

　　$\cdots$

　　$b_0=a_1+ab_1$;

　　$r=a_0+ab_0$.

上面的一组等式,给出了商式 $q(x)$ 中待定的各次项系数 $b_i(i=1,2,3,\cdots,n-1)$ 的值,显然,在每一个等式中,b_i 是由已知的各次项系数 $a_i(i=1,2,3,\cdots,n-1)$ 和常数 a 按照相同的运算规律,经过逐次递推计算出来的.如 b_{n-1} 等于 a_n;b_{n-2} 等于前一项系数 b_{n-1} 乘以常数 a,再加上已知系数 a_{n-1}.按相同的规律,b_{n-3} 就应该等于前一项系数 b_{n-2} 乘以常数 a,再加上已知系数 a_{n-2}.以此类推,按相同的运算规律,可逐次递推,计算出 b_{n-4}、b_{n-5}、b_{n-6}、$\cdots$、b_1、b_0,最后一项 a_0+ab_0 即为所求的余数 r.

例题:求 $f(x)=2x^4+5x^3-24x^2+15$ 除以 $x-2$ 的商式和余数.

解

$$
\begin{array}{ccccc}
2 & 5 & -24 & 0 & 15 \\
+ & 2\times 2 & 9\times 2 & -6\times 2 & -12\times 2 \\ \hline
2 & 9 & -6 & -12 & -9
\end{array}\ \Big| 2
$$

因此,所求的商式为 $2x^3+9x^2-6x-12$,余数是 -9.

在语文修辞手法中,层递就是用 3 个或 3 个以上结构相同或相似的语句,表达层层递进或层层递退的意思.运用层递,可使事理说得层次分明,条理清楚.一般来说,层递可以分为两类:一是递升;二是递降.递升是按从小到大,从降到升,从低到高,从轻到重等关系来排列诸事物;递降的排序则与递升正相反.

递升如:

"声音开始是一个人的,以后变成几个人的,再以后变成几十个、几百个人的了.这口号越来越洪大、越壮烈、越激昂,好像整个宇宙充满了这高亢的英勇的呼声."

递降如:

"祖国是一座花园,北方就是园中的腊梅,小兴安岭是一朵花,森林就是花中的蕊.花香呀,沁人心脾."

有时,递升递降两者很难分别,因为从不同的角度看结果就会相反.战国时代宋玉的名作

《登徒子好色赋》中的一段文字,就同时运用了递升和递降的层递修辞方法.

"天下佳人,莫若楚国;楚国之佳丽者,莫若臣里;臣里之美者,莫若臣东家之子."

这段文字,若从地域范围看,是从大到小依次排列,属于递降;若从美丽的程度看,则是程度逐层加高的,又属于递升.

有趣的是,综合除法运算也是同时运用了递进和递降.从计算方法来看,由 b_{n-1} 递推求出 b_{n-2},由 b_{n-2} 求出 b_{n-3},$\cdots$,直至求出 b_0 和余数 r,这种"逐项递进的计算方法",与层递中的递升一样;同时,因为多项式的各次项系数按降幂排列,则其对应的系数 $b_i(i=1,2,3,\cdots,n-1)$ 的下标又是递减的,这与层递中的递降是一样的.

通过比较,数学中的辗转相除法、综合除法蕴含着的逐次递推的计算方法和层递的修辞方法的确有着奇妙的相似之处.

至此,回顾全文,我们可以这样概括:

> 换元方法通比喻,转化思想是根源;
>
> 夸张意在彰本质,通分约分总相宜;
>
> 借代生动又灵巧,数形结合同样好;
>
> 层递升降有方术,辗转相除综合除.

习题参考答案与提示

第一章

习题 1-1

(A)

1. (1) $[-2,3]$; (2) $[-2,3)$; (3) $(-3,5)$; (4) $(-3,+\infty)$;
(5) $(-\infty,-a)\bigcup(a,+\infty)$.

2. (1) $(-5,1)$; (2) $(-5,-2)\bigcup(-2,1)$; (3) $[-1,2]$; (4) $(-2,1)$.

3. (1) $\left(-\dfrac{7}{2},-\dfrac{5}{2}\right)$; (2) $\left(-\dfrac{7}{2},-3\right)\bigcup\left(-3,-\dfrac{5}{2}\right)$.

4. $U\left(-\dfrac{1}{2},\dfrac{\varepsilon}{4}\right),\left(-\dfrac{1}{2}-\dfrac{\varepsilon}{4},-\dfrac{1}{2}+\dfrac{\varepsilon}{4}\right)$. 数轴表示略.

(B)

1. 略.

2. $\left|x+\dfrac{1}{x}\right|=\dfrac{|x^2+1|}{|x|}\geqslant\dfrac{|2x|}{|x|}=2$.

3. 略.

4. (1) $n>398$; (2) $x<-1$ 或 $1<x<2$ 或 $x>4$; (3) $-4<x<\dfrac{2}{5}$; (4) $x<-1$.

习题 1-2

(A)

1. (1) $\{x\mid x\neq1\ \text{且}\ x\neq2\}$; (2) $\{x\mid x\in\mathbf{R}\}$; (3) $[-2,-1)\bigcup(1,2]$; (4) $(-\infty,0)$;
(5) $\left(-\infty,-\dfrac{1}{2}\right)\bigcup\left(-\dfrac{1}{2},0\right]$; (6) $[-2,-1)\bigcup(-1,2]$.

2. (1) 不同; (2) 不同; (3) 不同; (4) 同; (5) 不同.

3. $[-1,2)$; 函数图像略.

4. $f(-x)=\dfrac{1+x}{1-x},f(x+1)=-\dfrac{x}{x+2},f\left(\dfrac{1}{x}\right)=\dfrac{x-1}{x+1}$.

5. $f(x)=x^2+x+3,f(x-1)=x^2-x+3$.

(B)

1. (1) $[1,4]$; (2) $\left[-\dfrac{1}{4},0\right)\bigcup\left(\dfrac{3}{4},1\right]$; (3) $(2,3)\bigcup(3,+\infty)$; (4) $[-3,-2)$.

2. (1) $f(-2)=1,f\left(\dfrac{1}{2}\right)=\dfrac{\sqrt{3}}{2},f(3)=2$,函数图像略.

3. 略.

4. $f(x)=\begin{cases} -x^2-5x, & x<-1, \\ 3x^2-x, & -1\leqslant x\leqslant 3, \\ x^2+5x, & x>3. \end{cases}$

5. 0.

习题 1-3
(A)

1. (1) 偶函数； (2) 非奇非偶； (3) 奇函数； (4) 偶函数； (5) 奇函数；
(6) 奇函数； (7) 偶函数； (8) 奇函数.

2. (1) 单调增； (2) 单调减； (3) 单调增； (4) 单调增.

3. 略.

4. 提示：利用上一题的结果.

5. 略.

(B)

1. (1)奇函数； (2)奇函数； (3)奇函数； (4)偶函数； (5)奇函数.

2. (1) 有界,$0\leqslant f(x)<1$； (2) 无界； (3) 有界,$0\leqslant f(x)\leqslant\sqrt{2}$；
(4) 有界,$|\varphi(x)|\leqslant 3$.

3. (1) $\dfrac{2\pi}{\omega}$； (2) $T=2$； (3) $T=\pi$； (4) 不是周期函数.

4. 证：因为 α 是有理数,所以可令 $\alpha=\dfrac{m}{n}$(m,n 为整数).

所以 $\dfrac{T_1}{T_2}=\dfrac{m}{n}\Rightarrow nT_1=mT_2=T.$

因为 T_1 是 $f(x)$ 的周期,T_2 是 $g(x)$ 的周期,

所以 nT_1 也是 $f(x)$ 的周期,mT_2 也是 $g(x)$ 的周期.

又因为 $f(x+T)+g(x+T)=f(x+nT_1)+g(x+mT_2)=f(x)+g(x),$

所以 T 也是 $f(x)+g(x)$ 的周期,即 $f(x)+g(x)$ 是周期函数.

同理可证：$f(x)\cdot g(x)$ 是周期函数.

习题 1-4
(A)

(1) $y=\dfrac{x-2}{3},x\in\mathbf{R}$； (2) $y=\dfrac{2x+2}{x-1},x\neq 1$；

(3) $y=\sqrt[3]{x-2},x\in\mathbf{R}$；(4) $y=10^{x-1}-2,x\in\mathbf{R}.$

(B)

(1) $y=\dfrac{2x+1}{3x-2},x\neq\dfrac{2}{3}$；　(2) $y=\begin{cases}x, & x<1, \\ \sqrt{x}, & 1\leqslant x\leqslant16, \\ \log_2 x, & x>16;\end{cases}$

(3) $y=\ln(x+\sqrt{x^2-1})$；　(4) $y=\ln(x+\sqrt{x^2+1})$.

习题 1-5

(A)

1. (1) $(1,+\infty)$；　(2) $(-\infty,1)\bigcup(1,+\infty)$；　(3) $\left[\dfrac{1}{3},1\right]$；　(4) $(-\infty,+\infty)$.

2. (1) 0；　(2) $-\dfrac{1}{2}$；　(3) 2；　(4) 0.

3. $\sin\left(\alpha-\dfrac{\pi}{6}\right)=\dfrac{4\sqrt{3}+3}{10}$, $\cos\left(\alpha-\dfrac{\pi}{3}\right)=\dfrac{4\sqrt{3}-3}{10}$.

4. $\cos a\cos\beta=\dfrac{3}{10}$, $\sin\alpha\sin\beta=\dfrac{1}{2}$.

5. 在$(-\infty,-6)$内单调递减,在$(2,+\infty)$内单调递增.

6. 略.

7. $f(2\,009)=1$.

(B)

1. (1) $\left[1-\sqrt{2},1+\sqrt{2}\right]$；　(2)$[1,+\infty)$.

2. (1) $\dfrac{\sqrt{6}}{3}$；　(2) $\dfrac{\sqrt{2}}{2}$.

3. $\tan\alpha+\cot\alpha=2$.

习题 1-6

(A)

1. (1) $y=\sin^2 x$；　(2) $y=\sqrt{1+x^2}$；　(3) $y=e^{x^2+1}$；　(4) $y=e^{2\sin x}$.

2. (1) $y=\cos u,u=2x+1$；　(2) $y=e^u,u=-x^2$；

(3) $y=e^u,u=v^2,v=\sin x$；　(4) $y=u^5,u=1+\ln x$；

(5) $y=\sqrt{u},u=\ln v,v=\sqrt{x}$；　(6) $y=\arcsin u,u=\lg v,v=2x+1$.

(7) $y=u^2,u=\lg v,v=\arccos z,z=x^3$.

3. $\pi+3$.

4. $f[\varphi(x)]=\sin^3 2x-\sin 2x$; $\varphi[f(x)]=\sin[2(x^3-x)]$.

5. $f(x)=x^2-5x+6$.

6. $f(x)=x^2-2(x\leqslant-2$ 或 $x\geqslant2)$.

7. $[-1,1]$.

8. $[-3,9]$.

9. $\left[\dfrac{1}{4},\dfrac{\sqrt{2}}{2}\right]$.

10. 函数 $y=\log_2(x^2-2x-3)$ 在 $(-\infty,-1)$ 内单调减少,在 $(3,+\infty)$ 内单调增加.

11. (1)是;　(2)是;　(3)不是;　(4)不是;　(5)不是.

(B)

1. $f(4)=16,f\{f[f(-3)]\}=4$.

2. $f(\cos x)=2-2\cos^2 x$.

3. $\dfrac{x}{\sqrt{1-nx^2}}$.

4. 函数在 $(-\infty,2]$ 内单调递增,在 $(2,+\infty)$ 内单调递减.

5. $\{x\in\mathbf{R}\mid x\neq-1\text{且}x\neq-2\}$.

6. 函数在 $(-\infty,-3]$ 内单调递减,在 $(2,+\infty)$ 内单调递增.

7. 略.

8. 略.

复习题一

(A)

1. D.　2. D.　3. C.　4. D.　5. C.　6. C.　7. D.　8. C.　9. A.　10. D.

11. $\left(-\infty,\dfrac{1}{2}\right)$.　12. 2.　13. $(0,1)$.　14. $y=-\sqrt{x^2+1}$.　15. 20.

16. $f(x)=2x-\dfrac{1}{x}$.

17. 在 $(-\infty,0)$ 内单调减少,在 $(2,+\infty)$ 内单调增加.

18. (1)$\mathbf{R}$;　(2)奇;　(3) 略.

19. (1) $y=\sqrt{u},u=\arctan v,v=x^2+1$;

(2) $y=\lg u,u=v^{\frac{1}{3}},v=\dfrac{1-t}{1+t},t=\omega^2,\omega=\sin x$.

20. 略.

(B)

1. C.　2. A.　3. A.　4. $\{x\mid-3<x<-2\text{ 或 }x>2\}$.　5. $(-\infty,1)$.

6. $f^{-1}(x)=\begin{cases}\sqrt{x}, & x\geqslant0,\\ -\sqrt{-x}, & x<0.\end{cases}$　7. $\dfrac{\sqrt{2}}{2}$.

8. (1)不同;　(2)不同;　(3)不同;　(4)不同.

9. 不存在反函数,因为已知函数不是单调函数,如当取 $y=-\dfrac{1}{2}$ 时,有两个 $x=\dfrac{1}{4},x=\dfrac{\sqrt{2}}{2}$.

10. (1)$y=\log_2\dfrac{x}{1-x}$;　(2)$y=\dfrac{a^{2x}-1}{2a^x}$;　(3)$y=\begin{cases}x, & x<1,\\ \sqrt{x}, & 1\leqslant x\leqslant16,\\ \log_2 x, & x>16.\end{cases}$

11. 略.

12. (1) $\dfrac{21}{5}$；　(2) 1.

13. 证左边 $=\dfrac{\tan\theta+1}{\tan\theta-1}-\dfrac{1}{\cos^2\theta(\tan^2\theta-1)}-\dfrac{2}{\tan^2\theta-1}$

$$=\dfrac{(\tan\theta+1)^2}{\tan^2\theta-1}-\dfrac{\tan^2\theta+1}{\tan^2\theta-1}-\dfrac{2}{\tan^2\theta-1}=\dfrac{2\tan\theta-2}{\tan^2\theta-1}=\dfrac{2}{1+\tan\theta}.$$

第二章

习题 2-1

(A)

1. (1) $6,12,a_n=2n$；　(2) $1,36,a_n=n^2$；　(3) $\sqrt{3},\sqrt{6},a_n=\sqrt{n}$.

2. $\dfrac{(1+n)n}{2}$.

3. $S_n=16\left(1-\dfrac{1}{2^n}\right)$.

4. (1) 当 $a\neq1$ 时，$S_n=\dfrac{a(1-a^n)}{1-a}-\dfrac{n(n+1)}{2}$；当 $a=1$ 时，$S_n=\dfrac{-n^2+n}{2}$.

(2) 当 $x\neq1$ 时，$S_n=\dfrac{1+x-(2n+1)x^n+(2n-1)x^{n+1}}{(1-x)^2}$；当 $x=1$ 时，$S_n=n^2$.

(B)

1. $a_1=1,q=2,S_n=2^n-1$.

2. (1) $S_n=44.5$；　(2) $\dfrac{n}{2n+1}$；　(3) $\sqrt{n+1}-1$；　(4) $\dfrac{2}{3}\left[1-\left(-\dfrac{1}{2}\right)^n\right]$.

习题 2-2

(A)

1. (1) $\left\{x\left|\dfrac{1}{4}<x<\dfrac{9}{4}\right.\right\}$；　(2) $\{x|x<-3\text{ 或 }x>1\}$.

2. $\lim\limits_{n\to\infty}x_n=0.$ 取 $N\geqslant\left[\dfrac{1}{\varepsilon}\right]$. 当 $\varepsilon=0.001$ 时，$N\geqslant1\,000$.

3. (1) 1；　(2) -1；　(3) $\dfrac{4}{3}$；　(4) 2；　(5) $\dfrac{1}{3}$；

(6) 当 $|a|<1$ 时，取 0，当 $|a|>1$ 时，取 1；

(7) $-\dfrac{1}{2}$；　(8) 2；　(9) $\dfrac{1}{3}$；　(10) $\dfrac{1}{4}$.

(B)

1. 略.　2. 略.

3. (1) $\dfrac{1}{2}$； (2) 1； (3) $\dfrac{1}{2}$.

4. (1) $\dfrac{a+b}{2}$； (2) $\dfrac{1}{2}$.

5. 0.

习题 2-3
(A)

1. 略.

2. 因为 $f(0+0)=0,f(0-0)=-1$,所以 $f(x)$ 在点 $x=0$ 的极限不存在；

又因为 $f(1+0)=1,f(1-0)=1$,所以 $f(x)$ 在点 $x=1$ 的极限存在,且 $\lim\limits_{x\to1}f(x)=1$.

3. (1) 因为 $f(0+0)=+\infty$(或不存在),$f(0-0)=+\infty$(或不存在),所以 $\lim\limits_{x\to0}f(x)$ 不存在.

(2) 因为 $f(1+0)=+\infty,f(1-0)=0$,所以 $\lim\limits_{x\to1}f(x)$ 不存在.

(3) 因为 $f(0+0)=1,f(0-0)=1$,所以 $\lim\limits_{x\to0}f(x)=1$.

4. $a=1$.

(B)

1. 略.

2. 图略. $\lim\limits_{x\to-1^-}f(x)=3$, $\lim\limits_{x\to-1^+}f(x)=-1$, $\lim\limits_{x\to-1}f(x)$ 不存在, $\lim\limits_{x\to1^-}f(x)=1$, $\lim\limits_{x\to1^+}f(x)=3$,

$\lim\limits_{x\to1}f(x)$ 不存在.

3. a 为任意实数,$b=-2$.

习题 2-4
(A)

1. (1)~(6) 错.

2. 当 $x\to0$ 时,$x^2+0.1$、$2^{-x}-1$ 都是无穷小量；

当 $x\to3$ 时,$\dfrac{x+1}{x^2-9}$ 是无穷大量；

当 $x\to+\infty$ 时 $\lg x$ 是无穷大量.

3. 当 $x\to1$ 时,y 是无穷大量；当 $x\to0$ 时,y 是无穷小量.

(B)

1. (1) $y=1+\alpha(x)$,其中 $\lim\limits_{x\to\infty}\alpha(x)=0$；

(2) $y=\dfrac{1}{2}+\alpha(x)$,其中 $\lim\limits_{x\to\infty}\alpha(x)=0$.

2. 略.

习题 2-5
(A)

(1) -1； (2) -3； (3) $\dfrac{5}{3}$； (4) $\dfrac{2}{3}$； (5) $3x^2$； (6) 2； (7) $\dfrac{1}{2}$； (8) 2；

(9) $\dfrac{1}{4}$；　(10) 1.

(B)

1. (1) 0；　(2) $\dfrac{1}{4}$；　(3) n；　(4) 0.

2. $a=-1, b=1$.

习题 2-6
(A)

1. (1) w；　(2) 3；　(3) $\dfrac{5}{3}$；　(4) 2；　(5) 0；　(6) 1.

2. (1) e^2；　(2) $\sqrt{\mathrm{e}}$；　(3) e^{-2}；　(4) e^{-k}（k 为正整数）；

(5) e^{-2}；　(6) e^3；　(7) e；　(8) e.

(B)

1. (1) 4；　(2) 1；　(3) $\dfrac{1}{4}$.

2. 略.

习题 2-7
(A)

1. (1) 同阶无穷小；　(2) 低阶无穷小；　(3) 同阶无穷小；

(4) 同阶无穷小；　(5) 高阶无穷小.

2. 略.

3. (1) $\dfrac{4}{5}$；　(2) ∞；　(3) 0；　(4) 0.

(B)

1. 略.

2. (1) $\begin{cases} 1, & n=m, \\ 0, & n>m, \\ \infty, & n<m; \end{cases}$　(2) $\dfrac{2}{\pi}$；　(3) $-\dfrac{1}{3}$.

3. 略.

4. 略.

复习题二
(A)

1. (1) $\dfrac{1}{5}$；　(2) $\sqrt{2}$；　(3) $-\dfrac{\sqrt{2}}{4}$；　(4) 1；　(5) 2；　(6) $\mathrm{e}^{-\frac{3}{2}}$.

2. 当 $x \to 1$ 时, $f(x)$ 的极限不存在.

3. $a=0$.

(B)

1. 略.
2. 略.
3. (1) 0； (2) 3； (3) 0； (4) 2.
4. $a=4$，$b=4$.

第三章

习题 3-1

(A)

1. $\Delta y \approx -0.19$.

2. (1) 在 $(-\infty,+\infty)$ 内连续；

(2) 在 $(-\infty,0) \bigcup (0,+\infty)$ 内连续.

3. (1) $x=0$ 为第一类间断点(可去间断点)，连续延拓函数

$$F(x) = \begin{cases} \dfrac{\sin 5x}{x}, & x \neq 0, \\ 5, & x = 0 \end{cases}$$

(2) $x=-2, x=1$ 为第二类间断点；

(3) $x=1$ 为第一类间断点；

(4) $x=0$ 为第一类间断点(可去间断点)，连续延拓函数

$$F(x) = \begin{cases} \sin x \sin \dfrac{1}{x}, & x \neq 0, \\ 0, & x = 0 \end{cases}$$

(5) $x=0$ 为第一类间断点.

4. $a=1$.

5. $f(x) = \begin{cases} 0.12, & 0 < x \leqslant 10, \\ 0.24, & 10 < x \leqslant 20, \\ 0.36, & 20 < x \leqslant 30, \\ \cdots & \cdots \end{cases}$ 间断点：$x=10,20,30,\cdots$.

(B)

1. $f(0) = \dfrac{3}{2}$.

2. 当 $a=0$ 时，$g(x)$ 在 $x=0$ 处连续；当 $a \neq 0$ 时，$x=0$ 为 $g(x)$ 的第一类间断点.（提示：

$\lim\limits_{x \to 0} g(x) = \lim\limits_{x \to \infty} f\left(\dfrac{1}{x}\right) = \lim\limits_{x \to \infty} f(x) = a.$）

3. 略.

习题 3-2

(A)

1. (1) 0； (2) 6； (3) $a-b$； (4) e^β； (5) e^{2a}； (6) e； (7) $\dfrac{1}{2}$； (8) $\dfrac{1}{a}$； (9) 0；

(10) 1； (11) 1； (12) $\dfrac{1}{e}$.

2. 连续区间：$(-\infty,-2)\bigcup(-2,0)\bigcup(0,1)\bigcup(1,+\infty)$，$\lim\limits_{x\to-2}f(x)=\dfrac{1}{6}$，$\lim\limits_{x\to2}f(x)=\dfrac{1}{2}$.

3. $k=1$.

4. $a=8$.

5. $[-1,0)\bigcup(0,+\infty)$.

(B)

1. $a=2,b=\ln 2$.

2. 3.（提示：通过求 $\lim\limits_{x\to1}f(x)$ 得出. 注意到：$x\neq1$ 时

$$f(x)=(x-1)\left[\dfrac{f(x)-2x}{x-1}-\dfrac{1}{\ln x}\right]+2x+\dfrac{x-1}{\ln x}$$

$x\to1$ 时，$x-1$ 是无穷小量，$\dfrac{f(x)-2x}{x-1}-\dfrac{1}{\ln x}$ 是有界量；另外，$x\to1$ 时，$\ln x=\ln[(x-1)+1]\sim x-1$.）

3. (1) 在 $(-\infty,0)\bigcup(0,+\infty)$ 内连续；(2) 在 $(-\infty,1)\bigcup(1,+\infty)$ 内连续.

习题 3-3

(A)

1. 略.

2. 提示：用最大最小值定理与中间值定理.

3. 提示：令 $F(x)=xe^{2x}-1$.

4. 提示：令 $F(x)=f(x)+2x-1$.

(B)

1. 提示：令 $F(x)=f(x)-f(x+a)$.

2. 提示：显见 $x=a\sin x+b\leqslant a+b$. 设 $f(x)=x-a\sin x-b$，在 $[0,a+b]$ 上用零点定理讨论得出. 注意：$f(a+b)\geqslant0$.

3. 提示：用反证法证明. 可用零点定理推出矛盾.

复习题三

(A)

1. 当 $a=b$ 时，$f(x)$ 在点 $x=0$ 处连续；

当 $a\neq b$ 时，$f(x)$ 在点 $x=0$ 处不连续，且 $x=0$ 是第一类间断点(可去间断点).

$\left(\text{提示：求}\lim\limits_{x\to0}\dfrac{a^x-b^x}{x}\text{可利用 }a^x-b^x=b^x\left[\left(\dfrac{a}{b}\right)^x-1\right]\text{以及 }x\to0\text{ 时}\left(\dfrac{a}{b}\right)^x-1\sim x\ln\dfrac{a}{b}.\right)$

2. $\lim_{x\to 0}f\left(\dfrac{x}{\arcsin x}\right)=f(1)=0.$

3. $-\ln 3.$ $\left(提示:\lim_{x\to\infty}\left(\dfrac{2x-c}{2x+c}\right)^x=e^{-c}.\right)$

4. $a=2,b=\dfrac{8}{\pi}.$ $\left(提示:\lim_{x\to 1^-}e^{\frac{1}{x-1}}=0,\arctan 1=\dfrac{\pi}{4}.\right)$

(B)

1. (1) $e^{-2}.$ $\left(提示:x\to 1\ 时,x^{\frac{2}{1-x}}=e^{\frac{2\ln x}{1-x}}=e^{-\frac{2\ln[(x-1)+1]}{x-1}}.\right)$

(2) $e^{-2}.$ $\Big(提示:1+\cot^2 x=\dfrac{1}{\sin^2 x},\cos 2x=1-2\sin^2 x.\ x\to 0\ 时,\cos 2x>0.\ (\cos 2x)^{\frac{1}{\sin^2 x}}=$
$e^{\frac{\ln\cos 2x}{\sin^2 x}},\ln\cos 2x=\ln(1-2\sin^2 x)\sim 2\sin^2 x.\Big)$

(3) $e^{\frac{1}{2}}.$ $\Big(提示:x\to\infty\ 时,1+\dfrac{1}{2x}-\dfrac{3}{x^2}>0,\left(1+\dfrac{1}{2x}-\dfrac{3}{x^2}\right)^x=e^{x\ln\left(1+\frac{1}{2x}-\frac{3}{x^2}\right)},\ln\left(1+\dfrac{1}{2x}-\dfrac{3}{x^2}\right)\sim$
$\dfrac{1}{2x}-\dfrac{3}{x^2}.\Big)$

(4) 1. $\left(提示:x\to 0\ 时,\sin\dfrac{1}{x}是有界量,因此\ x\sin\dfrac{1}{x}\to 0.\right)$

提示:上述 4 个极限都属于"1^∞"型幂指函数极限,也可利用公式 $\lim_{x\to x_0}f(x)^{g(x)}=$
$e^{\lim_{x\to x_0}[f(x)-1]\cdot g(x)}$ 来求得.

2. $x=0$ 为第二类间断点;$x=1$ 为第一类间断点. $\left(提示:\lim_{x\to 0}\dfrac{1}{x}\sin\dfrac{1}{x}不存在,x\to 1\right.$
$时\ln x\sim x-1.\Big)$

3. (1) $(0,+\infty);f(x)=\begin{cases}\dfrac{2}{x},&0<x<1,\\e^{ax},&x\geqslant 1.\end{cases}$ $\left(提示:t\to x\ 时,\ln\dfrac{t}{x}\sim\dfrac{t}{x}-1.\right)$ (2) 略.

4. 提示:令 $F(x)=f(x)-x.$

5. 2. $\Big(提示:由于\ f(x)=x\left[\dfrac{f(x)-1}{x}-\dfrac{\sin x}{x^2}\right]+1+\dfrac{\sin x}{x},由给出的极限可以求出$
$\lim_{x\to 0}f(x),再根据\ f(x)\ 的连续性可以求出\ f(0)=\lim_{x\to 0}f(x)=2.\Big)$

第四章

习题 4-1
(A)

1. (1) $f'(1)=1$; (2) $f'(1)=-1.$
2. 切线方程 1:$4x+y+8=0$;法线方程 1:$x-4y+2=0.$
切线方程 2:$6x-y-13=0$;法线方程 2:$x+6y-33=0.$

3. 1.

4. $\dfrac{1}{2}$.

5. 可导.

(B)

1. 连续不可导.

2. $-af'(a)+f(a)$.

3. 略.

习题 4-2
(A)

1. (1) $f'(x)=2$;   (2) $f'(x)=3x^2$.

2. (1) $f'(x)=2x-2^x\ln 2$;   (2) $f'(x)=-\dfrac{1}{x^2}+\dfrac{1}{x}=\dfrac{x-1}{x^2}$;

(3) $f'(x)=3x^2\cos x-x^3\sin x$;   (4) $f'(x)=2x\arctan x+\dfrac{x^2}{1+x^2}$;

(5) $f'(x)=\dfrac{-2}{(x-1)^2}$;   (6) $f'(x)=\dfrac{2\tan x-2x\sec^2 x}{\tan^2 x}$;

(7) $f'(x)=\dfrac{2(2+\ln x)}{x}$;   (8) $f'(x)=2x(\ln x+\sin x)+x+x^2\cos x$.

(B)

1. (1) $f'(x)=-\dfrac{1}{x^2}$;   (2) $f'(x)=-\sin x$.

2. (1) $f'(x)=\sin x+x\cos x+\dfrac{1}{2\sqrt{x}}$;   (2) $f'(x)=\dfrac{2(\log_2 x+1)}{x\ln 2}$;

(3) $f'(x)=\dfrac{1-2x\arctan x}{(x^2+1)^2}$;   (4) $f'(x)=\dfrac{[u'(x)+2]v(x)-[u(x)+2x]v'(x)}{v^2(x)}$.

习题 4-3
(A)

1. (1) $f'(x)=20(2x+3)^9$;   (2) $f'(x)=7\cos(7x+1)$;

(3) $f'(x)=\dfrac{x}{\sqrt{x^2+1}}$;   (4) $f'(x)=\dfrac{1}{x\ln x}$;

(5) $y'=\dfrac{-3x^2}{1+x^6}$;   (6) $f'(x)=\dfrac{2\arcsin x}{\sqrt{1-x^2}}$;

(7) $f'(x)=6\sin^2 2x\cos 2x$;   (8) $f'(x)=\dfrac{1}{x[1+\ln^2(2x)]}$.

2. (1) $f'(x)=\sec^2 x-\dfrac{1}{x\ln 3}$;   (2) $f'(x)=\dfrac{2}{2x+1}-\dfrac{1}{x^2}$;

(3) $f'(x)=e^{2x}(2\cos 3x-3\sin 3x)$;   (4) $f'(x)=\dfrac{1+5e^{5x}}{x+e^{5x}}$;

(5) $f'(x)=e^x(\sin^2 x+\sin 2x)$;   (6) $f'(x)=\cos(\cos 2x+x^3)\cdot(3x^2-2\sin 2x)$.

3. $f'(x)=\dfrac{1}{x}$.

(B)

1. (1) $f'(x)=\dfrac{1}{1-x^2}$;   (2) $f'(x)=\dfrac{e^{\arcsin\sqrt{x}}}{2\sqrt{x-x^2}}$.

2. $y'=\dfrac{-\dfrac{1}{x^2}f'\left(\arcsin\dfrac{1}{x}\right)}{\sqrt{1-\dfrac{1}{x^2}}}$ （注：因为 x 可正可负，所以结果不能化简）.

3. $f'(x)=\begin{cases}-e^{-x},x\geqslant 0,\\[2mm]\dfrac{-1}{\sqrt{1-2x}},x<0.\end{cases}$

习题 4-4
(A)

1. $5x-2y-2=0$.

2. (1) $y'_x=\dfrac{y}{x(y-1)}$;   (2) $y'_x=\dfrac{y}{e^y-x}$;

(3) $y'_x=-\dfrac{y+\sin(x+y)}{x+\sin(x+y)}$;   (4) $y'_x=\dfrac{2xe^{x^2}-2xy}{x^2-\cos y}$.

3. (1) $y'_x=\dfrac{e^y}{1-xe^y}$, $x'_y=\dfrac{1-xe^y}{e^y}$;

(2) $y'_x=\dfrac{1-y\cos xy}{x\cos xy-1}$, $x'_y=\dfrac{x\cos xy-1}{1-y\cos xy}$.

4. (1) $y'=x^x(1+\ln x)$;   (2) $y'=x^{\sin x}\left(\cos x\ln x+\dfrac{\sin x}{x}\right)$;

(3) $y'=e^{x^x}\cdot x^x(1+\ln x)$;   (4) $y'=(\ln x)^{e^x}\cdot\left[e^x\ln(\ln x)+\dfrac{e^x}{x\ln x}\right]$;

(5) $y'=-\sqrt[x]{\dfrac{x+1}{x-1}}\left(\dfrac{1}{x^2}\ln\dfrac{x+1}{x-1}+\dfrac{2}{x^3-x}\right)$;   (6) $y'=x^{3^x}\left(3^x\ln 3\ln x+\dfrac{3^x}{x}\right)$.

5. (1) $y''=-(e^x)^2\sin e^x+e^x\cos e^x$;(2)$y^{(4)}=\dfrac{4!}{(1-x)^5}$.

(B)

1. 当 $b=0$ 时，切线方程为：$x=\pm 1$；当 $b\neq 0$ 时，切线方程为：$y-b=-\dfrac{a}{b}(x-a)$.

2. (1) $y'_x=\dfrac{e^{x+y}-y}{x-e^{x+y}}$;   (2) $y'_x=\dfrac{\ln\sin y+y\tan x}{\ln\cos x-x\cot y}$.

3. $y'=\dfrac{\sqrt{x+2}(3-x)^4}{(1+x)^5}\left[\dfrac{1}{2(x+2)}-\dfrac{4}{3-x}-\dfrac{5}{1+x}\right]$.

习题 4-5

(A)

1. (1) $dy = \cot x\, dx$;　(2) $dy = \dfrac{1}{x(1+\ln^2 x)}dx$;

(3) $dy = \dfrac{-x\, dx}{\sqrt{x^2-x^4}}$;　(4) $dy = \dfrac{x+2\sqrt{x}+1}{2\sqrt{x^3}}dx$.

2. $2\cos 2x\, dx$.

3. (1) $2x$;　(2) $\dfrac{3}{2}x^2$;　(3) $\sin t$;　(4) $2\sqrt{x}$;

(5) $-\dfrac{1}{2}e^{-2x}$;　(6) $\dfrac{1}{2}$;　(7) $-\dfrac{1}{5}$;　(8) x.

(B)

1. $dy = (ae^{ax}\cos bx - be^{ax}\sin bx)dx$.

2. $dy = \dfrac{e^x - y}{x - e^y}dx\,(x - e^y \neq 0)$.

3. (1) 0.985;　(2) 0.03.

复习题四

(A)

1. (1) $\dfrac{7}{8}x^{-\frac{1}{8}}$;　(2) $\dfrac{1}{\sqrt{a+x^2}}$;　(3) $(\sin x)^{x+2}[\ln\sin x + (x+2)\cot x]$;

(4) $-(1-2x)^{\frac{1}{x}+1}\left[\dfrac{\ln(1-2x)}{x^2} + \dfrac{2+2x}{x-2x^2}\right]$.

2. 切线: $3y - x - 2 = 0$; 法线: $y + 3x - 4 = 0$.

3. $f'(x) = 2|x|$. (提示: 按分段函数来处理)

4. $\dfrac{uu' + vv'}{\sqrt{u^2 + v^2}}$.

5. $y'_x = \dfrac{x}{e^y\sqrt{x^2+y^2}-y}$;　$x'_y = \dfrac{1}{y'_x} = \dfrac{e^y\sqrt{x^2+y^2}-y}{x}$.

6. $a = 2, b = -1$.

7. (1) $\dfrac{x^2}{2} + x$;　(2) $\dfrac{1}{2}\ln(2x-1)$;　(3) $\dfrac{1}{2}e^{x^2}$;

(4) $-\dfrac{3}{4}\sqrt[3]{(1-2x)^2}$;　(5) $-\dfrac{3^{2-x}}{\ln 3}$;　(6) $\sqrt{x}$.

(B)

1. 连续且可导.

2. $\dfrac{1}{2e}$.

3. $3x+y+6=0$

4. 提示:利用连续和导数的定义.

5. 提示:求出切线方程 $y=-ax+2a$ 后取其在 x 轴和 y 轴上的截距来证明.

6. $\dfrac{xf''(\ln x)-f'(\ln x)}{x^2}+\dfrac{f(x)f''(x)-[f'(x)]^2}{f^2(x)}$.

第五章

习题 5-1

(A)

1. (1)、(4),(6)满足, (2)、(3)、(5)不满足.

2. (1) $\xi=\sqrt[3]{\dfrac{15}{4}}$; (2) $\xi=\sqrt{\dfrac{4}{\pi}-1}$.

3~6. 略.

7. 满足,$\xi=\dfrac{14}{9}$.

(B)

略.

习题 5-2

(A)

1. (1) 1; (2) $\dfrac{1}{2}$; (3) a; (4) 2; (5) 0; (6) 1; (7) $-\dfrac{1}{8}$; (8) $-\dfrac{1}{6}$; (9) 2;

(10) 3; (11) $\dfrac{2}{\pi}$; (12) 0; (13) 1; (14) 0; (15) $\dfrac{1}{2}$; (16) 1; (17) 1.

2. 略.

(B)

1. $a=-3,b=\dfrac{9}{2}$.

2. (1) e^{-1}; (2) 1; (3) 1.

习题 5-3

(A)

1. (1) 在 $[-1,1]$ 单调递减,在 $(-\infty,-1]$ 和 $[1,+\infty)$ 单调递增;

(2) 在 $(0,+\infty)$ 单调递减,在 $(-\infty,0)$ 单调递增;

(3) 在 $(-\infty,-1]$ 单调递减,在 $[-1,+\infty)$ 单调递增;

(4) 在 $[100,+\infty)$ 单调递减,在 $[0,+\infty)$ 单调递增;

(5) 在 $(-\infty,-1]$ 和 $(0,1]$ 单调递减,在 $[-1,0)$ 和 $[1,+\infty)$ 单调递增;

(6) 在 $(-\infty,+\infty)$ 单调递增.

2. (1) $a<0$；　(2) $a<0$；　(3) $a>0$.

3. 略.

4. (1) 当 $x=-1$ 时，$y_{极小}=-3$.

　(2) 当 $x=-\dfrac{2}{3}\sqrt{3}$ 时，$y_{极大}=\dfrac{16\sqrt{3}}{9}$；

　　当 $x=\dfrac{2}{3}\sqrt{3}$ 时，$y_{极小}=-\dfrac{16\sqrt{3}}{9}$.

　(3) 当 $x=0$ 时，$y_{极小}=0$.

　(4) 当 $x=\dfrac{\pi}{4}$ 时，$y_{极大}=\dfrac{1}{2}$；

　　当 $x=\dfrac{3}{4}\pi$ 时，$y_{极小}=-\dfrac{1}{2}$.

　(5) 当 $x=1$ 时，$y_{极大}=-2$.

　(6) 当 $x=-\dfrac{1}{2}$ 时，$y_{极小}=\dfrac{3}{2}$.

　(7) 当 $x=\mathrm{e}^2$ 时，$y_{极大}=\dfrac{4}{\mathrm{e}^2}$；

　　当 $x=1$ 时，$y_{极小}=0$.

　(8) 当 $x=1$ 时，$y_{极大}=\dfrac{1}{\mathrm{e}}$.

5. (1) $y_{最大}=8,y_{最小}=0$；

(2) $y_{最大}=\mathrm{e},y_{最小}=-\dfrac{1}{\mathrm{e}}$；

(3) $y_{最大}=1,y_{最小}=0$.

6. 略.

7. 当直角三角形一直角边为 $\dfrac{\sqrt{3}}{3}a$，斜边为 $\left(a-\dfrac{\sqrt{3}}{3}a\right)$ 时面积最大.

(B)

1. (1) 在 $(-\infty,0)$ 和 $(0,1]$ 单调递减，在 $[1,+\infty)$ 单调递增.

$x=1$ 时，极小值为 3.

(2) 在 $[1,+\infty)$ 单调递减，在 $(-\infty,1]$ 单调递增.

$x=1$ 时，极大值为 $\sqrt{2}$.

(3) 在 $[\mathrm{e}^{\frac{1}{2}},+\infty)$ 单调递减，在 $(0,\mathrm{e}^{\frac{1}{2}}]$ 单调递增.

$x=\mathrm{e}^{\frac{1}{2}}$ 时，极大值为 $\dfrac{1}{2\mathrm{e}}$.

2. (1) 在 $(-\infty,-1]$ 和 $[1,+\infty)$ 单调递减，在 $[-1,1]$ 单调递增.

$x=-1$ 时，极小值为 -2；$x=1$ 时，极大值为 2.

(2) 在 $[-1,0)$ 和 $(0,1]$ 单调递减，在 $(-\infty,-1]$ 和 $[1,+\infty)$ 单调递增.

$x=-1$ 时,极小值-2;$x=1$ 时,极大值 2.

(3) 在$(-1,0]$单调递减,在$[0,+\infty)$单调递增.

$x=0$ 时,极小值为 0.

复习题五

(A)

1. (1)充分;(2)存在;(3)不一定;(4)不一定;(5)导函数等于零的点;不一定.

2. (1)$\dfrac{f(b)-f(a)}{b-a}$;　(2)$g(x)+c$.

3. (1) ① $\dfrac{1}{2}$;　② $\dfrac{1}{4}$;　③ 1;　④ e.　　(2) $\left(\dfrac{1}{2},-\dfrac{7}{4}\right)$.

(B)

1. (1)$\lim\limits_{x\to0}\dfrac{f'(x)}{g'(x)}$;　(2)0.

2. (1) 3. 在$[n,+\infty)$单调递减,在$[0,n]$单调递增.

(2) 略.

(3) $x=2,y=3$.

第六章

习题 6-1

(A)

1. $y=\dfrac{x^2}{2}+1$.

2. (1) $\dfrac{(2e)^x}{\ln 2e}+C$;　(2) $-\dfrac{x^{-3}}{3}+C$;　(3) $\dfrac{x}{2}-\dfrac{\sin x}{2}+C$;　(4) $\tan x-\cot x+C$;

(5) $\dfrac{2^x}{\ln 2}+e^x+C$;　(6) $a\arcsin x-b\arctan x+C$;　(7) $\dfrac{x^3}{3}-x+\arctan x+C$;

(8) $\dfrac{1}{2}(\tan x+x)+C$.

(B)

1. $4f(x)+C$.

2. C.

3. (1) $x-\dfrac{1}{x}-2\ln|x|+C$;

(2) $\dfrac{4^x}{\ln 4}+\dfrac{2\cdot6^x}{\ln 6}+\dfrac{9^x}{\ln 9}+C$;

(3) $-\cot x-x+C$;

(4) $-4\cot x+C$.

习题 6-2

(A)

(1) $\dfrac{(2x+5)^8}{16}+C$;   (2) $-\dfrac{2}{9}(1-x^3)^{\frac{3}{2}}+C$;   (3) $-\sqrt{1-x^2}+C$;

(4) $\ln|\ln x|+C$;   (5) $2\sin\sqrt{x}+C$;   (6) $e^{\sin x}+C$;   (7) $-\dfrac{1}{\arcsin x}+C$;

(8) $\dfrac{x}{2}+\dfrac{\sin 2x}{4}+C$;   (9) $2e^{\frac{x}{2}}+C$;   (10) $\ln|\ln x|+\ln x+C$.

(B)

(1) $-\dfrac{1}{2}e^{\cos 2\theta}+C$;   (2) $\ln|x+1+\sqrt{2+2x+x^2}|+C$;

※(3) $\sqrt{x^2-a^2}-a\arccos\dfrac{a}{x}+C$;   ※(4) $-\dfrac{\sqrt{1+x^2}}{x}+C$;

(5) $x-\ln(1+e^x)+C$;   (6) $\ln|\ln\ln x|+C$;   (7) $\dfrac{\tan^3 x}{3}+\tan x+C$;

(8) $x+\dfrac{4}{3}\sqrt[4]{x^3}+2\sqrt{x}+4\sqrt[4]{x}+4\ln|\sqrt[4]{x}-1|+C$.

习题 6-3

(A)

(1) $x\ln x-x+C$;   (2) $\dfrac{1}{2}x^2\ln x-\dfrac{1}{4}x^2+C$;   (3) $\dfrac{1}{2}x^2\left(\ln^2 x-\ln x+\dfrac{1}{2}\right)+C$;

(4) $-e^{-x}(x+1)+C$;   (5) $x\arcsin x+\sqrt{1-x^2}+C$;

(6) $\dfrac{1}{2}(x+\operatorname{arccot} x+x^2\operatorname{arccot} x)+C$.

(B)

(1) $\dfrac{x^{n+1}}{n+1}\left(\ln x-\dfrac{1}{n+1}\right)+C$;

(2) $\dfrac{1}{3}\left[x^3\arccos x+\dfrac{1}{3}(1-x^2)^{\frac{3}{2}}-\sqrt{1-x^2}\right]+C$;

(3) $x\tan x+\ln|\cos x|+C$;

(4) $e^{2x}\left(\dfrac{2}{13}\cos 3x+\dfrac{3}{13}\sin 3x\right)+C$;

(5) $\dfrac{x}{2}(\sin\ln x-\cos\ln x)+C$.

习题 6-4

(A)

1. (1) $\dfrac{7}{x}+\dfrac{3}{x^2}-\dfrac{7}{x-1}+\dfrac{4}{(x-1)^2}$;

(2) $\dfrac{3}{4(x+1)}+\dfrac{1}{2}\dfrac{1}{(x+1)^2}-\dfrac{3x+2}{4(x^2+x+2)}.$

2. (1) $\dfrac{1}{4}\ln\left|\dfrac{2+x}{2-x}\right|+C;$ 　(2) $-\dfrac{2}{x-2}+C;$ 　(3) $\dfrac{1}{5}\ln\left|\dfrac{x-2}{x+3}\right|+C;$

(4) $\dfrac{1}{a+b}\ln\left|\dfrac{x-b}{x+a}\right|+C;$ 　(5) $5\ln|x-3|-3\ln|x-2|+C.$

(B)

(1) $\ln|x-1|-\dfrac{1}{2}\ln(x^2+x+1)+\sqrt{3}\arctan\dfrac{2x+1}{\sqrt{3}}+C;$

(2) $\ln|x|+\ln|x-2|-2\ln|x+1|+C.$

复习题六
(A)

1. $y=\dfrac{1}{4}x^4.$ 　2. $\arcsin x.$

3. (1) $\dfrac{1}{2}\sin x^2+C;$ 　(2) $\dfrac{1}{2}x(\cos\ln x+\sin\ln x)+C;$ 　(3) $(\sqrt{2x+1}-1)e^{\sqrt{2x+1}}+C;$

(4) $-\sin\dfrac{1}{x}+C;$ 　(5) $\arctan e^x+C;$ 　(6) $\dfrac{1}{4}\sin(2t+3)-\dfrac{1}{2}t\cos(2t+3)+C.$

(B)

1. $\sin e^x dx.$

2. $x-\dfrac{x^2}{2}+C.$

3. $-(\sin x+\cos x)+C.$

4. (1) $e^x\left(\cos^2 x+\dfrac{\sin 2x-2\cos 2x}{5}\right)+C;$ 　(2) $-\dfrac{1}{e^x}-\arctan e^x+C;$

(3) $\dfrac{1}{4}\left(\arctan\dfrac{x}{2}\right)^2+C;$ 　(4) $\dfrac{1}{8\cos^2 2x}+C;$ 　(5) $-\dfrac{\sqrt{2-x^2}}{x}-\arcsin\dfrac{x}{\sqrt{2}}+C;$

(6) $\dfrac{2}{3}(1+e^x)^{\frac{3}{2}}-2(1+e^x)^{\frac{1}{2}}+C;$ 　(7) $-\dfrac{x^2}{2}+x\tan x+\ln|\cos x|+C;$

(8) $\dfrac{x}{\sqrt{1+x^2}}+C.$

第七章

习题 7-1
(A)

1. (1) 假；　(2) 假.

2. (1) 9；　(2) $\dfrac{\pi a^2}{2}$；　(3) 6；　(4) 0.

3. 略.

(B)

1. (1)略；　(2) 提示:注意使用等比数列求和公式和无穷小等价替换公式即当 $x \to 0$ 时 $e^x - 1 \sim x$.

2. (1)1；　(2) 0.

习题 7-2
(A)

1. 0.

2. (1) $2A - 3B$；　(2) $3A + 5B$.

3. (1) $\dfrac{13}{6}$；　(2) $-\dfrac{1}{2}$.

4. (1) $\displaystyle\int_0^1 x \, dx > \int_0^1 x^2 \, dx$；　　　　　(2) $\displaystyle\int_0^{\frac{\pi}{2}} x \, dx > \int_0^{\frac{\pi}{2}} \sin x \, dx$；

(3) $\displaystyle\int_0^1 e^x \, dx > \int_0^1 \ln(1+x) \, dx$.

5. $\displaystyle\int_a^b f(x) \cdot g(x) \, dx \neq \left[\int_a^b f(x) \, dx\right] \cdot \left[\int_a^b g(x) \, dx\right]$.

(B)

略.

习题 7-3
(A)

1. (1) $F'(x) = x e^x$；　(2) $F'(x) = \ln x$；　(3) $\Phi'(x) = -\dfrac{1}{1+x^2}$；　(4) $\Phi'(x) = 2x e^{x^2} - e^x$.

2. $F'(x) = (1-x^2) \sin x, F'(1) = 0$.　　　　　3. 0

4. (1) 2；　(2) $e^2 - 3$；　(3) -2；　(4) 4；　(5) $\dfrac{\pi}{4}$；　(6) $1 - \dfrac{\pi}{4}$；　(7) $\ln \dfrac{3}{2}$；　(8) $\dfrac{\pi}{3}$.

(B)

1. $\displaystyle\int_0^4 f(x) \, dx = 11\dfrac{5}{6}$.

2. 略.

习题 7-4
(A)

1. (1) $\ln(1+e) - \ln 2 = \ln \dfrac{1+e}{2}$；　(2) $\dfrac{1}{5}$；　(3) $2 + 2\ln 2 - 2\ln 3$；　(4) $2 - \dfrac{\pi}{2}$；

(5) $\dfrac{a^4 \pi}{16}$；　(6) $\dfrac{1}{6}$；　(7) $\ln 3$；　(8) $\arctan e - \dfrac{\pi}{4}$.

2. (1) $\dfrac{3e^4}{4}+\dfrac{1}{4}$； (2) $1-\dfrac{2}{e}$； (3) 1； (4) $\dfrac{\pi}{4}-\dfrac{1}{2}$； (5) $\dfrac{\sqrt{2}}{8}\pi+\dfrac{\sqrt{2}}{2}-1$；

(6) $\dfrac{1}{2}e^{\frac{\pi}{2}}-\dfrac{1}{2}$； (7) 0； (8) $2e-2$.

(B)

略.

习题 7-5
(A)

(1) $\dfrac{1}{2}$； (2) 4； (3) 6； (4) $\dfrac{1}{12}$； (5) $\dfrac{9}{2}$.

(B)

1. $\dfrac{2\pi}{3}$； 2. 6π； 3. $\dfrac{128}{7}\pi$； 4. π.

复习题七
(A)

1. D.   2. D.   3. B.   4. D.

5. (1) 0； (2) $-\dfrac{\pi}{6}$； (3) $\dfrac{1}{15}$； (4) $\dfrac{2}{3}\left(1-\dfrac{1}{e}\right)^{\frac{3}{2}}$； (5) $\dfrac{\pi}{8}$； (6) $8\dfrac{2}{3}$.

6. (1) $\dfrac{e^2}{4}+\dfrac{1}{4}$； (2) $\dfrac{\sqrt{3}}{16}-\dfrac{\pi}{48}$； (3) $\pi-2$； (4) $1-\dfrac{1}{2}(\ln 2)^2-\ln 2$.

7. (1) $\dfrac{1}{3}$； (2) $12+\dfrac{25}{2}\left(\arcsin\dfrac{4}{5}+\arcsin\dfrac{3}{5}\right)=12+\dfrac{25\pi}{4}$.

(B)

1.
$$\begin{aligned}
\int_0^{+\infty}\frac{\mathrm{d}x}{x^2+2x+2} &= \lim_{b\to+\infty}\int_0^b\frac{\mathrm{d}x}{x^2+2x+2}\\
&= \lim_{b\to+\infty}\int_0^b\frac{\mathrm{d}(x+1)}{(x+1)^2+1}\\
&= \lim_{b\to+\infty}\left[\arctan(x+1)\right]_0^b\\
&= \lim_{b\to+\infty}\left[\arctan(b+1)-\frac{\pi}{4}\right]\\
&= \frac{\pi}{2}-\frac{\pi}{4}=\frac{\pi}{4}.
\end{aligned}$$

2. (1) $A=1+\ln 6$； (2) $V_x=\dfrac{11}{3}\pi$.

3. $V_x=\pi^2e^2-\dfrac{\pi^2}{2}$.

4. $L=\displaystyle\int_a^b\sqrt{1+(y')^2}\,\mathrm{d}x$

常用的初等数学基本知识

一、基本公式

(一) 初等代数一些公式

1. 二次方程 $ax^2+bx+c=0$

(1) 求根公式：

$$x_1=\frac{-b+\sqrt{b^2-4ac}}{2a}, \quad x_2=\frac{-b-\sqrt{b^2-4ac}}{2a}$$

(2) 根的性质：

$$\text{当 } b^2-4ac\begin{cases}>0, & \text{两个根是实数且不相等，}\\ =0, & \text{两个根是实数且相等，}\\ <0, & \text{两个根是虚数}\end{cases}$$

2. 有理指数幂

(1) $a^0=1(a\neq0)$；

(2) $a^{-n}=\dfrac{1}{a^n}(a\neq0,n\in\mathbf{N})$；

(3) $a^{\frac{m}{n}}=\sqrt[n]{a^m}(m,n\in\mathbf{N},a\neq0)$；

(4) $a^{-\frac{m}{n}}=\dfrac{1}{a^{\frac{m}{n}}}(m,n\in\mathbf{N},a\neq0)$；

(5) $a^{\alpha}\cdot a^{\beta}=a^{\alpha+\beta}$；

(6) $(a^{\alpha})^{\beta}=a^{\alpha\beta}$；

(7) $(ab)^{\alpha}=a^{\alpha}b^{\alpha}$.

3. 对数

(1) $a^{\log_a x}=x$；

(2) $\log_a N_1 N_2\cdots N_k=\log_a N_1+\log_a N_2+\cdots+\log_a N_k$；

(3) $\log_a\dfrac{M}{N}=\log_a M-\log_a N$；

(4) $\log_a M^{\alpha}=\alpha\log_a M$；

(5) $\log_b M=\dfrac{\log_a M}{\log_a b}$.

常用对数：$\lg N=\log_{10} N$；

自然对数：$\ln N=\log_e N(e=2.718\,28\cdots)$.

(二) 三角学的一些公式

1. 弧与度

$$180° = \pi \text{ 弧}$$

即
$$1° = \frac{\pi}{180} \text{弧} = 0.017\ 4\cdots\text{弧}$$

$$1 \text{ 弧} = \frac{180}{\pi} \text{度} = 57°17'45'' = 57.29\cdots\text{度}$$

2. 三角函数

角 α 终边上任取一点 $P(x, y)$，设 $\overrightarrow{OP} = r$，则

$$\sin \alpha = \frac{y}{r}, \qquad \cos \alpha = \frac{x}{r}$$

$$\tan \alpha = \frac{y}{x}, \qquad \cot \alpha = \frac{x}{y}$$

$$\sec \alpha = \frac{r}{x}, \qquad \csc \alpha = \frac{r}{y}$$

3. 同角三角函数的基本关系

平方关系：$\sin^2\alpha + \cos^2\alpha = 1, \tan^2\alpha + 1 = \sec^2\alpha, \cot^2\alpha + 1 = \csc^2\alpha$；

倒数关系：$\sin \alpha \cdot \csc \alpha = 1, \cos \alpha \cdot \sec \alpha = 1, \tan \alpha \cdot \cot \alpha = 1$；

商数关系：$\tan \alpha = \dfrac{\sin \alpha}{\cos \alpha}, \cot \alpha = \dfrac{\cos \alpha}{\sin \alpha}$.

4. 诱导公式 ($k \in \mathbf{Z}$)

$$\sin(\alpha + 2k\pi) = \sin \alpha, \qquad\qquad \cos(\alpha + 2k\pi) = \cos \alpha$$

$$\sin[\alpha + (2k+1)\pi] = -\sin \alpha, \qquad \cos[\alpha + (2k+1)\pi] = -\cos \alpha$$

$$\tan(\alpha + k\pi) = \tan \alpha, \qquad\qquad \cot(\alpha + k\pi) = \cot \alpha$$

$$\sin(-\alpha) = -\sin \alpha, \qquad\qquad \cos(-\alpha) = \cos \alpha$$

$$\tan(-\alpha) = -\tan \alpha, \qquad\qquad \cot(-\alpha) = -\cot \alpha$$

$$\sin\left(\alpha + \frac{\pi}{2}\right) = \cos \alpha, \qquad\qquad \cos\left(\alpha + \frac{\pi}{2}\right) = -\sin \alpha$$

$$\tan\left(\alpha + \frac{\pi}{2}\right) = -\cot \alpha, \qquad\qquad \cot\left(\alpha + \frac{\pi}{2}\right) = -\tan \alpha$$

5. 倍角公式

$$\sin 2\alpha = 2\sin \alpha\cos \alpha, \tan 2\alpha = \frac{2\tan \alpha}{1 - \tan^2\alpha}$$

$$\cos 2\alpha = \cos^2\alpha - \sin^2\alpha = 2\cos^2\alpha - 1 = 1 - 2\sin^2\alpha$$

6. 半角公式

$$\sin \frac{\alpha}{2} = \pm\sqrt{\frac{1 - \cos \alpha}{2}}, \qquad\qquad \cos \frac{\alpha}{2} = \pm\sqrt{\frac{1 + \cos \alpha}{2}}$$

$$\tan \frac{\alpha}{2} = \pm\sqrt{\frac{1 - \cos \alpha}{1 + \cos \alpha}} = \frac{1 - \cos \alpha}{\sin \alpha} = \frac{\sin \alpha}{1 + \cos \alpha}$$

7. 两角和差公式

$$\sin(\alpha \pm \beta) = \sin\alpha\cos\beta \pm \cos\alpha\sin\beta$$

$$\cos(\alpha \pm \beta) = \cos\alpha\cos\beta \mp \sin\alpha\sin\beta$$

$$\tan(\alpha \pm \beta) = \frac{\tan\alpha \pm \tan\beta}{1 \mp \tan\alpha\tan\beta}$$

8. 和差化积公式

$$\sin\alpha + \sin\beta = 2\sin\frac{\alpha+\beta}{2}\cos\frac{\alpha-\beta}{2}$$

$$\sin\alpha - \sin\beta = 2\cos\frac{\alpha+\beta}{2}\sin\frac{\alpha-\beta}{2}$$

$$\cos\alpha + \cos\beta = 2\cos\frac{\alpha+\beta}{2}\cos\frac{\alpha-\beta}{2}$$

$$\cos\alpha - \cos\beta = -2\sin\frac{\alpha+\beta}{2}\sin\frac{\alpha-\beta}{2}$$

9. 积化和差公式

$$\sin\alpha\cos\beta = \frac{1}{2}\left[\sin(\alpha+\beta) + \sin(\alpha-\beta)\right]$$

$$\cos\alpha\sin\beta = \frac{1}{2}\left[\sin(\alpha+\beta) - \sin(\alpha-\beta)\right]$$

$$\cos\alpha\cos\beta = \frac{1}{2}\left[\cos(\alpha+\beta) + \cos(\alpha-\beta)\right]$$

$$\sin\alpha\sin\beta = -\frac{1}{2}\left[\cos(\alpha+\beta) - \cos(\alpha-\beta)\right]$$

10. 特殊角的三角函数值

θ	$0°$	$30°$	$45°$	$60°$	$90°$
$\sin\theta$	0	$\frac{1}{2}$	$\frac{\sqrt{2}}{2}$	$\frac{\sqrt{3}}{2}$	1
$\cos\theta$	1	$\frac{\sqrt{3}}{2}$	$\frac{\sqrt{2}}{2}$	$\frac{1}{2}$	0
$\tan\theta$	0	$\frac{\sqrt{3}}{3}$	1	$\sqrt{3}$	∞

(三) 初等几何的一些公式

以字母 r 或 R 表示半径, h 表示高, S 表示底面积, l 表示母线长.

(1) 圆.　　　　　周长 $=2\pi r$; 面积 $=\pi r^2$.

(2) 圆扇形.　　　面积 $=\frac{1}{2}r^2 a$(a 为扇形的圆心角).

(3) 正圆柱体.　　体积 $=\pi r^2 h$; 侧面积 $=2\pi rh$; 表(全)面积 $=2\pi(r+h)$.

(4) 正圆锥.　　　体积 $=\frac{1}{3}\pi r^2 h$; 侧面积 $=\pi rh$; 表(全)面积 $=\pi r(r+l)$.

（5）球.　　　　　　体积$=\dfrac{4}{3}\pi r^3$；表面积$=4\pi r^2$.

（6）正截锥体.　　　体积$=\dfrac{1}{3}\pi h(R^2+r^2+Rr)$；侧面积$=\pi l(R+r)$.

（四）平面解析几何的一些公式

设平面上有两点 $M_1(x_1,y_1)$ 和 $M_2(x_2,y_2)$：

1. 两点间的距离

$$d=\sqrt{(x_2-x_1)^2+(y_2-y_1)^2}$$

2. 线段 M_1M_2 的斜率

$$k=\frac{y_2-y_1}{x_2-x_1}=\tan\varphi$$

3. 通过两点 M_1 与 M_2 的直线方程

$$y-y_1=\frac{y_2-y_1}{x_2-x_1}(x-x_1)$$

4. 直角坐标与极坐标的关系式

$$\begin{cases} x=p\cos\varphi, & p=\sqrt{x^2+y^2}, \\ y=p\sin\varphi, & \varphi=\arctan\dfrac{y}{x} \end{cases}$$

5. 以点 (a,b) 为圆心，以 r 为半径的圆的方程

$$(x-a)^2+(y-b)^2=r^2$$

或　$\begin{cases} x=a+r\cos\varphi, \\ y=b+r\sin\varphi, \end{cases}\quad 0\leqslant\varphi\leqslant 2\pi.$

6. 以原点为中心，分别以 a 与 b 为半长、短轴的椭圆方程

$$\frac{x^2}{a^2}+\frac{y^2}{b^2}=1$$

二、希腊字母

字　　母		字母汉语拼音
A	α	alfa
B	β	beta
Γ	γ	gama
Δ	δ	delta
E	ε	epsilon
Z	ζ	zheita
H	η	eta
Θ	θ	sita
I	ι	yota
K	κ	kapa

Λ	λ	lamda
M	μ	miu
N	ν	niu
Ξ	ξ	ksi
O	o	omiklon
Π	π	pai
P	ρ	lo
Σ	σ	sigma
T	τ	tao
Υ	υ	ipsilon
Φ	φ	fai
X	χ	qi
Ψ	ψ	psi
Ω	ω	omiga

三、常用的符号

1. 蕴含符号

符号"⇒"表示"蕴含"或"若…,则…".

符号"⇔"表示"必要充分"或"等价".

设 P 与 Q 表示两个陈述句.

用蕴含的符号连接起来,即

$$P \Rightarrow Q$$

表示 P 蕴含 Q;或者若有 P,则有 Q.

用等价符号连接起来,即

$$P \Leftrightarrow Q$$

表示 P 与 Q 等价,或 P 蕴含 Q(P⇒Q)同时 Q 蕴含 P(Q⇒P).

例如,等边三角形⇒等腰三角形,

等腰三角形⇔三角形两个底角相等.

根据排中律,命题

$$P \Rightarrow Q \text{ 与非 } Q \Rightarrow \text{非 } P$$

是等价的. 要证明命题 P⇒Q 为真,也可证明命题非 Q⇒非 P 为真即可.

2. 量词符号

数量逻辑的量词只有两个:全称量词和存在量词.

全称量词的符号是"∀",表示"对任意的"或"对任一的".

存在量词的符号是"∃",表示"存在"或"能找到".

例如 $A \subset B$,即集合 A 是集合 B 的子集,也就是,集合 A 的任意元素 x 都是集合 B 的元素,用符合表示是

$$A \subset B \Leftrightarrow \forall x \in A \Rightarrow x \in B$$

$A = B$ 用符号表示是

$$A = B \Leftrightarrow \forall x \in A \Rightarrow x \in B, \text{同时 } \forall x \in B \Rightarrow x \in A$$

可见用量词符号表示比用文字叙述简练.

3. 几个常用的符号

(1) 阶乘符号.

设 n 是自然数,符号"$n!$"读作"n 的阶乘",表示不超过 n 的所有自然数的连乘积,即 $n! = n(n-1)(n-2)\cdots 2 \cdot 1$.

例如:

$$4! = 4 \cdot 3 \cdot 2 \cdot 1$$
$$9! = 9 \cdot 8 \cdot 7 \cdot 6 \cdot 5 \cdot 4 \cdot 3 \cdot 2 \cdot 1$$

为了运算上的方便,规定 $0! = 1$.

(2) 双阶乘符号.

设 n 是自然数,符号"$n!!$"读作"n 的双阶乘",表示不超过 n 并与 n 有相同奇偶性的自然数的连乘积.

例如:

$$10!! = 10 \cdot 8 \cdot 6 \cdot 4 \cdot 2$$
$$13!! = 13 \cdot 11 \cdot 9 \cdot 7 \cdot 5 \cdot 3 \cdot 1$$

注: $n!!$ 不是 $(n!)!$.

(3) 组合数符号.

设 n 与 m 是自然数,且 $m \leqslant n$. 符号"C_n^m"表示"从 n 个不同元素取 m 个元素的组合数".已知

$$C_n^m = \frac{n(n-1)(n-2)\cdots(n-m+1)}{m!} = \frac{n!}{m!(n-m)!}$$

有公式:$C_n^m = C_n^{n-m}$ 和 $C_{n+1}^m = C_n^m + C_n^{m-1}$.

为了运算上的方便,规定 $C_n^0 = 1$.

(4) 最大(小)数的符号.

符号"max"读作"最大","max"是 maximun(最大)的缩写.

符号"min"读作"最小","min"是 minimun(最小)的缩写.

$\max\{a_1, a_2, \cdots, a_n\}$ 表示 $a_1, a_2, \cdots, a_n$ 这 n 个数中的最大者.

$\min\{a_1, a_2, \cdots, a_n\}$ 表示 $a_1, a_2, \cdots, a_n$ 这 n 个数中的最小者.

例如:

$$\max\{7, 5, 4, 8, 2\} = 8$$
$$\min\{7, 5, 4, 8, 2\} = 2$$

导数与微分公式法则对照表

$$导\ 数\ \xleftrightarrow{\quad f'(x)\mathrm{d}x=\mathrm{d}f(x)\quad}\ 微\ 分$$

1. 基本初等函数导数公式和微分公式

(1) $(C)'=0$;
$\mathrm{d}C=0(C\ 为常数)$.

(2) $(x^a)'=ax^{a-1}$;
$\mathrm{d}(x^a)=ax^{a-1}\mathrm{d}x(a\ 是任意实数)$.

(3) $(\log_a x)'=\dfrac{1}{x\ln a}=\dfrac{\log_a\mathrm{e}}{x}$;
$\mathrm{d}(\log_a x)=\dfrac{1}{x\ln a}\mathrm{d}x=\dfrac{\log_a\mathrm{e}}{x}\mathrm{d}x(a>0,a\neq1)$.

$(\ln x)'=\dfrac{1}{x}$;
$\mathrm{d}(\ln x)=\dfrac{1}{x}\mathrm{d}x$.

(4) $(a^x)'=a^x\ln a$;
$\mathrm{d}(a^x)=a^x\ln a\mathrm{d}x(a>0,a\neq1)$.

$(\mathrm{e}^x)'=\mathrm{e}^x$;
$\mathrm{d}(\mathrm{e}^x)=\mathrm{e}^x\mathrm{d}x$.

(5) $(\sin x)'=\cos x$;
$\mathrm{d}(\sin x)=\cos x\mathrm{d}x$.

(6) $(\cos x)'=-\sin x$;
$\mathrm{d}(\cos x)=-\sin x\mathrm{d}x$.

(7) $(\tan x)'=\sec^2 x=\dfrac{1}{\cos^2 x}$;
$\mathrm{d}(\tan x)=\sec^2 x\mathrm{d}x=\dfrac{1}{\cos^2 x}\mathrm{d}x$.

(8) $(\cot x)'=-\csc^2 x=-\dfrac{1}{\sin^2 x}$;
$\mathrm{d}(\cot x)=-\csc^2 x\mathrm{d}x=-\dfrac{1}{\sin^2 x}\mathrm{d}x$.

(9) $(\sec x)'=\sec x\tan x$;
$\mathrm{d}(\sec x)=\sec x\tan x\mathrm{d}x$.

(10) $(\csc x)'=-\csc x\cot x$;
$\mathrm{d}(\csc x)=-\csc x\cot x\mathrm{d}x$.

(11) $(\arcsin x)'=\dfrac{1}{\sqrt{1-x^2}}$;
$\mathrm{d}(\arcsin x)=\dfrac{1}{\sqrt{1-x^2}}\mathrm{d}x$.

(12) $(\arccos x)'=-\dfrac{1}{\sqrt{1-x^2}}$;
$\mathrm{d}(\arccos x)=-\dfrac{1}{\sqrt{1-x^2}}\mathrm{d}x$.

(13) $(\arctan x)'=\dfrac{1}{1+x^2}$;
$\mathrm{d}(\arctan x)=\dfrac{1}{1+x^2}\mathrm{d}x$.

(14) $(\operatorname{arccot} x)'=-\dfrac{1}{1+x^2}$;
$\mathrm{d}(\operatorname{arccot} x)=-\dfrac{1}{1+x^2}\mathrm{d}x$.

2. 导数法则和微分法则

(1) $(u\pm v)'=u'\pm v'$;
$\mathrm{d}(u+v)=\mathrm{d}u\pm\mathrm{d}v$.

(2) $(uv)'=u'v+uv'$;
$\mathrm{d}(uv)=v\mathrm{d}u+u\mathrm{d}v$.

$$(Cv)' = Cv'; \qquad\qquad \mathrm{d}(Cv) = C\mathrm{d}v.$$

$$(3)\ \left(\frac{u}{v}\right)' = \frac{u'v - uv'}{v^2}; \qquad\qquad \mathrm{d}\left(\frac{u}{v}\right) = \frac{v\mathrm{d}u - u\mathrm{d}v}{v^2}.$$

$$\left(\frac{1}{v}\right)' = -\frac{v'}{v^2}; \qquad\qquad \mathrm{d}\left(\frac{1}{v}\right) = \frac{-\mathrm{d}v}{v^2}.$$

$$(4)\ y'_x = y'_u u'_x; \qquad\qquad \mathrm{d}y = y'_u u'_x \mathrm{d}x.$$

参考文献

[1] 谢寿才,唐孝,等.高等数学(上册)[M].北京:科学出版社,2017.

[2] 林锰,于涛.微积分教程[M].哈尔滨:哈尔滨工程大学出版社,2017.

[3] 刘金舜,羿旭明.高等数学(上册)[M].北京:科学出版社,2017.

[4] 刘太琳,孟宪萌,黄秋灵.微积分(第三版)[M].北京:经济科学出版社,2017.

[5] 刘建亚,吴臻.微积分(第三版)[M].北京:高等教育出版社,2018.

[6] 黄永彪,杨社平.微积分基础[M].北京:北京理工大学出版社,2012.

[7] 李群高.高等数学辅导与练习[M].北京:机械工业出版社,2006.

[8] 梅红.微积分(第二版)[M].北京:中国电力出版社,2014.

[9] 杨社平,黄永彪.微积分导学与能力训练[M].北京:北京理工大学出版社,2016.

[10] 施吉林.实验微积分[M].北京:高等教育出版社,施普林格出版社,2001.

[11] 同济大学西北工业大学合编.高等数学[M].北京:高等教育出版社,1998.

[12] 全国职业高级中学数学教材编写组.数学[M].北京:人民教育出版社,1997.

[13] 吴赣昌,陈怡.高等数学讲义[M].海口:海南出版社,2005.

[14] 刘书田,刘志实.高等数学[M].北京:北京理工大学出版社.1997.

[15] 詹姆斯·斯图尔特.微积分[M].加利福尼亚州(美国):Brooks/Cole 出版社,1996.

[16] 齐民友.微积分学习指导[M].武汉:武汉大学出版社,2004.

[17] 朱来义.微积分中的典型例题分析与习题[M].北京:高等教育出版社,2004.

[18] 张国楚,徐本顺.文科高等数学[M].北京:教育科学出版社,2002.

[19] 高熹.高等数学(一)微积分[M].武汉:武汉大学出版社,1999.

[20] 邱英杰.高等数学辅导[M].北京:科学技术文献出版社,2008.

[21] 顾沛.数学文化[M].北京:高等教育出版社,2008.

[22] 方延明.数学文化[M].北京:清华大学出版社,2009.

[23] 张楚廷.数学文化[M].北京:高等教育出版社,2000.

[24] 罗永超,吕传汉.民族数学文化引入高校数学课堂的实践与探索——以苗族侗族数学文化为例[J].数学教育学报,2014,23(1):70-74.

[25] 龚永辉.课改撷英录[M].桂林:广西师范大学出版社,2013.

[26] 龚永辉.民族理论政策讲习教程[M].北京:高等教育出版社 2017.

[27] 杨社平.相思湖文龙·预科分册·数学作文实验[C].北京:中央民族大学出版社,2001.

[28] 同济大学数学系.高等数学(第七版)上册[M].北京:高等教育出版社,2014.